高等职业教育土建专业系列教材

测 量 学

主　编　陈学平
副主编　周春发　董晓丽
参　编　杨淑靖

中国建材工业出版社

图书在版编目（CIP）数据

测量学/陈学平主编．—北京：中国建材工业出版社，2004.1（2011.1重印）
（高等职业教育土建专业系列教材）
ISBN 978-7-80159-541-6

Ⅰ．测… Ⅱ．陈… Ⅲ．测量学-高等学校：技术学校-教材 Ⅳ.P2

中国版本图书馆 CIP 数据核字（2003）第 117592 号

测 量 学
陈学平 主编

出版发行：	中国建材工业出版社
地 址：	北京市西城区车公庄大街6号
邮 编：	100044
经 销：	全国各地新华书店
印 刷：	北京雁林吉兆印刷有限公司
开 本：	787mm×960mm 1/16
印 张：	21.5
字 数：	380 千字
版 次：	2004 年 1 月第 1 版
印 次：	2011 年 1 月第 5 次
定 价：	33.00 元

本社网址：www.jccbs.com.cn
本书如出现印装质量问题，由我社发行部负责调换。联系电话：(010)88386906

《高等职业教育土建专业系列教材》编委会

主　　任：成运花　北京城市学院教务长、研究员
副主任：徐占发　北京城市学院教授、土建专业主任
　　　　　杨文锋　长安大学应用技术学院副教授、副院长
秘书长：李文利　北京城市学院副教授
委　　员：（按汉语拼音先后顺序）
　　　　　包世华　清华大学教授
　　　　　陈乃佑　北京城市学院副教授
　　　　　陈学平　北京林业大学教授
　　　　　成荣妹　长安大学副教授
　　　　　崔玉玺　清华大学教授
　　　　　董和平　北京城市学院讲师
　　　　　董晓丽　北京城市学院讲师
　　　　　龚　伟　长安大学副教授
　　　　　龚小兰　深圳职业技术学院副教授
　　　　　姜海燕　北京城市学院讲师
　　　　　靳玉芳　北京城市学院教授（兼职）
　　　　　刘宝生　北方交通大学副教授
　　　　　刘晓勇　河北建材学院副教授
　　　　　李国华　长安大学副教授
　　　　　李文利　北京城市学院副教授
　　　　　栗守余　长安大学副教授
　　　　　马怀忠　长安大学副教授
　　　　　田培源　北京城市学院讲师
　　　　　王　茹　北京城市学院副教授
　　　　　王旭鹏　北京城市学院副教授
　　　　　杨秀芸　北京城市学院副教授
　　　　　张保兴　长安大学副教授
　　　　　张玉萍　河北建材学院副教授
顾　　问：（按汉语拼音先后顺序）
　　　　　江见鲸　清华大学教授
　　　　　罗福午　清华大学教授

序

大力发展高等职业教育，培养一大批具有必备的专业理论知识和较强的实践能力，适应生产、建设、管理、服务岗位等第一线急需的高等职业应用型专门人才，是实施科教兴国战略的重大决策。高等职业教育院校的专业设置、教学内容体系、课程设置和教学计划安排均应突出社会职业岗位的需要、实践能力的培养和应用型的教学特色。其中，教材建设是基础和关键。

高等职业教育土木建筑专业系列教材是根据最新颁布的国家和行业标准、规范，按照高等职业教育人才培养目标及教材建设的总体要求、课程的教学要求和大纲，由北京城市学院（原海淀走读大学）和中国建材工业出版社组织全国部分有多年高等职业教育教学体会与工程实践经验的教师编写而成。

本套教材是按照3年制（总学时1600~1800）、兼顾2年制（总学时1100~1200）的高职高专教学计划和经反复修订的各门课程大纲编写的。基础理论课程以应用为目的，以必需、够用为度，以讲清概念、强化应用为重点；专业课以最新颁布的国家和行业标准、规范为依据，反映国内外先进的工程技术和教学经验，加强实用性、针对性和可操作性，注意形象教学、实验教学和现代教学手段的应用，并加强典型工程实例分析。

本套教材适用范围广泛，努力做到一书多用。在内容的取舍上既可作为高职高专教材，又可作为电大、职大、业大和函大的教学用书，同时，也便于自学。本套教材在内容安排和体系上，各教材之间既是有机联系和相互关联的；每本教材又具有独立性和完整性。因此，各地区、各院校可根据本身的教学特点择优选用。

北京城市学院是办学较早、发展很快、高职高专办学经验丰富并受到社会好评的一所民办公助高等院校。其中，土建专业是最早设置且有较大社会影响的专业之一，有10多名教学和工程实践经验丰富的双师型教师，出版了一批受欢迎的专业教材。

可以相信，由北京城市学院组编、中国建材出版社出版发行的这套高等职业教育土建专业系列教材一定能成为受欢迎的、有特色的、高质量的系列教材。

本教材编委会
2003年2月

前　言

测量学是研究空间点位的定位技术，是一门极其实用的工程技术，它为国民经济建设提供基础性资料。在农林资源调查、城镇规划与建设、土地规划与利用、工业与民用建筑施工、水利工程、道路交通工程、房地产管理等方面都有重要作用，使用范围广，内容丰富。本教材的编写强调理论与实践相结合，突出实践与应用，内容取舍以"必需与够用"为标准，叙述力求概念明确，原理阐述简明扼要，操作步骤叙述条文化，配以较多实例（包括相应的记录计算表格），便于实践。

教材共15章及附录，可以分为五大部分：第一部分（第1章～第5章）为测量学基础部分，阐述测量学基本知识及普通测量仪器的使用；第二部分（第6章～第8章）为测图与用图部分，介绍小地区控制测量、大比例尺地形图的测绘以及地形图的应用；第三部分为专业测量部分，包括面积测定、房地产图的测绘、工民建的施工测量、公路工程测量、管道工程测量等，不同专业根据需要选用；第四部分（第15章）为测绘新技术，重点介绍全站仪、数字化测图以及GPS全球定位系统；第五部分为附录部分，主要是测量实习指导书，以便于教学。本教材编写的各项技术指标按照最新的国家标准《工程测量规范》，名词术语遵照最新的国家标准《工程测量基本术语标准》。

本教材主编为陈学平教授（北京林业大学），副主编为周春发副教授（中国农业大学）和董晓丽讲师（北京城市学院），参编者为长安大学杨淑靖副教授。具体分工是：陈学平编写第1～5章及附录。董晓丽编写第6章、第7章、第11章。杨淑靖编写第8章、第9章、第12章。周春发编写第10章、第13章、第14章、第15章。

本教材编写中参考了兄弟院校几十种教材及有关文献，总结了编者长期从事测量教学的经验。但由于编者水平所限，错漏之处在所难免，望读者批评指正。

编者
2003年9月于北京

目 录

第1章 绪 论 ……………………………………………………………… 1
  1.1 测量学的定义、任务、分科及其在国民经济建设中的作用 ………… 1
  1.2 地面点位的确定 ……………………………………………………… 3
  1.3 用水平面代替水准面的限度 ………………………………………… 8
  1.4 测量工作概述 ………………………………………………………… 10
  练习题 ……………………………………………………………………… 12

第2章 水准测量 ………………………………………………………… 13
  2.1 水准测量的原理 ……………………………………………………… 13
  2.2 水准测量的仪器与工具 ……………………………………………… 14
  2.3 水准仪的使用 ………………………………………………………… 17
  2.4 水准测量外业 ………………………………………………………… 19
  2.5 水准测量的检核 ……………………………………………………… 21
  2.6 附合与闭合水准测量内业计算 ……………………………………… 23
  2.7 微倾水准仪的检验与校正 …………………………………………… 25
  2.8 水准测量误差的分析 ………………………………………………… 28
  2.9 几种新式水准仪简介 ………………………………………………… 30
  练习题 ……………………………………………………………………… 32

第3章 角度测量 ………………………………………………………… 34
  3.1 水平角测量的原理 …………………………………………………… 34
  3.2 经纬仪的分类、DJ6级光学经纬仪的构造与读数 ………………… 34
  3.3 DJ2级光学经纬仪的构造与读数 …………………………………… 37
  3.4 经纬仪的使用 ………………………………………………………… 38
  3.5 水平角的观测 ………………………………………………………… 40
  3.6 竖直角测量原理与观测法 …………………………………………… 44
  3.7 经纬仪的检验与校正 ………………………………………………… 47
  3.8 角度测量误差分析 …………………………………………………… 52

3.9 电子经纬仪简介 …………………………………………… 55
练习题 ……………………………………………………………… 57

第4章 距离测量与直线定向 …………………………………… 60
4.1 量距工具 …………………………………………………… 60
4.2 一般量距方法 ……………………………………………… 61
4.3 钢尺检定 …………………………………………………… 63
4.4 精密量距的方法 …………………………………………… 64
4.5 红外光电测距仪简介 ……………………………………… 68
4.6 直线定向 …………………………………………………… 73
练习题 ……………………………………………………………… 77

第5章 测量误差理论的基本知识 …………………………… 79
5.1 测量误差概述 ……………………………………………… 79
5.2 衡量观测值精度的标准 …………………………………… 82
5.3 误差传播定律 ……………………………………………… 84
5.4 等精度观测值的平差 ……………………………………… 89
练习题 ……………………………………………………………… 92

第6章 小地区控制测量 ………………………………………… 94
6.1 控制测量概述 ……………………………………………… 94
6.2 导线测量 …………………………………………………… 96
6.3 控制点的加密 ……………………………………………… 104
6.4 三、四等水准测量 ………………………………………… 108
6.5 三角高程测量 ……………………………………………… 111
练习题 ……………………………………………………………… 112

第7章 地形图的测绘 …………………………………………… 114
7.1 地形图基本知识 …………………………………………… 114
7.2 地物表示方法 ……………………………………………… 116
7.3 地貌表示方法 ……………………………………………… 119
7.4 视距测量 …………………………………………………… 121
7.5 测图前的准备工作 ………………………………………… 124
7.6 地形图的测绘方法 ………………………………………… 126
7.7 地形图的绘制 ……………………………………………… 132

练习题 ……………………………………………………………… 134

第8章 地形图的应用 …………………………………………… 135

8.1 地形图的阅读 ………………………………………………… 135
8.2 地形图应用的基本内容 ……………………………………… 137
8.3 地形图在工程设计中的应用 ………………………………… 139
8.4 地形图在平整土地中的应用 ………………………………… 141
8.5 地形图在城市建设中的应用 ………………………………… 143
练习题 ……………………………………………………………… 145

第9章 面积测定 …………………………………………………… 147

9.1 面积测定概述 ………………………………………………… 147
9.2 图解法与解析法 ……………………………………………… 147
9.3 网格法 ………………………………………………………… 149
9.4 纵距和法 ……………………………………………………… 150
9.5 机械求积仪法 ………………………………………………… 150
9.6 控制法 ………………………………………………………… 153
9.7 电子求积仪法 ………………………………………………… 154
练习题 ……………………………………………………………… 157

第10章 房地产图的测绘 ………………………………………… 158

10.1 房地产测绘概述 …………………………………………… 158
10.2 界址点测量 ………………………………………………… 160
10.3 房产分幅平面图的测绘 …………………………………… 163
10.4 房产分丘图和分层分户图测绘 …………………………… 170
10.5 房屋建筑面积和用地面积的量算 ………………………… 174
练习题 ……………………………………………………………… 180

第11章 测设的基本工作 ………………………………………… 181

11.1 水平距离、水平角和高程的测设 ………………………… 181
11.2 点的平面位置的测设方法 ………………………………… 184
11.3 已知设计坡度线的测设方法 ……………………………… 186
练习题 ……………………………………………………………… 187

第 12 章 工业与民用建筑中的施工测量 ………… 188

- 12.1 施工测量概述 ………… 188
- 12.2 施工控制网测量 ………… 189
- 12.3 民用建筑施工测量 ………… 194
- 12.4 高层建筑施工测量 ………… 201
- 12.5 工业厂房测量 ………… 202
- 12.6 建筑物变形观测 ………… 206
- 练习题 ………… 212

第 13 章 公路工程测量 ………… 213

- 13.1 公路测量概述 ………… 213
- 13.2 公路中线测量 ………… 214
- 13.3 圆曲线主点测设 ………… 218
- 13.4 圆曲线细部测设 ………… 220
- 13.5 复曲线与反向曲线的测设 ………… 225
- 13.6 缓和曲线的测设 ………… 226
- 13.7 高速公路测量简介 ………… 235
- 13.8 路线纵断面水准测量 ………… 239
- 13.9 路线横断面水准测量 ………… 243
- 13.10 公路竖曲线测设 ………… 247
- 13.11 土石方的计算 ………… 249
- 13.12 桥梁施工测量 ………… 250
- 练习题 ………… 253

第 14 章 管道工程测量 ………… 255

- 14.1 管道工程测量概述 ………… 255
- 14.2 管道中线测量 ………… 255
- 14.3 管道纵横断面测量 ………… 257
- 14.4 管道施工测量 ………… 261
- 练习题 ………… 264

第 15 章 测绘新技术 ………… 266

- 15.1 全站仪的结构 ………… 266
- 15.2 全站仪的使用 ………… 270

  15.3 数字化测图概念 …………………………………………… 282
  15.4 数字化测图实施 …………………………………………… 284
  15.5 全球定位系统的组成 ……………………………………… 289
  15.6 GPS 卫星定位的基本原理 ………………………………… 291
  练习题 ………………………………………………………………… 296
附录 1 测量常用计量单位及换算 …………………………………… 297
附录 2 测量实习指导书 …………………………………………… 299
附录 3 北京市大比例尺地形图分幅编号 …………………………… 329
参考文献 ……………………………………………………………… 330

第1章 绪 论

1.1 测量学的定义、任务、分科及其在国民经济建设中的作用

1.1.1 定义

测量学是研究如何对自然地理要素和人工设施的形状、大小、空间位置及其属性等进行测定、采集、表述以及对获取的数据、信息进行处理、存储、管理的一门应用科学。其核心问题是研究如何测定点的空间位置。

1.1.2 任务

1．测绘 使用测量仪器，通过测量与计算，将地面的地物地貌缩绘成图，供工程建设和行政管理之用。

2．测设 将图上设计建（构）筑物的图形和位置在实地标定出来，作为施工或定界的依据，又称放样。

1.1.3 测绘学分科

测绘是测量和制（绘）图的总称。测绘学按照研究的对象与范围的不同分成许多分科，测量学就是其中的一个分科。随着科学的发展，测绘学分科越来越细，现介绍下列几个分科。

1．大地测量学 研究地球的大小和形状，研究大范围地区的控制测量和地形测量以及地球重力场等问题。由于人造卫星科学技术的发展，大地测量学又分为常规大地测量学与卫星大地测量学，后者是研究观测卫星确定地面点位，即 GPS 全球定位。

2．普通测量学 研究地球表面局部区域的测绘工作，主要包括小区域控制测量、地形图测绘和一般工程测设。

3．工程测量学 研究各种工程在规划设计、施工放样和运营中测量的理论和方法。

4．摄影测量学 研究利用摄影或遥感技术获取被测物体的信息，以确定物体的形状、大小和空间位置等信息的理论和方法。

5．地图制图学 研究各种地图的制作理论、原理、工艺技术和应用的一门学科。

本教材包括普通测量学与工程测量学的部分内容。

1.1.4 在国民经济建设中的作用

测绘对经济建设和国防建设，国家管理和人民生活都有重要作用。在国家建设和社会发展规划中，测绘信息是最重要的基础信息之一。各种规划首先需要测制规划区的地形图。在各种工程建设中测绘是一项重要的前期工作，有精确的测绘成果和地形图，才能保证工程的选址、选线、设计得出经济合理的方案和施工建设的正常运行。在军事活动中，军事测量和军用地图的作用尤为明显。特别是现代大规模的诸兵种协同作战，精确的测绘成果更是不可缺少的重要保障。在国家的各级管理工作中，从工农业生产建设的计划组织和指挥，土地和地籍管理，交通、邮电、商业、文教卫生和各种公用设施的管理，以及社会治安等各个方面，测量和地图资料已成为不可缺少的重要工具。各种地图和测量成果对于人们提高科学文化水平很有帮助，在人们日常生活和社会活动中，一图在手往往会带来很大方便。

测绘是一种先行性的工作，它必须根据国家经济建设、国防建设和社会发展的需要，提前提供有关的测绘资料。测绘又是一种基础性的工作，关系着各项建设的效益和质量保障。

1. 城乡规划和发展离不开测绘　搞好城乡建设规划，首先要有现势性好的地图，提供城市和村镇面貌的动态信息，以促进城乡建设的协调发展。

2. 资源勘察与开发离不开测绘　从确定勘探地域到最后绘制地质图、地貌图、矿藏分布图等，都需要用测绘技术手段。

3. 交通运输、水利建设离不开测绘　铁路公路的建设从选线、勘测设计，到施工建设都离不开测绘。大、中水利工程也是先在地形图上选定河流、渠道和水库的位置，划定流域面积，再测得更详细的地图作为河渠布设、水库及坝址选择、库容计算和工程设计的依据。

4. 国土资源调查、土地利用和土壤改良离不开测绘　建设现代化的农业，首先要进行土地资源调查，摸清土地"家底"，而且还要充分认识各地区的具体条件，进而制定出切实可行的发展规划。测绘为这些工作提供了一个有效的工具。

5. 科学试验、高技术发展离不开测绘　发展空间技术是一项庞大的系统工程，要成功地发射一颗人造地球卫星，首先要精心设计、制造、安装、调试、轨道计算，再进行发射。如果没有测绘保障，就很难确定人造卫星的发射坐标点和发射方向，以及地球引力场对卫星飞行的影响等，因而也就不能将人造卫星准确地送入预定轨道。

6. 工程建设离不开测绘　工程建设中的测绘包括工程建设勘测、设计、施工和管理阶段所进行的各种测量工作，它是直接为各项建设项目的勘测、设计、施工、安装、竣工、监测以及营运管理等一系列工程工序服务的。没有测量工作为工程建设提供数据和图纸，并及时与之配合和进行指挥，任何工程建设都无法进展和完成。

1.2 地面点位的确定

1.2.1 测量的基准线与基准面

1. 基准线　测量工作是在地球表面上进行的，地球上任一点都要受到离心力和地球引力的双重作用，这两个力的合力称重力，重力的方向线称为铅垂线。测量仪器悬挂垂球，指向重力方向，铅垂线就是测量的基准线。

2. 基准面　测量工作开始时，通常要把仪器安置在水平的状态。是否水平要借助于仪器上的水准气泡来判断。对很小的范围而言，水面是一个水平面，实际上是一个曲面，我们把水面称为水准面。水准面上任意一点都和重力的方向相垂直。空间任何一点都有水准面，处处和重力方向相垂直的曲面均称水准面，水准面就是测量的基准面。和水准面相切的平面则称为水平面。水准面有无穷多个，其中一个和平均的海水面重合，我们称之为大地水准面，它是又一个测量的基准面。中学地理所讲的海拔高度就是从大地水准面起算的高度。

我们知道海水面约占地球表面的 71%，把大地水准面延伸所包围整个地球的形体最能代表地球的形状，这个形体称为大地体。但是由于地球内部质量分布不均匀，使铅垂线方向变化无规律性，因而使大地水准面成为一个不规则的复杂曲面，如图 1-1a 所示。

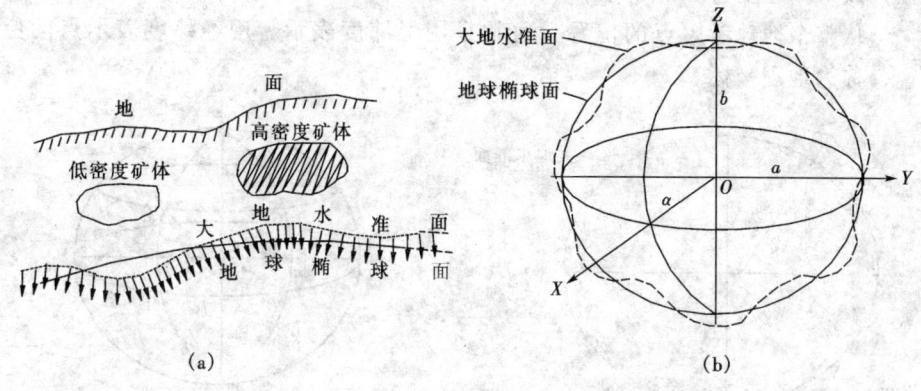

图 1-1

大地水准面不规则的起伏，形成的大地体不是规则的几何球体，其表面不是数学曲面，如图 1-1b 虚线所示。在这样复杂的曲面上无法进行测量数据的处理。由于地球非常接近一个旋转椭球（由椭圆旋转而得），所以测量上选择可用数学公式描述的旋转椭球代替大地体，如图 1-1b 实线所示。地球椭球的

参数可用 a（长半径）、b（短半径）及 α（扁率）表示。扁率 α 为

$$\alpha = \frac{a-b}{a} \tag{1-1}$$

1979 年国际大地测量与地球物理联合会推荐的地球椭球参数 $a = 6\,378\,140\text{m}$，$b = 6\,356\,755.3\text{m}$，$\alpha = 1:298.257$。

当 $\alpha = 0$，椭球就成了圆球。旋转椭球面是数学表面，可用如下的公式表示：

$$\left(\frac{x}{a}\right)^2 + \left(\frac{y}{a}\right)^2 + \left(\frac{z}{b}\right)^2 = 1 \tag{1-2}$$

按一定的规则将旋转椭球与大地体套合在一起，这项工作称椭球定位。定位时采用椭球中心与地球质心重合，椭球短轴与地球短轴重合，椭球与全球大地水准面差距的平方和最小，这样的椭球称总地球椭球。但是各国为测绘本国领土而采用另一种定位法，如图1-2所示，地面上选一点 P，由 P 点投影到大地水准面得 P' 点，在 P 点定位椭球使其法线与 P' 点的铅垂线重合，并要求 P' 上的椭球面与大地水准面相切，该点称为大地原点。同时要还使旋转椭球短轴与地球短轴相平行（不要求重合），达到本国范围内的大地水准面与椭球面十分接近，该椭球面称为参考椭球面。我国大地原点选在我国中部陕西省泾阳县永乐镇。

1.2.2 地面点位的确定

确定地面点的空间位置需 3 个参数：X（纵坐标），Y（横坐标），H（高程）或 λ（经度），φ（纬度），H（高程）。

从整个地球考虑点的位置，通常是用经纬度表示。用经纬度表示点的位置，称为地理坐标。

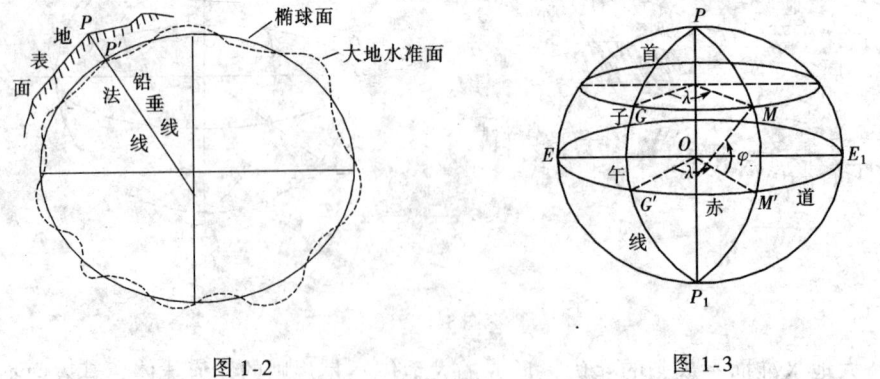

图 1-2　　　　　　　　　图 1-3

如图 1-3 所示，PP_1 为地球旋转轴，O 为地心。通过地球旋转轴的平面称子午面，子午面与地球表面的交线称子午线（经线）。通过格林尼治天文台 G 的子午线称首子午线。M 点的子午面 $PMM'P_1$ 与首子午面所组成的二面角，用

λ 表示，称为 M 点的经度。经度由首子午面向东向西各 0°~180°，以东的称东经，以西的称为西经。我国在东半球，各地的经度都是东经。通过地心 O 与地球旋转轴 PP_1 垂直的平面 $EG'M'E_1$，称为赤道平面。赤道平面与地球表面的交线称为赤道。过 M 点的铅垂线与赤道面 $EG'M'E_1$ 的夹角 φ 称 M 点的纬度。向北向南各 0°~90°，以北称北纬，以南称南纬。我国在北半球，各地的纬度都是北纬。

1. 地面点在投影面上的坐标

（1）独立平面直角坐标系：大地水准面虽是曲面，但当测量区域较小时（半径小于 10km 范围），可以用测区的切平面代替椭球面作为基准面。在切平面上建立独立平面直角坐标系，如图 1-4 所示。规定南北方向为纵轴，记为 X 轴，X 轴向北为正，向南为负。X 轴选取的方式有 3 种：①真南北方向；②磁南北方向；③建筑物的南北主轴线。以东西方向为横轴，记为 Y 轴。Y 轴向东为正，向西为负。象限按顺时针编号。这些规定与数学上平面直角坐标系正相反，X 轴与 Y 轴互换，象限排列也不同，其目的是为了把数学的公式直接运用到测量上。为避免坐标出现负值，将原点选在测区的西南角。

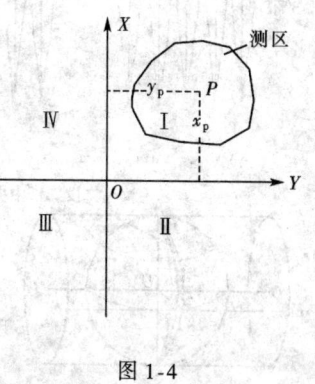

图 1-4

（2）高斯独立平面直角坐标系：当测区范围较大，不能把水准面当做水平面。把地球椭球面上的图形展绘到平面上，必然产生变形。为了减少变形误差，采用一种适当的投影方法，就是高斯投影。

1）高斯投影的方法。高斯投影是将地球划分为若干个带，先将每个带投影到圆柱面上，然后展成平面。我们可以设想将一个空心的椭圆柱横套地球，使椭圆柱的中心轴线位于赤道面内并通过球心。将地球按 6°分带，从 0°起算往东划分，0°~6°，6°~12°，…，174°~180°，东半球共分 30 个投影带，按带进行投影。进行第 1 带投影时，使地球 3°经线与圆柱面相切，3°经线长度不变形。进行第 2 带投影时，则转地球使 9°经线与圆柱面相切，9°经线不变形。各带中央的一条经线，例如第 1 带的 3°经线，第二带的 9°经线，称为中央经线。因各带中央经线与圆柱面相切，所以中央经线投影后不变形，而两边经线投影后有变形，但是由于 6°分带，所以变形很小。赤道投影后成一条直线。图 1-5 为高斯投影分带情况，图 1-5 中上半部为 6°度带分带情况，下半部为 3°度带分带情况，1°30′~4°30′为第 1 带，4°30′~7°30′为第 2 带，余类推。我国领土位于 6°带的 13~23 带。

2）高斯投影的特点：

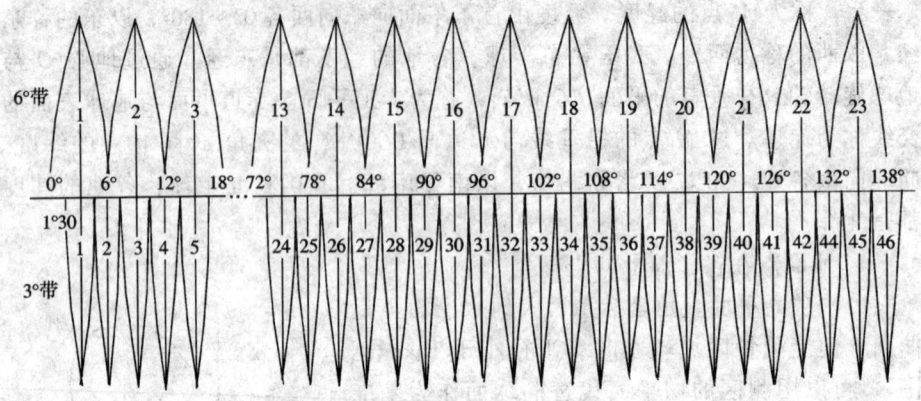

图 1-5

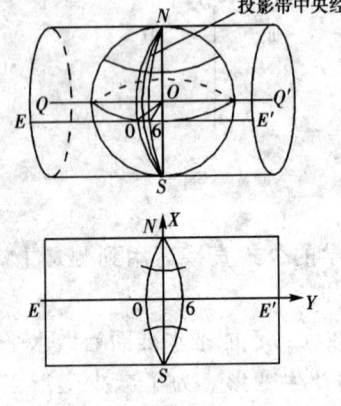

图 1-6

① 等角：即椭球面上图形的角度投影到平面之后，其角度相等，无角度变形，但距离与面积稍有变形。

② 中央经线投影后仍为直线，且长度不变形。见图 1-6。因此用这条直线作为平面直角坐标系的纵轴，即 X 轴。而两侧其他经线投影后呈向两极收敛的曲线，并与中央经线对称，距中央经线越远长度变形越大。

③ 赤道投影也为直线。因此，这条直线作为平面直角坐标的横轴，即 Y 轴。南北纬线投影后呈弯向两极的曲线，且与赤道投影对称。

3）高斯投影各带构成独立的坐标系，中央经线为 X 轴，赤道投影为 Y 轴，两轴的交点为坐标原点。我国位于北半球，所以纵坐标 X 均为正。横坐标有正有负。如图 1-7a 所示，设 $Y_A = +137\,680\text{m}$，

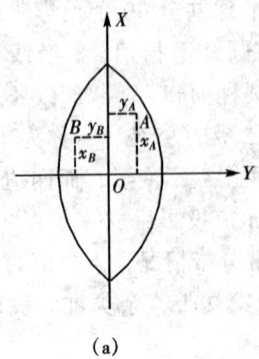

(a)

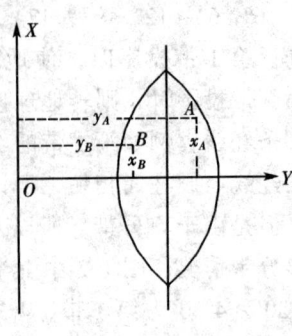

(b)

图 1-7

$Y_B = -274\ 240$m。为了避免横坐标出现负值,故规定把坐标纵轴向西移 500km。如图 1-7b 所示。这时 $Y_A = 500\ 000 + 137\ 680 = 637\ 680$m,$Y_B = 500\ 000 - 274\ 240 = 225\ 760$m。

实际横坐标值加 500km 后通常称为通用横坐标。它与实际横坐标的关系如下:

$$Y_{通用} = Y_{实际} + 500\ 000\text{m} \qquad (1-3)$$

为了根据横坐标能确定位于哪一个 6°带内,还要在横坐标值前冠以带号。例如 A 点位于 20 带内,则 A 点通用横坐标 $y_{A通用} = 20\ 637\ 680$m,B 点通用横坐标 $Y_{B通用} = 20\ 225\ 760$m。

判别通用横坐标带号的方法是,从小数点向左数第 7、8 位是带号。例如,$Y_{通用} = 2\ 123\ 456.35$m,不要看成 21 带,而是 2 带。

2. 高程

地面上任意点至水准面的垂直距离,称为该点的高程。某点至大地水准面的垂直距离称该点的绝对高程(海拔)。如图 1-8 所示,A 点和 B 点的绝对高程分别为 H_A 和 H_B。我国规定青岛验潮站 1950～1956 年统计资料所确定的黄海平均海水面作为统一全国基准面,并在青岛观象山建了水准原点。水准原点至黄海平均海水面的高程为 72.289m,这个高程系统称为"1956 年黄海高程系"。

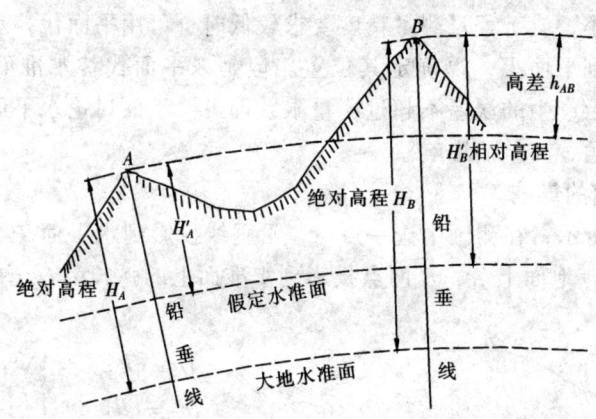

图 1-8

上世纪 80 年代初,国家又根据 1953～1979 年青岛验潮站观测资料,算得水准原点高程为 72.2 604m,该高程系统称为"1985 年国家高程基准"。从 1985 年 1 月 1 日起执行新的高程基准。

有些工程可以采用假定高程系统,即用任意假定水准面为高程基准面。某点至假定水准面的垂直距离称该点的假定高程(又称相对高程),如图 1-8 中,A 点假定高程为 H'_A,B 点假定高程为 H'_B。两点之间高程之差称为高差:

$$h_{AB} = H_B - H_A = H'_B - H'_A$$

h_{AB} 有正负，B 点高于 A 点时，h_{AB} 为（＋），表示上坡。B 点低于 A 点时，h_{AB} 为（－），表示下坡。

3. 我国常用坐标系

(1) 1954 年北京坐标系：我国在建国初期采用前苏联克拉索夫斯基教授提出的地球椭球体元素建立坐标系，从前苏联普尔科伐大地原点连测到北京某三角点所求得的大地坐标作为我国大地坐标的起算数据，称 1954 年北京坐标系。该系统的参考椭球面与大地水准面差异存在着自西向东系统倾斜，最大达到 65m，平均差达 29m。

(2) 1980 年国家大地坐标系：1980 年坐标系采用国际大地测量与地球物理联合会 1975 年推荐的椭球参数，确定新的大地原点，大地原点选在我国中部陕西省泾阳县永乐镇，通过重新定位、定向，进行整体平差后求得的。1980 系统比 1954 北京系统精度高，参考椭球面与大地水准面差平均差仅 10m。

(3) WGS—84 世界坐标系：用 GPS 卫星定位系统得到的地面点位是 WGS—84 世界坐标系，其坐标原点在地球质量中心，第 15 章对此详细介绍。

1.3 用水平面代替水准面的限度

当测区较小，或工程对测量精度要求较低时，可用平面代替水准面，直接把地面点投影到平面上，以确定其位置。但是以平面代替水准面有一定的限度，只要投影后产生的误差不超过测量限差即可。下面讨论水平面代替水准面对距离、水平角、高差的影响。

1.3.1 对距离的影响

如图 1-9 所示，在测区中选一点 A，沿垂线投影到水平面 P 上为 a，过 a 点作切平面 P'，地面上 A、B 两点投影到水准面上的弧长为 D，在水平面上的距离为 D'，则

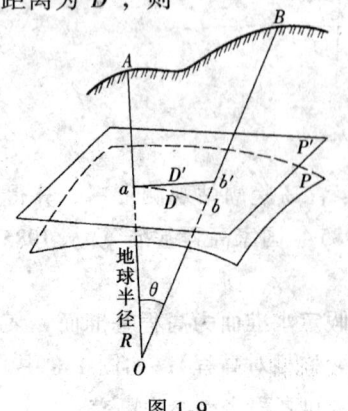

图 1-9

$$\left. \begin{array}{l} D = R\theta \\ D' = R\tan\theta \end{array} \right\} \quad (1\text{-}4)$$

以水平长度 D' 代替球上的弧长 D 产生的误差为

$$\Delta D = D' - D = R(\tan\theta - \theta) \quad (1\text{-}5)$$

将 $\tan\theta$ 按级数展开，略去高次项，得

$$\tan\theta = \theta + \frac{1}{3}\theta^3 + \cdots \quad (1\text{-}6)$$

将式 (1-6) 代入式 (1-5) 并考虑

$$\theta = \frac{D}{R}$$

得

$$\Delta D = R\left(\theta + \frac{\theta^3}{3} + \cdots - \theta\right) = R\frac{\theta^3}{3} = \frac{D^3}{3R^2} \quad (1-7)$$

两端除以 D,得相对误差

$$\frac{\Delta D}{D} = \frac{1}{3}\left(\frac{D}{R}\right)^2 \quad (1-8)$$

地球半径 $R = 6371\text{km}$,并用不同的 D 值代入,可计算出水平面代替水准面的距离误差和相对误差,列于表 1-1。

表 1-1 水平面代替水准面对距离的影响

距离 D /km	距离误差 ΔD /cm	相对误差	距离 D /km	距离误差 ΔD /cm	相对误差
1	0.00	—	15	2.77	1:541 516
5	0.10	1:5 000 000	20	6.60	1:305 000
10	0.82	1:1 217 700			

从上表可以看出,在半径为 10km 范围内,水平面代替水准面产生距离误差可以忽略。

1.3.2 对水平角的影响

从球面三角可知,球面上三角形内角之和比平面上相应内角之和多出球面角超 ε'',其值为

$$\varepsilon'' = \frac{P}{R^2}\rho'' \quad (1-9)$$

式中 ε''——球面角超,单位为秒 ($''$);
　　P——球面三角形面积;
　　ρ''——206 265$''$。

以不同的面积的球面三角形算得球面角超列于表 1-2。

表 1-2 水平面代替水准面对角度的影响

P /km^2	ε''	P /km^2	ε''	P /km^2	ε''	P /km^2	ε''
10	0.05	50	0.25	100	0.51	500	2.54

计算结果表明,当测区范围在 100km^2 时,对角度的影响仅为 0.51$''$,在一般的测量中可以忽略不计。

1.3.3 对高程的影响

由图 1-9 可见,$b'b$ 为水平面代替水准面对高程产生的误差,令其为 Δh,也称为地球曲率对高程的影响。

$$(R + \Delta h)^2 = R^2 + D'^2$$
$$2R\Delta h + \Delta h^2 = D'^2$$
$$\Delta h = \frac{D'^2}{2R + \Delta h}$$

上式中，用 D 代替 D'，而 Δh 相对于 $2R$ 很小，可略去不计，则

$$\Delta h = \frac{D^2}{2R} \tag{1-10}$$

以不同的 D 代入上式，则得高程误差列于表 1-3。

表 1-3　水平面代替水准面对高程的影响

D /m	10	50	100	200	500	1 000
Δh /mm	0.0	0.2	0.8	3.1	19.6	78.5

由表中可见，水平面代替水准面对高程的影响，200m 时就有 3.1mm。所以地球曲率对高程影响很大。在高程程测量中，即使距离很短也应顾及地球曲率的影响。

1.4　测量工作概述

地球表面复杂多样的形态，可分为地物地貌两大类，所谓地物是指人工或自然形成的构造物，如房屋、道路、湖泊、河流等。地貌是指地面高低起伏的形态，如山岭、谷地等。不论地物和地貌都是由无数地面点集合而成。测量的目的就是确定地面点的平面位置和高程，以便根据这些数据绘制成图。

1.4.1　测量工作的组织原则

三句话：从整体到局部，从控制测量到碎部测量，从高级到低级。第一句话是对测量整体布局而言，对整个测区采用什么方案，局部地区又怎么做。第二句话是对测量工作的程序而言，先做控制测量，后做碎部测量。第三句话是对测量精度来说的，先做高精度测量，后做低精度测量，由高精度控制低精度。

1. 控制测量　所谓控制测量是在测区中选择有控制意义的点，用较精确的方法测定其位置，这些点称为控制点，测量控制点的工作称为控制测量。例如图 1-10，选 A、B、C、D、E、F…各点为控制点，用仪器测量控制点之间的距离以及各边之间水平夹角等，最后计算出各控制点的坐标，以确定其平面位置。还要测量各控制点之间的高差，设 A 点的高程为已知，就可求出其他控制点的高程。

2. 碎部测量　碎部测量就是测量地物地貌特征点的位置。例如，测量房屋 P，就必须测定房屋的特征点 1、2 等点，在 A 点测量水平夹角 β_1 与边长 S_1 即可决定 1 点，用极坐标法把地面上各点描绘到图纸上。

1.4.2　测量工作的操作原则

控制测量测定控制点如有错误，以它为基础测量碎部点也就有错误，碎部点有错，画的图就不正确。因此测量工作必须步步检核。前一步工作未检核绝

不能做下一步工作,这是测量操作必须严格遵循的重要原则。测量工作有大量的野外工作,"步步检核"这一原则尤为重要。

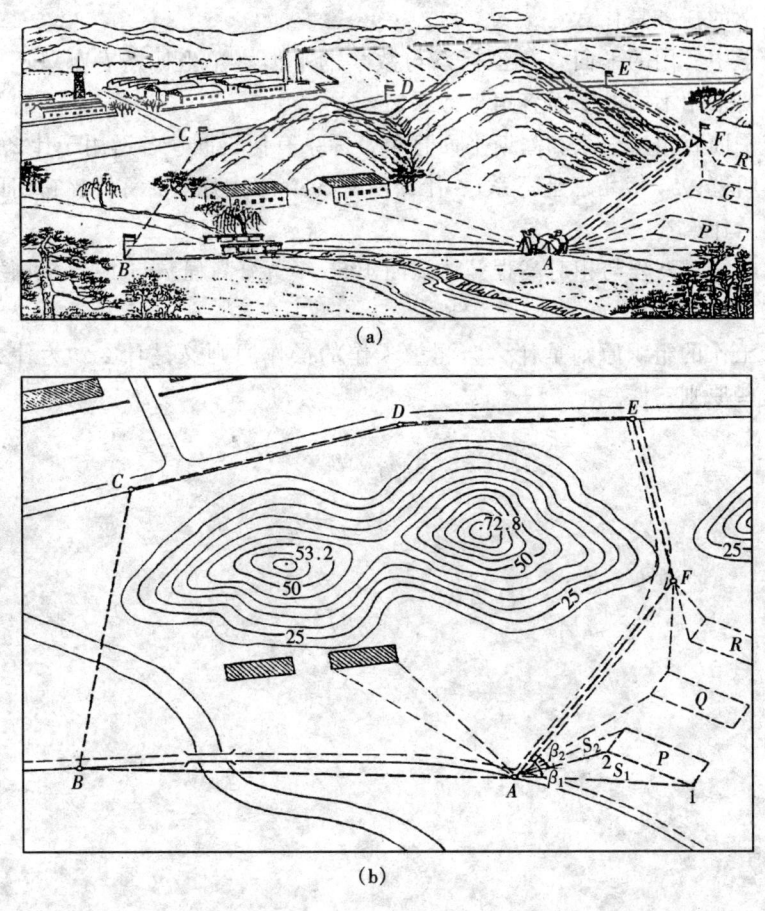

图 1-10

1.4.3 测量工作的三要素

无论是控制测量、碎部测量,还是工程施工测设,测量工作内容不外乎角度测量、距离测量和高差测量这三项内容。确定地面点位主要是通过测量角度、距离及高差,经计算得点位的坐标。因此,我们称测角、测距和测高差是测量工作的三要素。学习测量学就必须掌握这三项基本理论与技能。学会使用各种仪器进行测量。熟悉各种计算表格,掌握计算方法。会绘制平面图与地形图,即"测、算、绘"。"测、算、绘"是测绘工作者的基本功。

11

练 习 题

1. 测量学的任务是什么？
2. 测量学中所用的平面直角坐标系与数学的平面直角坐标系有哪些不同？为什么要采用不同的平面直角坐标系？
3. 假定平面直角坐标系和高斯平面直角坐标系有何不同？各适用于什么情况？
4. 什么叫"1954年北京坐标系"？什么叫"1980年大地坐标系"？它们的主要区别是什么？
5. 什么叫绝对高程与相对高程？什么叫1956年黄海高程系与1985年国家高程基准？
6. 测量工作的组织原则是什么？测量工作的操作原则又是什么？为什么要提出这些原则？

第2章 水 准 测 量

高程是确定地面点位的三要素之一。因此,如何测量地面上点的高程是测量的基本工作。按所使用的仪器和施测方法的不同,高程测量可分为水准测量、三角高程测量、物理高程测量、GPS 高程测量等。物理高程测量又分为气压高程测量和液体静力水准测量。水准测量是精密测量地面点高程最主要的方法。本章重点介绍水准测量的原理、水准仪的基本构造和使用、水准测量外业和内业以及水准仪的检验与校正等内容。

2.1 水准测量的原理

用水准测量的方法确定地面点的高程,首先要测定地面点之间的高差。该法是利用仪器提供的水平视线,在两根直立的尺子上获取读数,来求得该两立尺点间的高差,然后推算高程。如图 2-1 所示,已知地面 A 点的高程 H_A,欲求 B 点的高程。首先要测定 A、B 两点之间的高差 h_{AB}。安置水准仪于 A、B 两点之间,并在 A、B 两点上分别竖立水准尺,根据仪器的水平视线,先后在两尺上读取读数。按测量的前进方向,A 尺在后,A 尺读数 a 称后视读数,B 尺在前,B 尺读数 b 称前视读数。则 A 到 B 的高差 h_{AB} 为

$$h_{AB} = a - b \tag{2-1}$$

当 $a > b$ 时,h_{AB} 为正,说明 B 点比 A 点高。当 $a < b$ 时,h_{AB} 为负,说明 B 点比 A 点低。若已知 A 点的高程 H_A,则未知点 B 的高程 H_B 为

$$H_B = H_A + h_{AB} = H_A + a - b \tag{2-2}$$

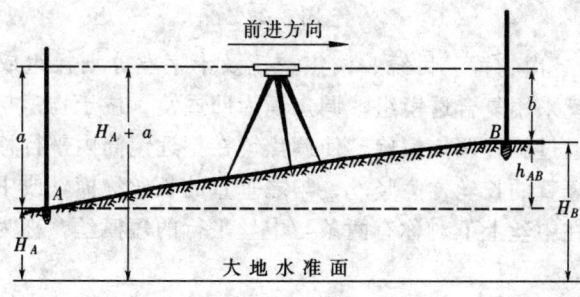

图 2-1

以上利用两点间高差求高程的方法叫高差法,此法适用于由一已知点推算某一

待定高程点的情况（例如路线工程测量）。

在实际工作中，有时要求安置一次仪器测出若干个前视点待定高程（例如平整土地测量），以提高工作效率，此时可采用仪高法，即通过水准仪的视线高 H_i（简称仪器高程）计算待定点 B 的高程 H_B，公式如下：

$$H_i = H_A + a \tag{2-3}$$

$$H_B = H_i - b \tag{2-4}$$

2.2 水准测量的仪器与工具

水准仪按其精度可分为 DS05、DS1、DS3 和 DS10 等四个等级。按其构造分主要有微倾水准仪、自动安平水准仪、激光水准仪和数字水准仪。水准测量时还需配备水准尺和尺垫等。本章主要介绍微倾水准仪。

2.2.1 微倾水准仪的构造

微倾水准仪的构造主要由望远镜、水准器、托板和基座等四个部分组成。如图 2-2 所示为国产 DS3 微倾水准仪。它是目前工程测量中最常用的水准仪。

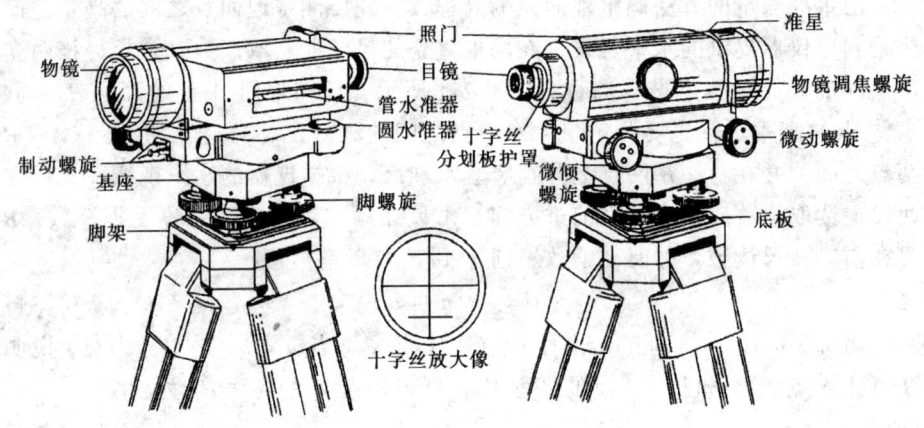

图 2-2

1. 望远镜　由物镜、目镜、调焦透镜及十字丝分划板组成。如图 2-3 所示，物镜和目镜采用复合透镜组，调焦镜为凹透镜，位于物镜与目镜之间。望远镜的对光是通过旋转调焦螺旋，使调焦镜在望远镜筒内平行移动来实现。十字丝分划板上竖直的长丝称为竖丝，与之垂直的长丝称横丝或中丝，用来瞄准目标与读数。在中丝上下对称有两条与中丝平行的短横丝，称为视距丝，是用来测定距离的。

物镜光心与十字丝交点的连线称为视准轴，它是瞄准目标的视线，目标是否清晰是通过旋转调焦螺旋来实现，用横丝在水准尺上读数，图 2-3a 为望远镜的构造图，图 2-3b 为望远镜的原理图。

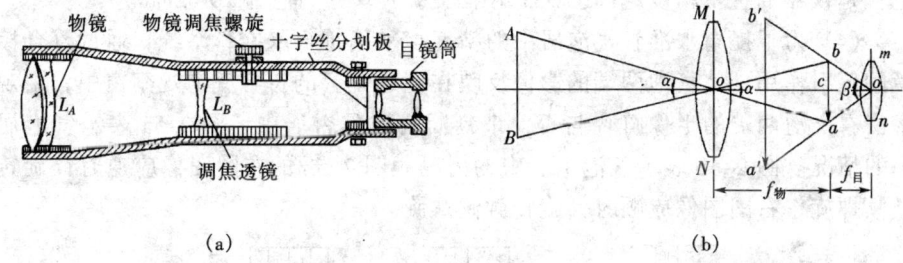

图 2-3

2. 水准器

(1) 水准器是一种整平装置,水准器有管水准器与圆水准器两种。管水准器用来指示视准轴是否水平,圆水准器用来指示仪器竖轴是否竖直。管水准器又称水准管,它是内装液体并留有气泡的密封的玻璃管,见图 2-4。

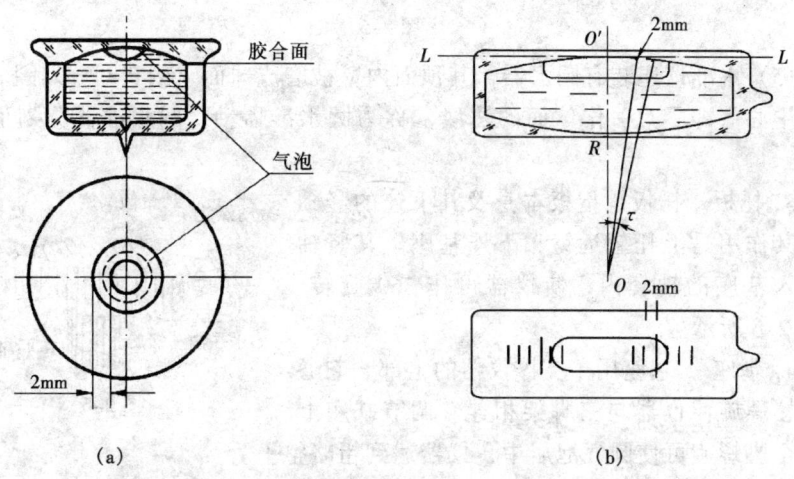

图 2-4

(2) 水准管纵向内壁磨成圆弧形,外表面刻有 2mm 间隔的分划线,2mm 所对应的圆心角 τ 称为水准管分划值。水准管圆弧上分划的对称中心,称为水准管零点。通过水准管零点所作水准管圆弧的纵切线,称为水准管轴,用 LL 表示,见图 2-4b。水准管分划值 τ 为

$$\tau = \frac{2}{R}\rho'' \tag{2-5}$$

式中 τ——2mm 所对的圆心角,单位为秒(″);

$\rho = 206\,265$;

R——水准管圆弧半径,mm。

(3) 水准管圆弧半径 R 愈大,分划值就越小,则水准管灵敏度就越高,

也就是仪器的置平精度越高。DS3 水准仪水准管分划值为 20″/2mm。

（4）为了提高水准管气泡居中的精度，采用符合水准管系统，通过符合棱镜的反射作用，使气泡两端的影像反映在望远镜旁的符合气泡观察窗中，由观察窗看气泡两端的半像符合与否，来判断气泡是否居中。图 2-5a 表示气泡居中的情况。图 2-5b 表示气泡未居中的情况。图 2-5b 的左图图像应逆时针旋转微倾螺旋，右图图像应顺时针旋转微倾螺旋。

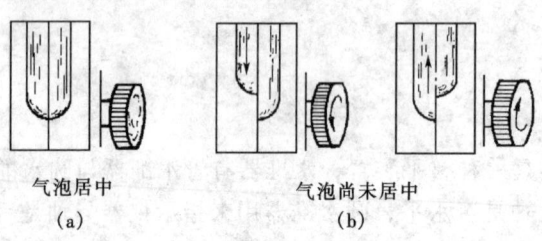

气泡居中　　　　　气泡尚未居中
（a）　　　　　　　（b）

图 2-5

（5）水准仪还装有圆水器，其顶面内壁被磨成球面，刻有圆分划圈。通过圆圈中心（即零点）作球面的法线，称为圆水准器轴。圆水准器分划值约为 8′。

3．托板　托板是指板本身及其下连的竖轴筒，其作用是上托望远镜，下连基座。其竖轴筒插入基座的轴套内，使仪器可作 360°旋转。如图 2-6 所示。

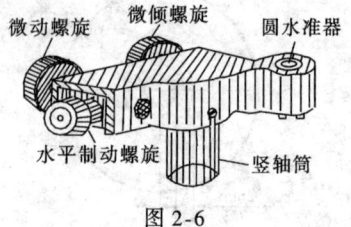

图 2-6

4．基座　基座用于支撑仪器的上部，它通过连接螺旋使仪器与三脚架相连。调节基座上的三个脚螺旋可使圆气泡居中，仪器达到粗略整平。

2.2.2　水准仪构造应满足的主要条件

微倾水准仪有四条主要轴线：即视准轴 CC、水准管轴 LL、圆水准器轴

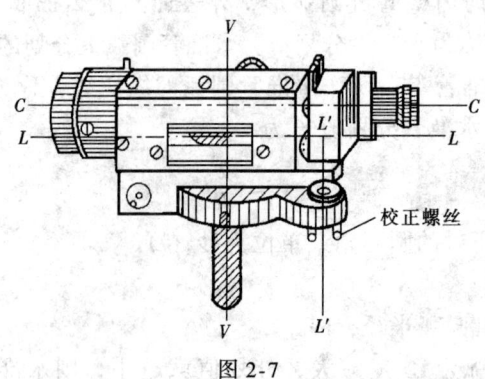

图 2-7

$L'L'$以及仪器竖轴VV,如图2-7所示。水准仪之所以能提供一条水平视线,取决于仪器本身的构造特点,主要表现在轴线间应满足的几何条件:

(1) 圆水准器轴平行于竖轴;
(2) 十字丝横轴垂直于竖轴;
(3) 水准管轴平行于视准轴。

2.2.3 水准尺和尺垫

1. 水准尺 水准尺是水准测量的主要工具,有单面尺和双面尺两种。如图2-8所示。

(1) 单面尺(图2-8a):单面尺仅有黑白相间的分划,尺底为零,由下向上注有dm(分米)和m(米)的数字,最小分划单位为cm(厘米)。塔尺和折尺就属于单面水准尺。

(2) 双面尺(图2-8b):双面尺有两面分划,正面是黑白分划,反面是红白分划,其长度有2m和3m两种,且两根尺为一对。两根尺的黑白分划

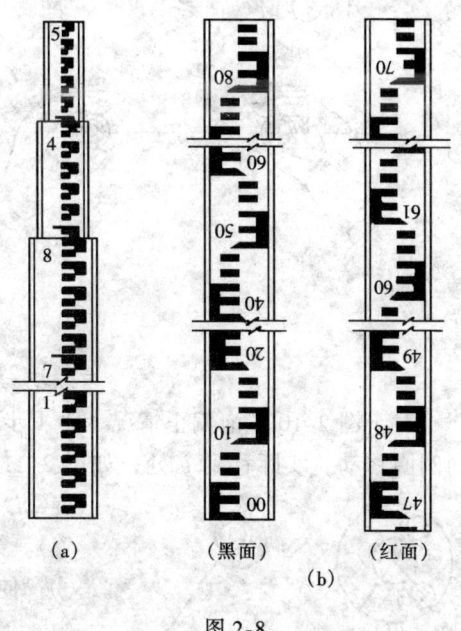

图 2-8

均与单面尺相同,尺底为零;而红面尺尺底则从某一常数开始,即其中一根尺子的尺底读数为4.687m,另一根尺为4.787m。

图 2-9

2. 尺垫 尺垫是放置水准尺用的,用时将尺垫支脚牢固地插入土中,以防下沉。水准尺应竖直放在凸起的半球体上,如图2-9所示。

2.3 水准仪的使用

2.3.1 测站安置

1. 安置三脚架与仪器 打开三脚架,旋紧脚架伸缩腿螺旋,安置三脚架高度适中,目估使架头水平。然后打开仪器箱,取出水准仪,置于三脚架头上,并用中心连接螺旋把水准仪与三脚架头固连在一起。

2. 粗平 粗平是用圆水准器,使其气泡居中,以便达到仪器竖轴大致铅直,这时称仪器粗略水平。具体操作是要转动脚螺旋使气泡居中,如图2-10所示。图2-10a气泡未居中而位于a处;首先按图上箭头所指方向,两手相对转动脚螺①、②,使气泡移到通过水准器零点作①、②脚螺旋连线的垂线上,如图中垂直的虚线位置。然后,用左手转动脚螺旋③,使气泡居中,如图2-10b所示。掌握规律:左手大姆指移动方向与气泡移动方向一致。

17

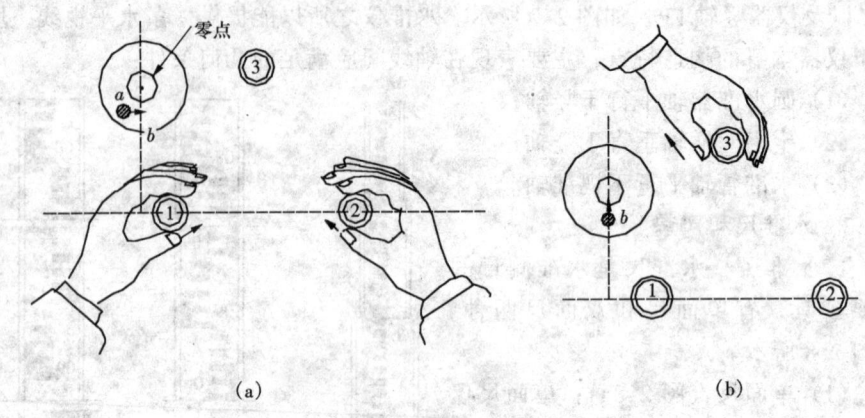

图 2-10

对于图 2-10 气泡偏歪情况，第 1 步也可先旋转脚螺旋①，使气泡 a 向刻划圆圈移动，实际移到 b 处，如图 2-11 所示，即位于通过刻划圈中心与脚螺旋②、③连线的平行线的位置（图中虚线位置）。第 2 步再用两手相对向转脚螺旋②、③，使气泡居中，反复操作使气泡完全居中。

2.3.2 瞄准水准尺

首先进行目镜对光，把望远镜对准明亮的背景，转动目镜对光螺旋，使十字丝清晰。再松开望远镜制动螺旋，转动望远镜，用望远镜上的照门与准星瞄准水准尺，固紧制动螺旋，用微动螺旋精确瞄准。如果目标不清晰，应转动对光螺旋，使目标清晰。

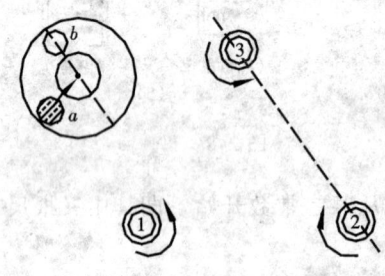

图 2-11

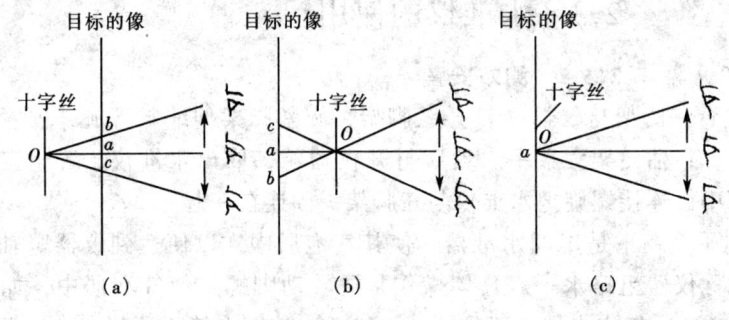

图 2-12

当眼睛在目镜端上下移动时，如果发现目标的像与十字丝有相对移动的现象，如图 2-12a、b 所示，这种现象称视差（视差现象）。产生视差的原因是因为目标像平面与十字丝平面不重合。由于视差的存在，不能获得正确读数。当人眼位于目镜端中间时，十字丝交点读得读数为 a。当眼略向上移动读得读数为 b。当眼略向下移动读得读数为 c。只有在图 2-12c 的情况，眼睛上下移动读得读数均为 a。因此，瞄准目标时存在的视差必须加以消除。

消除视差的方法：首先把目镜对光螺旋调好，然后瞄准目标反复调节对光螺旋，同时眼睛上下移动观察，直至读数不发生变化时为止。此时目标像与十字丝在同一平面，这时读取的读数才是无视差的正确读数。如果换另一人观测，由于各人眼睛的明视距离不同可能需要重新再调一下目镜对光螺旋，一般情况是目镜对光螺旋调好后就不必在消除视差时反复调节。

2.3.3 精平

眼睛注视望远镜旁观察窗，转动微倾螺旋，使水准气泡两端半像符合，此时水准管轴严格水平。因为水准管轴与视准轴平行，所以视准轴也处于严格水平位置。

2.3.4 读数

水准管泡居中后，用十字丝的横丝在水准尺上读数。水准尺有正字与倒字之分，读数时总是从小到大读取，由于倒像望远镜，如图 2-13a 所示，水准尺正字成像为倒字，在望远镜中从小到大读为 1.012m。

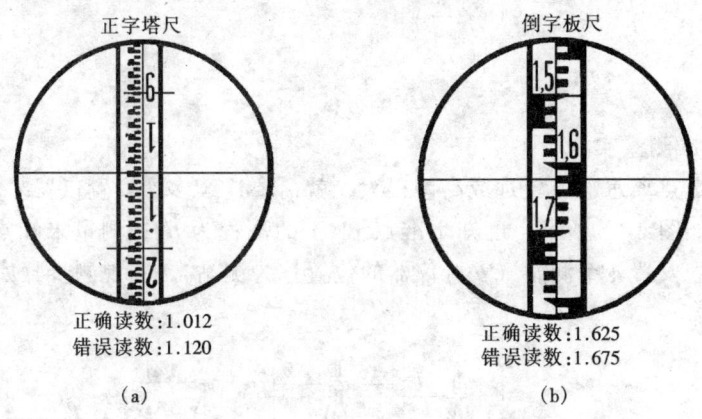

图 2-13

如图 2-13b 所示，水准尺倒字成像为正字，在望远镜中应读 1.625m。毫米数估读得到。

2.4 水准测量外业

2.4.1 水准点

为了满足各种测量的需要，测绘部门在全国各地埋设并测定了很多高程控制点，这些点称为水准点（Bench Mark），简记 BM。水准测量通常要从水准点引测其他的点。水准点有永久性和临时性两种。国家等级的水准点一般是用钢筋混凝土制成的，深埋到地面冻土线以下。有些水准点也可设置在稳定的墙脚上。

建筑工地上的永久性水准点一般用混凝土或钢筋混凝土制成，其式样如图 2-14a 所示。临时性的水准点可用地面上突出的坚硬岩石或大木桩打入地下，桩顶钉以半球形铁钉，如图 2-14b 所示。

埋设水准点后，应绘出水准点与附近固定建筑物或其他地物的关系图，图上注明水准点的编号和高程，称为点之记，以便日后寻找方便。水准点编号前通常加 BM（Bench Mark）字样。

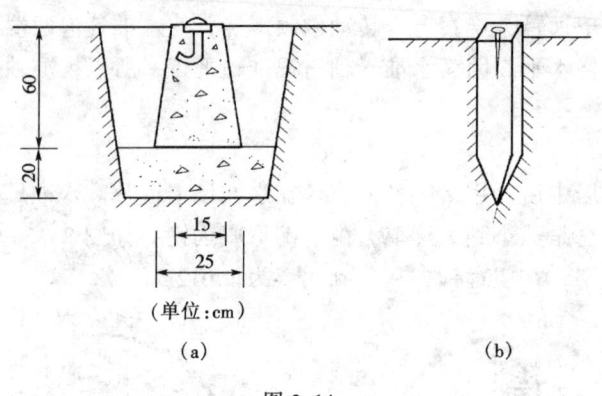

图 2-14

2.4.2 水准测量实施

当待定点离水准点较远或高差很大，就需要连续多次安置仪器才能测定两点高差。如图 2-15 所示，已知水准点 BMA 的高程为 H_A，测量未知点 B 的高程，假如需安置 4 个测站（安置仪器的位置称为测站），其观测步骤如下：

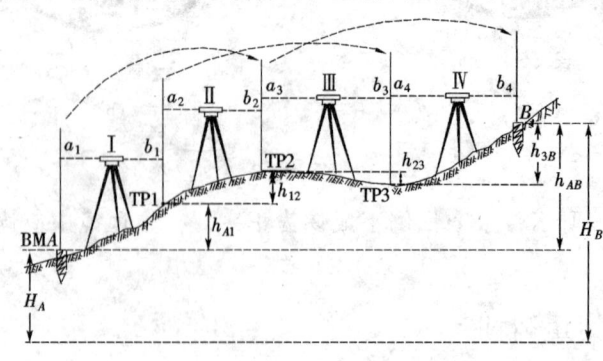

图 2-15

1. 选择转点：在离 BMA 点约 100m 处选一立尺点 TP1，称为转点。所谓转点就是起传递高程作用的立尺点,一般在编号前冠以英文字母 TP (Transfer Point),不写 TP 也可。在 A、TP1 两点上分别立水准尺。

2. 安置测站:在距 A 和 TP1 点大约等距离Ⅰ处,安置水准仪。用圆水准器将仪器粗平。

3. 后视 A 点上的水准尺,用微倾螺旋精平后,读水准尺后视读数 a_1 为 1.464m,记入表 2-1 对应于 A 点的后视读数栏。

4. 前视 1 点上的水准尺,用微倾螺旋精平后,读水准尺前视读数 b_1 为 0.897m,记入表 2-1 对应于 1 点的前视读数栏。

5. 计算第一测站两立尺点间的高差:$h_{A1} = a_1 - b_1 = 0.567$m,记入表格高差栏。

6. 继续测量,选第 2 个转点 TP2,水准仪搬到大约与 TP1、TP2 等距离的Ⅱ处,重复 2、3、4、5 各步,即"安置测站—后视—前视—计算高差"。

按照上述方法一直测到未知点 B。但是,搬立尺子应注意:从第 1 站至第 2 站时,前视尺不动,而是将 1 站的后视尺搬动到 2 站作为前视尺,如图箭头所示方向搬迁立尺。

显然

第 1 站:$h_{A1} = a_1 - b_1$

第 2 站:$h_{12} = a_2 - b_2$

第 3 站:$h_{23} = a_3 - b_3$

第 4 站:$h_{3B} = a_4 - b_4$

上列各式相加,得 $\quad\quad\quad \Sigma h = h_{AB} = \Sigma a - \Sigma b \quad\quad\quad (2-6)$

已知 H_A,则 $\quad\quad\quad\quad\quad H_B = H_A + \Sigma h \quad\quad\quad\quad\quad (2-7)$

表 2-1 水准测量记录表

测站	点号	后视读数	前视读数	高差	高程
1	A	1.464		+ 0.567	24.889
	TP1		0.897		25.456
2	TP1	1.879		+ 0.944	
	TP2		0.935		26.400
3	TP2	1.126		- 0.639	
	TP3		1.765		25.761
4	TP3	1.612		+ 0.901	
	B		0.711		26.662
检核计算		$\Sigma a = 6.081$ 6.081 - 4.308 = + 1.773	$\Sigma b = 4.308$	$\Sigma h = + 1.773$	$H_B - H_A = + 1.773$

2.5 水准测量的检核

水准测量包括计算检核、测站检核以及成果检核三项。

2.5.1 计算检核

1. 检核高差计算　各测站高差总和 = 后视读数总和 − 前视读数总和

上例：$\sum h = +1.773$　$\sum a - \sum b = 6.081 - 4.308 = +1.773$

2. 检核高程计算　未知点高程 − 已知点高程 = 各测站高差总和

上例：$H_B - H_A = 26.662 - 24.889 = \sum h = +1.773$

计算检核只能检查计算是否有误，不能检查观测是否存在错误。

2.5.2 测站检核

1. 双仪高法　也称变动仪器高法，是在同一测站上用不同仪器高度测两次高差，以相互进行比较。即测得第1次高差后，改变仪器高度10cm以上，重新安置水准仪，再测一次高差。两次测得高差之差不得超过容许值，等外水准为8mm，则认为符合要求，取其平均值作为最后结果，否则需重测。

双仪高法水准测量记录格式详见附录2实习1。

2. 双面水准尺法　需要有红黑双面的水准尺，水准仪安置的高度不变，先读后视尺与前视尺的黑面读数，求得两点高差。然后再读前后视红面尺读数，由红黑双面读数求得高差进行比较。但是应注意，配对尺使用的双面尺，红面起点，一根是4.687m，一根是4.787m。因此，计算高差时，若4.687为后视尺，4.787为前视尺，则红面读数求得高差应加上0.1m，因后尺起点数小0.1m。若4.787为后视尺，4.687为前视尺，则红面读数求得高差应减去0.1m，即

$$黑面求得高差 = 红面求得高差 \pm 0.1m \qquad (2-8)$$

（后视尺为4.687，取"+"号，后视尺为4.787，取"−"号）

红黑双面求得高差不得超过容许值，四等水准不得超过5mm，等外水准可放宽至8mm。

2.5.3 成果检核

测站检核只能检核一个测站观测是否存在错误或误差是否超限。对一条水准路线来说，还不足以说明所求未知点的高程是否符合要求。有一些误差在一个测站上反映不出来，但随着测站数的增加，使误差积累，致使最后成果达不到精度要求。因此，还必须进行整条路线成果的检核。

1. 附合水准路线　从一水准点BM A 出发，沿各待定高程点逐站进行水准测量，最后附合到另一水准点BM B 上，如图2-16所示。附合水准路线的检核条件为

$$\sum h_i = H_B - H_A$$

若等号两边不相等，则附合水准路线的高差闭合差 f_h 为

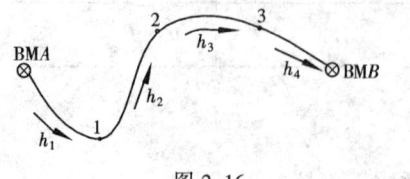

图 2-16

$$f_h = \Sigma h_i - (H_B - H_A) \qquad (2\text{-}9)$$

限差为：

$$\text{平地：} \quad f_{h容} = \pm 40\sqrt{L}\,(\text{mm}) \qquad (2\text{-}10)$$

$$\text{山地：} \quad f_{h容} = \pm 12\sqrt{n}\,(\text{mm}) \qquad (2\text{-}11)$$

式中　　L——路线总长，km；

　　　　n——路线上总测站数。

2. 闭合水准路线　从水准点 BMA 出发，沿环线逐站进行水准测量，经过各高程待定点，最后返回 BMA 点，称为闭合水准路线，见图 2-17。其高差闭合差 f_h 为

$$f_h = \Sigma h_i \qquad (2\text{-}12)$$

闭合水准路线限差同符合水准路线。

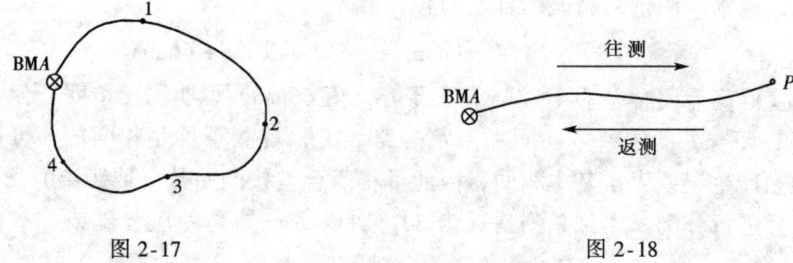

图 2-17　　　　　　　　　　　图 2-18

3. 支水准路线　若从一水准点出发，既没有符合到另一水准点，也没有闭合到原来的水准点，就称其为支水准路线，如图 2-18 所示。支水准路线采用往返观测，其高差闭合差 f_h 的计算公式为

$$f_h = \Sigma h_{往} + \Sigma h_{返} \qquad (2\text{-}13)$$

2.6　附合与闭合水准测量内业计算

2.6.1　附合水准测量内业计算

如图 2-19 所示，A、B 为已知水准点，A 点高程为 55.000m，B 点高程为 57.841m。在山区测量附合水准路线各测段测站数 n 及高差 h 列于图中。试求未知点 1 与 2 的高程，见表 2-2。

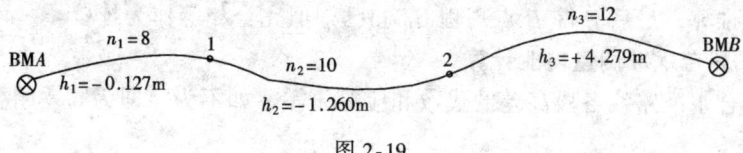

图 2-19

表 2-2　附合水准测量计算表

点号	测站数 n	高差 h /m	高差改正数 v /m	改正后高差 $h+v$ /m	高程 H /m
BMA	8	−0.127	−0.014	−0.141	55.000
1	10	−1.260	−0.017	−1.277	54.859
2	12	+4.279	−0.020	+4.259	53.582
BMB					57.841
Σ	30	+2.892	−0.051	+2.841	+2.841

1. 计算高差闭合差 f_h　按式（2-9）计算

$$f_h = \Sigma h_i - (H_B - H_A)$$
$$= -0.127 - 1.260 + 4.279 - (57.841 - 55.000)$$
$$= 2.892 - 2.841 = +0.051\text{m}$$

山地水准测量，高差闭合差的容许值为

$$f_{h容} = \pm 12\sqrt{n}(\text{mm}) = \pm 12\sqrt{30} = \pm 66\text{mm}$$

实际高差闭合差为 +51mm，小于容许值 66mm，说明测量精度符合要求。

2. 闭合差的调整　在同一条水准路线上，观测条件是相同的，可以认为各测站产生误差大小基本相同，因此可将闭合差按测站数（或距离）成正比例反符号进行分配。本例总测站数为 30，所以每一站高差应分配或称高差改正数为

$$-\frac{f_h}{n} = -\frac{0.051}{30} = -0.0017\text{m}$$

第 1 段高差改正数 $v_1 = -0.0017 \times 8 = -0.0136$m。第 2 段高差改正数 $v_2 = -0.0017 \times 10 = -0.017$m。第 3 段高差改正数 $v_3 = -0.0017 \times 12 = -0.0204$m。计算后取小数点后 3 位填入表中高差改正数栏内。检查高差改正数总和应等于闭合差；但符号相反。由于四舍五入的影响，有时会产生 1~2mm 的差异，此时应适当调整高差改正数，使高差改正数总和其绝对值完全等于闭合差。

计算各测段改正后的高差，就是将实测的高差加高差改正数。这一步又要作检查，即改正后高差总和应等于 A、B 两点的高差（$H_B - H_A$）。

3. 高程计算　从 A 点已知高程加 A~1 改正后高差，便得 1 点的高程。依次逐步推算，最后算得 B 点高程 H_B 和已知值完全相等作为校核。

2.6.2　闭合水准测量内业计算

闭合水准路线各段高差的代数和应等于零，如不为零即为高差闭合差 f_h

$$f_h = \Sigma h_i$$

闭合差的分配、计算改正后高差及最后推算高程与附合水准路线相同。

2.7 微倾水准仪的检验与校正

在2.3.2中已介绍了水准仪结构有4条主要轴线以及它们应满足的三个条件。但是由于仪器的长期使用和搬运，各轴线之间的关系会发生变化，若不及时检验与校正，就会影响测量成果的质量。因此，在使用前应对仪器进行认真检验与校正。

2.7.1 圆水准器的检验与校正

1. 检验

目的：圆水准器轴 $L'L'$ 平行于仪器竖轴 VV。

方法：首先用脚螺旋使圆水准气泡居中，此时圆水准器轴 $L'L'$ 处于竖直的位置。将仪器绕仪器竖轴旋转180°，圆水准气泡如果仍然居中，说明 $VV /\!/ L'L'$ 条件满足。

若将仪器绕竖轴旋转180°，气泡不居中，则说明仪器竖轴 VV 与 $L'L'$ 不平行。在图2-20a中，如果两轴线交角为 α，此时竖轴与铅垂线偏差也为 α 角。当仪器旋转180°后，圆水准器轴 $L'L'$ 与铅垂线的偏差变为 2α，即气泡偏离格值为 2α，如图2-20b所示。

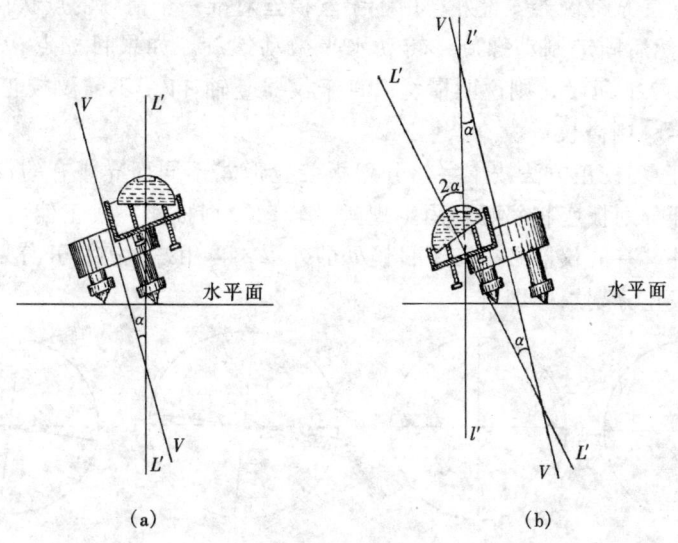

图2-20

2. 校正 首先稍松位于圆水准器下面中间的固紧螺钉（见图2-21c），然后调整其周围的3个校正螺钉，使气泡向居中位置移动偏离量 2α 的一半，即 α，如图2-21a所示。此时圆水准器轴 $L'L'$ 平行于仪器竖轴 VV。然后再用脚螺旋整平，使圆水准器气泡居中，竖轴 VV 与圆水准器轴 $L'L'$ 同时处于竖直位置，如图 2-21b 所示。校正工作一般需反复进行，直至仪器转到任何位置气泡均为居中为止，最后应旋紧固定螺钉。

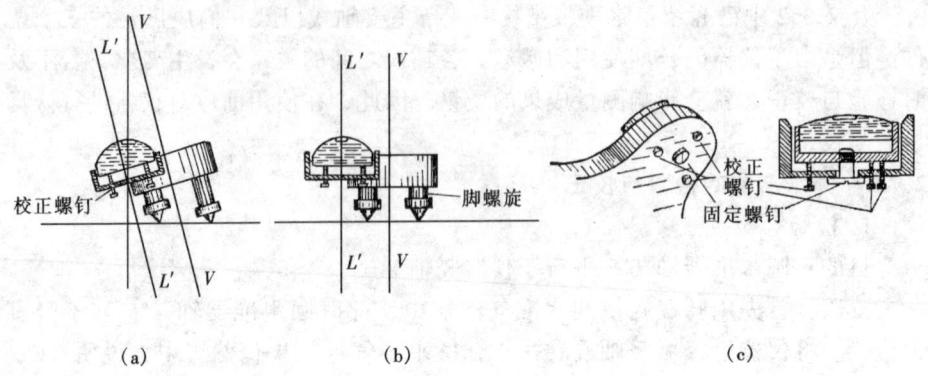

图 2-21

2.7.2 十字丝的检验与校正

1. 检验

目的：十字丝横丝垂直于仪器竖轴 VV。

方法：首先将仪器安置好，用十字丝横丝对准一个清晰的点状目标 P，见图 2-22a。然后固定制动螺旋，转动水平微动螺旋。如果目标点 P 沿横丝移动，如图 2-22b 所示，则说明横丝垂直于仪器竖轴 VV，不需要校正。如图 2-22c、d 所示，则需校正。

2. 校正　校正方法按十字丝分划板装置形式不同而异。有的仪器可直接用螺丝松开分划板座相邻两颗固定螺丝，转动分划板座，改正偏离量的一半，即满足条件。有的仪器必须卸下目镜处的外罩，再用螺丝刀松开分划板座的固定螺丝，拨正分划板座即可。

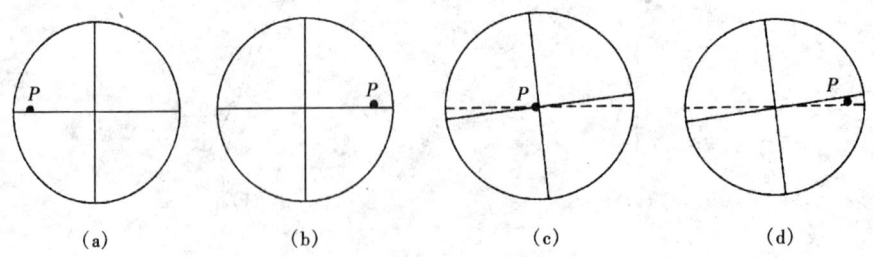

图 2-22

2.7.3 管水准器的检验与校正

1. 检验

目的：水准管轴 LL 应平行于望远镜的视准轴 CC。

方法：

(1) 选相距约 60~100m 的两点 A 和 B，如图 2-23 所示，离 A、B 等距离 Ⅰ 处安置仪器，用双仪器高法测 A、B 高差两次，如差数在 3mm 以内，取平均值为正确的高差 h_{AB}。因前后视读数误差均包含误差 x，求高差时 x 就消除了。

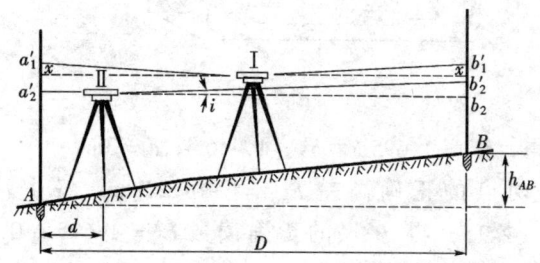

图 2-23

(2) 把仪器搬到靠近 A 或 B 点，例如靠近 A 点，图中 Ⅱ 位置，离 A 点距离为 d（约 2m，略大于仪器的最短视距），读出 A 点和 B 点水准尺读数，再求两点高差为 h'_{AB}，如果两个位置测得高差不相等，则说明条件不满足。

(3) 计算视准轴与水准管轴不平行所产生的夹角 i，从图中可看出

$$i = \frac{b'_2 b_2}{D - d} \rho'' \tag{2-14}$$

从图中可看出：在 Ⅱ 站 B 尺的正确读数 b_2 为

$$b_2 = a'_2 - h_{AB} \tag{2-15}$$

移项得

$$a'_2 - b_2 = h_{AB}$$

$$a'_2 - b'_2 = h'_{AB}$$

将上面两式相减便得 $b'_2 b_2 = h_{AB} - h'_{AB}$ 代入式 (2-14)，得

$$i = \frac{|h_{AB} - h'_{AB}|}{D - d} \rho'' \tag{2-16}$$

式中　D——AB 两点距离；

　　　d——近尺位置的距离；

　　　$\rho'' = 206\,265''$。

如果两轴夹角 $i > 20''$，则需要校正。

2. 校正　校正工作应在第 Ⅱ 站进行。首先按式 (2-15) 计算 B 尺的正确读数 b_2。然后调微倾螺旋使视准轴对准这个正确读数，此时水准管气泡必偏歪。调节上下两个螺丝使气泡居中。操作时，需先将左（或右）螺丝略松开一些，见图 2-24，使水准管能够活动，然后一松一紧上下校正螺丝，使气泡居中，最后再把左右螺丝扭紧。

现举实例如下：

$D = 80\mathrm{m}$，在Ⅰ站观测得，$a'_1 = 1.889\mathrm{m}$，$b'_1 = 1.661\mathrm{m}$。

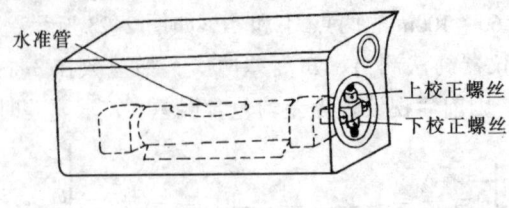

图 2-24

在Ⅱ站观测得，$a'_2 = 1.695\mathrm{m}$，$b'_2 = 1.446\mathrm{m}$，$d = 3\mathrm{m}$。

计算 A、B 两点的正确高差 $h_{AB} = +0.228\mathrm{m}$。在Ⅱ站观测得 $h'_{AB} = +0.249\mathrm{m}$。按式（2-15）得 B 尺的正确读数 $b_2 = 1.695 - 0.228 = 1.467\mathrm{m} > 1.446\mathrm{m}$，说明视线向下倾斜。

$$i = \frac{|h_{AB} - h'_{AB}|}{D - d}\rho''$$

$$= \frac{|0.228 - 0.249|}{80 - 3} \times 206\,265 = 56.2''$$

校正时，调微倾螺旋使视准轴对准正确读数 b_2，即 $1.467\mathrm{m}$，此时水准管气泡必偏歪。调节上下两个螺丝使气泡居中。

2.8 水准测量误差的分析

水准测量的误差包括水准仪本身的仪器误差、人为的观测误差以及外界条件的影响三个方面。

2.8.1 仪器误差

仪器误差主要是指水准仪经检验校正后的残余误差和水准尺误差两部分。

1. 残余误差　水准仪经检验校正后的残余误差，主要表现为水准管轴与视准轴不平行，虽然经校正，但仍然残存的少量误差。这种误差的影响与距离成正比，观测时若保证前后视距大致相等，便可消除或减弱此项误差的影响。这就是水准测量时为什么要求前后视距相等的重要原因。

2. 水准尺误差　由于水准尺的刻划不准确，尺长发生变化、弯曲等，会影响水准测量的精度，因此，水准尺须经过检验符合要求后，才能使用。有些尺子的底部可能存在零点差，可在一水准测段中使用测站数为偶数的方法予以消除。其理由是：

例如第一站测量，正确高差为 h_1，由于零点差，观测结果得到不正确高差为 h'_1，假设后尺 A 零点未磨损，前尺 B 零点磨损量为 Δ，则

第一站，A 尺未磨损，B 尺磨损 Δ，则　$h'_1 = a_1 - (b_1 + \Delta) = h_1 - \Delta$

第二站，由于前后尺倒换，则 $h_2' = (a_2 + \Delta) - b_2 = h_2 + \Delta$

第三站，前后尺又倒换，所以 $h_3' = a_3 - (b_3 + \Delta) = h_3 - \Delta$

如此继续下去。从上列公式看出：第一站高差测小一个 Δ，第二站测大一个 Δ，第三站又小一个 Δ，全路线总高差为各站高差之和。如果全路线布置成偶数测站，则可完全消除水准尺零差对高程的影响。

2.8.2 观测误差

1. 水准管气泡居中误差　设水准管分划值为 τ''，气泡居中误差一般为 $\pm 0.15\tau''$。采用符合水准器时，气泡居中精度可提高一倍。

2. 水准尺估读误差　在水准尺上估读毫米数的误差 m_V，与人眼的分辨力、望远镜的放大倍率 V 和视距长度 D 有关。通常用下式计算

$$m_V = \frac{60''}{V} \times \frac{D}{\rho''} \tag{2-17}$$

3. 视差影响　当存在视差时，由于水准尺影像与十字丝分划板平面不重合，若眼睛观察的位置不同，便读出不同的读数，因而会产生读数误差。所以，观测时应注意消除视差。

4. 水准尺倾斜误差　水准尺倾斜将使尺上的读数增大，且视线离地面越高，读取的数据误差就越大。例如水准尺倾斜 3.5°，在水准尺 1m 处读数时，将产生 2mm 的误差。若读数大于 1m，误差将超过 2mm。

2.8.3 外界条件的影响

1. 仪器下沉　在土质较松软的地面上进行水准测量时，易引起仪器下沉，致使观测视线降低，造成测量高差的误差，若采用"后—前—前—后"的观测顺序可减弱其影响。因此仪器应放在坚实地面上，并将仪器脚架踏实。

2. 尺垫下沉　转点处的尺垫发生下沉后，使下一测站的后视读数增大，则高差增大，造成高程传递误差。为此，实际测量时，转点应设在坚实地面上，尺垫要踏实。

3. 地球曲率和大气折光的影响　如图 2-25 所示，用水平视线代替水准面，若在尺上读数产生的误差为 C，由式（1-10）可知，C 值为

$$C = \frac{D^2}{2R} \tag{2-18}$$

式中　D——仪器到水准尺的距离；

R——地球平均半径 6 371km。

由于大气折光的影响，视线不是水平线，而是一条曲线（如图 2-25 所示），其曲率半径为地球半径的 7 倍。因此折光对水准尺读数影响为

$$r = \frac{D^2}{2 \times 7R} \tag{2-19}$$

折光与地球曲率的综合影响为

$$f = C - r = \frac{D^2}{2R} - \frac{D^2}{14R} = 0.43\frac{D^2}{R} \qquad (2\text{-}20)$$

如果使前后视距相等，则式（2-20）计算的 f 值相等。因此，地球曲率和大气折光的影响将得到消除或大大减弱。

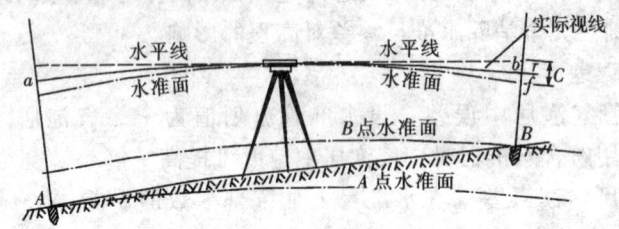

图 2-25

4. 温度影响 温度的变化不仅引起大气折光的变化，而且仪器受到烈日的照射，水准管气泡将向着温度高的方向偏移，影响仪器的水平，从而产生气泡居中的误差。因此，观测时应注意撑伞遮阳，避免阳光直接照射。

2.9 几种新式水准仪简介

2.9.1 自动安平水准仪

自动安平水准仪的特点是没有管水准器和微倾螺旋。在粗略整平之后，即在圆水准气泡居中的条件下，利用仪器内部的自动安平补偿器，就能获得视线水平时的正确读数，省略了精平过程，从而提高了观测速度和整平精度。如图 2-26 所示，当视准轴倾斜一个 α 角，为使经过物镜光心的水平光线 a_0 能够通

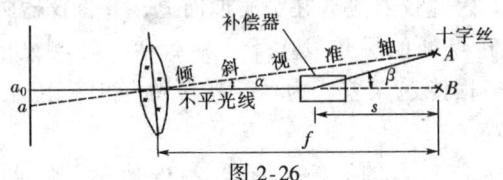

图 2-26

过十字丝交点 A，在物镜的调焦透镜与十字丝分划板之间安装一个"补偿器"，则可使 a_0 光线偏转一个 β 角而通过十字丝交点 A。实际上，α 角与 β 角都非常小，当满足下式要求，就可达到补偿的目的。

$$f\alpha = s\beta \qquad (2\text{-}21)$$

补偿器的种类很多，最常用的是采用吊挂光学棱镜的方法，借助于重力的作用使光学棱镜位移。此时，视准轴虽有微小倾斜，十字丝交点仍能读得正确的水平读数。

图 2-27

图 2-27 为北京光学仪器厂生产的 DZS3—1 型自

动安平水准仪,每千米测量高差的中误差为±2.5mm,补偿器工作范围为±5′。

2.9.2 激光水准仪

在普通水准仪结构的基础上,安装一个能够发射激光的装置,激光束通过仪器内部棱镜,从望远镜射出一条水平的可见的激光,这种水准仪称为激光水准仪。激光水准仪种类有多种,常用的是激光扫平仪。其特点是能够提供一条可见的激光水平面,作为施工的基准,在平整场地测量中尤为方便。

激光扫平仪主要由激光准直器、转镜扫描装置、安平机构和电源等部件组成。激光准直器竖直地安置在仪器内。转镜扫描装置如图2-28所示,激光束沿五角棱镜旋转轴 OO' 入射后,出射的光束为水平的光束。当五角棱镜在电机的驱动下作水平旋转时,出射光束成为激光平面,可以同时测定扫描范围内任意点的高程。

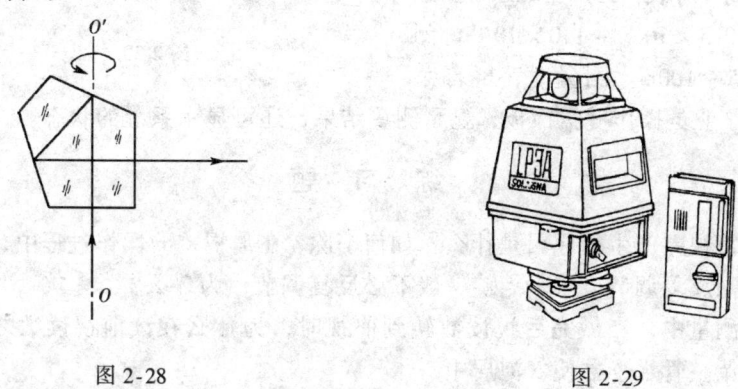

图 2-28　　　　　　　　　图 2-29

图2-29为日本测机舍公司生产的激光扫平水准仪(LP3A型),除主机外还配有2个受光器(即光电接受靶,图中的右图)。受光器上有条形荧光板、液晶显示屏和受光灵敏度切换钮,此钮从L转到H,受光感应灵敏度由低(±2.5mm)转变到高感度(±0.8mm),可根据测量精度要求进行选择。受光器也可通过卡具安装在水准尺或测量杆上,即可测量任意点的标高或用以检测水平面等。

2.9.3 数字水准仪

数字水准仪(digital level)是一种新型的智能化水准仪,又称为信息水准仪。测量原理是将编码的水准尺影像进行一维图像处理,用传感器代替观测者的眼睛,从望远镜中看到水准尺上"刻划"的测量信号,由微处理器自动计算出水准尺上的读数及仪器至标尺间的水平距离。所测数据可在仪器显示屏上显示,并记录在内置PCMCIA卡上;亦可通过标准RS232C接口向计算机或相关数据采集器中传输。

数字水准仪的构造主要包括光学系统、机械系统和电子信息处理系统。其光学系统和机械系统两部分与普通水准仪基本相同。在进行数字化水准测量时,应使用刻有二进制条形码的专用水准尺。该水准尺的编码影像通过一个光束分离器,把光分解为红外光和可见光两部分,由仪器自动处理,显示测量结果。测量时,自动安平补偿器和物镜调焦对光均由仪器内置的电子设备自动监控完成。

图 2-30 为瑞士徕卡(Laica)生产的数字水准仪。该水准仪高程测量精度每千米为 0.3~1.0mm,测距精度为 $0.5 \times 10^{-6} \sim 1.0 \times 10^{-6}$,测程为 1.5~100m。测量时,屏幕菜单引导作业员操作键盘面板,显示测量结果,还可显示系统的状态。

图 2-30

练 习 题

1. 望远镜视差产生的原因是什么?如何消除?在消视差的操作过程中,哪个螺旋必须反复调节,哪个螺旋一般不必反复调节,为什么?
2. 水准测量中,当做完后视读数转到前视时,为什么在读前视读数之前,还必须调整管水准器使气泡居中?
3. 水准仪的构造有哪些主要轴线?它们之间应满足什么条件?其中哪个条件是最主要的?为什么?
4. 水准测量时,前后尺轮换安置能基本消除什么误差?试推导公式来说明其理由。为了完全消除该项误差应采取什么测量措施?
5. 水准测量中,要做哪几方面的校核?试详细说明,并指出其必要性。
6. 将水准仪安置于距两尺大致相等处观测可以消除哪些误差影响?为什么?
7. 水准测量中产生误差的原因有哪些?哪些误差可以通过适当的观测的方法或经过计算加以减弱以至消除?哪些误差不能消除?
8. 等外闭合水准测量,A 为水准点,已知高程和观测成果已列于表 2-3 中。试求各未知点高程。
9. 水准仪安置在 A、B 两点等距处,A、B 两点距离为 60m,测得 A 点标尺读数为 2.321m,B 点标尺读数为 2.117m。然后搬仪器到 B 点近旁 2m 处,测得 B 点标尺读数为 1.966m,A 点读数为 2.196m。问水准管是否平行于视准轴?如不平行,视线是偏上还是偏下?两轴交角 i 为多少?如何校正?
10. 自动安平水准仪的原理是什么?它的操作有什么特点?

表 2-3　水准观测记录表

点号	距离 D /km	高差 h /m	高差改正数 v	改正后高差 $h+v$	高程 H /m
A					20.032
	0.48	+1.377			
1					
	0.62	+1.102			
2					
	0.34	−1.358			
3					
	0.43	−1.073			
A					
Σ					

$f_h =$　　　$f_{h容} = \pm 40 \sqrt{D} =$

第3章 角度测量

角度测量是测量工作的基本内容之一。它包括水平角测量和竖直角测量。本章主要讲述角度测量的基本原理、光学经纬仪的构造及测角方法、经纬仪的检验校正、经纬仪测角误差分析等。

3.1 水平角测量的原理

1. 水平角的概念 水平角是指地面上一点到两个目标点的方向线垂直投影到水平面上的夹角，或者说，是过两条方向线的竖面所夹的两面角。如图 3-1 所示，直线 BA 与直线 BC 所夹的水平角是指 BA 与 BC 投影到水平面 H 上水平线 ba 与 bc 所夹的 β。也可以说是通过这两条直线的竖直平面所组成的两面角。两面角的棱线是一条铅垂线，在铅垂线上任意一点都可以量度水平角的大小，如图 3-1 所示，在 O 点水平地安放一个带刻度的圆盘，通过 BA 方向的竖直面在刻度盘上所截的读数为 a，通过 BC 方向的竖直面在刻度盘上所截的读数为 b，则两个方向读数差就是所测水平角的角值，即

$$\beta = b - a$$

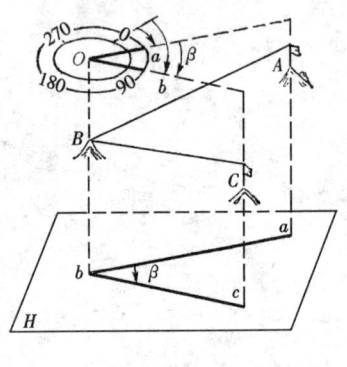

图 3-1

2. 测量水平角仪器的条件 根据上述原理，测量水平角的仪器必须具备三个条件：

(1) 有一个能够置于水平位置带刻度的圆盘，圆盘中心安置在角顶点的铅垂线上。

(2) 有一个能够在上、下、左、右旋转的望远镜。

(3) 有一个能指示读数的指标。

经纬仪就是具备上述三个条件的仪器。水平角值范围为 0°～360°。

3.2 经纬仪的分类、DJ6 级光学经纬仪的构造与读数

3.2.1 经纬仪的分类

目前经纬仪主要分为光学经纬仪与电子经纬仪两大类。

光学经纬仪是一种光学和机械组合的仪器，内部有玻璃度盘和许多光学棱镜与透镜。光学经纬仪按精度又分5个等级，即DJ07、DJ1、DJ2、DJ6和DJ15等5个等级。图3-2是工程测量中常用的DJ6级光学经纬仪。"D"和"J"分别表示"大地测量"和"经纬仪"汉语拼音的第一个字母，"6"表示该仪器观测水平方向的精度（一测回水平方向的中误差为±6″）。

电子经纬仪是光学、机械、电子三者相组合的仪器，是在光学经纬仪的基础上加电子测角设备，因而能直接显示测角的数值，它必须配备电源才能工作。

3.2.2 DJ6级光学经纬仪的构造

图3-2所示为DJ6级光学经纬仪，它的构造主要由照准部、水平度盘与基座三大部分组成。

1. 照准部　指经纬仪上部可转动的照准部分，主要包括望远镜、竖直度盘、水准器及读数设备等。

（1）望远镜：望远镜是瞄准目标的设备，与横轴固连在一起，横轴放在支架上，因此望远镜可绕横轴在竖直面内转动，以便瞄准不同高度的目标，控制它上下转动有望远镜制动螺旋与微动螺旋。望远镜可随照准部绕竖轴作360°旋转。控制水平方向转动有水平制动螺旋与微动螺旋。

（2）竖盘：竖直地固定在横轴的一端，当望远镜转动时，竖盘也随着转动，用以观测竖直角。

（3）光学读数装置：DJ6级光学经纬仪读数装置有两种，以后再作详细介绍。读数由望远镜旁的读数显微镜进行读取。

（4）水准器：照准部上安置有水准管，用以精确整平仪器。

（5）光学对中器：用它可将仪器中心精确对准地面的点。早期的DJ6级光学经纬仪（例如DJ6—1型）没有光学对中器。

另一种DJ6级光学经纬仪，其照准部上配有复测旋钮，或称度盘离合器，可控制照准部与度盘的分离或相连，例如DJ6—1型，此处不作详细介绍。

2. 水平度盘　水平度盘是作为观测水平角读数用的，它是用玻璃刻制的圆环，其上顺时针方向刻有0°~360°，最小刻划为1°或30′。水平度盘在仪器内部，图3-2中看不见。

3. 基座　基座是支撑仪器的底座。设有3个脚螺旋，基座上固定有圆水准器，作为仪器粗略整平用。基座和三脚架头用中心螺旋连接，以便把仪器固定在三脚架上。

3.2.3 DJ6级光学经纬仪的读数法

光学经纬仪的水平度盘和竖直度盘的分划线是通过一系列的棱镜和透镜成像在望远镜目镜旁的读数显微镜内。为了实现精密测角，采用光学测微技术。

不同的测微技术,其读数方法也不同,DJ6型光学经纬仪读数结构有分微尺测微器和单平板玻璃测微器两种方法。

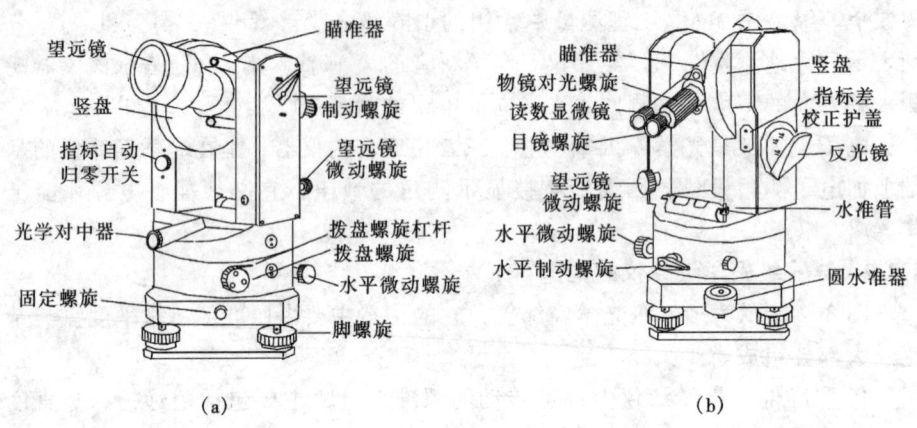

图 3-2

1. **分微尺测微器及读数方法** 观察望远镜旁的读数显微镜,可以看到2个读数窗口。Hz为水平度盘读数窗口,V为竖直度盘读数窗口。每个窗口同时显示度盘分划像和分微尺分划像。分微尺在的窗口中央固定位置不动,度盘分划影像随观测操作而移动。分微尺60小格总宽度刚好等于度盘1°的宽度。分微尺一小格代表1′,可估读至0.1′,即6″。

读数方法:以分微尺0为指标,先读水平度盘度数(从小到大读),加上度盘分划落在分微尺相应的分值,再加上估读的不足1′的秒值,估读1格的1/10,即0.6″,相加在一起为全部读数,见图3-3。

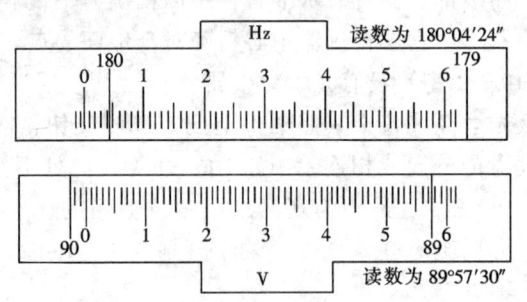

图 3-3

2. **单平板玻璃测微器及其读数方法** 该测微装置主要由测微轮、平板玻璃及测微分微尺组成。是利用平板玻璃对光线的折射作用实现测微。当来自度盘光线垂直入射到平板玻璃上,度盘分划线不改变原来的位置,这时双线指标度盘上读数为$73+x$。为了读出x值,转动测微手轮,带动平板玻璃和分微尺同时转动，致使度盘分划影像因折射而平移，当 73 分划影像移至双线指标中央时，其平移量为 x，x 值可由测微尺读出，如图 3-4a 为 $18'20''$，则全部读数为 $73°18'20''$。

图 3-4c 为读数显微镜中看到的图像，下面为水平度盘，中间为竖直度盘，最上面为测微尺，测微尺的指标为单线。度盘的分划值为 $30'$，测微尺的分划值为 $20''$，估读至 $5''$。读数时，转动测微手轮，使双线指标夹住度盘分划，先读度盘的度数，再加上测微尺上小于 $30'$ 的数，如图 3-4b 中水平度盘读数为 $121°30' + 17'30'' = 121°47'30''$。

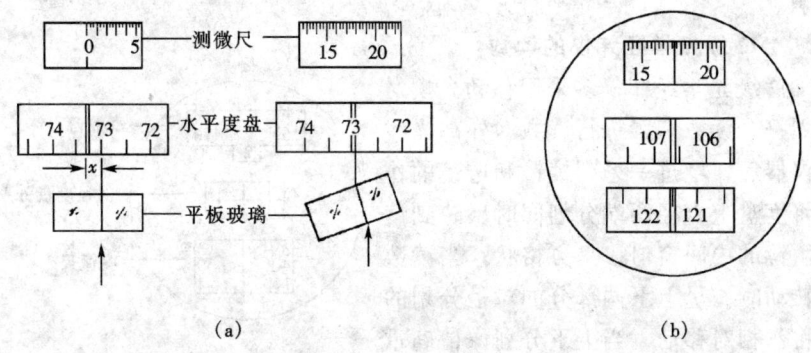

(a)   (b)

图 3-4

3.3 DJ2 级光学经纬仪的构造与读数

DJ2 级光学经纬仪常用于国家三、四等三角测量、精密导线测量和精度要求较高的工程测量，例如施工平面控制网、建筑物的变形观测等。图 3-5 是一种国产的 DJ2 级光学经纬仪。

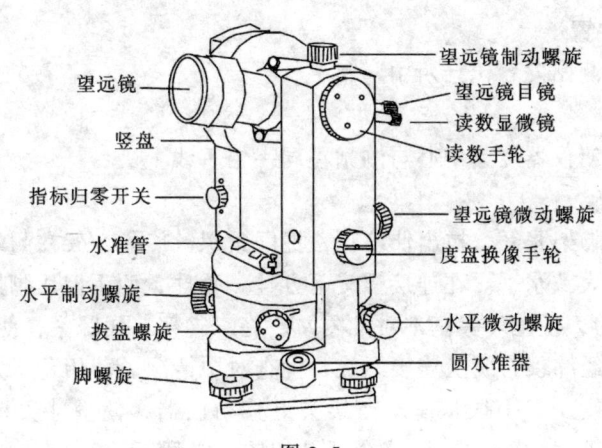

图 3-5

3.3.1　DJ2 级光学经纬仪的构造特点

DJ2 级光学经纬仪与 DJ6 级光学经纬仪构造基本相同，主要特点如下。

1. 采用了度盘换像手轮　DJ2 级光学经纬仪，在读数显微镜中不能同时看到水平盘与竖盘刻划影像，而是通过支架旁的度盘换像手轮来实现（见图 3-5），即利用该手轮可变换读数显微镜中水平盘与竖盘的影像。当换像手轮端面上的指示线水平时，显示水平盘影像，当指示线成竖直时，显示竖盘影像。

2. 采用了对径分划线符合读数装置　DJ2 级光学经纬仪采用对径分划线符合读数装置，可直接读出度盘对径分划读数的平均值，因而消除了度盘偏心差的影响。

3.3.2　DJ2 级光学经纬仪的读数

DJ2 级光学经纬仪多采用移动光楔对径分划符合读数装置进行读数。外部光线进入仪器后，经过一系列棱镜和透镜的作用，将度盘上直径两端分划同时反映到读数显微镜的中间窗口，呈方格状。当读数手轮转动时，呈上下两部分的对径分划的影像将作相对移动，当上下分划像精确重合时才能读数，如图 3-6 所示。顶上的窗

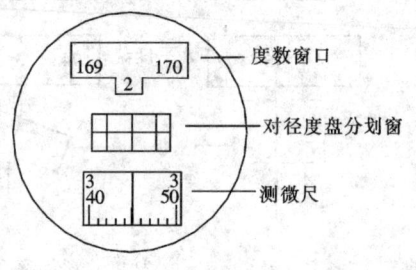

图 3-6

口为应读的度数，读左边的度数。下凸框内是应读的整 10′ 的数，最下面是测微尺，测微尺最上面一行注记为分，第 2 行注记为秒，整 10″ 一注。测微尺上每小格代表 1″，可估读 0.1″。图 3-6 中，上窗口读 169°20′，加上测微尺的 3′45.0″，全部的读数为 169°23′45.0″。

3.4　经纬仪的使用

3.4.1　测站安置

经纬仪的测站安置包括对中与整平。

1. 对中

目的：是使仪器度盘中心与测站在同一铅垂线上。

步骤：

（1）将三脚架张开，拉出伸缩腿，把固紧螺丝旋紧，架在测站上，使其高度适中，架头大致水平。在连接螺旋下方挂一垂球，两手握住脚架移动（保持架头大致水平），使垂球尖基本对准测站，将三脚架三腿踩紧，使其稳定。

（2）装上经纬仪，旋上连接螺旋，检查对中情况。若相差不大（1~2cm），稍松开连接螺旋，双手扶基座，在架头上移动仪器，使垂球尖精确对准测站点。为此，挂垂球的线长要调节合适，如图 3-7 所示。正确使用垂球线调节

板，并使垂球尽量接近测站点，以便于垂球对中。对中误差一般应小于3mm。如果没有挂垂球线调节板，可购买拉线开关灯绳，按图3-8的打结方法，则垂球线也可拉长或缩短。

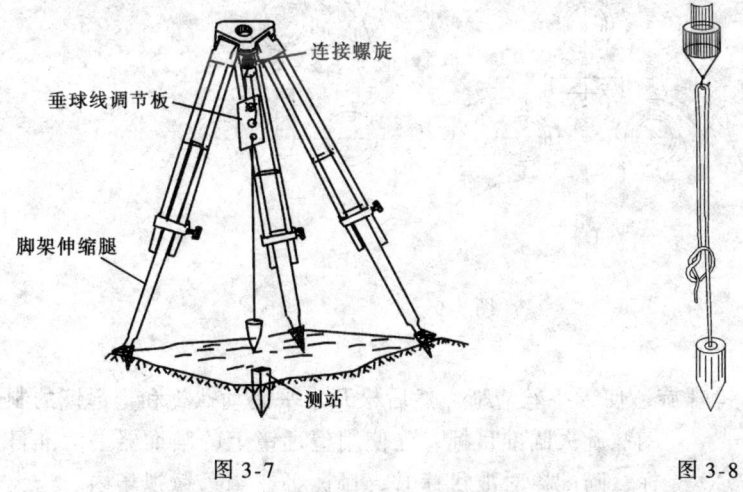

图3-7　　　　　　　　　　　图3-8

(3) 使用光学对中器精确对中，具体步骤如下：

1) 悬挂垂球大致对中。

2) 仪器应粗略整平，调脚螺旋使圆水准器的气泡居中。因为用光学对中器对准地面时，仪器的竖轴必须竖直。

3) 旋转光学对中器的目镜使分划板的刻划圈清晰，再推进或拉出对中器的目镜管，使地面点标志成像清晰。稍微松开中心连接螺旋，在架头上平移仪器（尽量做到不转动仪器），直到地面标志中心与刻划圆圈中心重合，最后旋紧连接螺旋，检查圆水准器是否居中，然后再检查对中情况，反复进行调整，从而保证对中误差不超过1mm。

2. 整平　整平的目的是使水平度盘水平，即竖轴铅垂。整平包括粗平（粗略整平）与精平（精确整平）两项。它们都是通过调节脚螺旋来完成的，这一点与水准仪是不同的。

粗平：首先调节脚螺旋大致等高，然后再转脚螺旋使圆水准器的气泡居中，操作方法与水准仪相同。

精平：首先转动照准部，使照准部上水准管与任一对脚螺旋的连线平行，两手同时向内或向外转动脚螺旋1和2（见图3-9a），使水准管气泡居中。气泡运动方向与左手大姆指运动方向一致。然后，将照准部旋转90°，如图3-9b所示，使水准管大约处于1、2两脚螺旋的连线的垂线上，转动第3个脚螺旋，使水准管的气泡居中。再转回原来的位置，检查气泡是否居中，若不居中，则按上述步骤反复进行，一般至少要反复做两遍（从a图至b图算为一遍），此两个位置气泡都居中，其他任何位置气泡必居中，否则，水准管本身有误差需校正。整平要求气泡偏离量最大不应超过0.5格。

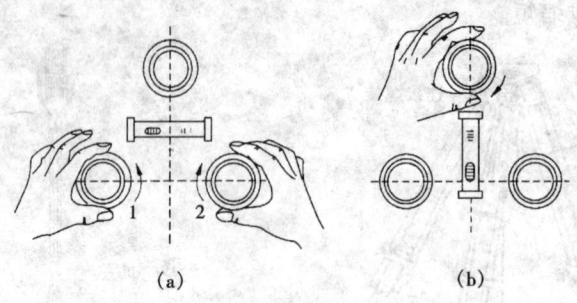

图 3-9

3.4.2 瞄准

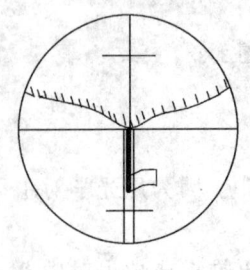

图 3-10

首先应转目镜螺旋，使十字丝清晰。然后松开水平制动螺旋和望远镜的制动螺旋去瞄准目标，先使用望远镜上的瞄准器去对准目标，瞄准器对准目标时，目标必在望远镜视场内。当大致对准目标后，固定制动螺旋，并使用微动螺旋精确对准目标。瞄准目标时要注意消除视差，眼睛左右移动观察目标的像与十字丝是否存在错动现象，一边观察，一边调对光螺旋，直至无错动现象为止。十字丝的竖丝上半为单丝，下半为双丝。一般用单丝去平分目标，用双丝去夹目标。由于目标安置常有倾斜，所以在测水平角时尽可能瞄准目标的基部，如图 3-10 所示。

3.4.3 读数

读数时首先调节反光镜，使读数窗明亮。其次调节读数显微镜的目镜螺旋，使刻划数字清晰，认清度盘刻划的形式，数字均由小到大读数。注意分微尺注记的 1、2、3、4、5、6 分别表示 10′、20′、30′、40′、50′、60′。

3.5 水平角的观测

观测水平角的方法，应根据测量工作要求的精度、使用的仪器、观测目标的多少而定。现介绍测回法与全圆方向观测法。

3.5.1 测回法

测回法适用于测量两个方向之间的单角。例如测水平角∠AOB，首先在角顶点 O 安置经纬仪（对中、整平），在目标 A 与目标 B 上设置照准标志。

1. 观测步骤

（1）盘左位置（面对经纬仪，竖盘在望远镜的左边，又称正镜），十字丝交点精确瞄准左方目标 A，读取水平度盘读数为 $0°00'24''$，记入测回法观测手薄，见表 3-1。

（2）松开水平制动螺旋，顺时针旋转照准部，用望远镜粗略瞄准右方目标 B，固定水平制动螺旋，旋转水平微动螺旋精确瞄准后，读取水平度盘读数为 $91°56'06''$，记入表格的相应栏。

上述方法完成盘左观测，又称上半测回，其水平角为

$$\beta_L = 91°56'06'' - 0°00'24'' = 91°55'42''$$

表 3-1 测回法观测手薄

测站	目标	盘位	水平度盘读数 ° ′ ″	半测回值 ° ′ ″	一测回值 ° ′ ″	各测回平均值 ° ′ ″
第一测回O	A	L	0 00 24	91 55 42	91 56 00	
	B		91 56 06			
	B	R	271 56 54	91 56 18		
	A		180 00 36			91 55 50
第二测回O	A	L	90 00 12	91 55 42	91 55 40	
	B		181 55 54			
	B	R	1 56 30	91 55 38		
	A		270 00 52			

（3）松开水平制动螺旋，纵转望远镜，逆时针旋转照准部 180°成盘右位置（竖盘在望远镜的右边，又称倒镜）。先瞄右边的目标 B，读取水平度盘读数 $271°56'54''$，记入表格的相应栏。

（4）松开水平制动螺旋，逆时针旋转照准部，再次瞄准左边目 A，读取水平度盘读数为 $180°00'36''$，记入表格的相应栏。

（3）、（4）两步完成盘右观测，又称下半测回，其水平角为

$$\beta_R = 271°56'54'' - 180°00'36'' = 91°56'18''$$

2．计算步骤

上、下两半测回合称一测回。上下半测回角度差不得大于 $40''$。本例

$$\beta_L - \beta_R = 24'' < 40'' \tag{3-1}$$

在规定限差内，取上下半测回角值的平均值，即

$$\beta = \frac{\beta_L + \beta_R}{2} = \frac{90°55'42'' + 91°56'18''}{2} = 91°56'00'' \tag{3-2}$$

当测角精度要求较高时，需要观测几个测回。为了减弱度盘刻划不均匀误差的影响，各测回间应变换水平度盘度数，按 $180°/n$（测回数 n）计算。例

如，观测3个测回，水平度盘变换度数为60°，第1测回起始方向读数安置在0°，第2测回起始方向读数安置在60°，第3测回起始方向读数安置在120°。

3. 起始方向的安置　起始方向安置某一度数的方法，依不同类型仪器而异。例如北光TDJ6，起始方向对0°00′00″的步骤是：

(1) 望远镜精确瞄准起始目标（固定制动螺旋，转微动螺旋精确瞄准）。

(2) 拨盘螺旋的杠杆按下，推进拨盘螺旋并旋转它，使度盘的0°刻划线与分微尺的0分划线对齐。

(3) 按一下杠杆，此时拨盘螺旋弹出，以避免以后碰动螺旋而变动度盘的位置。

3.5.2 方向观测法

方向观测法简称方向法。当一个测站上需测量的方向多于2个方向时，应采用方向法。当方向多于3个时，每半测回都以选定的起始方向（零方向）开始观测，依次观测各个目标后，应再次观测起始方向（零方向），此项操作称为归零。这种观测法称为全圆方向观测法。但是，当测站上仅3个方向数，可以不归零。现介绍全圆方向观测法的步骤及表格计算。

1. 观测步骤

(1) 经纬仪安置在 O 点上，对中整平。先盘左位置，瞄准起始方向 A，水平度盘配置为0°01′，本例实际读数为0°01′18″，记入 表3-2 相应栏。

表3-2　方向观测法记录手簿

测站	目标	水平度盘读数		$2C = L - R$ $± 180°$ ″	平均读数 $= \frac{1}{2}$ $(L + R ± 180°)$ ° ′ ″	一测回归零方向值 ° ′ ″	各测回归零方向平均值 ° ′ ″
		盘左 ° ′ ″	盘右 ° ′ ″				
第1测回 O	A	0 01 18	180 01 30	− 12	(0 01 27) 0 01 24	0 00 00	0 00 00
	B	95 48 48	275 48 54	− 06	95 48 51	95 47 24	95 47 35
	C	157 33 06	337 33 12	− 6	157 33 09	157 31 42	157 31 40
	D	218 07 30	38 07 18	+ 12	218 07 24	218 05 57	218 06 00
	A	0 01 24	180 01 36	− 12	0 01 30		
第2测回 O	A	90 00 00	270 00 18	− 18	(90 00 14) 90 00 09	0 00 00	
	B	185 47 54	5 48 06	− 12	185 48 00	95 47 46	
	C	247 31 54	87 31 48	+ 06	247 31 51	157 31 37	
	C	308 06 12	128 06 24	− 12	308 06 18	218 06 04	
	A	90 00 12	270 00 24	− 12	90 00 18		

(2) 顺时针方向转动照准部，依次瞄准 B、C、D 各点，如图 3-11 所示，分别读取水平度盘读数，记入手薄相应栏。

(3) 顺时针方向转动照准部再次瞄准起始方向 A，读取读数为 $0°01'24''$，记入手薄相应栏。两次起始方向的读数差称归零差。半测回的归零差 J6 级仪器允许为 $18''$，详见表 3-3。本例上半测回归零差为 $6''$，否则应重测。

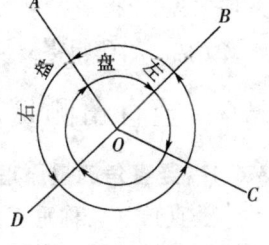

图 3-11

上述完成上半测回观测。

表 3-3　方向观测法限差规定

仪器级别	半测回归零差	一测回内 2C 互差	同一方向各测回互差
J2	$12''$	$18''$	$12''$
J6	$18''$		$24''$

(4) 纵转望远镜成盘右位置，逆时针方向转动照准部，依次瞄准 A、D、C、B，最后又回到 A 点，读数填入表中盘右纵栏，盘右记录自下而上填写。下半测回同样也要检查归零差。如不符合要求应重测。

如果需观测多个测回，各测回间水平度盘变换仍按 $180°/n$ 计算。

2. 计算步骤

(1) 计算两倍的视准差（$2C$）值

$$2C = 盘左读数 - （盘右读数 \pm 180°） \tag{3-3}$$

把 $2C$ 值填入表格中的 $2C$ 列。一测回内各方向 $2C$ 的互差若超过表 3-3 的规定，应在原度盘位置上重测。对于 DJ6 级仪器可以不检查 $2C$ 的互差，但 $2C$ 互差也不能相差太大。

(2) 计算各方向的平均读数

$$平均读数 = \frac{1}{2}[盘左读数 + （盘右读数 \pm 180°）] \tag{3-4}$$

计算的结果填入相应栏。由于起始方向有两个平均读数，应将这两个平均读数再取平均，其值填入表中相应位置，并加括号。表中第 1 测回与第 2 测回起始方向最后的平均值分别是（$0°01'27''$）与（$90°00'14''$）。

(3) 计算归零后的方向值。将各方向的平均读数减去括号内的起始方向的平均值，即得各方向的归零方向值，填入表中相应栏。此时起始方向的归零方向值写为 $0°00'00''$。

(4) 计算各测回归零方向值的平均值。首先检查计算测回之间同一方向归零方向值相差是否超限，J6 级仪器规定为 $24''$，J2 级仪器规定为 $12''$。如果超限应重测，若未超限，就可计算各测回归零方向的平均值，填入表中最后一栏。

如果要各目标间的夹角，例如求角度∠BOC 就等于 C 归零方向与 B 归零方向之差，即

∠BOC = C 归零方向 - B 归零方向 = 157°31′40″ - 95°47′50″ = 61°43′50″

3.6 竖直角测量原理与观测法

3.6.1 竖直角测量原理

竖直角（又称垂直角、竖角）是同一竖直面内倾斜视线与水平线的夹角，如图 3-12 所示，视线 OB 向上倾斜，形成仰角，其符号为正。视线 OA 向下倾斜，形成俯角，其符号为负。竖角一般用 α 表示，其值从 0°→±90°。

这里补充说明一下"天顶距"的概念，天顶距是同一竖直面内倾斜视线与铅垂线的夹角，从天顶上方向下计算，角值从 0°→180°。在电子经纬仪的竖直角测量时有天顶距测量与竖角测量的不同设置，因此需了解其概念。

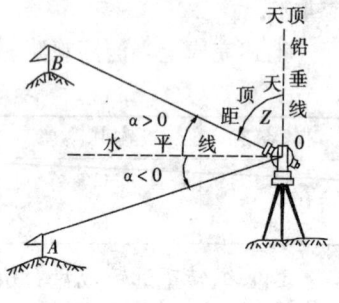

图 3-12

竖直角与水平角一样，其角值也是度盘上两个方向的读数差，不同的是两个方向中有一个方向是水平方向。由于经纬仪构造设定，当视线水平时，其竖盘读数均为一个固定的值，0°、90°、180°、270°四个数值中的一个。因此，在观测竖角时，只需观测目标点一个方向，并读取竖盘读数便可算得目标的竖直角值。

3.6.2 竖盘构造

经纬仪的竖盘也是光学玻璃度盘，它固定在横轴的一端，随着望远镜一起在竖直面内转动。而读数的指标线与竖盘是分离的，仪器的补偿器与 4 根金属吊丝相固连，在重力作用下，由于补偿器作用使竖盘指标线始终处于正确位置，读数窗内看到分微尺的零刻线就代表指标线。老式的 J6 级光学经纬仪，竖盘的读数指标线与指标水准管相连，转动指标水准管的微动螺旋来控制指标线的位置。

J6 级光学经纬仪竖盘刻划主要有两种类型，如图 3-13a、b 所示。0°与 180°刻线始终与视准轴一致。a 图，从盘左来看，0°刻划在目镜端，刻划注记按顺时针增加，望远镜水平时，理论上指标线指向 90°，即竖盘读数为 90°，望远镜抬高时，读数逐渐减少。b 图，

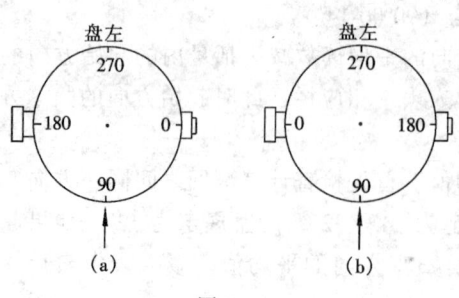

图 3-13

从盘左来看，0°刻划在物镜端，刻划注记按逆时针增加，望远镜水平时，理论上指标线指向90°，即竖盘读数为90°，望远镜抬高时，读数逐渐增加。

3.6.3 竖直角观测法

1. **安置测站、盘左位置瞄准目标** 经纬仪安置于测站 A 上，对中、整平。盘左位置瞄准目标，要用十字丝的横丝切于目标的顶端，如图3-14所示。

2. **竖盘指标归零、读数** 把竖盘指标自动归零开关打开，即转螺旋使其 ON 对准支架上的红点。此时即可读竖盘读数（读数窗中 V 窗口）。例如，瞄准目标 B 盘左读数 L 为 $78°18'18''$，记入表3-4。

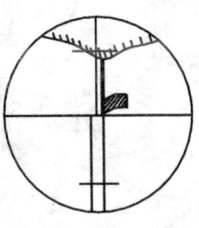

图3-14

表3-4 竖角观测记录簿

测站	目标	盘位	竖盘读数 ° ′ ″	竖角值		指标差 ″
				近似竖角值 ° ′ ″	测回值 ° ′ ″	
A	B	L	78 18 18	11 41 42	11 41 51	9
		R	281 42 00	11 42 00		
A	C	L	96 32 48	-6 32 48	-6 32 34	14
		R	263 27 40	-6 32 20		

3. **盘右位置** 在盘右位置，再瞄准目标 B，注意仍用十字丝的横丝瞄准目标顶端，此时读竖盘读数 R 为 $281°42'00''$，记入表格。

3.6.4 竖角计算

由竖角测角原理可知：竖角就是望远镜视线倾斜时读数和水平视线读数的差数。

(1) 当望远镜向上时，竖盘读数增加的情况，竖角 α 为

$$\alpha = 倾斜视线读数 - 水平视线读数 \quad (3-5)$$

(2) 当望远镜向上时，竖盘读数减少的情况，竖角 α 为

$$\alpha = 水平视线读数 - 倾斜视线读数 \quad (3-6)$$

从上面两式可知，计算竖角 α 就是求两个读数差。倾斜视线读数在观测目标读竖盘读数时获得，主要的问题是求水平视线读数。由于仪器长期使用，可能使水平视线读数不等于理论值（90°、270°等），与理论值之差称竖盘指标差 x。如图3-15所示，当指标线顺着度盘读数增加方向，其读数大于90°（或270°） x 为正；反之，x 为负。则，竖角 α 与竖盘指标差 x 通用公式为：

竖角 α 通用公式

$$\alpha = \frac{1}{2}(\alpha_L + \alpha_R) \quad (3-7)$$

竖盘指标差 x 通用公式

$$x = \frac{1}{2}(L + R - 360°) \tag{3-8}$$

现以 TDJ6 经纬仪为例,将竖角 α 与竖盘指标差 x 公式推导如下:

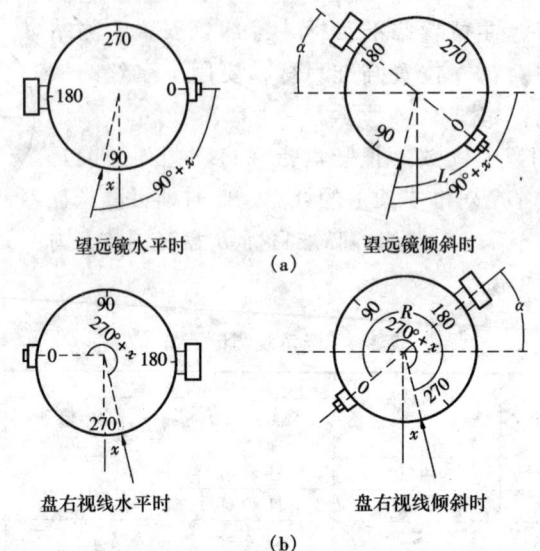

图 3-15 竖角 α 与竖盘指标差 x

盘左时,根据图 3-15a 或参看公式(3-6)得

$$\alpha = 90° + x - L$$

令

$$\alpha_L = 90° - L \tag{3-9}$$

上式中 α_L 称盘左近似竖角。

所以

$$\alpha = \alpha_L + x \tag{3-10}$$

盘右时,根据图 3-15b 或参看公式(3-5)得

$$\alpha = R - (270° + x) = R - 270° - x$$

令

$$\alpha_R = R - 270° \tag{3-11}$$

上式中 α_R 称盘右近似竖角。

所以

$$\alpha = \alpha_R - x \tag{3-12}$$

公式(3-10)加公式(3-12)得竖角 α

$$\alpha = \frac{1}{2}(\alpha_L + \alpha_R) \tag{3-13}$$

公式(3-10)减公式(3-12)竖盘指标差 x

$$x = \frac{1}{2}(L + R - 360°)$$

$$x = \frac{1}{2}(\alpha_R - \alpha_L) = \frac{1}{2}[R - 270° - (L - 90°)] \tag{3-14}$$

对于 DJ6-1 经纬仪(盘左时竖盘读数反时针增加),也可推得公式(3-13)与式(3-14)。

3.6.5 竖盘指标自动归零的补偿装置

老式的 J6 级光学经纬仪，观测竖角时，每次读竖盘读数之前，都必须调竖盘指标水准管使其气泡居中，使用不便。现在新式的 J6 级光学经纬仪，在竖盘光路中安置补偿器，用以取代指标水准管。当仪器在一定的倾斜范围内，都能读得相应于指标水准管气泡居中时的读数，称竖盘指标自动归零。这种补偿装置的原理与水准仪自动安平补偿原理基本相同。竖盘补偿装置的构造有多种。现介绍其中的一种，如图 3-16 所示。它在指标 A 和竖盘间悬吊一透镜（或平板玻璃），当视线水平时，指标 A 处于铅垂的位置，通过透镜 O 读出正确读数，如 90°。当仪器稍有倾斜，因无水准管指示，指标处于不正确位置 A' 处。但悬吊的透镜因重力作用由 O 移到 O' 处。此时，指标 A' 通过透镜 O' 的边缘部分折射，仍能读出 90° 的读数，从而达到竖盘指标自动归零的目的，如图 3-16b 所示。竖盘自动归零补偿范围一般为 2′。

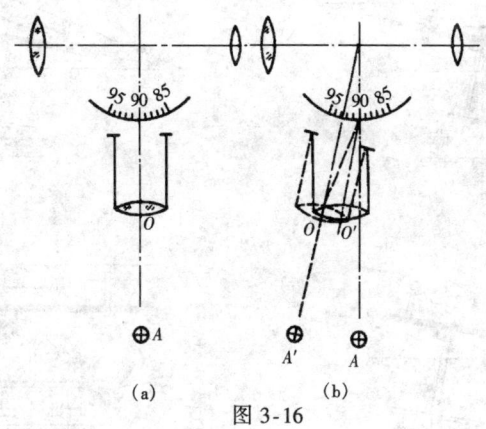

图 3-16

3.7 经纬仪的检验与校正

3.7.1 经纬仪构造应满足的主要条件

根据水平角测量原理，观测水平角时，经纬仪水平度盘必须成水平位置。操作时，一般是先粗平，后精平。为此，圆水准器轴应平行于仪器竖轴（仪器 360° 水平旋转的中心轴线），照准部水准管轴应垂直于竖轴。望远镜绕横轴纵转时，其视准轴形成的视准面必须是竖直平面，为此，视准轴应垂直于横轴，否则望远镜纵转时，其视准面不是竖直平面而是圆锥面。另外，横轴还应垂直于竖轴，否则望远镜纵转时，其视准面是倾斜面。

综上所述，经纬仪构造有五条主要轴：圆水准器轴、照准部水准管轴、竖轴、视准轴以及横轴，如图 3-17 所示。各轴间应满足如下 4 个条件：

(1) 圆水准器轴应平行于竖轴，即 $L'L' /\!/ VV$。

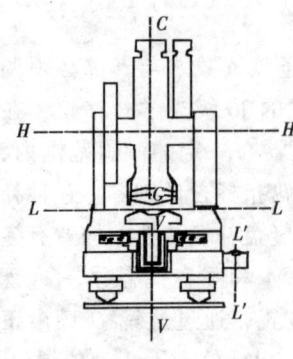

图 3-17

(2) 照准部水准管轴应垂直于竖轴，即 $LL \perp VV$。

(3) 望远镜的视准轴垂直于横轴，即 $CC \perp HH$。

(4) 横轴垂直竖轴，即 $HH \perp VV$。

3.7.2 经纬仪照准部水准管的检校

1. 检验　检验的目的是检查照准部水准管轴是否垂直于仪器的竖轴。先将仪器粗平，然后转照准部使水准管平行于任意一对脚螺旋，调节该对脚螺旋使水准管气泡居中。转动照准部 180°，如果气泡仍居中，则说明条件满足，如果气泡偏离超过 1 格，应进行校正。

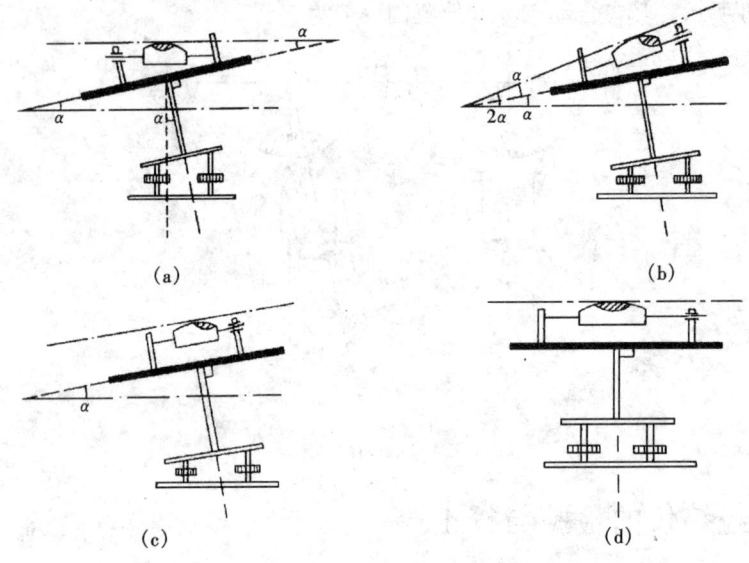

图 3-18

2. 校正　如图 3-18a 所示，水准管轴水平，但竖轴倾斜，设其基座和与铅垂线的夹角为 α。照准部转 180°，如图 3-18b 所示，基座和竖轴位置不变，水准管轴与水平面的夹角为 2α，通过气泡中心偏离水准管零点的格数表现出来。改正时先用校正针拨动水准管校正螺丝，使气泡退回偏离量的一半（等于 α），如图 3-18c 所示，此时，几何条件即满足。再用脚螺旋调节水准管气泡居中，如图 3-18d 所示，水准管轴水平，竖轴也垂直。

3.7.3 圆水准器的检校

1. 检验　检验的目的是检查圆水准器轴是否与仪器的竖轴平行。如缺少此项检校，以后就无法使用圆水准器作粗略整平。检验的方法是，首先用已检校的照准部水准管,把仪器精确整平,此时再看圆水准器的气泡是否居中,如不居中,则需校正。

2. 校正　在仪器精确整平的条件下,用校正针直接拨动圆水准器底座下的校正螺丝使气泡居中,校正时注意对校正螺丝一松一紧。

3.7.4 十字丝环的检校

1. 检验　检验的目的是检查十字丝的竖丝是否垂直于横轴的几何条件。检验时,用十字丝交点精确瞄准水平方向一清晰的目标点 A,然后用望远镜微动螺旋,使望远镜上下仰俯,如果 A 点不偏离竖丝,如图 3-19a 所示,则条件满足,否则,如图 3-19b 所示,需校正。

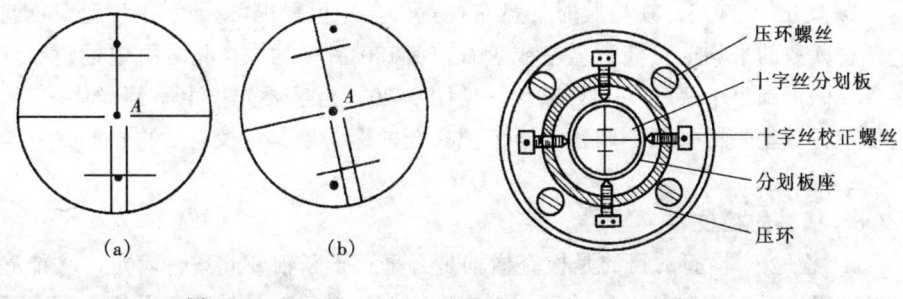

图 3-19　　　　　　　　图 3-20

2. 校正　旋下目镜十字丝分划板的护盖,松开4个压环螺丝,如图 3-20 所示,慢慢转动十字丝分划板座,使竖丝重新与目标点 A 重合,反复检验,直至条件完全满足。最后旋紧4个压环螺丝,旋上十字丝分划板护盖。

3.7.5 视准轴的检校

1. 检验　检验的目的是检查视准轴是否垂直于横轴。该条件不满足的主要原因是视准轴位置不正确,也就是十字丝交点位置不正确,十字丝交点偏左或偏右,使视准轴与横轴不垂直,形成视准轴误差,通常用 C 表示。检验的步骤如下：

(1) 把经纬仪整平,盘左位置,望远镜大约水平方向瞄准远方一清晰目标或白墙上某目标点 P,读取水平度盘读数 L。如图 3-21a 所示,假设十字丝交点偏右,使视准轴偏向左侧 C 角,因此盘左水平度盘读数 L 比正确盘左读数 L_0 大了 C 值,即

$$L = L_0 + C \qquad (3-15)$$

(2) 倒转望远镜成盘右位置,仍瞄准同一目标,读取水平度盘读数为 R。由于倒镜后视准轴偏向右侧 C 角,如图 3-21b。因此盘右水

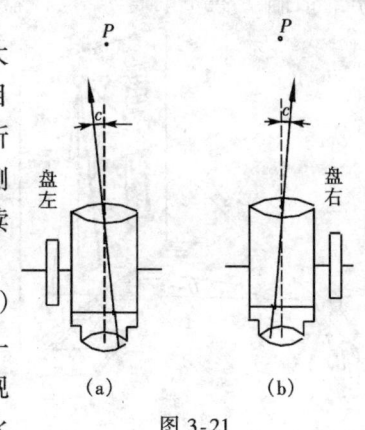

图 3-21

平度盘读数 R 比正确盘右读数 R_0 小了 C 值，即

$$R = R_0 - C \tag{3-16}$$

（3）因为瞄准同一水平方向目标，正确的正倒镜读数差为 $\pm 180°$，即 $L_0 - R_0 = \pm 180°$，所以式（3-15）减式（3-16），得

$$2C = L - R \pm 180° \tag{3-17}$$

因此，视准轴的误差 C 公式为

$$C = \frac{L - R \pm 180}{2} \tag{3-18}$$

如果 $C > \pm 1'$ 应校正。

2. 校正　首先，在检验时的盘右位置（盘左位置也可），水平度盘对准盘左盘右读数的平均值（注意盘左或盘右应 $\pm 180°$ 后平均），此时由望远镜纵丝偏离目标，调整十字丝环左右螺丝，见图 3-20，当然要先松上下螺丝中一个，然后左右螺丝一松一紧。调整完毕，把松开的螺丝旋紧。校正后再检验，直至 $C < \pm 1'$ 为止。

3.7.6　横轴的检校

1. 检验　检验的目的是检查横轴是否垂直于竖轴，此条件满足，才能确保竖轴铅直时，横轴是水平的，否则视准轴绕横轴旋转的轨迹不是铅垂面，而是一个倾斜面。检验的步骤如下：

如图 3-22 所示，距墙面约 30m 处安置经纬仪，先以盘左位置瞄墙上明显的高点 P（要求仰角 $\alpha > 30°$），读竖盘读数 L。不要松开照准部，将望远镜大致放平，在墙上标出十字丝交点所对的位置 P_1；再用盘右位置瞄准 P 点，又读竖盘读数 R，再放平望远镜后，在墙上标出十字丝交点所对的位置 P_2。如果 P_1 与 P_2 重合，表示横轴垂直于竖轴。否则，条件不满足。当竖轴铅直时，横轴不水平，盘左与盘右横轴倾斜方向正相反，图中盘左位置横轴是左高右低，故瞄 P 投下后得 P_1 点；盘右位置横轴变成左低右高，瞄 P 投下后得 P_2 点，用尺子量 P_1 至 P_2 的距离 l，横轴不垂直于竖轴，与垂直位置相差一个 i 角，在图中表现为两条倾斜线 PP_1 或 PP_2 与铅垂线 PP_M 的夹角 i。高点 P 的竖角 α 可以通过正倒镜观测 P 点的竖盘读数 L 与 R 按公式计算求得。经纬仪至墙面的距离 D 可用尺子量得。从图中可看出

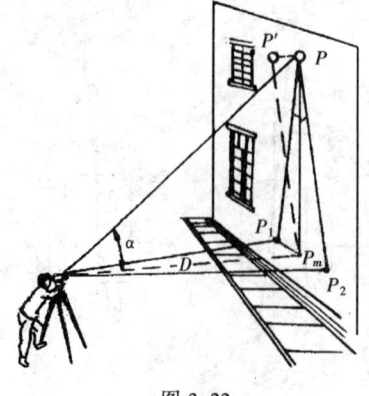

图 3-22

$$\tan i = \frac{P_1 P_m}{PP_m}$$

因为 $P_1 P_m = l/2$，$PP_m = D\tan\alpha$，代入上

式，并考虑到 i 角很小，得

$$i = \frac{l}{2} \frac{\rho''}{D} \cot\alpha \quad (3-19)$$

对于 DJ6 经纬仪，若 $i > 1'$，则需校正。

2．校正　此项校正需打开支架护盖，在室内进行。因技术性很高，应交专业维修人员处理。

3.7.7 竖盘指标差的检校

1．检验　当竖盘指标自动归零开关打开或竖盘指标水准管气泡居中，望远镜视线水平时，竖盘的读数应为理论值，如不为理论值，其差数即为竖盘指标差 x，x 值不得超过 ±1′。检验的方法：用正倒镜观测远处大约水平一清晰目标 3 个测回，按式（3-12）算出指标差 x，3 测回取平均，如果 x 大于 ±1′，则需校正。

2．校正　校正时，先计算盘右瞄准目标的正确的竖盘读数（$R \pm x$），竖盘顺时针增加的（如 TDJ6），取"+"号；竖盘逆时针增加的（如 DJ6—1），取"−"号。然后，旋转竖盘指标水准管的微动螺旋对准竖盘读数的正确值，此时，水准管气泡必偏歪，打开护盖，用校正针拨动水准管的校正螺丝使气泡居中。校正后再复查。

对于有竖盘指标自动归零的经纬仪（如 TDJ6），校正方法略有不同。首先用改锥拧下螺钉，取下长形指标差盖板，可见到仪器内部有两个校正螺钉，松其中一螺钉紧另一个螺钉，使垂直光路中一块平板玻璃转动，从而改变竖盘读数，使之对准正确值便可。

3.7.8 光学对中器的检校

1．检验　检验的目的是检查光学对中器的视准轴与仪器竖轴是否重合。检验的方法是：

（1）经纬仪粗略整平，将一张白纸放在仪器的正下方地面上，使白纸在对中器的视场中心，压上重物，使其固定。

（2）转照准部使对中器目镜位于一个脚螺旋方向，将对中器刻划中心投绘在白纸上，得 a 点，如图 3-23 所示。

（3）再转照准部使对中器目镜位于另一个脚螺旋方向，将对中器刻划中心投绘在白纸上，得 b 点。

（4）再转照准部使对中器目镜位于第三个脚螺旋方向，将对中器刻划中心投绘在白纸上，得 c 点。如果 a、b、c 三点重合说明条件满足，否则需校正。

2．校正　如图 3-23 所示，找出 a、b、c 三角形

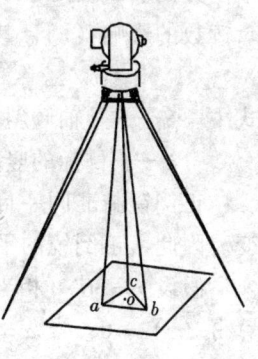

图 3-23

的重心 O。用校正针调节对中器四个校正螺丝（一松一紧），使对中器刻划圆圈对准 O 点。反复检验与校正，直至条件满足。

3.8 角度测量误差分析

使用经纬仪进行角度测量不可避免会产生误差。研究其误差的来源、性质，以便采用适当的措施与观测方法，提高角度测量的精度。角度测量误差来源主要有 3 个方面，即仪器误差、观测误差和外界条件的影响。

3.8.1 仪器误差

仪器误差主要是指仪器检校后残余误差和仪器零部件加工不够完善引起的误差。主要有下列几种：

1. 视准轴误差　视准轴应垂直于横轴，经检校其残余的视准轴误差 C，对水平度盘读数的影响用 (C) 表示，经推导可用下式表示

$$(C) = \frac{C}{\cos\alpha} \tag{3-20}$$

式中 α 为观测目标的竖角。从图 3-19 可知：视准轴误差 C，在正倒镜观测时，符号是相反的，因此可用正倒镜观测取平均值加以消除。

2. 横轴误差　横轴应垂直于竖轴，经检校其残余的横轴误差 i，对水平度盘读数的影响用 (i) 表示，经推导可用下式表示

$$(i) = i\tan\alpha \tag{3-21}$$

式中 α 为观测目标的竖角。当 $\alpha = 0$ 时，$(i) = 0$，即视线水平时，横轴误差对水平角没有影响。盘左观测时，若横轴右端高于左端，纵转望远镜成盘右观测，横轴变为左端高于右端，即正倒镜观测时，横轴误差 i 符号是相反的，因此取正倒镜的平均值可以消除其影响。

3. 竖轴误差　竖轴应处于铅垂位置，但是由于水准管整平不够精确，造成竖轴倾斜，从而引起横轴不水平，给角度测量带来误差，其误差大小随瞄准不同方向、横轴处于不同位置而变化，根据推导得知竖轴倾斜角 v，对水平度盘读数的影响 (v)，其关系如下

$$(v) = v\cos\beta\tan\alpha \tag{3-22}$$

式中　β——竖轴倾斜最大时的视准轴方向与瞄准目标方向的夹角；
　　　α——目标的竖角。

正倒镜瞄准同一目标，竖轴倾斜角 v 与 β 角都是相同的，即 (v) 符号不变。因此，正倒镜的平均值不能消除竖轴倾斜对水平方向的影响。

假设 $v = 30''$（相当于气泡偏 1 格），$\beta = 0°$。当 $\alpha = 0°$ 时，从式（3-22）可算得 $(v) = 0$；当 $\alpha = 10°$ 时，$(v) = 5''$；当 $\alpha = 20°$ 时，$(v) = 10''$；当 $\alpha = 30°$ 时，$(v) = 18''$；当 $\alpha = 45°$ 时，$(v) = 30''$。

因此，角度测量时，经纬仪精确整平十分重要。特别在山区观测，各目标竖角相差又较大，尤应注意。一般规定观测过程中，水准管气泡偏歪不得大于1/2 格。

4.竖盘指标差　竖盘指标差主要对观测竖角产生影响，与水平角测量无关。指标差产生的原因，对于具有竖盘指标水准管的经纬仪，可能气泡没有严格居中，或检校后有残余误差。对于具有竖盘指标自动归零的经纬仪，可能归零装置的平行玻璃板位置不正确。但是，从式 (3-11) 可看出，采取正倒镜观测取平均值可自动消除竖盘指标差对竖角的影响。

5.度盘偏心差　该误差由于仪器零部件加工安装不完善引起的。有水平度盘偏心差与竖直度盘偏心差两种。

(1) 水平度盘偏心差是由于照准部旋转中心与水平度盘圆心不重合引起指标读数的误差。在正倒镜观测同一目标时，指标线在水平度盘上位置具有对称性，所以也可正倒镜观测取平均值予以减小。

(2) 竖直度盘偏心差是指竖盘的圆心与仪器横轴中心线不重合带来的误差，此项误差很小，可以忽略不计。

6.度盘刻划不均匀的误差　在目前精密仪器制造工艺中，这项误差一般很小。为了提高测角精度，采用各测回之间变换度盘位置的方法，可以消除度盘刻划不均匀的误差的影响。用变换度盘位置的方法，两次全新的度盘读数与分微尺读数，还可避免相同度盘读数发生粗差从而提高测角精度。

3.8.2　观测误差

1.对中误差　测量角度时，经纬仪应安置在测站上。若仪器中心与测站不在同一铅垂线上，称对中误差，又称测站偏心误差。

如图 3-24 所示，O 为测站点，A、B 为目标点，O' 为仪器中心在地面上的投影位置。OO' 的长度为偏心距，用 e 表示。由图可知，观测角值 β' 与正确角值 β 有如下关系

$$\beta = \beta' + (\varepsilon_1 + \varepsilon_2) \tag{3-23}$$

因 ε_1、ε_2 很小，可用下式计算

$$\varepsilon_1 = \frac{\rho'' e}{D_1} \sin\theta \qquad \varepsilon_2 = \frac{\rho'' e}{D_2} \sin(\beta' - \theta)$$

因此，仪器对中误差对水平角影响为

$$\varepsilon = \varepsilon_1 + \varepsilon_2 = \rho'' e \left[\frac{\sin\theta}{D_1} + \frac{\sin(\beta' - \theta)}{D_2} \right] \tag{3-24}$$

由上式可知，对中误差的影响 ε 与偏心距 e 成正比，与边长 D 成反比。

当 $\beta = 180°$，$\theta = 90°$ 时，ε 角值最大。设 $e = 3\,\text{mm}$，$D_1 = D_2 = 60\,\text{m}$ 时，

$$\varepsilon = \rho'' e\left(\frac{1}{D_1} + \frac{1}{D_2}\right) = 206\,265'' \times \frac{3 \times 2}{60 \times 10^3} = 20.6''$$

由于对中误差不能通过观测方法予以消除，因此在测量水平角时，对中要认真仔细。对于短边、钝角更要注意严格对中。

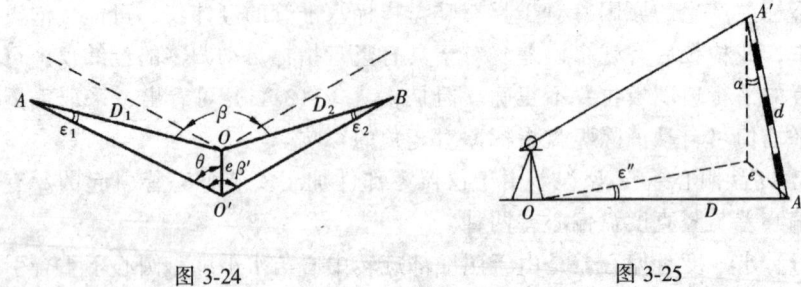

图 3-24　　　　　　　　　　　　　图 3-25

2. **目标偏心误差**　测量水平角时，目标点若用竖立标杆作为照准点，由于立标杆很难做到严格铅直，此时照准点与地面标志不在同一铅垂线上，其差异称目标偏心，瞄准点越高，误差越大。

如图 3-25 所示，O 为测站，A 为地面目标，照准点至地面标志点 A 的距离为 d，标杆倾斜 α，则目标偏心差 $e = d\sin\alpha$，它对观测方向影响为

$$\varepsilon = \frac{e}{D}\rho'' = \frac{d\sin\alpha}{D}\rho'' \tag{3-25}$$

由上式可知，目标偏心误差对水平方向观测影响 ε 与照准点至地面标志间的距离 d 成正比，与边长 D 成反比。

因此，观测时应尽量使标杆竖直，瞄准时尽可能瞄准标杆基部。测角精度要求较高时，应用垂球线代替标杆。

3. **照准误差**　人眼通过望远镜瞄准目标产生的误差，称为照准误差。其影响因素很多，如望远镜的放大倍率、人眼的分辨力、十字丝的粗细、目标的形状与大小、目标的清晰度等。通常主要考虑人眼的分辨力（60″）和望远镜的放大倍率 V，照准的误差为 m_V 为

$$m_V = \pm\frac{60''}{V} \tag{3-26}$$

对于 DJ6 经纬仪，$V = 28$，则 $m_V = \pm 2''$

4. **读数误差**　读数误差与观测者技术熟练程度、读数窗的清晰度和读数系统构造本身有关。对于采用分微尺读数系统而言，分微尺最小格值为 t，则读数误差 m_0 为

$$m_0 = \pm 0.1t \tag{3-27}$$

对于 DJ6 经纬仪，$t = 1'$ 则读数误差 $m_0 = \pm 0.1' = \pm 6''$。

3.8.3 外界条件影响

观测角度是在一定的外界条件下进行的，外界条件及其变化对观测质量有直接的影响。如地面松软和大风影响仪器的稳定；日晒和温度影响水准管气泡的居中；大气层受地面热幅射的影响会引起目标影像的跳动等等，这些都会给观测角度带来误差。因此，要选择目标成像清晰稳定的有利时间观测，尽可能克服或避开不利条件的影响，如选择阴天或空气清晰度好的晴天进行观测，以便提高观测成果的质量。

3.9 电子经纬仪简介

3.9.1 电子经纬仪的结构及其特点

1. 构造特点　电子经纬仪是由精密光学器件、机械器件、电子扫描度盘、电子传感器和微处理器组成的，在微处理器的控制下，按度盘位置信息，自动以数字显示角值（水平角、竖直角）。

2. 举例说明　图 3-26 为我国南方测绘公司生产的 ET—02/05 电子经纬仪，各部件名称注于图上。电子经纬仪与光学经纬仪比较主要特点有下列几点：

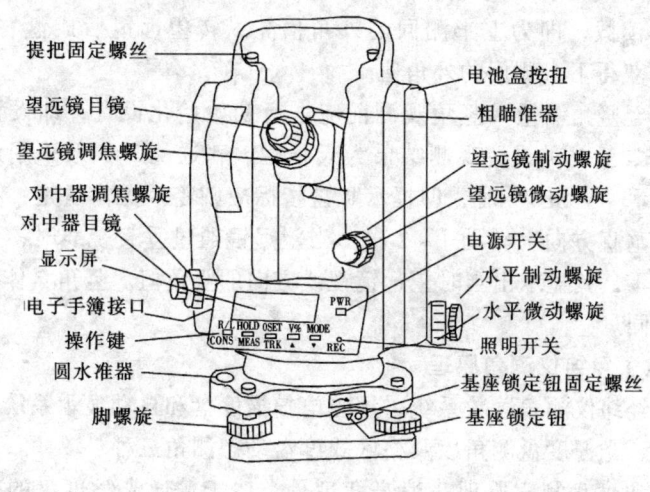

图 3-26

（1）电子经纬仪必须安装电池，在供电情况下使用，角度测量值直接显示在显屏上，不存在读数误差。

（2）测角操作更为方便。光学经纬仪水平度盘只有顺时针刻划这一种，电经既可使水平度盘顺时针增加，又可使水平度盘反时针增加，只要按一键就可相互切换。开机后显示屏左下角显示 HR 字样，说明书称为"右旋测角"，即水平度盘顺时针增加；按一下键盘上的【R/L】键，立刻切换为"左旋测角"，即水平度盘反时针增加。由于这一特点，在测量两个方向组成的内角及外角（即导线测量中的左角与右角）时，就十分方便，详见下面介绍的测角法。

(3) 设有竖轴倾斜补偿装置，该补偿装置实质上是一组倾斜传感器，由光电法测得竖轴的倾斜量，由微处理器自动修正水平盘和竖盘的读数，以达到补偿的目的。当竖轴倾斜超过 3′，显示屏会出现"b"字样，此时应重新整平，"b"字消后，经纬仪竖轴倾斜补偿器就可起作用。

(4) 可将观测数据通过电子手簿接口传输至电子手簿或计算机，以便进行数据处理。

(5) 可与多种测距仪联结组成组合式的电子速测仪。

3.9.2 电子经纬仪测角方法

1. 电经测回法水平角操作步骤　例如，测量 $\angle AOB$ 水平角，测量内角：在 HR 状态下，盘左位置，瞄准 A 目标，按 2 次【0SET】键，A 方向水平度盘读数置 0，顺时针旋转照准部瞄准 B 方向读数，即为半测回内角值。纵转望远镜后成盘右位置，瞄 B 读数，逆时针转瞄 A 读数即完成下半测回的内角测量。

测量外角：按一下键盘上的【R/L】键，切换为 HL 状态，盘左位置瞄准 A 目标，按 2 次【0SET】键，A 方向水平度盘读数置 0，顺时针旋转照准部瞄准 B 方向读数，即为上半测回的外角值。纵转望远镜后成盘右位置，瞄 B，后瞄 A 可获得下半测回的外角值。

2. 电经竖角测量　竖角观测前应进行初始始化设置，即设置水平方向为 0°还是 90°，后一种设置观测结果为天顶距。普通测量一般采用观测竖角。当显示屏显示"V0SET"时，即提示竖盘指标应归零。操作法是，在盘左位置将望远镜在垂直方向上转动 1~2 次，当望远镜通过垂直视线时，仪器自动将竖盘指标归零，并显示出当时望远镜视线方向的竖角值。竖角具体观测步骤与光学经纬相同。

3.9.3 电子经纬仪测角原理

电子经纬仪测角读数系统采用光电扫描度盘和自动显示系统，主要有编码度盘测角、光栅度盘测角以及格区式度盘动态测角三种：

1. 编码度盘测角原理　编码度盘是类似于普通光学度盘的玻璃码盘，有许多同心圆环，每一同心圆环称为码道，每圆环又刻成若干等长的透光与不透光的区，以透光表示二进制代码"1"，不透光表示"0"，因此，当照准某一方向时，通过光电扫描而获得方向代码，所以一般又称为绝对式读数系统。

2. 光栅度盘测角原理　在光学玻璃上均匀地刻许多等间隔的细线就构成了光栅，这种度盘称光栅度盘。相邻条纹之间的距离，称为栅距。在度盘的一侧安置恒定的光源，另一侧有一固定的光电接收管。当光栅度盘与光线产生相对移动（转动）时，可利用光电接收管的计数器，累计求得所移动的栅距数，从而得到转动角度值。这种累计计数而无绝对刻度读数系统，称为增量式读数系统。光栅度盘的栅距就相当于光学度盘的分划，栅距越小测角精度越高。在80mm 直径的光栅度盘上，刻有 12 500 条细线（50/mm），栅距分划值为 $1'44''$。要想提高测角精度，必须进一步细分，这就需要采用莫尔条纹技术，就可以对纹距进一步细分，达到提高测角精度的目的。

3. 格区式度盘动态测角原理　度盘为玻璃圆盘，测角时由微型马达代动而旋转。度盘分成 1 024 个分划，每个分划由一对黑白条纹组成。固定光栏固定在基座上，相当于光学度盘零分划。活动光栏在度盘内侧随照准部转动，相当于光学度盘的指标线，它们之间的夹角即为要测得角度值。所以这种方法称为绝对测角系统。光栏上装有发光二极管和光电二极管，分别处于度盘上、下侧。发光二极管发射红外光线，通过光栏孔隙照到度盘上。度盘按一定速度旋转，因度盘上明暗条纹而形成透光亮的不断变化，这些光信号被设置在度盘另一侧的光电二极管接收，转换成正弦波的电信号输出，用以测角。

练 习 题

1. 叙述具有分微尺读数的（例如 TDJ6 型）经纬仪，起始目标水平度盘配置 $0°00'00''$ 的步骤。
2. 试比较经纬仪测站安置与水准仪测站安置有哪些相同点与不同点。
3. 叙述光学对中器对中的操作步骤。使用光学对中器对中，为什么仪器必须首先粗平？
4. 如何正确使用测量仪器（包括水准仪与经纬仪等）的制动螺旋和微动螺旋？
5. 计算水平角时，为什么要用右目标读数减左目标读数？如果不够减应如何计算？
6. 经纬仪的结构有哪几条主要轴线？它们相互之间应满足什么关系？如果这些关系不满足将会产生什么后果？
7. 观测水平角采用盘左、盘右观测能消除哪些误差的影响？试绘图和列公式加以说明。盘左、盘右观测能否消除因竖轴倾斜引起的水平角测量误差？为什么？
8. 什么叫竖盘指标差？如何进行检验与校正？如何衡量竖角观测成果是否合格？
9. 什么叫竖角？为什么测量竖角时只需在瞄准目标读取竖盘读数，而不必把望远镜放置水平位置进行读数？
10. 完成下面全圆方向观测法表格（表 3-5）的计算：

表 3-5 全圆方向观测记录表

| 测站 | 目标 | 水平度盘读数 | | $2C = L - R \pm 180°$ | 平均读数 $= \frac{1}{2}$ | 一测回归零方向值 | 各测回归零方向平均值 |
		盘左 ° ′ ″	盘右 ° ′ ″	″	$(L + R \pm 180°)$ ° ′ ″	° ′ ″	° ′ ″
第1测回0	A	0 01 06	180 01 06				
	B	91 54 06	271 54 00				
	C	153 32 48	333 32 48				
	D	214 06 12	34 06 06				
	A	0 01 24	180 01 18				
第2测回0	A	90 01 00	270 01 16				
	B	181 54 06	1 54 18				
	C	243 32 54	63 33 06				
	D	304 06 24	124 06 18				
	A	90 01 36	270 01 36				

11. 在测站 A 点观测 B 点、C 点的竖直角，观测数据如表 3-6，请计算竖直角及指标差（注：盘左视线水平时竖盘读数为 90°，视线向上倾斜时竖盘读数是增加的）。

表 3-6 竖直角观测记录表

测站	目标	盘位	竖盘读数 ° ′ ″	竖角值 近似竖角值 ° ′ ″	竖角值 测回值 ° ′ ″	指标差 ″
A	B	L	97 40 18			
		R	262 19 48			
A	C	L	85 17 18			
		R	274 43 00			

12. 测量角度∠ABC 时（图 3-27），没有瞄准 C 点花杆的根部，而错误地瞄准了花杆的顶部，已知顶部偏离为 15mm，BC 距离为 34.18m。求目标偏心而引起的测角误差为多少？

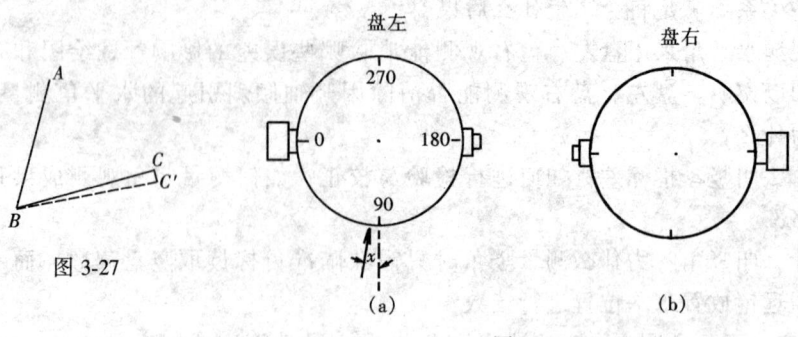

图 3-27

图 3-28

13. 某经纬仪的竖盘注记形式如图 3-28a 所示,要求:
    (1) 画出盘右图中竖盘刻划注记及竖盘读数指标线;
    (2) 列出盘左近似竖角 $α_L$ 及盘右近似竖角 $α_R$ 的公式;
    (3) 列出竖角 $α$ 及竖盘指标差 x 的公式。

14. 如图 3-29 所示,设仪器中心 O' 偏离测站标志中心 O 为 13mm,水平角 $\angle AO'B$ 的观测值为 91°51′18″,已知 $\angle AO'O = 35°$,试根据图中给出的数据,计算因仪器对中误差引起的水平角测量误差。

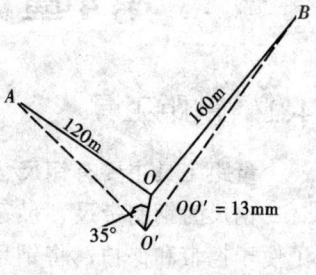

图 3-29

15. 请简述水平角测量中,下列误差的性质、符号以及消除、减弱或改正的方法:
    1) 对中误差;2) 目标倾斜误差;3) 瞄准误差;4) 读数误差;5) 仪器未完全整平;6) 照准部水准管轴误差;7) 视准轴误差;8) 横轴误差;9) 照准部偏心差;10) 度盘刻划误差。

16. 电子经纬仪有哪些特点?

第4章　距离测量与直线定向

4.1　量距工具

量距工具主要有钢尺、皮尺及玻璃纤维卷尺。

钢尺为钢制带尺，尺宽10~15mm，长度有20m、30m及50m等多种。为了便于携带和保护，将钢尺卷在圆形皮盒内或金属尺架上。钢尺的分划有三种：一种钢尺的基本分划为厘米；第二种基本分划为厘米，并在尺端10cm内为毫米分划；第三种基本分划为毫米。钢尺的零分划位置有两种，一种是钢尺前端有一条刻划线作为尺长的零刻划线，称为刻线尺；另一种是零点位于尺端，即拉环外沿，这种尺称为端点尺，如图4-1所示。尺上在分米和米处都刻有注记，便于量距时读数。

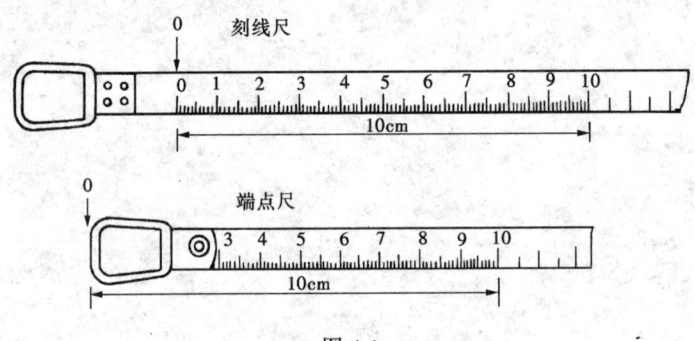

图 4-1

皮尺是用麻线与金属丝合织而成的带状尺。刻划零点在拉环外沿，属于端点尺。尺长有20m、30m及50m等多种，尺面最小分划为厘米，每10cm一注记。皮尺耐拉强度较差，容易被拉长，故只适用于较低精度的量距工作。

高精度玻璃纤维卷尺中心部分是一排玻璃纤维束（每束由若干玻璃纤维用特殊材料胶合而成），最外层用聚氯乙烯树脂保护，以免刻划线磨损。该尺长度有30m与50m两种。最小分划为毫米，尺上米及分米分划均有注记，它属于刻线尺。量距精度达到钢尺，从劳动强度、工作效率、价格、使用寿命等方面均明显优于钢尺。

量距中辅助工具有测钎、标杆（花杆）、垂球、弹簧秤和温度计。测钎是用直径为5mm左右的粗铁丝磨尖制成，长约30cm，用来标志所量尺段的起、止点。测钎 6 根或 11 根为一束，它可以用于计算已量过的整尺段数，如图4-2a所示。标杆又称花杆，长 3m，杆上涂以 20cm 间隔的红、白漆，用于标定直线，如图 4-2b 所示。垂球作为在倾斜地面量距时投点的工具。弹簧秤与温度计用于控制拉力和测定温度。

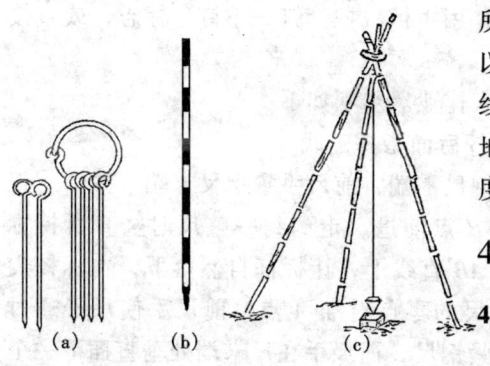

图 4-2

4.2 一般量距方法

4.2.1 直线定线

1. 在两点间或两点的延长线上定线 当地面两点之间距离较长或地面起伏较大，需要分段进行量测时，为了使量测线段在一条直线上，需要在待测两点的直线上标定若干点，以便分段丈量，此项工作称为直线定线。如图4-3所示，欲量 A、B 间的距离，一个作业员甲站于端点 A 后 1～2m 处，用眼自 A 点标杆的一侧瞄 B 点标杆的同一侧形成视线，并指挥持杆的作业员乙移动标杆。当乙持标杆，正好挡住 B 点标杆时，说明乙持标杆与 A、B 在同一直线上，让标杆垂直落下，定出 1 点。

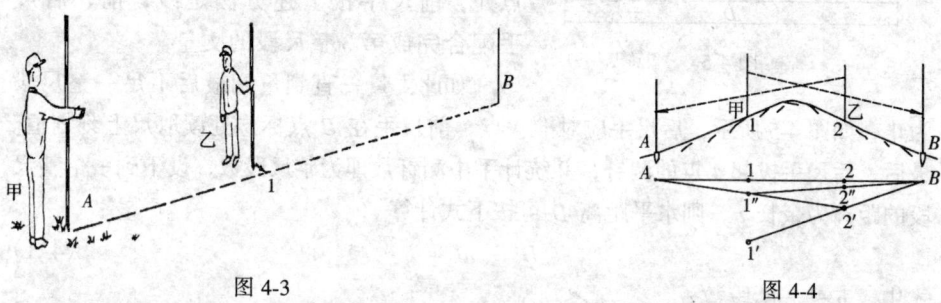

图 4-3　　　　　　　　　　图 4-4

2. 过山头定线 过山头定线步骤如下：如图4-4所示，在山头两侧互不通视 A、B 两点插标杆，甲目估 AB 线上的 1′ 点立标杆（1′ 点要靠近 A 点并能看到 B 点），甲指挥乙将另一标杆立在 B1′ 线上的 2′ 点（2′ 点要靠近 B 点并能看到 A 点）。然后，乙指挥甲将 1′ 点的标杆移到 2′A 线上的 1″ 点。如此交替指挥对方移动，直到甲看到 1、2、B 成一直线，乙看到 2、1、A 成一直线，则 1、2 两点在 AB 直线上。

4.2.2 量距方法

钢尺量距一般采用整尺法量距，根据不同地形可采用水平量距法和倾斜量距法。

1. 平坦地面量距方法 在平坦地区，量距精度要求不高时，可采用整尺法量距。直接将钢尺沿地面丈量，不加温度改正和不使用弹簧秤施加拉力。量距前，先在待测距离的两个端点 A、B 用木桩（桩上钉一小钉）标志，或直接在柏油或水泥路面上钉铁钉标志。

采用边定线边量距的方法，需3人作业。步骤如下：

(1) 负责定线作业员站在 A 点标杆后面指挥定线。

(2) 丈量第1整尺段：后尺手持钢尺零端，前尺手拿钢尺末端，并带一根标杆及一套测钎（6根或11根），朝 B 点前进，走到约一整尺时竖直所持标杆，在定线员的指挥下将标杆移动到 AB 直线上，让标杆自然落下，在标杆尖处的地面作一标志。然后，后尺手将尺的零点对准 A 点，前尺手使尺子通过地上所作的定线标志，前、后尺手拉紧钢尺，前尺手在尺末端处垂直插下一个测钎得1点，这样就量完第1整尺段。

(3) 丈量第2整尺段：前、后尺手同时将钢尺抬起（悬空勿在地面拖拉）前进。后尺手走到第1根测钎处，前尺手听从定线员指挥重新定点，并丈量第2整尺段得2点。

(4) 丈量第3整尺段：量第3尺段前，后尺手拔起1点测钎后，前、后尺手同时将钢尺抬起继续向前走，当后尺手走到2点处，前尺手按上述方法定线，前、后尺手配合完成第3整尺段的丈量。

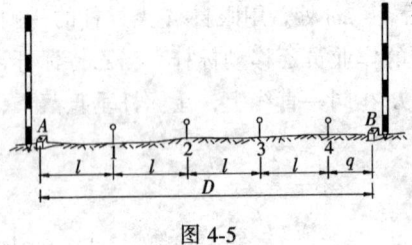

图 4-5

如此丈量一直到量到最后不足一整尺段为止，如图4-5所示，后尺手应对准4点，前尺手在 B 点标志处读取尺上刻划值。最后，后尺手拔起4点的测钎，并统计手中测钎数即为整尺段数，设不到一个整尺段的距离为余长 q，则水平距离 D 可按下式计算

$$D = nl + q \tag{4-1}$$

式中　n——尺段数；

　　　l——钢尺长度；

　　　q——不足一整尺的余长。

为了提高量距精度，一般采用往、返丈量。返测时是从 $B \rightarrow A$，要重新定线。取往返距离的平均值为丈量结果。

量距的精度以相对误差来表示，通常化为分子为1的分子形式。例如某距离 AB，往测时为185.32m，返测时为185.38m，距离的平均值为185.35m，故其相对误差为

$$\frac{D_{往} - D_{返}}{D_{平均}} = \frac{|185.32 - 185.38|}{185.35} \approx \frac{1}{3\,100}$$

平坦地区，钢尺量距的相对误差一般不超过 1/3 000；在量距困难地区，其相对误差也不应大于 1/1 000。当量距的相对误差没有超过上述规定时，可取往、返距离平均值作为成果。

2．倾斜地面量距方法

(1) 分段平量法

如图 4-6 所示，当坡度较小时，可将尺的一端抬高（但不得超过肩高），保持尺身水平（用目测），用测钎或垂球架（图 4-2c）投点，分段量取水平距离，最后计算总长。

(2) 沿地面丈量法

如图 4-7 所示，地面坡度较大但较均匀时，可沿地面量出倾斜距离 L，再测出两点间的高差 h 或地面倾斜角 α，然后计算水平距 D。

$$D = L\cos\alpha \tag{4-2}$$

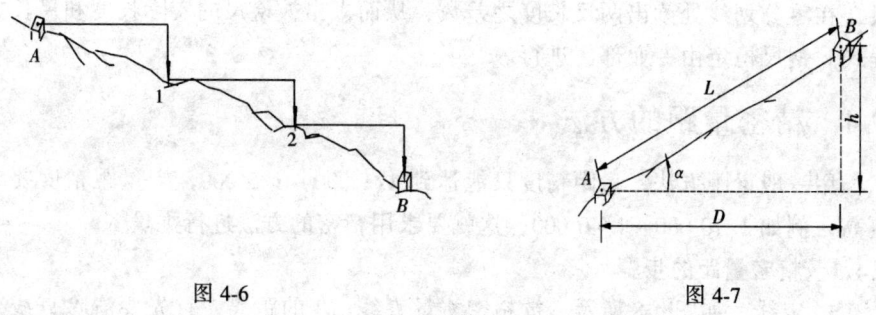

图 4-6　　　　　　　　　　　图 4-7

4.3　钢尺检定

钢尺尺面上注记长度（如 30m、50m 等）叫名义长度。由于材料质量、制造误差和使用中变形等因素的影响，使钢尺的实际长度与名义长度常不相等。我国计量法实施细则中规定：任何单位和个人不准在工作岗位上使用无检定合格印、证或超过检定周期以及经检定不合格的计量器具。钢尺是测量的主要器具之一，为了保证量距成果的质量，钢尺应定期进行检定，求出钢尺在标准拉力和标准温度下的实际长度，以便对量距结果进行改正。

4.3.1　钢尺尺长方程式

我国钢尺检定规程中规定，检定钢尺的标准温度 t_0 为 +20℃，30m 钢尺施加标准拉力为 100N（即 10kg）。设某钢尺名义长为 l_0，经检定知该尺在标准温度和标准拉力下，其实际长为 l，则尺长改正 Δl，$\Delta l = l - l_0$。

钢尺在使用中，其实际长度 l 还随拉力和温度变化而改变，在拉力保持不变时，钢尺实际长度 l 是温度 t 的函数，描述钢尺在标准拉力条件下，实际长

度 l 随温度 t 而变化的函数关系式，称钢尺尺长方程式，其一般形式为

$$l_t = l_0 + \Delta l + \alpha(t - t_0)l_0 \qquad (4\text{-}3)$$

式中　l_t——钢尺在温度为 t℃时的实际长度；

　　　l_0——钢尺的名义长度；

　　　Δl——钢尺的尺长改正，即钢尺在温度 t_0 时的实际长度与名义长度之差；

　　　α——钢尺的线膨胀系数，即钢尺当温度变化 1℃ 时其 1m 长度的变化量，其值一般为 $1.15 \times 10^{-5} \sim 1.25 \times 10^{-5}$；

　　　t——钢尺使用时的温度；

　　　t_0——钢尺检定时的温度（20℃）。

4.3.2 钢尺检定方法

钢尺检定应送设有比长台的测绘单位或计量单位检定。将被检钢尺与标准尺并排铺在平台上，对齐两尺末端分划并固定之。用弹簧秤加标准拉力拉紧两尺，在零分划线处读出两尺长度之差数，从而求出被检尺的实际长度和尺长方程式。钢尺检定由专业部门进行。

4.4　精密量距的方法

用一般量距方法，量距精度只能达到 1/1 000 ~ 1/5 000，当量距精度要求更高，例如 1/10 000 ~ 1/40 000，这就要求用精密的方法进行丈量。

4.4.1 精密量距的步骤

1. **定线**　如图 4-8 所示，欲精密丈量直线 AB 的距离，首先要清除直线上的障碍物，然后安置经纬仪于 A 点上，瞄准 B 点，用经纬仪进行定线。用钢尺进行概量，在视线上依次定出比钢尺一整尺略短的 $A1$、12、23 等尺段。在各尺段端点下打下大木桩，桩顶钉一白铁皮。A 点的经纬仪进行定线时，沿 AB 方向线在各白铁皮上划一条线，另划一条线垂直于 AB 方向，形成十字，作为丈量的标志。

2. **量距**　丈量相邻桩顶间的倾斜距离。丈量时需 5 人，两人拉尺，两人读数，一人记录兼测温度，采用串尺法丈量距离。其步骤是：后尺手将弹簧秤挂在钢尺零端的尺环上，读尺员位于测线的后端点。前尺手持钢尺末端与另一

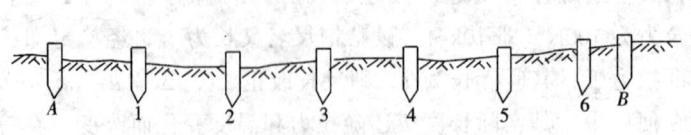

图 4-8

读尺员位于前端点。记录员位于尺段中间。钢尺沿桩顶上的十字标志拉直后,前尺手喊"预备",后尺手拉弹簧秤达到标准拉力时喊"好",此时两读尺员同时读数(精确至0.5mm),前后尺的读数差即为该尺段的长度。每尺段要连续丈量3次,每次移动钢尺2~3cm,三次丈量结果之差不得大于2mm,否则要重新丈量,最后取3次丈量结果的平均值作为该尺段的观测结果。接着再丈量下一尺段,直至终点。每尺段丈量时均应读记一次温度(精确至0.5℃),以便对丈量结果作温度改正。往测结束后还应进行返测。

3. 测定相邻桩顶间的高差 为了将量得的倾斜距离改算为水平距离,用水准仪往返观测相邻桩顶间的高差,往返高差之差一般不得超过10mm,在限差以内,取其平均值作为最后的成果。

4. 尺段长度计算 精密量距中,每一尺段丈量结果需进行尺长改正、温度改正和倾斜改正,求出改正后的尺段长度。各项计算列于表4-1。

表4-1 精密量距记录计算表

钢尺编号:NO: 11　　钢尺膨胀系数:0.000 012　　钢尺检定时温度 t_0:20℃　　计算者:

钢尺名义长度 l_0:30m　　钢尺检定长度 l:30.0 025m　　钢尺检定时拉力:100N　　日　期:

尺段编号	实测次数	前尺读数/m	后尺读数/m	尺段长度/m	温度/℃	高差/m	温度改正/mm	尺长改正/mm	倾斜改正/mm	改正后尺段长/m
A1	1	29.9360	0.0700	29.8660	25.8	-0.152	+2.1	+2.5	-0.4	
	2	400	755	645						
	3	500	850	650						
	平均			29.8652						29.8694
12	1	29.9230	0.0175	29.9055	27.6	-0.174	+2.7	+2.5	-0.5	
	2	300	250	050						
	3	380	315	065						
	平均			29.9057						29.9104
...	...	...	...	...	...	...	...	...	...	...
6B	1	18.9750	0.0750	18.9000	27.5	-0.065	+1.7	+1.6	-0.1	
	2	540	545	8 995						
	3	800	810	8 990						
	平均			18.8995						18.9027
总和										198.2838

(1) 尺长改正:钢尺在标准拉力、标准温度下的核定长度 l,与钢尺的名义长度 l_0 往往不一致,其差数 $\Delta l = l - l_0$,即为整尺段的尺长改正。每1m的尺长改正为 $\Delta l_{d1} = (l - l_0)/l_0$,则任一尺段长度 L 的尺长改正数 Δl_d 为

$$\Delta l_d = \frac{l - l_0}{l_0} L \tag{4-4}$$

例如表 4-1 中，A1 尺段，3 次丈量得 $L = 29.865\ 2\text{m}$，$\Delta l = l - l_0 = 30.002\ 5 - 30 = 0.002\ 5\text{m}$，故

$$\Delta l_d = \frac{l - l_0}{l_0} L = \frac{0.002\ 5}{30} \times 29.865\ 2 = 0.002\ 5$$

（2）温度改正：设钢尺检定时的温度为 $t_0\text{℃}$，丈量时的温度为 $t\text{℃}$，钢尺的线膨胀系数为 α，则某尺段 L 的温度改正 Δl_t 为

$$\Delta l_t = \alpha(t - t_0)L \tag{4-5}$$

例如表 4-1 中，A1 尺段 $L = 29.865\ 2\text{m}$，NO：11 钢尺线膨胀系数为 1.2×10^{-5}，检定时的温度为 20℃，丈量时的温度为 25.8℃，故

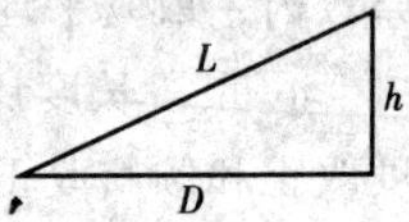

$$\Delta l_t = \alpha(t - t_0)L = 1.2 \times 10^{-5}(25.8 - 20) \times 29.865\ 2$$
$$= +0.0\ 021\text{m}$$

图 4-9

（3）倾斜改正：如图 4-9 所示，量得斜距为 L，尺段两端间的高差为 h，现将斜距 L 改为水平距离 D，应加倾斜改正 Δl_h，从图 4-9 可看出

$$\Delta l_h = D - L = \sqrt{L^2 - h^2} - L = L\left(1 - \frac{h^2}{L^2}\right)^{\frac{1}{2}} - L$$

$$= L\left(1 - \frac{h^2}{2L^2} - \frac{h^4}{8L^4} - \cdots\right) - L$$

上式括号内第三项很小，可以忽略，得倾斜改正 Δl_h

$$\Delta l_h = -\frac{h^2}{2L} \tag{4-6}$$

倾斜改正 Δl_h 恒为负。

例如表 4-1 中，A1 尺段 $L = 29.865\ 2\text{m}$，$h = -0.152\text{m}$，代入式（4-6）得

$$\Delta l_h = -\frac{(-0.152)^2}{2 \times 29.865\ 2} = -0.000\ 4\text{m}$$

综上所述，每一尺段改正后的水平距离 d 为

$$d = L + \Delta l_d + \Delta l_t + \Delta l_h \tag{4-7}$$

$A1$ 尺段的水平距离 d_{A1} 为

$$d_{A1} = 29.865\ 2 + 0.002\ 5 + 0.002\ 1 - 0.000\ 4 = 29.869\ 4$$

5. 计算全长 将改正后的各个尺段长和余长加起来，便得到 AB 距离的全长。表 4-1 中往测的结果，其值为 198.283 8m。同样算出返测全长，其值为 198.289 6m，平均值为 198.286 7m，其相对误差为

$$\frac{D_{往} - D_{返}}{D_{平均}} = \frac{|198.283\ 8 - 198.289\ 6|}{198.286\ 7} \approx \frac{1}{34\ 000}$$

相对误差如果在限差范围内，则取平均距离为最后结果。如果相对误差超限，则应重测。

4.4.2 钢尺量距的误差及注意事项

1. 主要误差来源

（1）尺长误差：用未经检定的钢尺量距，则丈量结果含有尺长误差。这种误差具有系统积累性。即使钢尺经过检定，并在成果中进行了尺长改正，但是还会存在尺长的残余误差，因为一般尺长检定方法只能达到 ±0.5mm 的精度。一般量距可不作尺长改正，但是当尺长改正数大于尺长 1/10 000 时，应加尺长改正。

（2）温度变化的误差：尽管在丈量结果中进行了温度改正，但距离中仍存在因温度影响而产生的误差，这是因为温度计通常测定的是空气温度，而不是钢尺本身的温度。夏季白天的日晒，会使钢尺温度大大高于空气温度，相差可达 10℃以上，这个温差对于 30m 钢尺产生的误差将达到：$\alpha l \Delta t = 0.000\ 012 \times 30 \times 10 = 3.6$mm。

（3）尺子不水平的误差：直接丈量水平距离时，如果钢尺不水平，则会使所量的距离增长。对于 30m 钢尺，若目估水平而实际两端高差达 0.3m 时，由此产生的误差为

$$\Delta D = 30 - \sqrt{30^2 - 0.3^2} = 0.001\ 5 \text{（即 1.5mm）}$$

（4）定线不直的误差：定线时中间各点没有严格定在所量直线的方向上，所量距离不是直线而是折线，折线总是比直线长。对于 30m 长的钢尺，若两端各向相对方向偏离直线 0.15m，则将使所量距离增长 1.5mm。

（5）钢尺垂曲和反曲的误差：在凹地或悬空丈量时，尺子因自重而产生下垂现象，称为垂曲。在凹凸不平地面丈量时，凸起部分将使尺子产生上凸现象，称反曲。此类误差与前述尺子不水平误差相似，影响较大。例如，钢尺中部下垂 0.3m，对 30m 钢尺将产生 6mm 的误差（因为 $30 - 2 \times \sqrt{15^2 - 0.3^2} = 0.006$m）。

（6）丈量本身误差：包括钢尺刻划对点误差、测钎安置误差和读数误差等。所有这些误差是偶然误差，其值可大可小，可正可负。在丈量结果中

会抵消一部分，但不能全部抵消，故此项误差是丈量工作的一项主要误差来源。

2．钢尺量距注意事项 为了保证丈量成果达到预期的精度要求，必须针对上述误差来源，注意以下几点：

（1）钢尺应送检定机构进行检定，以便进行尺长改正和温度改正；

（2）使用钢尺前应认清钢尺分划注记及零点的位置；

（3）丈量时应将尺子拉紧拉直，拉力要均匀，前后尺手要配合好；

（4）钢尺前后端要同时对点、插测钎和读数；

（5）需加温度改正时，最好使用点温度计测定钢尺的温度；

（6）读数应准确无误，记录应工整清晰，记录者应回报所记数据，以便当场校验；

（7）爱护钢尺，避免人踩、车压。不得擦地拖行。出现环结时，应先解开理顺后再拉，否则将会折断钢尺。使用完毕后，应将钢尺擦净上油保存，以防生锈。

4.5 红外光电测距仪简介

4.5.1 光电测距概况

钢尺量距劳动强度大，工作效率低，精度一般只能达到 1/1 000～1/5 000。20 世纪 60 年代以来，随着电子技术的飞跃发展，光电测距仪竞相出现，它具有测程远、精度高、作业速度快等优点。

光电测距仪按测程来分，有短程（<3km）、中程（3～15km）和远程（>15km）等 3 种。按测距精度来分，有Ⅰ级（$|m_D|\leq 5mm$）、Ⅱ级（$5mm\leq|m_D|\leq 10mm$）和Ⅲ级（$|m_D|\geq 10mm$），m_D 为 1km 的测距中误差。按载波来分，采用微波段的电磁波作为载波的称为微波测距仪；采用光波作为载波的称为光电测距仪。

光电测距仪所使用的光源有激光光源和红外光源，采用红外线波段（0.76～0.94μm）作为载波的称为红外测距仪。由于红外测距仪是以砷化镓（GaAs）发光二极管所发的红外光作为载波，发出的红外光的强度随注入电信号的强度而变化，因此它兼有载波源和调制器的双重功能。

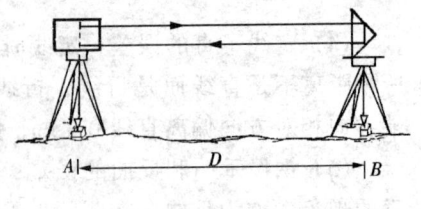

图 4-10

GaAs 发光二极管体积小，亮度高，功耗小，寿命长，且能连续发光，所以红外测距仪获得了更为迅速的发展。本节介绍的就是红外光电测距仪。

4.5.2 测距原理

如图 4-10 所示，欲测定 A、B 两点间的距离 D，在 A 点安置仪器，B 点安置反射镜。仪器发射光束由 A 至 B，经反射镜反射后又返回到仪器。光速 c 为已知值，如果光波在待测距离 D 传播的时间 t 已知，则距离 D 可由下式计算

$$D = \frac{1}{2}ct \qquad (4-8)$$

式中　　c——光速，$c = c_0/n$，c_0 为真空中的光速值，其值为 299 792 458m/s；

n——大气折射率，它与测距仪所用的光源波长 λ，测线上的气温 t，气压 P 和湿度 e 有关。

由式 (4-8) 可知，测定距离的精度主要取决于测定时间 t 的精度 $dD = \frac{1}{2}cdt$。例如要求保证 ±1cm 的测距精度，时间测定要求准确到 6.7×10^{-11}s。这是难以做到的。因此，大多采用间接测定法测定 t。间接测定 t 的方法有下列两种：

1. 脉冲式测距　　由测距仪的发射系统发出光脉冲，经被测目标反射后，再由测距仪的接收系统接收，测出这一光脉冲往返所需时间间隔的脉冲个数，从而求得距离 D。由于计数器的频率为 300MHz（300×10^6Hz），测距精度为 0.5m，精度较低。

2. 相位式测距　　由测距仪的发射系统发出一种连续调制光波，测出该调制光波在测线上往返传播所产生的相位移，以测定距离 D。红外光电测距仪一般都采用相位法测距。

在砷化镓（GaAs）发光二极管上加了频率为 f 的交变电压（即注入交变电流）后，它发出的光强随注入的交变电流呈正弦变化，这种光称为调制光。如图 4-11 所示，测距仪在 A 点发出调制光在待测距离上传播，经反射镜反射后被接收器接收，相位计将发射信号与接收信号进行比较，显示器显示往返测程总的相位移 φ。调制光传播一个波长 λ（即一个周期）相位移为 2π。总相位移 φ 所包含波长 λ 的个数为 $\varphi/2\pi$，显然，在 $\varphi/2\pi$ 中包含 N 个整波长及不足一个整波长的尾数 ΔN，由图 4-11a 可知

$$2D = \lambda\varphi/2\pi = \lambda(N + \Delta N)$$

$$D = \frac{\lambda}{2}(N + \Delta N) \qquad (4-9)$$

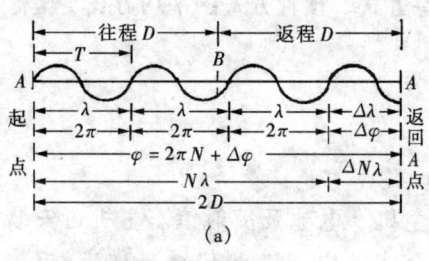

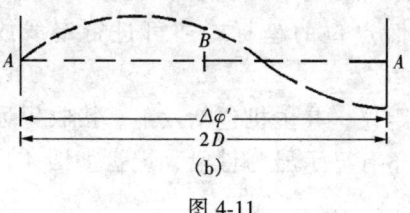

图 4-11

上式为相位式测距仪测距的基本公式。式中 $\lambda/2$ 称为测尺或光尺，相当于

钢尺量距中的钢尺长度，N 相当于整尺段数，$(\lambda/2)\Delta N$ 相当于不足一整尺的余长。应指出，测距仪的相位计只能测出不足 2π 的相位移尾数 $\Delta\varphi$，并据此可求得 $\Delta N = \Delta\varphi/2\pi$，而不能测定相位移的整周期数 N。这相当于钢尺量距中只知道不足一整尺的余长尾数，而不知道整尺的段数，距离仍不能确定。N 值的大小取决于波长，若在选用 λ 时，使 $\lambda/2 > D$，则整周期数 N 将等于零，如图 4-11b 所示。此时式（4-9）变为 $D = (\lambda/2)\Delta N = (\lambda/2)\Delta\varphi/2\pi$。因此，根据相位计测定的 $\Delta\varphi$，就可确定距离 D。

影响测距精度的相位计的测相误差，与波长 λ 成正比，即波长愈长测相误差愈大，因此，使 $\lambda/2 > D$ 后测距精度必然受到影响。为了做到既扩大测程又能保证精度，在相位式的测距仪中，都使用两个调制波长 λ_1 和 λ_2，例如使用 $\lambda_1/2$ 为 10m，$\lambda_2/2$ 为 1 000m，前者称为精测尺，用来精确测定不足 10m 的小数，后者称为粗测尺，用来测定大于 10m 的整数。这样用精测尺保证精度，用粗测尺扩大测程，两尺配合使用。精测尺和粗测尺的读数以及距离计算，由仪器内部的逻辑电路自动完成。如对某距离观测结果：精测读数为 7.578，粗测读数为 938 时，仪器显示正确结果为 937.578m。

4.5.3 D3030E 红外测距仪

1. **仪器主要技术指标**　图 4-12 是我国常州大地测距仪厂生产的红外测距仪，型号为 D3030E，它以砷化镓（GaAs）半导体发光二极管为光源。单棱镜测程为 1 800m，三棱镜测程可达 3 200m。

测距精度：$\pm(5mm + 3\times10^{-6}D)$。

分辨率：1mm。

最大显示：9 999.999m。

测量方式：单次方式、连续方式、跟踪方式、预置方式、平均方式、坐标方式、水平高差方式。

测量时间：连续 3s，跟踪 0.8s。

功耗：约 3.6W，使用 6V 可充电电池。

工作温度：$-20℃ \sim +50℃$。

2. **结构及性能**　D3030E 测距仪包括主机、电池及反射镜。主机可安装在电子经纬仪或光学经纬仪上，组成组合式的电子速测仪，或称半站仪，既可测距，又能测角，还可直接测定地面点位的坐标，还可进行定线放样。

（1）主机：如图 4-12a 所示 D3030E 测距仪，其主机包括发射、接收望远镜，它是发射、接收、瞄准三共轴系统，还有显示器与键盘，键盘如图 4-13 所示。

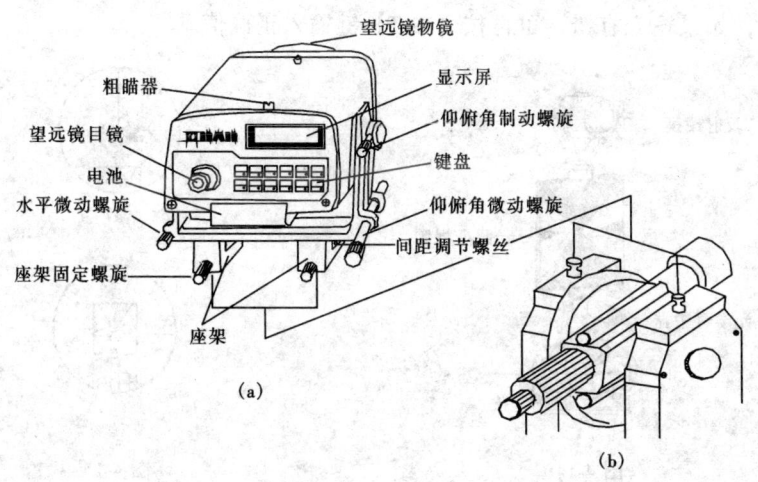

图 4-12

V.H	T.P.C	SIG	AVE	MSR	ENT
1 ●	2 ●	3 ●	4 ●	5 ●	– ●
X.Y.Z	X.Y.Z	S.H.V	SO	TRK	PWR
6 ●	7 ●	8 ●	9 ●	0 ●	●

图 4-13

1.V.H—天顶距、水平角输入键；2.T.P.C—温度、气压、棱镜常数输入键；3.SIG—电池电压、光强显示键；4.AVE—单次测量、平均测距键；5.MSR—连续测距键；6.ENT—输入、清除、复位键；7.X.Y.Z—测站三维坐标输入；8.X.Y.Z—显示目标三维坐标；9.S.H.V—S 斜距、H 平距、V 高差；10.SO—定线放样预置；11.TRK—跟踪测距；12.PWR—电源开关

(2) 反射棱镜：图 4-14 为单反射棱镜，它包含棱镜、觇牌和基座。单棱镜测程达 1 800m。配备三棱镜，测程可达 3 200m。

3．测距仪使用

(1) 测距前的准备工作：将测距仪与经纬仪连接好，首先调节好测距仪座架的间距以便与经纬仪上方的连接件相连接，然后旋紧座架固定螺旋。将电池插入主机底部，并扣紧。此时经纬仪与测距仪组合成半站型的电子速测仪。测站上按通常方法进行对中整平。在目标站安置反射棱镜（图 4-14）。

(2) 按键盘【PWR】键开自检，显示屏显示"Good"，瞄准反射棱镜，如果光强正常，机器鸣响，出现"＊"号。瞄准时应注意：测距仪望远镜瞄准棱镜，经纬仪望远镜瞄准觇牌，如图 4-15a、b 所示。

(3) 重新预置各种常数：按【T.P.C】键，首先显示机器内置的数值，如要改变它，按【ENT】键输入新值。预置的各种常数是指温度、气压及棱镜常数这三项,如果输入有错,可再按【ENT】键输入正确值。

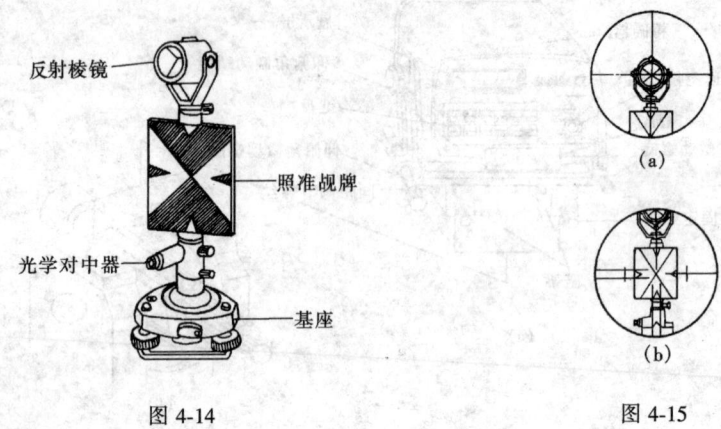

图 4-14　　　　　　　　　　　　图 4-15

(4) 测量距离:有单次测量与连续测量自动平均值两种。机器开机后默认的是单次测量,如要多次测量取平均值,首先要预置测量次数,按【AVE】键后,再按【ENT】键,输入测量次数,例如 4,其数值置入机器内部。瞄准棱镜时按【MSR】键,显示屏上显示的值即为 4 次测量的平均值。如要改为单次测量,按【AVE】键,把测量次数改为 1。

以上方法测得距离为斜距,如果测量平距及高差,则首先需把天顶距的数值输入,然后再测量。输入天顶距的方法是:例如输入 62°29′55″,按【V.H】键,再按【ENT】键,从高位到低位输入角度,显示 062.29.55。此时按【MSR】键,测得斜距为 28.005m,显示屏左下角显示标志符"S/*"。按【SHV】键,显示屏显示 24.840m,为水平距离,显示屏左下角显示标志符"—H*",再按【SHV】键,显示屏显示 12.932m,即为高差,显示屏左下角显示标志符"|V*"。

D3030E 测距仪还可进行放样跟踪测量、坐标测量,详细内容请查阅其产品说明书。

4.5.4　红外测距仪测距注意事项

1. 气象条件　气象条件对红外测距仪测距影响较大,阴天是观测的良好时机。

2. 避开发热体影响　测线应离地面障碍物 1.3m 以上,避免通过发热体和较宽水面的上空。

3. 避开强磁场干扰　测线应避开强电磁场干扰的地方,例如测线不宜距变压器、高压线太近。

4. 避免强光影响　反射棱镜的后面不应有反光镜和强光源等背景的干扰。

5. 严防阳光直射　严防阳光或其他强光直射接收物镜,以免损坏光电器件，阳光下作业应撑伞保护仪器。

4.5.5 光电测距仪测距精度公式

光电测距仪的精度是仪器的重要技术指标之一。光电测距仪的标称精度公式是

$$m_D = \pm (a + bD) \tag{4-10}$$

式中　　a——固定误差，mm；
　　　　b——比例误差（与距离 D 成正比），mm/km；
　　　　D——距离，km。

mm/km = ppm，ppm 为百万分之一，即 10^{-6}，故上式可写成

$$m_D = \pm (a + b\text{ppm}D) \tag{4-11}$$

例如：某测距仪精度公式为

$$m_D = \pm (5\text{mm} + 5\text{ppm}D)$$

则表示该仪器的固定误差为 5mm，比例误差为 5×10^{-6}。若用此仪器测定 1km 距离，其误差为 $m_D = \pm (5\text{mm} + 5 \times 10^{-6} \times 1\text{km}) = \pm 10\text{mm}$。

光电测距误差主要有三种：固定误差、比例误差及周期误差。

(1) 固定误差：它与被测距离无关，主要包括仪器对中误差、仪器加常数测定误差及测相误差。测相误差主要有数字测相系统误差、照准误差和幅相误差。

(2) 比例误差：它与被测距离成正比，主要包括：

1) 大气折射率的误差，在测线一端或两端测定的气象因素不能完全代表整个测线上平均气象因素。

2) 调制光频率测定误差，调制光频率决定测尺的长度。

(3) 周期误差：由于送到仪器内部数字检相器不仅有测距信号，还有仪器内部的窜扰信号，而测距信号的相位随距离值在 0°~360°内变化。因而合成信号的相位误差大小也以测尺为周期而变化，故称周期误差。

4.6　直线定向

确定地面两点间的相对位置，仅仅知道两点间的水平距离是不够的，还必须知道两点连线所处的方位，即该直线与标准方向之间水平夹角。确定直线与标准方向之间水平角称为直线定向。

4.6.1　标准方向种类

1. 真子午线方向（真北方向）　通过某点的真子午线的切线方向，即真北方向，指向北极星的方向。

2. 磁子午线方向（磁北方向） 通过某点的磁子午线的切线方向，即磁北方向，当磁针自由静止时其轴线所指方向。

(1) 由于地球磁南北极与地理南北极不重合，如图 4-16 所示。因此，同一点磁子午线方向与真子午线方向不一致，两者之间的夹角称磁偏角，用 δ 表示。

(2) 图 4-17b 中，磁子午线北端偏真子午线东侧称东偏，δ 为正。图 4-17a 中磁子午线北端偏西，δ 为负。地球各点磁偏角也不同。我国磁偏角约为 $-10°\sim 6°$ 之间。北京地区磁偏角约为西偏 $5°$。

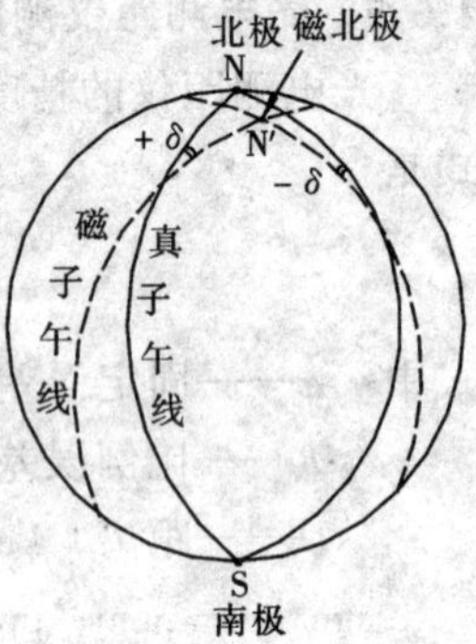

3. 坐标纵轴方向（轴北方向） 高斯平面直角坐标系，$6°$ 带或 $3°$ 带的中央经线作为坐标纵轴。因此，在投影带内的直线定向，即以该带的坐标纵轴方向作为标准方向。坐标纵轴方向也可称轴北方向。

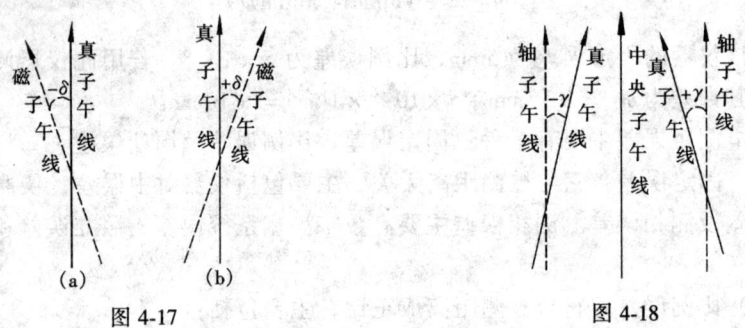

图 4-16

图 4-17

图 4-18

在中央子午线上，各点的轴北方向和真北方向是相同的。中央午线以外各点，轴北方向与真北方向不一致，两者之间的夹角称子午线收敛角，用 γ 表示。如图 4-18 所示，在中央子午线以东地区，各点轴子午线北端位于该点真子午线的东侧，γ 为正；反之为负。

4.6.2 直线方向的表示方法

直线方向通常用该直线的方位角或象限角来表示。

1. 方位角

(1) 如图 4-19 所示，由标准方向的北端起，顺时针方向量到直线的水平角，称为该直线的方位角。上述定义中，标准方向选的是真子午线方向，则称真方位角，用 A 表示；标准方向选的是磁子午线方向，则称磁方位角，用 A_m 表示；标准方向选的是坐标纵轴方向，则称坐标方位角，用 α 表示；方位角的角值由 $0°\sim 360°$。

(2) 同一条直线的真方位角与磁方位角之间的关系，如图 4-20 所示，即

$$A = A_m + \delta \qquad (4\text{-}12)$$

真方位角与坐标方位角之间的关系,如图4-21所示,即

$$A = \alpha + \gamma \tag{4-13}$$

由式(4-12)与式(4-13)可求得坐标方位角与磁方位角之间的关系,即

$$\alpha = A_m + \delta - \gamma \tag{4-14}$$

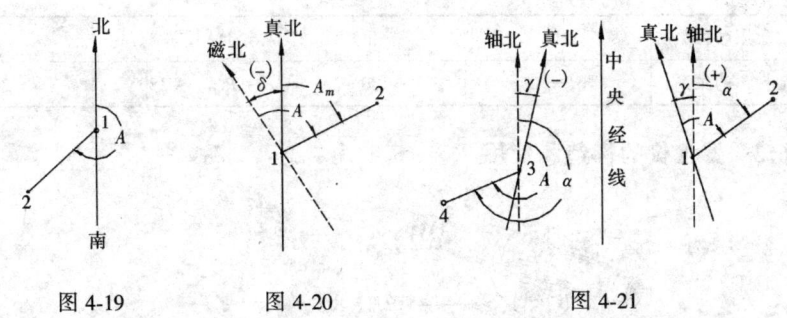

图 4-19　　　　图 4-20　　　　图 4-21

式中 γ 为子午线收敛角。某点子午线收敛角是该点真子午线方向与所在6°带中央经线的夹角。以真子午线方向为准,轴子午线偏东为正,偏西为负。也就是说在中央经线以东各点,γ 为正;在中央经线以西各点,γ 为负。

(3) 图4-22中,测量前进方向是从 A 到 B,α_{AB} 是直线 AB 起点的坐标方位角,称为正坐标方位角;α_{BA} 是直线 AB 终点的坐标方位角,称为反方位角。同一直线的正、反方位角相差180°,即

$$\alpha_{BA} = \alpha_{AB} \pm 180° \tag{4-15}$$

2. 象限角　由标准方向的北端或南端起,顺时针或逆时针方向量算到直线的锐角,称为该直线的象限角,通常用 R 表示。其角值从 0°~90°。图4-23中直线 OA 象限角 R_{OA},是从标准方向北端起顺时针量算。直线 OB 象限角 R_{OB},是从标准方向南端起逆时针量算。直线 OC 象限角 R_{OC},是从标准方向南

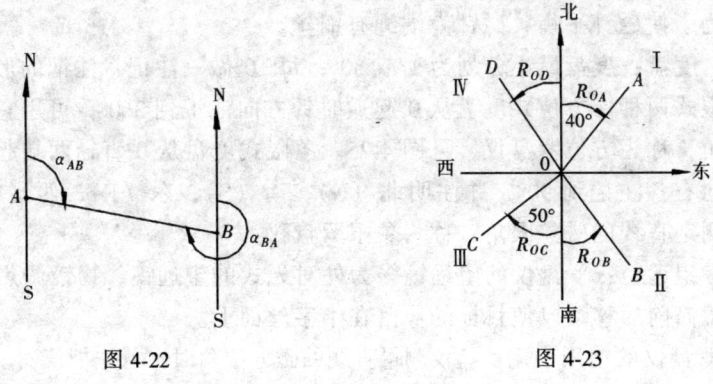

图 4-22　　　　　　　　图 4-23

端起顺时针量算。直线 OD 象限角 R_{OD}，是从标准方向北端起逆时针量算。用象限角表示直线方向时，除写象限的角值外，还应注明直线所在的象限名称，例如 OA 的象限角40°，应写成NE40°。OC 的象限角 50°，应写成 SW50°。

3. 象限角和方位角的关系　　在不同象限，象限角 R 与方位角 A 的关系如表 4-2 所示。

表 4-2　象限角 R 与方位角 A 的关系

象限名称	Ⅰ	Ⅱ	Ⅲ	Ⅳ
R 与 A 的关系	$R = A$	$R = 180° - A$	$R = A - 180°$	$R = 360° - A$

4.6.3　罗盘仪的构造和使用

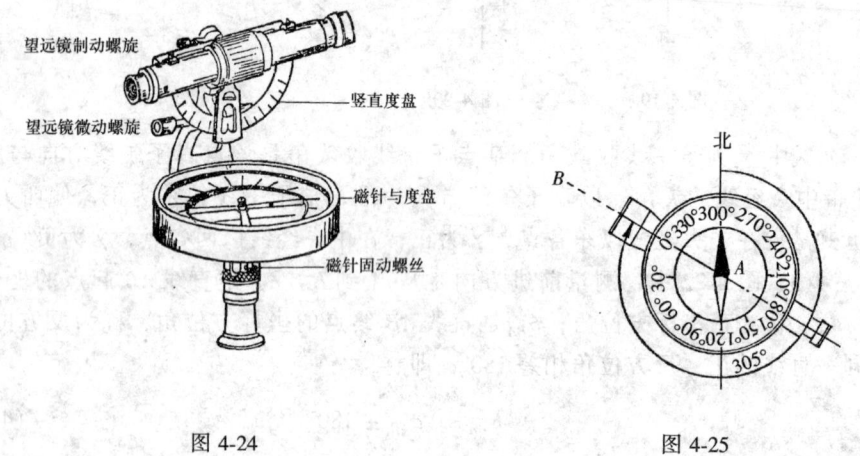

图 4-24　　　　　　　　　　　　图 4-25

1. 罗盘仪的构造　　罗盘仪是测定直线磁方位角与磁象限角的仪器。其构造主要由磁针、刻度盘和望远镜组成，如图 4-24 所示。

(1) 磁针：磁针为一菱形磁铁，安在度盘中心的顶针上，能灵活转动。为了减少顶针的磨损，不用时可用固定螺旋使磁针脱离顶针而顶压在度盘的玻璃盖上。为了使磁针平衡，磁针南端缠有铜丝。

(2) 度盘：度盘最小分划为1°或30′，每10°做一注记，注记的形式有方位式与象限式两种。方位式度盘从 0°起逆时针方向注记到 360°，可用它直接测定磁方位角，称为方位罗盘仪，见图 4-25。象限式度盘从 0°直径两端起，对称地向左、向右各注记到 90°，并注明北（N）、南（S）、东（E）、西（W），可用它直接测定直线的磁象限角，称为象限罗盘仪。

(3) 望远镜：罗盘仪的望远镜多为外对光式的望远镜，物镜调焦螺旋转动时，物镜筒前后移动以使目标的像落在十字丝面上。

2. 罗盘仪的使用　　用罗盘仪测量直线的磁方位角时，首先把仪器安置在直线的起点，对中、整平后，松开磁针的固定螺旋，用望远镜照准直线的终点，待磁针静止后，读磁针北端的读数，即为该直线的磁方位角。例如图4-25磁方位角为305°。为了提高读数的精度和消除磁针的偏心差，还应读磁针南端读数，磁针南端读数±180°后，再与北端读数取平均，即为该直线的磁方位角。

使用罗盘仪时，应避免与铁制物体接近，不得在铁路旁或高压线下面进行测量。

练 习 题

1. 钢尺刻划零端与皮尺刻划零端有何不同？如何正确使用钢尺与皮尺？
2. 简述钢尺一般量距和精密量距的主要不同点。
3. 解释直线定线与直线定向这两个不同概念。简述用标杆目估直线定线的步骤。
4. 何谓钢尺的尺长改正？钢尺名义长与实际长的含义是什么？尺长改正数的正负号说明什么问题？
5. 用30m钢尺丈量 A、B 两点间的距离，由 A 量至 B，后测手处有6根测钎，量最后一段后地上插一根测钎，它与 B 点的距离为18.37m，求 A、B 两点间的距离为多少？若 A、B 间往返丈量距离允许相对误差为1:2 000，问往返丈量时允许距离校差为多少？
6. 钢尺量距有哪些误差？量距中应注意哪些事项？
7. 已知钢尺的尺长方程式 $l_t = 30 - 0.006 + 1.25 \times 10^{-5} \times (t - 20℃) \times 30 \mathrm{m}$，丈量倾斜面上 A、B 两点间的距离为75.813m，丈量时温度为15℃，测得 $h_{AB} = -2.960 \mathrm{m}$，求 AB 的实际水平距离。
8. 何谓光电测距仪的"测尺"？为什么需要"精测尺"和"粗测尺"？。
9. 写出光电测距仪的标称精度公式。分析光电测距仪测距误差来源有哪些？
10. 图4-26中，已知五边形各内角为 $\beta_1 = 95°$，$\beta_2 = 130°$，$\beta_3 = 65°$，$\beta_4 = 128°$，$\beta_5 = 122°$。现已知1-2边的坐标方位角 $\alpha_{12} = 31°$，试求其他各边的坐标方位角。

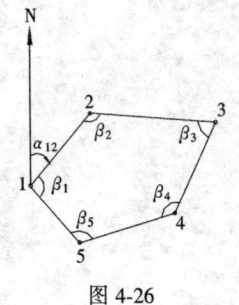

图4-26

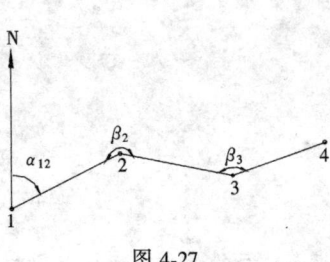

图4-27

11. 图 4-27 中，已知 1-2 边的坐标方位角 $\alpha_{12} = 65°$，2 点两直线夹角 β_2 为 $210°10'$，3 点两直线夹角 β_3 为 $165°20'$。试求 2-3 边的正坐标方位角 α_{23} 和 3-4 边的反坐标方位角 α_{43} 各为多少？

第5章 测量误差理论的基本知识

5.1 测量误差概述

测量工作中,对某个未知量进行观测必定会产生误差。例如,对三角形三个内角进行观测,三个内角观测值总和通常都不等于真值180°。往返丈量某一边长,其结果存在差异。这些现象表明,观测值中不可避免地存在误差。

何谓误差?误差就是某未知量的观测值与其真值的差数。该差数称为真误差。即

$$\Delta_i = l_i - X \tag{5-1}$$

式中 Δ_i ——真误差;
  l_i ——观测值;
  X ——真值。

一般情况下,某未知量的真值无法求得,此时计算误差时,用观测值的最或然值代替真值。观测值与其最或然值之差,称为似真误差。观测值的最或然值是接近于真值的最可靠值,将在本章最后一节讨论。即

$$v_i = l_i - x \tag{5-2}$$

式中 v_i ——似真误差;
  l_i ——观测值;
  x ——观测值的最或然值。

5.1.1 测量误差来源

所有的测量工作都是观测者使用仪器和工具在一定的外界条件下进行的。因此测量误差主要有以下三个方面:

1. 观测者 由于观测者的视觉、听觉等感官的鉴别能力有一定的局限,所以在仪器的使用中会产生误差,如对中误差、整平误差、照准误差、读数误差等。

2. 仪器误差 测量工作中使用的各种测量仪器,其零部件的加工精密度不可能达到百分之百的准确,仪器经检验与校正后仍会存在残余微小误差,这些都会影响到观测结果的准确性。

3. 外界条件的影响 测量工作都是在一定的外界环境条件下进行的,如

温度、风力、大气折光等因素，这些因素的差异和变化都会直接对观测结果产生影响，必然给观测结果带来误差。

通常把仪器误差、观测者的技术条件（包括使用的方法）及外界条件这三个因素综合起来，称为观测条件。观测条件相同的各次观测称为等精度观测。相反，观测条件之中，只要有一个不相同的各次观测称为不等精度观测。

5.1.2 测量误差的分类

按测量误差对观测结果影响性质的不同，可将测量误差分为系统误差和偶然误差两大类。

1. 系统误差 在相同的观测条件下，对某量进行的一系列观测中，数值大小和正负符号固定不变，或按一定规律变化的误差，称为系统误差。

系统误差具有累积性，对观测结果的影响很大，但它们的符号和大小有一定的规律。因此，系统误差可以采用适当的措施消除或减弱其影响。通常可采用以下三种方法：

(1) 观测前对仪器进行检校。例如水准测量前，对水准仪进行三项检验与校正，以确保水准仪的几何轴线关系的正确性。

(2) 采用适当的观测方法，例如水平角测量中，采用正倒镜观测法来消除经纬仪视准轴的误差和横轴的误差。

(3) 研究系统误差的大小，事后对观测值加以改正。例如钢尺量距中，应用尺长改正、温度改正及倾斜改正等三项改正公式，可以有效地消除或减弱尺长误差、温度差影响以及地面倾斜的影响。

2. 偶然误差 在相同的观测条件下，对某量进行一系列的观测，其误差出现的符号和大小都不一定，表现出偶然性，这种误差称为偶然误差，又称随机误差。

例如，水准尺读数时的估读误差，经纬仪测角的瞄准误差等等。单个偶然误差没有什么规律，但大量偶然误差则具有一定的统计规律。

【例 5-1】 在相同的观测条件下，对一个三角形三个内角重复观测了 100 次，由于偶然误差的不可避免性，使得每次观测三角形内角之和不等于真值 180°。用下式计算真误差 Δ_i，然后把这 100 个真误差按其绝对值的大小排列，列于表 5-1。

$$\Delta_i = a_i + b_i + c_i - 180° \quad (i = 1, 2, \cdots, 100)$$

从表 5-1 看出，误差的分布有一定的规律性，可以总结偶然误差有以下四个统计特性：

(1) 有界性：在一定的观测条件下，偶然误差的绝对值不会超过一定的限度，本例最大误差为 3.0″；

(2) 集中性：绝对值小的误差比绝对值大的误差出现的机会多，0.5″以下的误差有 41 个；

（3）对称性：绝对值相等的正负误差出现的机会相等，本例正负误差各为 50 个；

表 5-1　三角形内角和真误差分布情况

误差大小区间	正△的个数	负△的个数	总　　和
0.0″~0.5″	21	20	41
0.5″~1.0″	14	15	29
1.0″~1.5″	7	8	15
1.5″~2.0″	5	4	9
2.0″~2.5″	2	2	4
2.5″~3.0″	1	1	2
3.0″以上	0	0	0
合　　计	50	50	100

（4）抵偿性：偶然误差的算术平均值趋近于零，即

$$\lim_{n\to\infty}\frac{\Delta_1+\Delta_2+\cdots+\Delta_n}{n}=\lim_{n\to\infty}\frac{[\Delta]}{n}=0$$

由偶然误差的统计特性可知，当对某量有足够多的观测次数时，其正负误差可以互相抵消。因此，可以采用多次观测，并取其算术平均值的方法，来减少偶然误差对观测结果的影响而求得较为可靠的结果。

偶然误差是测量误差理论的主要研究对象。根据偶然误差的特性对该组观测值进行数学处理，求出最接近于未知量真值的估值，称为最或然值。另外，根据观测值的偶然误差大小，来评定观测结果的质量，即评定精度。

3. 观测值的精度与数字精度　观测值接近真值的程度，称为准确度（accuracy）。愈接近真值，其准确度愈高。系统误差对观测值的准确度影响极大，因此，在观测前，应认真检校仪器，观测时采用适当的观测法，观测后对观测的结果加以计算改正，从而消除系统误差或减弱至最低可以接受的程度。

一组观测值之间相互符合的程度（或其离散程度），称为精密度（precision）。一观测列的偶然误差大小反映出观测值的精密度。准确度与精密度两者均高的观测值才称得上高精度的观测值。所谓精度包含准确度和精密度。

数字的精度是取决于小数点后的位数，相同单位的两个数，小数点后位数越多，表示精度越高。因此小数点后位数不可随意取舍。例如，17.62m 与 17.621m，后者准确到毫米，前者只准确到厘米。从这里可知：17.62m 与 17.620m，这两个数并不相等，17.620m 准确至毫米，毫米位为 0。因此，对一个数字既不能随意添加 0，也不能随意消去 0。

5.2 衡量观测值精度的标准

衡量观测值精度高低必须建立一个统一衡量精度的标准，主要有：

1. 中误差　我们先来考察下面的例子。

【例 5-2】 甲、乙两人，各自在相同精度条件下对某一三角形的三个内角观测 10 次，算得三角形闭合差 Δi 如下：

甲：+30, -20, -40, +20, 0, -40, +30, +20, -30, -10

乙：+10, -10, -60, +20, +20, +30, -50, 0, +30, -10

（上列数据单位均为秒）试问哪个观测精度高？

解： 我们很自然可以想到，甲、乙两人平均的真误差有多少？按真误差的绝对值总和取平均，即

$$\theta_{甲} = \frac{\Sigma |\Delta|}{n} = \frac{30+20+40+20+0+40+30+20+30+10}{10} = 24''$$

$$\theta_{乙} = \frac{\Sigma |\Delta|}{n} = \frac{10+10+60+20+20+30+50+0+30+10}{10} = 24''$$

用平均误差衡量结果是：$\theta_{甲} = \theta_{乙}$。但是，乙组观测列中有较大的观测误差，乙组观测精度应该低于甲组，计算平均误差 θ 反映不出来，所以平均误差 θ 衡量观测值的精度是不可靠的。

根据数理统计推导可知：某组观测值的中误差 m 可用下式计算

$$m = \pm \sqrt{\frac{[\Delta\Delta]}{n}} \tag{5-3}$$

式中　$[\Delta\Delta]$——各偶然误差平方和；

　　　n——偶然误差的个数。

m 表示该组观测值的误差，称为单位观测值的中误差，所谓"单位"并非是绝对的，视研究的对象和目的不同而异。例如，量距中量一次算一个单位，测角中半测回值算一个单位，例 5-2 中三个内角和算一个单位观测值；在计算测角中误差时，则应把三角形每个角度的观测值认为是单位观测值。m 代表该组观测值中任一个观测值的误差。根据数理统计推导可知偶然误差与其出现次数的关系呈正态分布，其曲线拐点的横坐标 $\Delta_{拐}$ 等于中误差 m，如图 5-1 所示，这就是中误差的几何意义。

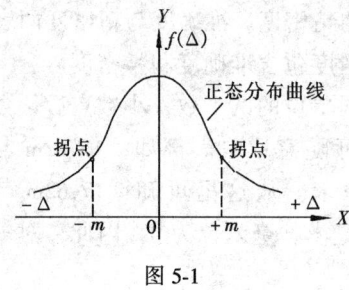

图 5-1

上述例 5-2 用中误差公式计算得：

$$m_{甲} = \pm \sqrt{\frac{[\Delta\Delta]}{n}} = \pm \sqrt{\frac{7\,200}{10}} = \pm 27''$$

$$m_{乙} = \pm \sqrt{\frac{[\Delta\Delta]}{n}} = \pm \sqrt{\frac{9\,000}{10}} = \pm 30''$$

$m_甲 = \pm 27''$，表示甲组中任意一个观测值的误差。$m_乙 = \pm 30''$，表示乙组中任意一个观测值的误差。甲组观测值的精度较乙组高。

当观测值的真值未知时，首先计算多次观测值 l_1、l_2、l_3、$\cdots$、l_n 的算术平均值。即

$$x = \frac{l_1 + l_2 + \cdots + l_n}{n} = \frac{[l]}{n} \tag{5-4}$$

此时，用来衡量观测值中误差的计算公式，根据推导（见5.4.2节）为

$$m = \pm \sqrt{\frac{[vv]}{n-1}} \tag{5-5}$$

式中　v——观测值的似真误差，即各观测值 l_i 与算术平均值 x 之差：

$$v_1 = l_1 - x, v_2 = l_2 - x, \cdots, v_n = l_n - x$$

$[vv]$——似真误差的平方和，即

$$[vv] = v_1^2 + v_2^2 + \cdots + v_n^2 = \sum_{i=1}^{n} v_i^2$$

2. 相对误差　对于衡量精度来说，有时单靠中误差还不能完全表达观测结果的质量。例如，测得某两段距离，第一段长100m，第二段长200m，观测值的中误差均为 ±0.02m。从中误差的大小来看，两者精度相同，但从常识来判断，两者的精度并不相同，第二段量距精度高于第一段，这时应采用另一种衡量精度的标准，即相对误差。

相对误差是误差的绝对值与观测值之比，在测量上通常将其化为分子为1的分式，即

$$K = \frac{|m|}{D} = \frac{1}{\frac{D}{|m|}} \tag{5-6}$$

式中　K——相对误差，上例中：

$$K_1 = \frac{|m_1|}{D_1} = \frac{0.02}{100} = \frac{1}{5\,000}$$

$$K_2 = \frac{|m_2|}{D_2} = \frac{0.02}{200} = \frac{1}{10\,000}$$

显然，用相对误差衡量可以看出，$K_1 > K_2$。相对误差愈小（分母愈大），说明观测结果的精度愈高，反之愈低。式（5-6）中分子可以用中误差、距离往返较差、闭合差等，此时相对误差计算式为

$$中误差的相对误差 = \frac{中误差}{观测值的最或然值}$$

$$距离往返较差的相对中误差 = \frac{距离往返较差}{往返观测值的平均值}$$

$$\text{坐标闭合差的相对中误差} = \frac{\text{坐标闭合差}}{\text{观测值的最或然值}}$$

相对中误差常用在距离与坐标误差的计算中。角度误差不用相对中误差，因角度误差与角度本身大小无关。

3. 极限误差　由偶然误差的第一特性可知，在一定的观测条件下，偶然误差的绝对值不会超过一定的限度。由数理统计和误差理论可知，在大量等精度观测中，偶然误差绝对值大于一倍中误差出现的概率为32%；大于二倍中误差出现的概率仅为4.6%；大于三倍中误差的出现的概率仅为0.3%。因此，在实际测量中观测次数很有限，绝对值大于 $2m$ 或 $3m$ 的误差出现机会很小，故取二倍或三倍中误差作为容许误差（多采用 $2m$），即

$$\Delta_{容} = 2m \text{ 或 } \Delta_{容} = 3m \tag{5-7}$$

如果观测值超出上述限值的偶然误差，可视该观测值不可靠或出现了错误，应舍去不用。

5.3　误差传播定律

在实际测量工作中，某些量的大小往往不能直接观测到的，未知量的值是由直接观测值通过一定的函数关系间接计算求得的。因此，观测值的误差必然使得其函数带来误差。例如房屋的面积 S 由量长边 a 与量短边 b 相乘而得，a、b 丈量误差必使 S 产生误差。$S = ab$ 这是线性函数关系。又如丈量两点斜距 L 及倾斜角 α，则水平距离 $D = L\cos\alpha$，这是非线性函数。

研究观测值函数的中误差与观测值中误差之间关系的定律称为误差传播定律。

5.3.1　倍数函数中误差

设倍数函数为

$$y = Kx \tag{5-8}$$

式中　K——常数（常数无误差）；

　　　x——直接观测值。

已知其中误差为 m_x，y 为 x 的倍数函数，求 y 的中误差 m_y。

设 x 有真误差 Δx，则函数 y 产生真误差 Δy，由（5-8）式可知它们之间的关系为

$$\Delta_y = K\Delta_x \tag{5-9}$$

设对 x 观测了 n 次，按式（5-9）可写出 n 个真误差的关系式

$$\Delta_{y1} = K\Delta_{x1}$$
$$\Delta_{y2} = K\Delta_{x2}$$
$$\ldots$$
$$\Delta_{yn} = K\Delta_{xn}$$

将 n 个等式两端平方取和再除以 n，则得

$$\frac{\Delta_{y1}^2 + \Delta_{y2}^2 + \cdots + \Delta_{yn}^2}{n} = K^2 \frac{\Delta_{x1}^2 + \Delta_{x2}^2 + \cdots + \Delta_{xn}^2}{n}$$

或

$$\frac{[\Delta_y^2]}{n} = K^2 \frac{[\Delta_x^2]}{n}$$

根据中误差定义公式 (5-3)，上式中

$$\frac{[\Delta_y^2]}{n} = m_y^2, \quad \frac{[\Delta_x^2]}{n} = m_x^2$$

代入前式则得

$$m_y^2 = K^2 m_x^2$$

$$m_y = K m_x \tag{5-10}$$

即倍数函数中误差等于倍数与观测值中误差的乘积。

【例 5-3】 在 1:500 地形图上量得某两点间的距离 $d = 234.5\text{mm}$，其中误差 $m_D = \pm 0.2\text{mm}$，求该两点的地面水平距离 D 的值及其中误差 m_D。

解： $D = 500d = 500 \times 0.2345 = 117.25\text{m}$

$m_D = \pm 500 m_D = \pm 500 \times 0.0002 = \pm 0.10\text{m}$

5.3.2 和、差函数中误差

设和差函数为

$$y = x_1 \pm x_2 \tag{5-11}$$

式中 x_1、x_2 是直接观测值，已知其中误差分别为 m_1、m_2，y 是 x_1、x_2 的和、差函数，求 y 的中误差 m_y。

设 x_1、x_2 有真误差 Δ_1、Δ_2，则函数 y 产生真误差 Δ_y，其间关系为

$$\Delta_y = \Delta_1 \pm \Delta_2$$

设对 x_1、x_2 各观测了 n 次，按 (5-11) 式可写出 n 个真误差的关系式

$$\Delta_{yi} = \Delta_{1i} \pm \Delta_{2i} \quad (i = 1, 2, \cdots, n)$$

将各等式两端平方得

$$\Delta_{yi}^2 = \Delta_{1i}^2 + \Delta_{2i}^2 \pm 2\Delta_{1i}\Delta_{2i}$$

将以上 n 个等式两端分别取和再除以 n，得

$$\frac{[\Delta_y^2]}{n} = \frac{[\Delta_1^2]}{n} + \frac{[\Delta_2^2]}{n} \pm 2 \times \frac{[\Delta_1 \Delta_2]}{n}$$

由于 Δ_1、Δ_2 都是偶然误差，它们的正负误差出现机会相等，所以它们的乘积的正负误差出现机会也相等，具有偶然误差的性质。根据偶然误差的第四个特性，上式中

$$\lim_{n \to \infty} \frac{[\Delta_1 \Delta_2]}{n} = 0$$

所以

$$\frac{[\Delta_y^2]}{n} = \frac{[\Delta_1^2]}{n} + \frac{[\Delta_2^2]}{n}$$

根据中误差定义公式 (5-3)，上式中

$$\frac{[\Delta_y^2]}{n} = m_y^2, \quad \frac{[\Delta_1^2]}{n} = m_1^2, \quad \frac{[\Delta_2^2]}{n} = m_2^2$$

代入前式，得

$$m_y^2 = m_1^2 + m_2^2 \tag{5-12}$$

当和差函数为

$$y = x_1 \pm x_2 \pm \cdots \pm x_n$$

设 x_1、x_2、$\cdots$、x_n 的中误差分别为 m_1、m_2、$\cdots$、m_n 时，则

$$m_y^2 = m_1^2 + m_2^2 + \cdots + m_n^2 \tag{5-13}$$

即和差函数的中误差的平方等于各观测值中误差的平方和。

当 x_1、x_2、$\cdots$、x_n 为等精度观测值时，则

$$m_1 = m_2 = m_3 = \cdots = m_n = m$$

此时式（5-13）改变为

$$m_y = \pm m\sqrt{n} \tag{5-14}$$

【例 5-4】 已知当水准仪距标尺 75m 时，一次读数中误差为 $m_{读} = \pm 2\text{mm}$（包括照准误差、估读误差等），若以二倍中误差为容许误差，试求普通水准测量观测 n 站所得高差闭合差的容许误差。

解： 水准测量每一站高差 $\quad h_i = a_i - b_i$

则每站高差中误差

$$m_{站} = \sqrt{m_{读}^2 + m_{读}^2} = \pm m_{读}\sqrt{2} = \pm 2\sqrt{2} = \pm 2.8\text{mm}$$

观测 n 站所得总高差 $\quad h = h_1 + h_2 + \cdots + h_n$

则 n 站总高差 h 的总误差，根据式（5-14）可写出

$$m_{总} = \pm m_{站}\sqrt{n} = \pm 2.8\sqrt{n}\ \text{mm}$$

若以二倍中误差为容许误差，则高差闭合差容许误差为

$$\Delta_{容} = 2 \times (\pm 2.8\sqrt{n}) = \pm 5.6\sqrt{n} \approx \pm 6\sqrt{n}\ \text{mm}$$

【例 5-5】 用 DJ6 型光学经纬仪观测角度 β，瞄准误差为 $m_{瞄}$，读数误差为 $m_{读}$，求：

(1) 观测一个方向的中误差 $m_{方}$；

(2) 半测回的测角中误差 $m_{半}$；

(3) 两个半测回较差的容许值 $\Delta_{容}$。

解：（1）观测一个方向的中误差 $m_{方}$

观测一个方向包含瞄准误差 $m_{瞄}$ 与读数误差 $m_{读}$，即

$$m_{瞄} = \pm \frac{60''}{v} = \pm \frac{60''}{28} = \pm 2.1''$$

DJ6 光学经纬仪分微尺估读至 $0.1'$，因此 $m_{读} = \pm 6''$。根据式（5-12）得

$$m_{方} = \pm \sqrt{m_{瞄} + m_{读}} = \pm \sqrt{2.1^2 + 6^2} = \pm 6''$$

(2) 半测回的测角中误差 $m_{半}$

半测回观测角由两个方向之差求得，即 $\beta = b - a$

$$m_{半} = \pm m_{方}\sqrt{2} = \pm 6\sqrt{2} = \pm 8.5''$$

(3) 两个半测回较差的容许值 $\Delta_{容}$；

$$\Delta_{\beta} = \beta_{左} - \beta_{右}$$

所以

$$m_{\Delta\beta} = \pm m_{半}\sqrt{2} = \pm 6\sqrt{2}\sqrt{2} = \pm 12''$$

采用容许误差为中误差的 3 倍，则

$$\Delta_{容} = \pm 3 \times 12'' = \pm 36''$$

考虑到其他因素，测回法规定两个半测回较差的容许值 $\Delta_{容} = \pm 40''$。

5.3.3 线性函数

设线性函数为 $y = K_1 x_1 + K_2 x_2 + \cdots + K_n x_n$

设 x_1、x_2、$\cdots$、x_n 为独立观测值，其中误差分别为 m_1、m_2、$\cdots$、m_n，求函数 y 的中误差 m_y。

按推求式（5-10）与式（5-12）的相同方法，得

$$m_y^2 = K_1^2 m_1^2 + K_2^2 m_2^2 + \cdots + K_n^2 m_n^2 \tag{5-15}$$

即线性函数中误差的平方，等于各常数与相应观测值中误差乘积的平方和。

【例 5-6】 对某量等精度观测 n 次，观测值为 l_1、l_2、$\cdots$、l_n，设已知各观测值的中误差 $m_1 = m_2 \cdots\cdots = m_n = m$，求等精度观测值算术平均值 x 及其中误差 M。

解：等精度观测值算术平均值 x

$$x = \frac{l_1 + l_2 + \cdots + l_n}{n} = \frac{[l]}{n} \tag{5-16}$$

上式可改写为

$$x = \frac{1}{n}l_1 + \frac{1}{n}l_2 + \cdots + \frac{1}{n}l_n$$

根据式（5-15）算术平均值 x 的中误差 M

$$M^2 = \frac{1}{n^2}m_1^2 + \frac{1}{n^2}m_2^2 + \cdots + \frac{1}{n^2}m_n^2 = \frac{n}{n^2}m^2 = \frac{1}{n}m^2$$

$$M = \pm \frac{m}{\sqrt{n}} \tag{5-17}$$

上式表明，算术平均值的中误差比观测值中误差缩小了 $\sqrt{n}$ 倍，即算术平均值的精度比观测值精度提高 $\sqrt{n}$ 倍。测量工作中进行多余观测，取多次观测值的平均值作为最后的结果，就是这个道理。但是，当 n 增加到一定程度后（例如 $n = 6$），M 值减小的速度变得十分慢，所以为了达到提高观测成果精度的目的，不能单靠无限制地增加观测次数，应综合采用提高仪器精度等级、选用合理的观测方法及适当增加观测次数等措施，才是正确的途径。

5.3.4 一般函数

设一般函数为

$$y = f(x_1, x_2, \cdots, x_n)$$

已知 x_1、x_2、$\cdots$、x_n 为独立观测值，其中误差分别为 m_1、m_2、$\cdots$、m_n'，求函数 y 的中误差 m_y。

对于多个变量（变量个数大于 1 时）的函数，取微分时，必须进行全微分，故

$$\mathrm{d}y = \left(\frac{\partial f}{\partial x_1}\right)\mathrm{d}x_1 + \left(\frac{\partial f}{\partial x_2}\right)\mathrm{d}x_2 + \cdots + \left(\frac{\partial f}{\partial x_n}\right)\mathrm{d}x_n$$

由于测量中真误差值都很小，故可用真误差 Δ 代替上式中的微分量。即

$$\Delta_y = \left(\frac{\partial f}{\partial x_1}\right)\Delta_1 + \left(\frac{\partial f}{\partial x_2}\right)\Delta_2 + \cdots + \left(\frac{\partial f}{\partial x_n}\right)\Delta_n$$

式中 $\frac{\partial f}{\partial x_1}$、$\frac{\partial f}{\partial x_2}$、$\cdots$、$\frac{\partial f}{\partial x_n}$ 分别是函数 y 对观测值 x_1、x_2、$\cdots$、x_n 求得偏导数。当函数式与观测值确定后，偏导数均为常数，故上式可视为线性函数的真误差关系式。由式（5-15）可得

$$m_y^2 = \left(\frac{\partial f}{\partial x_1}\right)^2 m_1^2 + \left(\frac{\partial f}{\partial x_2}\right)^2 m_2^2 + \cdots + \left(\frac{\partial f}{\partial x_n}\right)^2 m_n^2 \tag{5-18}$$

即一般函数的中误差平方等于该函数对每个观测值取偏导数与相应观测值中误差乘积的平方和。

【例 5-7】 测得两点地面斜距 $L = 225.85 \pm 0.06\text{m}$，地面的倾斜角 $\alpha = 17°30' \pm 1'$，求两点间的高差 h 及其中误差 m_h。

解：根据题意可写出计算高差 h 公式为

$$h = L\sin\alpha$$

对上式全微分得

$$\mathrm{d}h = \left(\frac{\partial h}{\partial L}\right)\mathrm{d}L + \left(\frac{\partial h}{\partial \alpha}\right)\mathrm{d}\alpha$$

因为 $\frac{\partial h}{\partial L} = \sin\alpha$，$\frac{\partial h}{\partial \alpha} = L\cos\alpha$，所以上式变为

$$\mathrm{d}h = \sin\alpha\,\mathrm{d}L + L\cos\alpha\,\mathrm{d}\alpha$$

将上式微分转为中误差，根据式（5-18），上式可写成

$$m_h^2 = (\sin\alpha)^2 m_L^2 + (L\cos\alpha)^2 \left(\frac{m_\alpha}{\rho'}\right)^2$$

$$= 0.300\,7^2 \times 0.06^2 + (225.85 \times 0.953\,7)^2 \left(\frac{1'}{3\,438'}\right)^2$$

$$= 0.000\,3 + 0.003\,9 = 0.004\,2$$

$$m_h = \pm 0.065\text{m}$$

5.3.5 误差传播定律应用总结

应用误差传播定律解决实际问题是十分重要的，解题一般可归纳为三个步骤，现举两个实例加以说明。

例1：量得圆半径 $R = 31.3\text{mm}$，其中误差 $m_R = \pm 0.3\text{mm}$，求圆面积 S 的中误差。

例2：某长方形房屋，长边量得结果：$80 \pm 0.02\text{m}$，短边量得结果：$40 \pm 0.01\text{m}$。求房屋面积 S 中误差。

第一步：列出数学方程。

例1：$S = \pi R^2$

例2：$S = a \times b$

第二步：将方程进行微分，例2有2个变量，需全微分。

例1：$\mathrm{d}S = 2\pi R \mathrm{d}R$

例2：$\mathrm{d}S = a \times \mathrm{d}b + b\mathrm{d}a$

第三步：将微分转为中误差。

例1：$m_S = 2\pi R \times m_R = 2 \times 3.1416 \times 31.3 \times 0.3 = \pm 59\text{mm}$

例2：$m_S = \pm \sqrt{a^2 m_b^2 + b^2 m_a^2} = \pm \sqrt{80^2 \times 0.01^2 + 40^2 \times 0.02^2} = \pm 1.13\text{m}^2$

这里应特别注意：当一函数式中包含多个变量时，要求各变量必须是相互独立的，例如，改正后三角形内角 A 公式如下：

$$A = \alpha - \frac{1}{3}\omega \quad (\alpha \text{ 为 } A \text{ 角的观测值，} \omega \text{ 为三角形闭合差})$$

上式中变量 ω 包含有变量 α，互相不独立，此时下式是错误的：

$$m_A^2 = m_\alpha^2 + \frac{1}{9}m_\omega^2$$

应将上述第一式变为下式，然后再用误差传播定律。即

$$A = \alpha - \frac{1}{3}(\alpha + \beta + \gamma - 180°) = \frac{2}{3}\alpha - \frac{1}{3}\beta - \frac{1}{3}\gamma + 60°$$

微分得
$$\mathrm{d}A = \frac{2}{3}\mathrm{d}\alpha - \frac{1}{3}\mathrm{d}\beta - \frac{1}{3}\mathrm{d}\gamma$$

转为中误差得
$$m_A^2 = \left(\frac{2}{3}\right)^2 m^2 + \left(\frac{1}{3}\right)^2 m^2 + \left(\frac{1}{3}\right)^2 m^2 = \frac{2}{3}m^2$$

因此
$$m_A = \pm \sqrt{\frac{2}{3}}\, m$$

5.4 等精度观测值的平差

何谓平差？对一系列观测值采用适当而合理的方法，消除或减弱其误差，求得未知量的最可靠值，同时，评定测量成果的精度。通常我们把求得的未知

量的最可靠的值,称为最或然值,它十分接近于未知量的真值。

5.4.1 求未知量的最或然值

设对某未知量进行了 n 次等精度观测,其真值为 X,观测值为 l_1、l_2、…、l_n,相应的真误差为 Δ_1、Δ_2、…、Δ_n,则

$$\Delta_1 = l_1 - X$$
$$\Delta_2 = l_2 - X$$
$$\cdots$$
$$\Delta_n = l_n - X$$

将上式取和再除以观测次数 n 便得

$$\frac{[\Delta]}{n} = \frac{[l]}{n} - X = x - X$$

式中 x 为算术平均值,显然 $x = X + \frac{[\Delta]}{n}$。

根据偶然误差第四个特征,当 $n \to \infty$ 时,$\frac{[\Delta]}{n} \to 0$,因此

$$x = \frac{[l]}{n} \approx X \tag{5-19}$$

即当观测次数 n 无限多时,算术平均值 x 就趋向于未知量的真值 X。当观测次数有限时,可以认为算术平均值是根据已有的观测数据所能求得的最接近真值的近似值,称为最或然值或最或是值,以它作为未知量的最后结果。

5.4.2 评定精度

1. 观测值的似真误差(或是误差) 根据中误差定义公式(5-8)计算观测值中误差的 m,需要知道观测值 l_i 的真误差 Δ_i,但是真误差往往不知道。因此,在实际工作中多采用观测值的似真误差或改正数来计算观测值的中误差。用 v_i($i=1$、2、…、n)表示观测值的似真误差,而改正数则与误差符号相反。

$$v_1 = l_1 - x$$
$$v_2 = l_2 - x$$
$$\cdots$$
$$v_n = l_n - x$$

等式两端分别取和 $[v] = [l] - nx$

因为 $x = \frac{[l]}{n}$,所以 $[v] = 0$ \hfill (5-20)

即观测值的似真误差代数和等于零。式(5-20)可作为计算中的校核,当 $[v] = 0$ 时,说明算术平均值及似真误差计算无误。

2. 用似真误差计算等精度观测值的中误差 计算公式为

$$m = \pm\sqrt{\frac{[vv]}{n-1}} \tag{5-21}$$

式（5-21）推导如下

$$\Delta_i = l_i - X$$

$$v_i = l_i - x$$

以上两个等式相减得

$$\Delta_i - v_i = x - X$$

令 $\delta = x - X$，代入上式并移项后得

$$\Delta_i = v_i + \delta$$

以上 n 个等式两端分别自乘得

$$\Delta_i^2 = v_i^2 + 2v_i\delta + \delta^2$$

上式有 n 个取和得

$$[\Delta\Delta] = [vv] + 2\delta[v] + n\delta^2$$

因为
$$[v] = 0$$

所以
$$[\Delta\Delta] = [vv] + n\delta^2$$

等式两端分别除以 n，得

$$\frac{[\Delta\Delta]}{n} = \frac{[vv]}{n} + \delta^2 \tag{5-22}$$

式中 $\delta = x - X = \frac{[l]}{n} - X = \frac{[l-X]}{n} = \frac{[\Delta]}{n}$

上式平方得 $\delta^2 = \frac{[\Delta]^2}{n^2} = \frac{1}{n^2}(\Delta_1^2 + \Delta_2^2 + \cdots + \Delta_n^2 + 2\Delta_1\Delta_2 + 2\Delta_1\Delta_3 + \cdots)$

$$= \frac{[\Delta\Delta]}{n^2} + \frac{2}{n^2}(\Delta_1\Delta_2 + \Delta_1\Delta_3 + \cdots)$$

由于 Δ_1、Δ_2、$\cdots$、Δ_n 为偶然误差，故非自乘的两个偶然误差之积 $\Delta_1\Delta_2$、$\Delta_1\Delta_3$ 等仍然具有偶然误差性质，根据偶然误差的第四个特性，当 $n\to\infty$ 时，上式等号右端的第二项趋于零。因此得

$$\delta^2 \approx \frac{[\Delta\Delta]}{n^2}$$

上式代入式（5-22）得

$$\frac{[\Delta\Delta]}{n} = \frac{[vv]}{n} + \frac{[\Delta\Delta]}{n^2}$$

将中误差定义公式（5-3），代入上式

$$m^2 = \frac{[vv]}{n} + \frac{m^2}{n}$$

$$nm^2 = [vv] + m^2$$

$$m = \pm\sqrt{\frac{[vv]}{n-1}}$$

【例 5-8】 某段距离用钢尺进行 6 次等精度丈量,其结果列于表 5-2 中,试计算该距离的算术平均值,观测值中误差、算术平均值的中误差及其相对误差。

表 5-2

序 号	观测值 l	v /mm	vv /mm²
1	256.565	−3	9
2	256.563	−5	25
3	256.570	+2	4
4	256.573	+5	25
5	256.571	+3	9
6	256.566	−2	4
Σ	$x = 256.568$	$[v] = 0$	$[vv] = 76$

解:观测值中误差

$$m = \pm\sqrt{\frac{[vv]}{n-1}} = \pm\sqrt{\frac{76}{6-1}} = \pm 3.9 \text{mm}$$

算术平均值中误差

$$M = \pm\frac{m}{\sqrt{n}} = \pm\frac{3.9}{\sqrt{6}} = \pm 1.6 \text{mm}$$

算术平均值的相对中误差

$$K = \frac{|M|}{D} = \frac{1}{\frac{D}{|M|}} = \frac{1}{\frac{256.568}{0.0016}} = \frac{1}{160\,355}$$

练 习 题

1. 什么叫系统误差?其特点是什么?通常采用哪几种措施消除或减弱系统误差对观测成果的影响。
2. 什么叫偶然误差?它有哪些特性?
3. 什么叫观测值的精度?精密度与准确度这两个概念有何区别?试举实例说明。什么叫数字精度?在计算中应注意什么问题?
4. 衡量观测值精度的标准是什么?衡量角度测量与距离测量精度的标准分别是什么?为什么?
5. 设有 9 边形,每个角的观测中误差 $m = \pm 10''$,求该 9 边形的内角和的中误差及其内角和闭合差的容许值。
6. 用某经纬仪观测水平角,已知一测回测角中误差 $m_\beta = \pm 14''$,欲使测角中误差 $m'_\beta \leq \pm 8''$,问需要观测几个测回?

7. 在比例尺为 1∶2 000 的平面图上，量得一圆半径 $R = 31.3$mm，其中误差为 $±0.3$mm，求实际圆面积 S 及其中误差 m_S。
8. 水准测量中，设每个站高差中误差为 $±5$mm，若每千米设 16 个测站，求 1km 高差中误差是多少？若水准路线长为 4km，求其高差中误差是多少？
9. 对某直线丈量 6 次，观测结果是 246.535m、246.548m、246.520m、246.529m、246.550m、246.537m，试计算其算术平均值、算术平均值的中误差及其相对误差。

第6章 小地区控制测量

6.1 控制测量概述

在测量工作中，为了减少误差积累，保证测图精度，便于分幅测图，加快测图进度，满足测图和碎部测量需要，就必须遵循"从整体到局部"、"先控制后碎部"及"由高级到低级"的测量原则。

无论控制测量、碎部测量和施工测设，其实质都是确定地面点的位置，而控制测量是碎部测量和测设工作的基础。即首先在测区内建立控制网，然后根据控制网进行碎部测量和测设。

由控制点组成的几何图形，称为控制网，控制网根据其功能分为平面控制网和高程控制网。测定控制点平面位置（x，y）的工作，称为平面控制测量。测定控制点高程（H）的工作，称为高程控制测量。平面控制测量和高程控制测量统称为控制测量。

控制网有国家控制网、城市控制网和小地区控制网等。

在全国范围内建立的控制网，称为国家控制网。它是由国家专门测量机构，用精密仪器和方法，进行整体控制，逐级加密的方式建立，它的低级点受高级点的逐级控制。

── 一等三角锁
── 二等三角网

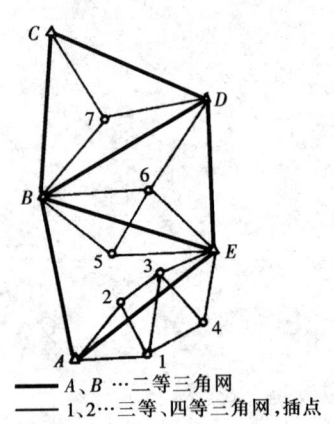
── A、B…二等三角网
── 1、2…三等、四等三角网,插点

图 6-1

国家平面控制网的建立主要采用三角测量的方法。如图 6-1 所示，一等三角网是国家平面控制网的骨干，除用于扩展低等平面控制测量外，还为本学科研究地球的形状和大小提供精密数据。二等三角网布设于一等三角锁环内，是国家平面控制网的全面基础，并作为下一级控制网的基础。三、四等三角网是二等三角网的进一步加密，用以满足测图和各项工程建设的需要。

国家高程控制网采用精密水准测量的方法。国家高程控制网同样按精度分为一、二、三、四个等级。如图 6-2 所示，一等水准网是国家高程控制网的骨干，除作为扩展低等高程控制的基础之外，还为科学研究提供依据。二等水准网布设于一等水准网环内，是国家高程控制网的全面基础。三、四等水准网是二等水准网的进一步加密，直接为各种测图和工程建设提供必需的高程控制点。

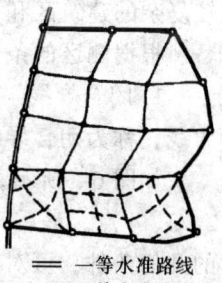

— 一等水准路线
— 二等水准路线
— 三等水准路线
---- 四等水准路线

图 6-2

在城市或厂矿地区，一般是在国家控制点的基础上，根据测区大小和施工测量的要求，布设不同等级的城市控制网。城市控制测量是国家控制测量的继续和发展。它可以直接为城市大比例尺测图、城市规划、市政建设、施工管理、沉降观测等提供控制点。

直接用于地形图测图使用的控制点，称为图根控制点，又称图根点。图根点的作用主要有二：其一直接作为测站点使用，其二作为临时增设测站点的依据。测定图根点平面位置和高程的工作，称为图根控制测量。包括高级点在内，图根点的密度与测图比例尺、地物、地貌的复杂程度等有关，一般不宜低于表 6-1 所示。

表 6-1　各种测图比例尺图根点的密度

测图比例尺	1:500	1:1 000	1:2 000	1:5 000
图根点密度　/点·km^{-2}	150	50	15	5

在面积为 10km^2 以内的小地区范围内，为大比例尺测图和工程建设而建立的控制网，称为小地区控制网。在这一范围内，水准面可视为平面，不需将测量成果化算到高斯平面上，而是采用直角坐标，直接在平面上计算坐标。小地区控制网应尽可能与国家（或城市）已建立的高级控制网连测，将国家（或城市）控制点的坐标和高程作为小地区控制网的起算和校核数据。若测区内或附近没有国家（或城市）控制点，或附近有这种高级控制点但不便连测时，可以建立测区内的独立控制网。

本章主要介绍小地区平面控制网建立的有关问题。着重介绍用导线测量建立小地区平面控制网的方法，以及用三、四等水准测量和三角高程测量建立小地区高程控制网的方法。

6.2 导线测量

6.2.1 导线测量概述

导线测量是建立局部地区平面控制网的常用方法。特别适用于在地物分布较复杂的建筑区和城镇地区，通视条件较差的隐蔽区和地下工程等地区。

根据测区的条件和需要，导线可布设成下列三种形式：

1. 闭合导线　导线从一点出发，经过若干点的转折，最后又回到起点的导线，称为闭合导线。

如图 6-3 所示，导线从已知的高级控制点 A 和已知方向 AB 出发，经过 1、2、3、4 点，最后又回到起点 A，形成一闭合多边形。闭合导线本身具有严格的几何条件，可对观测值进行检核。

2. 附合导线　布设在两已知点间的导线，称为附合导线。

如图 6-4 所示，导线从一高级控制点 B 和已知方向 BA 出发，经过 1、2、3 点的转折，最后附合到另一高级控制点 C 和已知方向 CD 上。此种导线布设形式，也具有检核观测成果的作用。

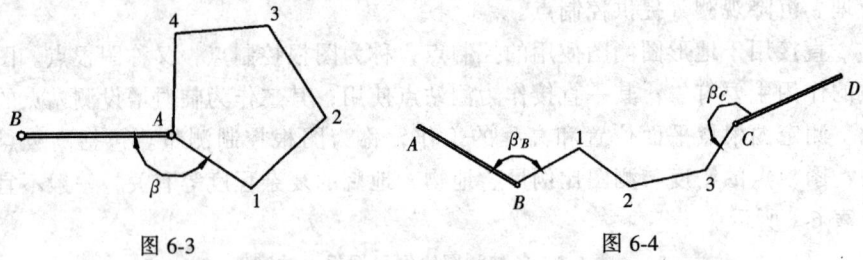

图 6-3　　　　　　　　　图 6-4

3. 支导线　由一已知点和一已知方向出发，既不附合到另一已知点，又不回到原起点的导线，称为支导线。

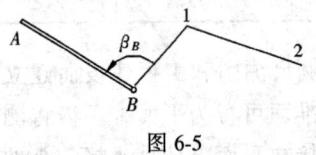

图 6-5

如图 6-5 所示，B 为已知控制点，α_{BA} 为已知方向，1、2 为支导线点。由于支导线缺乏检核条件，不易发现错误，故其边数一般不可多于 4 条。

6.2.2 导线测量的等级与技术要求

用导线测量方法建立小地区平面控制网，通常分为一级导线、二级导线、三级导线和图根导线等几个等级。其主要技术要求见表 6-2 所示。

6.2.3 导线测量的外业工作

导线测量的外业工作包括：踏勘选点及建立标志、量边、测角和连测等。

1. 踏勘选点及建立标志　在踏勘选点前，应调查收集测区已有的地形图和高一级控制点的成果资料，然后到现场踏勘，了解测区现状和寻找现存的控制点。根据现有控制点的分布、测区地形条件和测图及工程要求等具体情况，在测区原有地形图上拟定导线的布设方案，最后到实地去踏勘、核对、修改、落实点位和建立标志。

表 6-2　各级导线测量技术指标

等级	测图比例尺	附合导线长度/m	平均边长/m	往返丈量较差相对误差	测角中误差″	导线全长相对闭合差	测回数 DJ2	测回数 DJ6	方位角闭合差″
一级		2 500	250	1/20 000	±5	1/10 000	2	4	$±10\sqrt{n}$
二级		1 800	180	1/15 000	±8	1/7 000	1	3	$±16\sqrt{n}$
三级		1 200	120	1/1 000	±12	1/5 000	1	2	$±24\sqrt{n}$
图根	1:500	500	75	1/3 000	±20	1/2 000		1	$±60\sqrt{n}$
图根	1:1 000	1 000	110	1/3 000	±20	1/2 000		1	$±60\sqrt{n}$
图根	1:2 000	2 000	180	1/3 000	±20	1/2 000		1	$±60\sqrt{n}$

选点时应注意以下几点：

(1) 邻点间应通视良好，地势平坦，便于测角和量距。

(2) 点位应选在土质坚实，便于安置仪器和保存标志的地方。

(3) 视野开阔，便于施测碎部。

(4) 导线各边的长度应大致相等，除特殊情况外，应不大于 350m，也不宜小于 50m，平均边长见表 6-2。

(5) 导线点应有足够的密度，分布较均匀，便于控制整个测区。

导线点选定后，应在点位上埋设标志。一般的图根点，常在点位上打一大木桩，在桩的周围浇上混凝土，桩顶钉一小钉（如图 6-6 所示）；也可在水泥地面上用红漆划一圈，圈内点一小点，作为临时性标志。若导线点需要保存较长时间，应埋设混凝土桩，桩顶嵌入带"十"字的金属标志，作为永久性标志（如图 6-7 所示）。导线点应按顺序统一编号。为了便于寻找，应量出导线点与附近固定而明显的地物点的距离，绘制一草图，注明尺寸（见图 6-8），称为"点之记"。

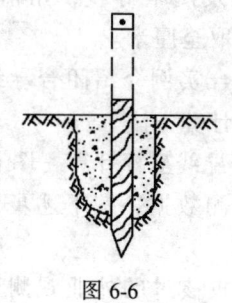

图 6-6

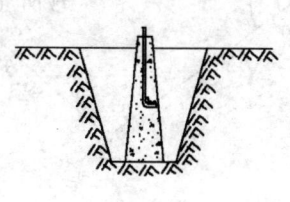

图 6-7

2．量边 导线量边一般用钢尺直接丈量或用光电测距仪直接测定。

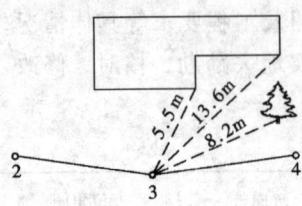

图 6-8

钢尺量距时，应用检定过的 30m 或 50m 钢尺，对于一、二、三级导线，应按钢尺量距的精密方法进行丈量。对于图根导线，用一般方法往返丈量或同一方向丈量两次，取其平均值。丈量结果要满足表 6-2 的要求。

3．测角 测角方法主要采用测回法，每个角的观测次数与导线等级、使用的仪器有关，可参阅表 6-2。对于图根导线，一般用 DJ6 级光学经纬仪观测一个测回。若盘左、盘右测得的角值的较差不超过 40″，则取其平均值。一般在附合导线中，测量导线左角或右角（位于导线前进方向左侧的角或右侧的角），对于闭合导线中应测量内角。

4．连测 若测区中有导线边与高级控制点连接时，还应观测连接角，见图 6-9，必须观测连接角 β_B、β_1、连接边 D_{B1}，作为传递坐标方位角和坐标之用。如果附近没有高级控制点，则应用罗盘仪施测导线起

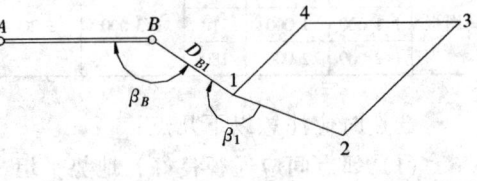

图 6-9

始边的磁方位角，并假定起始点的坐标作为起算数据。

6.2.4 导线测量的内业计算

导线测量内业计算的目的，就是根据已知的起算数据和外业的观测成果，推算各导线点的坐标。

计算之前，应全面检查导线测量外业记录，数据是否齐全，有无记错、算错，成果是否符合精度要求，起算数据是否准确。然后绘制导线略图，把各项数据注于图上相应位置。

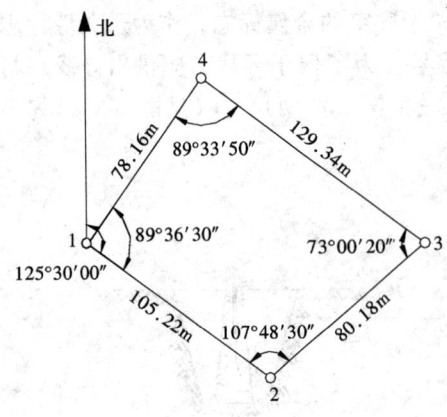

图 6-10

必须注意内业计算中数字取位的要求，对于四等以下的小三角及导线，角值取至秒，边长及坐标取至毫米。对于图根三角锁及图根导线，角值取至秒，边长和坐标取至厘米。

下面结合实例介绍闭合导线和附合导线的内业计算方法。

1．闭合导线坐标计算 图 6-10 为一闭合导线实测数据，按下述步骤完成其内业计算。

（1）将校核过的外业观测数据及起

算数据填入"闭合导线坐标计算表"(表 6-3)中。

(2) 角度闭合差的计算与调整：由平面几何学可知，n 边形闭合导线的内角和的理论值应为

$$\Sigma\beta_{理} = (n - 2) \times 180° \tag{6-1}$$

由于观测值带有误差，使得实测的内角和 $\Sigma\beta_{测}$ 与理论值不符，其差值称为角度闭合差，用 f_β 表示，即

$$f_\beta = \Sigma\beta_{测} - \Sigma\beta_{理} \tag{6-2}$$

各级导线的角度闭合差的容许值 $f_{\beta容}$ 见表 6-2 中的"方位角闭合差"栏的规定。本例属图根导线，$f_{\beta容} = \pm 60''\sqrt{n}$。如果 f_β 超过容许值范围，说明所测角度不符合要求，应重新检查外业的角度观测值。若 f_β 不超过容许值范围，可将闭合差 f_β 反符号平均分配到各观测角中去做修正，即各角的改正数为

$$v_\beta = -\frac{f_\beta}{n} \tag{6-3}$$

改正后之内角和应为 $(n - 2) \times 180°$。本例为 360°。

(3) 导线各边坐标方位角的计算：根据起始边的已知方位角及改正角按下列公式推算其他各导线边的坐标方位角。

$$\alpha_{前} = \alpha_{后} + 180° + \beta_{左} \quad (适用于测左角) \tag{6-4}$$

$$\alpha_{前} = \alpha_{后} + 180° - \beta_{右} \quad (适用于测右角) \tag{6-5}$$

本例观测左角，按式（6-4）推算出导线各边的坐标方位角，列入表 6-3 的第 5 栏。

在推算过程中必须注意：

1) 如果算出的 $\alpha_{前} > 360°$，则应减去 360°。

2) 用式（6-5）计算时，如果 $(\alpha_{后} + 180°) < \beta_{右}$，则应加 360°再减 $\beta_{右}$。

3) 逐边推算导线各边坐标方位角，最后推算出起始边的坐标方位角，它应与原有的已知坐标方位角值相等，否则应重新检查计算是否有误。

(4) 坐标增量的计算及其闭合差的调整：

1) 坐标增量的计算：如图 6-11 所示，设点 1 的坐标 x_1、y_1 和 1-2 边的坐标方位角 α_{12} 均已知，边长 D_{12} 也已测得，则据图示关系，点 1 与点 2 的坐标增量按下列公式计算

$$\Delta x_{12} = D_{12}\cos\alpha_{12} \tag{6-6}$$

$$\Delta y_{12} = D_{12}\sin\alpha_{12} \tag{6-7}$$

上式中的 Δx_{12}、Δy_{12} 的正、负号，由 $\cos\alpha$、$\sin\alpha$ 的正、负号决定。

本例按式（6-6）与式（6-7）算得坐标增量，填入表 6-3 的第 7、8 两栏中。

表 6-3 闭合导线坐标计算表

点号	观测角(左角) ° ′ ″	改正数 ″	改正角 ° ′ ″ 4=2+3	坐标方位角 α ° ′ ″	距离 D /m	增量计算值 Δx /m	增量计算值 Δy /m	改正后增量 Δx /m	改正后增量 Δy /m	坐标值 x /m	坐标值 y /m
1	2	3	4=2+3	5	6	7	8	9	10	11	12
1				125 30 00	105.22	−2 −61.10	+2 +85.66	−61.12	+85.68	500.00	500.00
2	107 48 30	+13	107 48 43	53 18 43	80.18	−2 +47.90	+2 +64.30	+47.88	+64.32	438.88	585.68
3	73 00 20	+12	73 00 32	306 19 15	129.34	−3 +76.61	+2 −104.21	+76.58	−104.19	486.76	650.00
4	89 33 50	+12	89 34 02	215 53 17	78.16	−2 −63.32	+1 −45.82	−63.34	−45.81	563.34	545.81
1	89 36 30	+13	89 36 43	125 30 00						500.00	500.00
总和	359 59 10	+50	360 00 00		392.90	+0.09	−0.07	0.00	0.00		

$f_\beta = -50''$ $\Sigma v_{xi} = -0.09, \Sigma v_{yi} = +0.07$

$f_{\beta\text{容}} = \pm 60''\sqrt{n} = \pm 60''\sqrt{4} = \pm 120''$ $f = \sqrt{f_x^2 + f_y^2} = \pm 0.11\text{m}$

导线全长相对闭合差容许值 $= \dfrac{1}{2\,000}$ 导线全长相对闭合差 $K = \dfrac{0.11}{392.90} = \dfrac{1}{3\,571}$

略图：

$1 \to 2$: 105.22m, 107°48′30″ at 2
$2 \to 3$: 80.18m, 73°00′20″ at 3
$3 \to 4$: 129.34m, 89°33′50″ at 4
$4 \to 1$: 78.16m, 89°36′30″ at 1
起始方位角 125°30′00″（北）

2) 坐标增量闭合差的计算与调整：从图 6-12 可以看出，闭合导线纵、横坐标增量代数和的理论值应为零，即

$$\Sigma \Delta x_{理} = 0 \quad (6-8)$$

$$\Sigma \Delta y_{理} = 0 \quad (6-9)$$

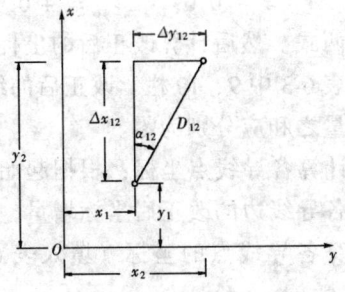
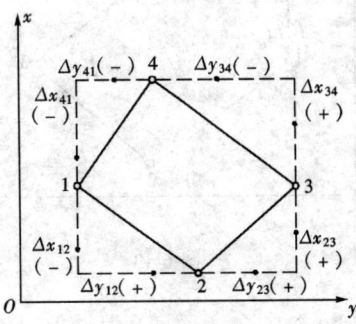

图 6-11　　　　　　　　　　图 6-12

但是实际上由于量边的误差和角度闭合差调整后的残余误差，使 $\Sigma \Delta x_{测}$、$\Sigma \Delta y_{测}$ 不为零，产生了纵、横坐标增量闭合差 f_x、f_y，即

$$f_x = \Sigma \Delta x_{测} \quad (6-10)$$

$$f_y = \Sigma \Delta y_{测} \quad (6-11)$$

这就表明，实际计算出的闭合导线坐标并不闭合（见图 6-13），存在一个导线全长闭合差 f，用下式进行计算

$$f = \sqrt{f_x^2 + f_y^2} \quad (6-12)$$

仅从 f 值的大小还不能显示导线测量的精度，应当将 f 与导线全长 ΣD 相比，即导线全长相对闭合差 K 来衡量导线测量的精度，如下式

$$K = \frac{f}{\Sigma D} = \frac{1}{\dfrac{\Sigma D}{f}} \quad (6-13)$$

不同等级的导线全长相对闭合差的容许值 $K_{容}$ 见表 6-2。若 K 超过 $K_{容}$，首先应检查内业计算有无错误，然后检查外业观测成果，必要时重测。如 K 值在容许值范围内，将 f_x 与 f_y 分别以相反的符号，按与边长成正比例分配到各边的纵、横坐标增量中去。第 i 边的这项改正数为

$$V_{xi} = -\frac{f_x}{\Sigma D} D_i \quad (6-14)$$

$$V_{yi} = -\frac{f_y}{\Sigma D} D_i \quad (6-15)$$

改正数填写在相应边各坐标增量计算值的上方（表6-3中7、8栏）。纵、横坐标增量改正数之和应满足下式

$$\Sigma V_{xi} = -f_x \quad (6-16)$$

$$\Sigma V_{yi} = -f_y \quad (6-17)$$

本例 $\Sigma V_{xi} = -0.09$，$\Sigma V_{yi} = +0.07$，满足上述两式。然后计算改正后的坐标增量，填入表6-3中9、10栏。改正后的纵、横坐标增量之和应分别为零。

（5）计算各导线点坐标：根据起始点的坐标和各导线边的改正后坐标增量，采用下式计算各导线点的坐标（填入表6-3中11、12栏）。

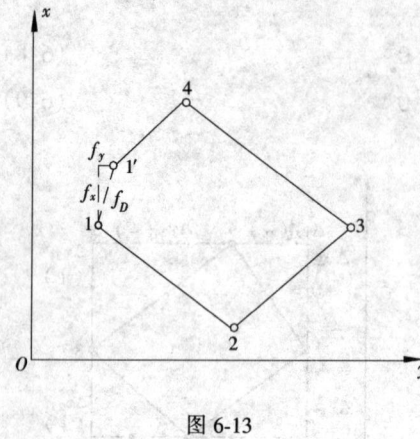

图 6-13

$$x_{前} = x_{后} + \Delta x_{改} \quad (6-18)$$

$$y_{前} = y_{后} + \Delta y_{改} \quad (6-19)$$

2. 附合导线坐标计算　附合导线的坐标计算步骤与闭合导线基本相同，但由于附合导线两端与已知点相连，在角度闭合差及坐标增量闭合差的计算上有些不同，下面着重介绍这两项计算方法。

（1）角度闭合差的计算与调整：设有附合导线如图6-14所示，A、B、C、D 为高级控制点，其坐标已知，AB、CD 两边的坐标方位角 α_{AB}、α_{CD} 均已知。现根据已知的坐标方位角 α_{AB} 及观测右角（包括连接角 β_B、β_C），推算出终边 CD 的坐标方位角 α_{CD}，即

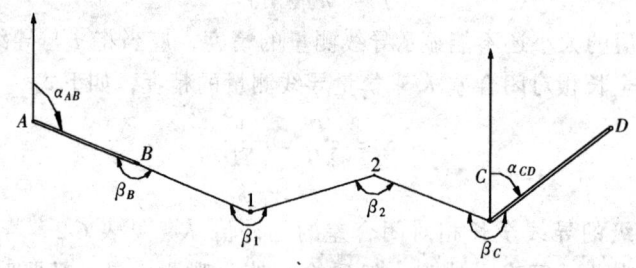

图 6-14

$$\alpha_{B1} = \alpha_{AB} + 180° - \beta_B$$

$$\alpha_{12} = \alpha_{B1} + 180° - \beta_1$$

$$\alpha_{2C} = \alpha_{12} + 180° - \beta_2$$

$$\alpha_{CD} = \alpha_{2C} + 180° - \beta_C$$

$$\alpha'_{CD} = \alpha_{AB} + 4 \times 180° - \Sigma\beta_{测}$$

写成观测右角推算的通用式为

$$\alpha'_{终} = \alpha_{始} + n \times 180° - \Sigma\beta_{右} \qquad (6\text{-}20)$$

观测左角推算的通用式为

$$\alpha'_{终} = \alpha_{始} + n \times 180° + \Sigma\beta_{左} \qquad (6\text{-}21)$$

则角度闭合差 f_β 按下式计算

$$f_\beta = \alpha'_{终} - \alpha_{终} \qquad (6\text{-}22)$$

若 f_β 在容许值范围内,则可进行调整。调整的方法与闭合导线的基本相同,但必须注意,用左角计算时,左角改正数与 f_β 反号,而用右角计算时,右角改正数与 f_β 同号。详见表 6-4 所示计算。

(2) 坐标增量闭合差的计算:根据附合导线本身的条件,各边坐标增量代数和的理论值应等于终、始两点的已知坐标值之差,即

$$\Sigma\Delta x_{理} = x_{终} - x_{始} \qquad (6\text{-}23)$$
$$\Sigma\Delta y_{理} = y_{终} - y_{始} \qquad (6\text{-}24)$$

但由于观测值不可避免地会产生误差,所以 $\Sigma\Delta x_{测}$、$\Sigma\Delta y_{测}$ 与理论值不符。则附合导线坐标增量闭合差的计算公式为

$$f_x = \Sigma x_{测} - (x_{终} - x_{始}) \qquad (6\text{-}25)$$
$$f_y = \Sigma y_{测} - (y_{终} - y_{始}) \qquad (6\text{-}26)$$

坐标增量闭合差的调整方法与闭合导线相同。

表 6-4 为附合导线(右角)计算的实例。

表 6-4　附合导线坐标计算表

点号	内角观测值 ° ′ ″	改正后内角 ° ′ ″	坐标方位角 ° ′ ″	边长 /m	纵坐标增量 ΔX	横坐标增量 ΔY	改正后坐标增量 ΔX	改正后坐标增量 ΔY	坐标 X	坐标 Y
A			127 20 30							
B	128 57 32	128 57 38	178 22 52	40.510	+7 −40.494	+7 +1.144	−40.487	+1.151	509.580	675.890
1	295 08 00	295 08 06	63 14 46	79.040	+15 +35.581	+15 +70.579	+35.595	+70.594	469.093	677.041
2	177 30 58	177 31 04	65 43 42	59.120	+10 +24.302	+11 +53.894	+24.312	+53.905	504.688	747.635
C	211 17 36	211 17 42	34 26 00						529.000	801.540
D										

注:$f_\beta = +24''$　　$\Sigma D = 178.670$, $f_x = -0.031$, $f_y = -0.033$
　　　　　　　　　　$f = +0.045$, $K = 1/3953$

6.3 控制点的加密

小地区控制测量除了以上提到的导线控制测量方法以外,在山区、丘陵等量距困难地区,多采用小三角测量方法。小三角测量是建立平面控制网的一种方法。因其边长较短,故称为小三角测量。

小三角测量测定 1~2 条起始边,观测所有三角形的内角,一般采用近似平差的方法,即先进行图形条件平差,将三角形的角度闭合差进行调整,然后应用正弦定律计算出各三角形的边长,再根据已知边的坐标方位角、已知点坐标,按与导线计算类似的方法,计算出各三角点的坐标。其特点是测角任务较大。本章不做详细介绍。

当导线点及小三角点的密度不能满足工程及大比例尺测图的需要时,有必要进行控制点的加密。一般常用的控制点加密方法主要采用交会定点法,包括前方交会、侧方交会、后方交会与边长交会。交会定点的方法常用于加密大比例尺地形测量中的平面控制点。

6.3.1 角度前方交会

如图 6-15 所示,设原有控制点 A、B,其坐标分别为 x_A、y_A 及 x_B、y_B。在 A、B 点分别观测 P 点得 α、β 角,则交会可得到 P 点的坐标 x_P, y_P。公式推导如下:

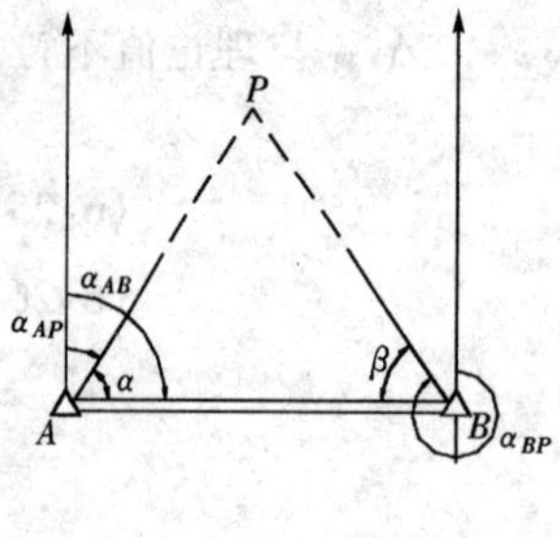

如图中可见

$$x_P = x_A + \Delta x_{AP} = x_A + D_{AP}\cos\alpha_{AP} \quad (6-27)$$

而

$$\alpha_{AP} = \alpha_{AB} - \alpha$$

$$D_{AP} = \frac{D_{AB}\sin\beta}{\sin[180° - (\alpha + \beta)]} = \frac{D_{AB}\sin\beta}{\sin(\alpha + \beta)}$$

图 6-15

则

$$x_P = x_A + \frac{D_{AB}\sin\beta}{\sin(\alpha + \beta)}\cos(\alpha_{AB} - \alpha)$$

用三角关系式展开有

$$x_P = x_A + \frac{D_{AB}\sin\beta}{\sin\alpha\cos\beta + \cos\alpha\sin\beta}(\cos\alpha_{AB}\cos\alpha + \sin\alpha_{AB}\sin\alpha)$$

$$= x_A + \frac{D_{AB}\sin\beta\cos\alpha_{AB}\cos\alpha + D_{AB}\sin\beta\sin\alpha_{AB}\sin\alpha}{\sin\alpha\cos\beta + \cos\alpha\sin\beta}$$

经简化得

$$x_P = x_A + \frac{D_{AB}\cos\alpha_{AB}\cot\alpha + D_{AB}\sin\alpha_{AB}}{\cot\beta + \cot\alpha} \quad (6-28)$$

根据坐标增量计算公式有

$$D_{AB}\cos\alpha_{AB} = \Delta x_{AB}$$
$$D_{AB}\sin\alpha_{AB} = \Delta y_{AB}$$

则

$$x_P = x_A + \frac{\Delta x_{AB}\cot\alpha + \Delta y_{AB}}{\cot\beta + \cot\alpha} \tag{6-29}$$

而

$$\Delta x_{AB} = x_B - x_A$$
$$\Delta y_{AB} = y_B - y_A$$

则经简化计算后有

$$x_P = \frac{x_A\cot\beta + x_B\cot\alpha + (y_B - y_A)}{\cot\beta + \cot\alpha} \tag{6-30}$$

同理得

$$y_P = \frac{y_A\cot\beta + y_B\cot\alpha + (x_B - x_A)}{\cot\beta + \cot\alpha} \tag{6-31}$$

式 (6-30) 和式 (6-31) 适用于计算器计算 P 点坐标。但要注意，应用上述公式时 A，B，P 点的点号必须按逆时针次序排列。

上述前方交会中，如 α、β 角测量错误，则在计算过程中无法检查，故对 α、β 角度测量务必仔细，可多测一个测回以作校核。在实践中，为了防止可能发生的错误和提高 P 点坐标的计算精度，常采用如图 6-16 所示的图形。即由另一控制点 B 与 C 组合，加测 α_2 及 β_2 角，由此推算出 P 点的另一组坐标，若两组坐标值相差 e 不超过两倍的比例尺精度，用公式表示为

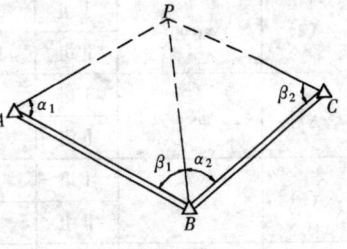

图 6-16

$$e = \sqrt{\delta_x^2 + \delta_y^2} \leqslant e_{容} = 2 \times 0.1 \times M(\text{mm}) \tag{6-32}$$

式中 $\delta_x = x_{P'} - x_{P''}$；

$\delta_y = y_{P'} - y_{P''}$；

M——测图比例尺分母。

表 6-5 实例中：$\delta_x = 4\,628.558 - 4\,628.586 = -0.028\text{m}$

$\delta_y = 8\,105.245 - 8\,105.210 = +0.035\text{m}$

$$e = 0.045 \text{m}$$
$$e_{容} = 2 \times 0.1 \times 1\,000 = 200\text{mm}$$

观测结果计算得 $e \leq e_{容}$，说明观测结果达到精度要求，最后取平均值作为 P 点坐标；若超过容许范围应检查原因，重算或重测。

表 6-5 角度前方交会点坐标计算表

略图			公式			
			$x_P = \dfrac{x_A \cot\beta + x_B \cot\alpha + (y_B - y_A)}{\cot\beta + \cot\alpha}$			
			$y_P = \dfrac{y_A \cot\beta + y_B \cot\alpha - (x_B - x_A)}{\cot\beta + \cot\alpha}$			
已知数据	$x_A = 4\,807.86$m $y_A = 6\,936.06$m $x_B = 3\,552.77$m $y_B = 7\,417.68$m $x_C = 3\,729.17$m $y_C = 8\,684.70$m		Ⅰ组	$\alpha_1 = 60°17'16''$	$\cot\alpha_1$	0.570 673
				$\beta_1 = 53°34'38''$	$\cot\beta_1$	0.727 877
			Ⅱ组	$\alpha_2 = 49°29'32''$	$\cot\alpha_2$	0.854 315
				$\beta_2 = 65°07'57''$	$\cot\beta_2$	0.463 495
			(1)	$\cot\alpha + \cot\beta$	Ⅰ组	1.308 550
					Ⅱ组	1.317 810
(2)	$x_A \cot\beta$	Ⅰ组	3 547.609	(3)	$y_A \cot\beta$	Ⅰ组	5 117.959
		Ⅱ组	1 646.691			Ⅱ组	3 438.058
(4)	$x_B \cot\alpha$	Ⅰ组	2027.470	(5)	$y_B \cot\alpha$	Ⅰ组	4 233.070
		Ⅱ组	3 185.886			Ⅱ组	7 419.469
(6)	$y_B - y_A$	Ⅰ组	481.62	(7)	$-(x_B - x_A)$	Ⅰ组	+1 255.09
		Ⅱ组	1 267.02			Ⅱ组	-176.40
(8)	(2)+(4)+(6)	Ⅰ组	6 056.699	(9)	(3)+(5)+(7)	Ⅰ组	10 606.119
		Ⅱ组	6 099.597			Ⅱ组	10 681.127
(10)	$x_P = \dfrac{(8)}{(1)}$	Ⅰ组	4 628.558	(11)	$y_P = \dfrac{(9)}{(1)}$	Ⅰ组	8 105.245
		Ⅱ组	4 628.586			Ⅱ组	8 105.210

如果不便在两个已知点上安置仪器（见图 6-17 中 B 点），这时可以在一已知点 A 和待定点 P 安置仪器，分别观测内角 a、γ，根据 $\beta = 180 - (a + \gamma)$，再将结果代入式（6-30）和式（6-31）中，可得 P 点的坐标。此方法称为测角侧方交会。

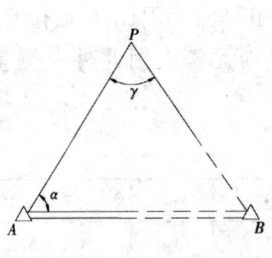
图 6-17

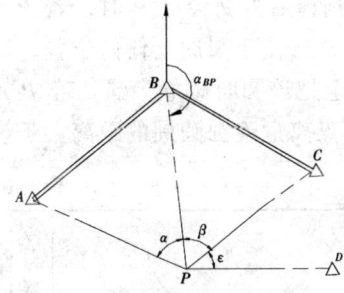
图 6-18

6.3.2 测角后方交会

如果已知点距离待定测站点较远，也可在待定点 P 上瞄准三个已知点 A、B 和 C，观测 α 及 β 角（图 6-18），这种方法称为后方交会法。

用后方交会计算待定点坐标的公式很多，现介绍如下一种公式。

引入辅助量 a、b、c、d：

$$\left.\begin{aligned} a &= (x_B - x_A) + (y_B - y_A)\cot\alpha \\ b &= (y_B - y_A) - (x_B - x_A)\cot\alpha \\ c &= (x_B - x_C) - (y_B - y_C)\cot\beta \\ d &= (y_B - y_C) + (x_B - x_C)\cot\beta \end{aligned}\right\} \quad (6\text{-}33)$$

令

$$K = \frac{a-c}{b-d} \quad (6\text{-}34)$$

则

$$\left.\begin{aligned} \Delta x_{BP} &= \frac{-a + Kb}{1 + K^2} \text{ 或 } \Delta x_{BP} = \frac{-c + Kd}{1 + K^2} \\ \Delta y_{BP} &= -K\Delta x_{BP} \end{aligned}\right\} \quad (6\text{-}35)$$

待定点 P 的坐标为

$$\left.\begin{aligned} x_P &= x_B + \Delta x_{BP} \\ y_P &= y_B + \Delta y_{BP} \end{aligned}\right\} \quad (6\text{-}36)$$

为了进行检验，应在 P 点观测第 4 个已知点 D，测得 $\varepsilon_测$ 角，同时可由 P 点坐标以及 C、D 点坐标，按坐标反算公式求得 α_{PC} 及 α_{PD}。$\varepsilon_算 = \alpha_{PD} - \alpha_{PC}$，则较差 $\Delta\varepsilon = \varepsilon_算 - \varepsilon_测$。由此可算出 P 点的横向位移 e

$$e = \frac{D_{PD}\Delta\varepsilon''}{\rho''} \quad (6\text{-}37)$$

在一般测量规范中，规定最大横向位移 $e_允$ 不大于比例尺精度的两倍，即 $e_允 \leq 2 \times 0.1M$（mm）。M 为测图比例尺的分母。举例见表 6-6。

选择后方交会点 P 时，若 P 点刚好选在过已知点 A、B、C 的圆周上，则无论 P 点位于圆周上任何位置，所测得角值都是相等的。因此 P 点位置不定，测量上把该圆叫做危险圆。若 P 点位于危险圆上则无解。因此外业测量时应使 P 点离危险圆圆周的距离大于该圆半径的 1/5。

表 6-6　后方交会计算表

已知数据	x_A	1 406.593	y_A	2 654.051
	x_B	1 659.232	y_B	2 355.537
	x_C	2 019.396	y_C	2 264.071
观测值	α	51°06′17″	$\cot\alpha$	0.806 762
	β	46°37′26″	$\cot\beta$	0.944 864
$x_B - x_A$	+252.639	$y_B - y_A$	−298.514	$x_B - x_C$	−360.164	$y_B - y_C$	+91.466
a	+11.809	b	−502.334	c	−446.587	d	−248.840
$K = \dfrac{a-c}{b-d}$	−1.808 31	$Kb-a$	896.567	$Kd-c$	896.567	Δx	+209.969
Δy	+379.689	x_P	1 869.201	y_P	2735.226

计 算 公 式

$$\left.\begin{aligned} a &= (x_B - x_A) + (y_B - y_A)\cot\alpha \\ b &= (y_B - y_A) - (x_B - x_A)\cot\alpha \\ c &= (x_B - x_C) - (y_B - y_C)\cot\beta \\ d &= (y_B - y_C) + (x_B - x_C)\cot\beta \end{aligned}\right\} \quad \Delta x = \frac{-a + Kb}{1 + K^2} \text{ 或 } \frac{-c + Kd}{1 + K^2}, \quad \Delta y = -K\Delta x$$

6.4　三、四等水准测量

三、四等水准测量主要用于测定施测地区的首级控制点的高程。一般布设成闭合水准路线、附合水准路线，特殊情况下允许采用支水准路线。所用水准仪精度不低于 DS3 级。水准尺一般采用红黑双面尺，尺上配有水准器。在测量前必须进行水准仪的检验校正。

6.4.1　三、四等水准测量的技术要求

三、四等水准测量的主要技术要求见表 6-7。

表 6-7　三、四等水准测量的技术要求

等　级	视线长度 /m	视线高度 /m	前后视距差 /m	前后视距累积差 /m	红黑面读数差 /mm	红黑面高差之差 /mm
三　等	≤65	≥0.3	≤3	≤6	≤2	≤3
四　等	≤80	≥0.2	≤5	≤10	≤3	≤5

6.4.2　三、四等水准测量的观测方法

1. 每一测站的观测程序　三、四等水准测量主要采用双面水准尺观测法。

在测站上的观测程序为：

(1) 首先用圆水准器整平仪器。

(2) 后视黑面尺，读下、上视距丝读数 (1)、(2)，转动微倾螺旋，严格整平水准管气泡，读取中丝读数 (3)；

(3) 前视黑面尺，读下、上视距丝读数 (4)、(5)，转动微倾螺旋，严格整平水准管气泡，读取中丝读数 (6)；

(4) 前视红面尺，转动微倾螺旋，严格整平水准管气泡，读中丝读数 (7)；

(5) 后视红面尺，转动微倾螺旋，严格整平水准管气泡，读中丝读数 (8)。

以上观测程序简称为"后、前、前、后"。其优点是可以减弱仪器下沉误差的影响。观测和记录顺序见表 6-8。

2. 测站的计算与检核

(1) 视距部分：

后视距离 (9) = (1) - (2)

前视距离 (10) = (4) - (5)

前、后视距差 (11) = (9) - (10)

前、后视距累积差 (12) = 本站 (11) + 前站 (12)

视距部分各项限差详见表 6-7。

(2) 高差部分：

黑面所测高差 (15) = (3) - (6)

红面所测高差 (16) = (8) - (7)

前视尺黑红面读数差 (13) = (6) + K_1 - (7)

后视尺黑红面读数差 (14) = (3) + K_2 - (8)

后尺与前尺读数差之差 (17) = (14) - (13) 应等于黑红面所测高差之差。理由是：前视尺、后视尺的红黑面零点差 K_1 和 K_2 不相等（一个为 4.787m，一个为 4.687m，相差 0.1m），因此 (17) 项的检核计算为

$$(17) = (15) - (16) \pm 0.1$$

高差部分各项限差详见表 6-7。

测站上各项限差若超限，则该测站需重测。若检核合格后，计算测站平均高差 (18) = [(15) + (16) ± 0.1]/2，然后搬仪器到下一测站观测。

3. 每页计算总检核：

(1) 高差检核：

因为　　　　　黑面各站高差总和 Σ (15) = Σ (3) - Σ (6)

　　　　　　　红面各站高差总和 Σ (16) = Σ (8) - Σ (7)

上两式相加得

$$\Sigma(15) + \Sigma(16) = \Sigma[(3) + (8)] - \Sigma[(6) + (7)] = 29.151 - 26.989$$

$$= 2.162\text{m}$$

偶数站时 $\Sigma(15) + \Sigma(16) = 2\Sigma(18) = 2 \times 1.081 = 2.162$

奇数站时 $\Sigma(15) + \Sigma(16) = 2\Sigma(18) \pm 0.1\text{m}$

(2)视检核核 $\Sigma(9) - \Sigma(10) = $ 末站视距累积差$(12) = 0.1\text{m}$

本页总视距 $= \Sigma(9) + \Sigma(10) = 454.1$

表 6-8 四等水准测量记录表

测站编号	点号	后尺 下丝 上丝 后视距 视距差 d/m	前尺 下丝 上丝 前视距 Σd/m	方向及尺号	水准尺读数 /m 黑面	水准尺读数 /m 红面	K+黑-红	平均高差 /m	备注
		(1)	(4)	后	(3)	(8)	(14)		
		(2)	(5)	前	(6)	(7)	(13)		
		(9)	(10)	后-前	(15)	(16)	(17)	(18)	
		(11)	(12)						
1	BM1-ZD1	1.536	1.030	后5	1.242	6.030	−1		
		0.947	0.442	前6	0.736	5.422	+1		
		58.9	58.8	后−前	+0.506	+0.608	−2	+0.5070	
		+0.1	+0.1						
2	ZD1-ZD2	1.954	1.276	后6	1.664	6.350	+1		水准尺 NO:5 $K_5 = 4.787$ 水准尺 NO:6 $K_6 = 4.687$ (K 为尺常数)
		1.373	0.694	前5	0.985	5.773	−1		
		58.1	58.2	后−前	+0.679	+0.577	+2	+0.6780	
		−0.1	0						
3	ZD2-ZD3	1.146	1.744	后5	1.024	5.811	0		
		0.903	1.499	前6	1.622	6.308	+1		
		24.3	24.5	后−前	−0.598	−0.497	−1	−0.5975	
		−0.2	−0.2						
4	ZD3-A	1.479	0.982	后6	1.171	5.859	−1		
		0.864	0.373	前5	0.678	5.465	0		
		61.5	60.9	后−前	+0.493	+0.394	−1	+0.4935	
		+0.6	+0.4						
每页校核		$\Sigma(9) = 202.8$ −) $\Sigma(10) = 202.4$ $= +0.1 = 4$ 站(12) 总视距 $\Sigma(9) + \Sigma(10) = 405.2\text{m}$			$\Sigma[(3)+(8)] = 29.151$ $-\Sigma[(6)+(7)] = 26.989$ $= +2.162$		$\Sigma[(15)+(16)] = +2.162$ $\Sigma(18) = +1.081$ $2\Sigma(18) = +2.162$		

6.5 三角高程测量

三角高程测量原理是根据两点间的水平距离及竖直角运用三角学公式计算两点间的高差。三角高程测量主要用于测定图根控制点之间的高差,尤其在测区地形起伏较大时应用更为广泛。

进行三角高程测量的先决条件为两点间水平距离已知,或用光电测距仪测定斜距。如图 6-19 所示,欲测定 A、B 两点间的高差,安置经纬仪于 A 点,在 B 点竖立标杆。设仪器高为 i,标杆高度为 v,已知两点间平距为 D,望远镜瞄准标杆顶点 M 时测得竖直角为 α,则高差 h 为

$$h = D\tan\alpha + i - v \tag{6-38}$$

若已知 A 点高程为 H_A,设 B 点高程为 H_B,则

$$H_B = H_A + D\tan\alpha + i - v \tag{6-39}$$

进行三角高程测量时,式 (6-38) 中 i 及 v 在施测时量得,水平距离 D 则在平面控制测量计算后取得。当 D 大于 300m 时,还应考虑地球曲率和大气折光的影响,设地球曲率影响的改正,称球差改正 f_1,其值由 1.3 节可知

$$f_1 = \Delta h = \frac{D^2}{2R} \tag{6-40}$$

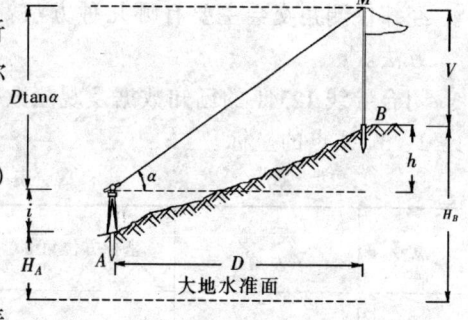

图 6-19

式中 R——地球曲率半径;
　　　D——两点间水平距。

由于地球曲率影响总是使测得高差小于实际高差,因此球差改正 f_1 恒为正。

在观测竖角时,由于视线受大气折光的影响而成一条向上凸起的曲线,使视线的切线方向向上抬高,测得竖角偏大。因此,也应进行大气折光影响的改正,称为气差改正 f_2,f_2 恒为负值。气差改正的公式为

$$f_2 = -K\frac{D^2}{2R} \tag{6-41}$$

式中 K 为大气垂直折光系数,它随气温、气压、日照、地面情况而改变,一般取平均值 $K = 0.14$。

球差改正与气差改正合在一起称为两差改正 f

$$f = f_1 + f_2 = (1 - K)\frac{D^2}{2R} = 0.43\frac{D^2}{R} \tag{6-42}$$

所以,每两点间距离较远时,三角高程测量计算公式为

$$h = D\tan\alpha + i - v + f \quad (6\text{-}43)$$

三角高程测量一般采用往返观测,又称对向观测,取往返平均值可以消除两差的影响。因为

由 1 站观测 2 点: $h_{12} = D\tan\alpha_1 + i_1 - v_2 + f$

由 2 站观测 1 点: $h_{21} = D\tan\alpha_2 + i_2 - v_1 + f$

往返取平均得

$$h = \frac{1}{2}(h_{12} - h_{21}) = \frac{1}{2}(D\tan\alpha_1 - D\tan\alpha_2) + \frac{i_1 - i_2}{2} + \frac{v_1 - v_2}{2} \quad (6\text{-}44)$$

从上面公式看出两差 f 自动消除了。

练 习 题

1. 为什么要进行控制测量?控制测量有几种?
2. 平面控制测量有哪些方法,各有何优缺点?
3. 在什么情况下,建立测区独立控制网?其工作如何进行?
4. 经纬仪测角交会主要有哪几种方法?试绘图说明观测的方法与测算的校核方法。
5. 闭合导线 12341 的已知数据及观测数据已列入表 6-9,试用导线坐标表计算 2、3、4 点的坐标。

表 6-9

点号	观测角 (左角)	坐标方位角 α	距离 D /m	坐标值 /m		点号
				x	y	
1		97°58′08″	100.29	500.00	500.00	1
2	82°46′27″		78.99			2
3	91°08′23″		137.18			3
4	60°14′02″		78.67			4
1	125°52′04″					1

6. 四等水准测量观测 2 个测站记录如表 6-10,试完成各项计算。

表 6-10 观测记录表

测站编号	后尺 下丝 上丝	前尺 下丝 上丝	方向及尺号	标尺读数		$K+$ 黑 − 红	平均高差 /m	备注
	后距	前距		黑面	红面			
	视距差 d	Σd						
	(1)	(4)	后	(3)	(8)	(14)		K 为标尺常数 $K_3 = 4.787$ $K_4 = 4.687$
	(2)	(5)	前	(6)	(7)	(13)		
	(9)	(10)	后 − 前	(15)	(16)	(17)	(18)	
	(11)	(12)						

续表

测站编号	后尺 下丝	后尺 上丝	前尺 下丝	前尺 上丝	方向及尺号	标尺读数 黑面	标尺读数 红面	$K+$ 黑$-$红	平均高差 /m	备注
	后距		前距							
	视距差 d		Σd							
1	1.571		0.739		后 3	1.384	6.171			
	1.197		0.363		前 4	0.551	5.239			
					后 $-$ 前					
										K 为标尺常数 $K_3 = 4.787$ $K_4 = 4.687$
2	2.121		2.196		后 4	1.934	6.621			
	1.747		1.821		前 3	2.008	6.796			
					后 $-$ 前					

113

第7章 地形图的测绘

地形图是控制测量与碎部测量的综合成果。图根控制网建立之后，即可以该网为依据进行碎部测量。首先测定碎部点（地物和地貌的特征点，如房角、道路交叉口、山顶、鞍部等）的平面位置和高程，然后对照实地以相应的符号（见表7-3地物符号），在图纸上进行描绘，即得地形图。

地形图是进行土建工程建设的重要资料，它在工程的规划设计、施工和管理阶段均有广泛应用。对于土木建筑工程师来说，首先，应掌握识读和使用地形图的技能，其次，要学会使用普通测量仪器测绘小面积的地形图。

7.1 地形图基本知识

7.1.1 地形图比例尺

1. 比例尺种类　图上一线段的长度 d 与地面上相应线段的水平距离 D 之比，称为地形图的比例尺。数字比例尺一般表示为

$$\frac{d}{D} = \frac{1}{M} \tag{7-1}$$

分数值愈大比例尺愈大。为了图上量距方便，把数字比例尺用图形表示，称为图示比例尺，最常见的图示比例尺为直线比例尺，图7-1为1:1 000的直线比例尺，取1cm为基本单位，在其上可直接读取基本单位的1/10，估读至1/100。图示比例尺绘于地形图的下方，便于用分规直接在图上量取线段的水平距离，并且可避免因图纸伸缩而引起的误差。

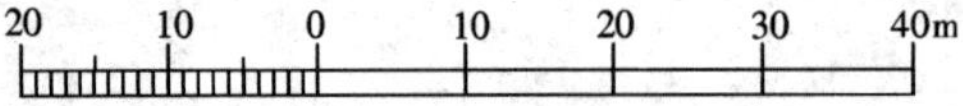

图 7-1

通常把 1:500、1:1 000、1:2 000、1:5 000 比例尺的地形图称为大比例尺图；1:10 000、1:25 000、1:50 000 的地形图称为中比例尺图；1:100 000、1:200 000、1:500 000、1:1 000 000 的图称为小比例尺图。

本章所讨论的是有关大比例尺（指 1:500，1:1 000，1:2 000，1:5 000）地形图测绘的各项工作。

2. 比例尺精度　相当于图上 0.1mm 的实地水平距离，称为比例尺精度。

地形图比例尺愈大,其比例尺精度愈高,如表7-1所示。

表7-1 比例尺精度

比例尺	1:500	1:1 000	1:2 000	1:5 000
比例尺精度/m	0.05	0.1	0.2	0.5

比例尺精度,既是测图时确定测距准确度的依据,又是选择测图比例尺的因素之一。例如在比例尺1:1 000测图时,根据比例尺精度,可以概略地确定测距精度应为0.1m,这是比例尺精度的第一个用途。第二个用途就是初步确定测图比例尺,例如要求在图上能反映地面上0.2m的精度,则0.1mm/0.2m=1/2 000,因此,选用测图的比例尺不得小于1:2 000。比例尺愈大,图上所表示的地物和地貌愈详细,精度就愈高,但是一幅图所能包含的实地面积却愈小,而测绘工作量会成倍地增加。因此,应按工程建设项目不同阶段的实际需要选择用图比例尺。

3. 地形图比例尺的选用 在城市和工程建设的规划、设计和施工阶段中,可参照表7-2选用不同比例尺的地形图。

表7-2 不同比例尺图的用途

比 例 尺	用 途
1:10 000	城市总体规划、厂址选择、区域位置、方案比较
1:5 000	
1:2 000	城市详细规划及工程项目初步设计
1:1 000	城市详细规划、工程施工设计、竣工图
1:500	

7.1.2 地形图的分幅与编号

各种比例尺的地形图都应进行统一的分幅与编号,以便进行测绘、管理和使用。地形图的分幅方法分为两大类,一类是按经纬线分幅的梯形分幅法,另一类是按坐标格网分幅的矩形分幅法。

梯形分幅法适用于中、小比例尺的地形图,例如1:1 000 000比例尺的图,一幅图的大小为经差6°,纬差4°,编号采用横行号与纵行号组成,详细内容看有关教材。这里重点介绍适用于大比例尺地形图的矩形分幅法,它是按统一的直角坐标格网划分的。图幅大小如表7-3所示。

矩形分幅时,大比例尺地形图的编号方法主要有:

表 7-3　大比例尺图的图幅大小

比例尺	图幅大小 /cm×cm	实地面积 /km²	每平方公里的幅数
1:5 000	40×40	4	1/4
1:2 000	50×50	1	1
1:1 000	50×50	0.25	4
1:500	50×50	0.0 625	16

1. 图幅西南角坐标公里数编号法　例如：图7-2所示1:5 000图幅西南角的坐标 x = 32.0km，y = 56.0km，因此，该图幅编号为"32-56"。编号时，对于1:5 000取至1km，对于1:1 000、1:2 000取至0.1km，对于1:500取至0.01km。

2. 以1:5 000编号为基础的编号法　如图7-2所示，以1:5 000地形图西南坐标公里数为基础图号，后面再加罗马数字Ⅰ、Ⅱ、Ⅲ、Ⅳ组成。一幅1:5 000地形图形可分成4幅1:2 000地形图，其编号分别为 32-56-Ⅰ、32-56-Ⅱ、32-56-Ⅲ及32-56-Ⅳ。一幅1:2 000地形图又分成4幅1:1 000地形图，其编号为1:2 000图幅编号后再加罗马数字Ⅰ、Ⅱ、Ⅲ、Ⅳ。1:500地形图编号按同样方法编号。注意罗马数字Ⅰ、Ⅱ、Ⅲ、Ⅳ排列均是先左后右，不是顺序排列。

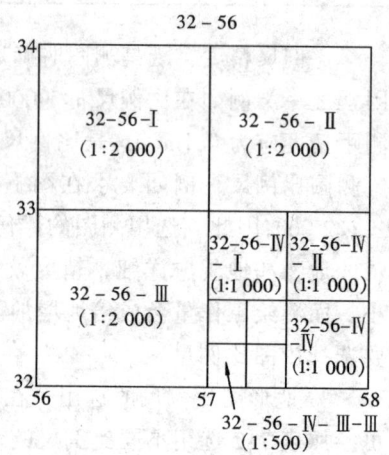

图 7-2

7.2　地物表示方法

地形是地物和地貌的总称。地物是地面上天然或人工形成的物体，如湖泊、河流、房屋、道路、桥梁等。

地面上的地物与地貌，应按国家测绘总局颁发的《地形图图式》中规定的符号表示在图形中。图式中的符号分为地物符号、地貌符号和注记符号三种。其中地物符号分为比例符号，非比例符号和半比例符号三类。

7.2.1　比例符号

地面上的建筑物、旱田等地物，如能按测图比例尺并用规定的符号缩绘在图纸上，称为比例符号。

7.2.2　非比例符号

有些地物，如导线点、消火栓等，无法按比例尺缩绘，只能用特定的符号表示其中心位置，称为非比例符号。

7.2.3　半比例符号

一些线状延伸的地物，如电力线、通讯线等，其长度能按比例尺缩绘，而宽度不能按比例表示的符号,称为半比例符号。表7-4所示,为地形图图式中的一些常用符号。

7.2.4 地物注记

对地物用文字或数字加以注记和说明称为地物注记,如建筑物的结构和层数、桥梁的长宽与载重量、地名、路名等。

测定地物特征点后,应随即勾绘地物符号,如建筑物的轮廓用线段连接,道路、河流的弯曲部分需逐点连成光滑的曲线;消火栓、水井等地物可在图上标定其中心位置,待整饰时再绘规定的非比例符号。

表 7-4 地 物 符 号

编号	符号名称	图例	编号	符号名称	图例
1	普通房屋 混—房屋结构 4—房屋层数	混 4	9	水稻田	
2	建设中房屋	建	10	旱地	
3	窑洞 1.住人的 2.不住人的 3.地面下的		11	灌木林	
4	台阶		12	菜地	
5	花圃		13	高压线	
			14	低压线	
6	草地		15	电杆	
			16	电线架	
7	经济作物地		17	砖、石及混凝土围墙	
8	水生经济作物地		18	土围墙	

续表

编号	符号名称	图例	编号	符号名称	图例
19	栅栏、栏杆	1.0 10.0	29	水准点	2.0 ⊗ Ⅱ京石5 / 32.804
20	篱笆	1.0 10.0	30	旗杆	1.5 / 4.0 ● 1.0
21	活树篱笆	3.5 0.5 10.0 / 1.0 0.8	31	水塔	2.0 / 3.0 ○ 1.0 / 1.2
			32	烟囱	3.5 ⌀ 1.0
22	沟渠 1. 有堤岸的 2. 一般的 3. 有沟堑的	1 2 0.3 3	33	气象站(台)	3.0 ⊤ 4.0 / 1.2
			34	消火栓	1.5 / 1.5 ● 2.0
			35	阀门	1.5 / 1.5 ○ 2.0
23	等级公路 2—技术等级代码 (G301)—国道路线编号	0.2 0.4 2(G301)	36	水龙头	3.5 ⊥ 2.0 / 1.2
			37	钻孔	3.0 ⊙ 1.0
			38	路灯	↑ 2.5 / 1.0
24	等外公路 9—技术等级代码	0.2 9	39	独立树 1. 阔叶 2. 针叶	1.5 1 3.0 ● 0.7 2 3.0 ▲ 0.7
25	大车路	8.0 2.0
26	小路	4.0 1.0 / 0.3	40	岗亭、岗楼	90° / 3.0 / 1.5
27	三角点 凤凰山-点名 394.468-高程	△ 凤凰山 / 394.468 / 3.0	41	等高线 1. 首曲线 2. 计曲线 3. 间曲线	0.15 87 1 0.3 85 2 0.15 6.0 3 / 1.0
28	导线点 1. 埋石的 2. 不埋石的	1 2.0 □ N16/84.46 2 1.6 ○ D25/62.74 / 2.5	42	高程点及其注记	0 5 • 158.3 ▲ 65.6

118

7.3 地貌表示方法

地貌是指地表的高低起伏状态。它包括山地、丘陵和平原等。在图上表示地貌的方法很多，而测量工作中通常用等高线表示地貌，本节讨论等高线表示地貌的方法。

7.3.1 等高线、等高距及等高线平距的概念

地面上高程相同的各相邻点所连成的闭合曲线，称为等高线。

实际上水面静止时湖泊的水边缘线就是一条等高线，如图 7-3 所示，设想静止的湖水中有一岛屿，起初水面的高程为 320m，因此高程为 320m 的水准面与地表面的交线就是 320m 的等高线。若水面上涨 10m，则高程为 330m 的水准面与地表面的交线即为 330m 的等高线，依此类推。把这些等高线沿铅垂线方向投影到水平面上，再按比例尺缩绘于图上，便得到该岛屿地貌的等高线图。由此可见，地貌的形态、高程、坡度决定了等高线的形状、高程、疏密的程度。因此，等高线图可以充分地表示地貌。

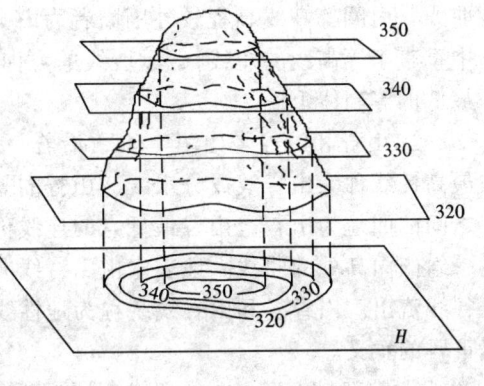

图 7-3

相邻等高线之间的高差称为等高距，一般用 h 表示，图 7-2 中 $h = 10$m。一般按测图比例尺和测区的地面坡度选择基本等高距，如表 7-5 所示。在同一幅地形图上，等高距是相同的。

相邻等高线之间的水平距离称为等高线平距，一般以 D 表示。等高线平距随地面坡度而异，陡坡平距小，缓坡平距大，均坡平距相等，倾斜平面的等高线是一组间距相等的平行线。

令 i 为地面坡度，则

$$i = \frac{h}{D} \tag{7-2}$$

坡度通常以百分率或千分率表示，上坡为正，下坡为负。

从高程基准面起算，按基本等高距描绘的等高线称为首曲线。为了便于读图，每隔四条首曲线加粗的一条等高线称为计曲线。在计曲线的适当位置注记高程，注记时等高线断开，字头朝向高处，但应避免向下。在个别地方，为了显示局部地貌特征，可按 1/2 基本等高距用虚线加绘半距等高线，称为间曲线。按 1/4 基本等高距用虚线加绘的等高线，称为助曲线。

表 7-5 地形图的基本等高距（m）

比例尺 地形类别	1:500	1:1 000	1:2 000
平 地	0.5	0.5	0.5 或 1
丘陵地	0.5	0.5 或 1	1
山 地	0.5 或 1	1	2
高 地	1	1 或 2	2

7.3.2 几种基本地貌的等高线图

1. 山头和洼地 从图 7-4a、b 可知，山头和洼地的等高线都是一组闭合的曲线，内圈等高线高程较外围高者为山头，反之为洼地，也可加绘示坡线（图中垂直于等高线的短线），示坡线的方向指向低处，一般绘于山头最高、洼地最低的等高线上。

2. 山脊和山谷 如图 7-4c，沿着一个方向延伸的高地称为山脊，山脊的最高棱线称为山脊线或分水线。山脊的等高线是一组凸向低处的曲线。两山脊之间的凹地为山谷，山谷最低点的连线称为山谷线或集水线。山谷的等高线是一组凸向高处的曲线。地表水由山脊线向两坡分流，或由两坡汇集于谷底沿山谷线流出。山脊线和山谷线统称为地性线，地性线对于阅读和使用地形图有着重要的意义。

3. 鞍部 山脊上相邻两山顶之间形如马鞍状的低凹部位为鞍部，其等高线常由两组山头和两组山谷的等高线组成，见图 7-4d。

4. 梯田 梯田是指依山坡、山谷由人工修建的阶梯式农田。田坎用符号表示，实线表示坎的上缘。梯田不宽时可在坎的上、下注高程点。梯田群较缓、坎间距离较大时，梯田内还应走等高线，见图 7-4e。

5. 陡崖和悬崖 陡崖是指形态直立难以攀登的陡峭崖壁，用符号代替十分密集的等高线（图 7-4f）。悬崖是上部突出中间凹进的地貌，其等高线见图 7-4g。

6. 冲沟 冲沟是指地面长期被雨水急流冲蚀，逐渐深化而形成的大小沟堑。如果沟底较宽，沟内应绘等高线。见图 7-4h。

7.3.3 等高线的特性

掌握等高线的特性，才能合理地显示地貌，正确地使用地形图。其特性有：

1. 等高性 同一条等高线上各点的高程都相等。
2. 闭合性 每条等高线无论长短，最终必成闭合曲线。
3. 非叠交性 等高线非在陡崖处不能重叠，非在悬崖处不能相交。
4. 密陡疏缓性 在同一张地形图上，等高线密处（平距小）为陡坡，疏处（平距大）为缓坡。

5. 正交性　等高线应垂直于山脊线或山谷线。

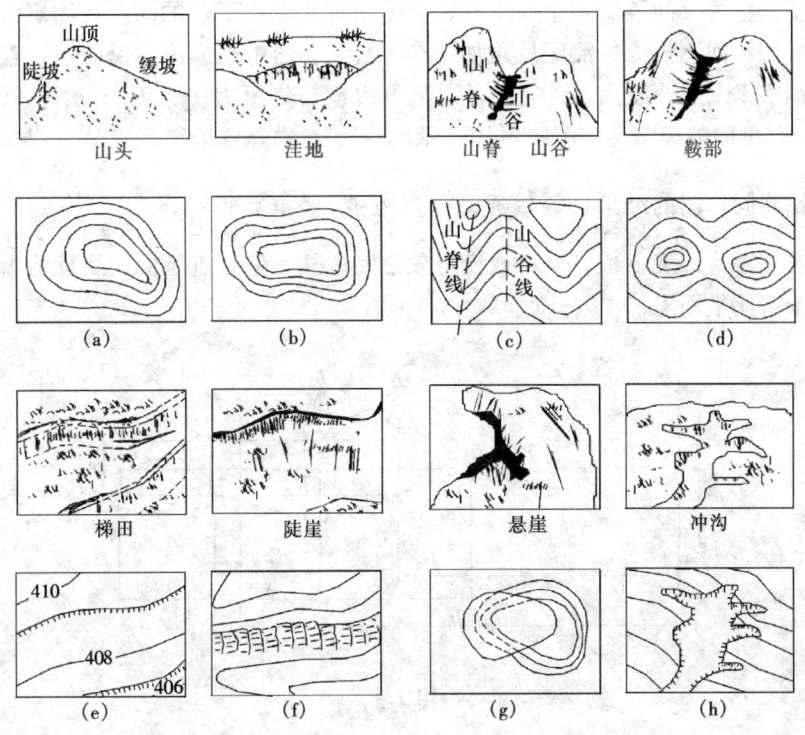

图 7-4

7.4 视距测量

视距测量是根据几何光学原理，用简便的方法间接测出两点间的距离。其精度虽不及直接量距和其他较精密的量距方法，但能满足测定碎部点的精度要求，因此，在工程实际中，视距测量被广泛应用于碎部测量中。

当视线水平时，视距测量极其方便测得水平距离；如果视线是倾斜的，为了求得水平距离，还应测出竖直角。有了竖直角，又可以求得测站至测点的高差。所以说，视距测量是一种能同时测得两点之间的距离和高差的简捷而很少受地形限制的方法。

视距测量一般是应用望远镜上装有视距丝的经纬仪、平板仪等配合视距尺来进行的。

7.4.1 视距测量原理及公式

因目前使用的望远镜多为内调焦望远镜（即在封闭的镜筒内增设了一个凹透镜，调焦时只移动此凹透镜即可），所以以下讨论的均以内调焦望远镜的视距公式为基本公式。

1. 视距轴水平时的视距公式 望远镜瞄准标尺，用上下丝读出标尺的一段长度，称为尺间隔，由上、下丝读数差求得。上、下丝的间隔是固定的，距离愈远，尺间隔愈大，测距原理如图 7-5 所示。图中望远镜的视准轴垂直于标尺，L_1 为物镜，其焦距为 f_1，L_2 为调焦透镜，焦距为 f_2，调节 L_2 可以改变 L_1 与 L_2 之间的距离 e。图中虚线表示的透镜 L 称等效透镜，它是 L_1 与 L_2 两个透镜共同作用的结果。等效透镜的焦距 f，经推算得：$f = \dfrac{f_1 f_2}{f_1 + f_2 - e}$，称之为等效焦距。改变 e 值，就可改变等效焦距，从而使远近不同的目标清晰地成像在十字丝平面上。

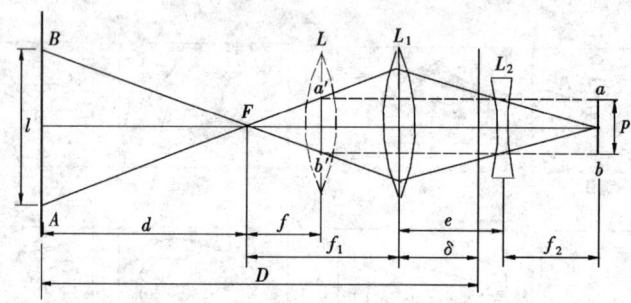

图 7-5

从图中 $\triangle AFB \sim \triangle a'Fb'$ 可得

$$d = \frac{f}{p} l \tag{7-3}$$

式中 f——等效焦距；

l——视距尺间隔；

p——上下丝间距。

从图中可知仪器竖轴至标尺的距离 D 为

$$D = d + f_1 + \delta$$

$$D = \frac{f}{p} l + f_1 + \delta$$

令 $\dfrac{f}{p} = K$，称视距乘常数；$f_1 + \delta = C$，称视距加常数。在设计时可使 $K = 100$，$C = 0$，则视距公式为

$$D = Kl$$

$$D = Kl = 100 l \tag{7-4}$$

上式即为视线水平时用视距法求平距的公式。

2. 视准轴倾斜时的视距公式 在实际工作中，由于地面是高低起伏的，所以往往要使视准轴倾斜才能读取尺间隔（图 7-6），由于视准轴不垂直于竖立的视距尺，故上述公式不适用。

设想通过尺子 C 点有一根倾斜的尺子与倾斜视准轴相垂直，如图 7-5 所示。两视距丝在该尺上截于 M'、N'，这样，斜距 D' 为

$$D' = 100 l'$$

式中　　l'——两视距丝在倾斜尺子上的尺间隔。

然后，再根据 D' 和竖直角算出平距 D。但实际观测的视距间隔是竖立的尺间隔 l，而非 l'，因此解决问题的关键在于找出 l 与 l' 间的关系。由图可得

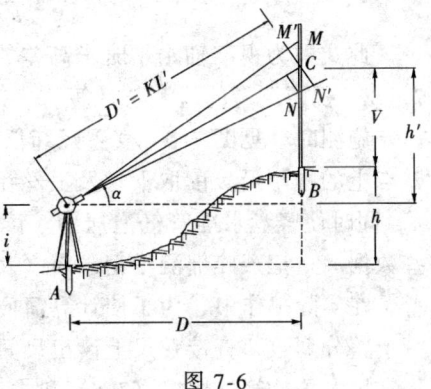

图 7-6

$$M'C = MC\cos\alpha, \quad N'C = NC\cos\alpha$$
$$M'N' = M'C + N'C = MC\cos\alpha + NC\cos\alpha$$
$$= (MC - NC)\cos\alpha$$
$$= MN\cos\alpha$$

而 $M'N' = l'$，$MN = l$，故 $l' = l\cos\alpha$。则

$$D' = Kl' = Kl\cos\alpha$$

而

$$D = D'\cos\alpha = Kl\cos^2\alpha \tag{7-5}$$

这就是视准轴倾斜时求平距的公式。

3. 视距法求高差的公式　　从图 7-5 中知 A、B 两点间的高差为 h；h' 为初算高差，即仪器横轴中心与十字丝中丝截尺上 C 点的高差；i 为仪器高；v 为中丝截尺高。

则

$$h = h' + i - v$$

而

$$h' = D'\sin\alpha$$

以 D' 值代入得

$$h' = Kl\cos\alpha\sin\alpha = \frac{1}{2}Kl\sin2\alpha$$

因此

$$h = \frac{1}{2}Kl\sin2\alpha + i - v = D\tan\alpha + i - v \tag{7-6}$$

上式即为视准轴倾斜时求高差的公式，式中 $D\tan\alpha$ 项又称初算高差。

以 $\alpha=0$ 代入上式得

$$h = i - v \tag{7-7}$$

此式即为视准轴水平时求高差的公式。

7.4.2 视距测量的观测与计算

施测时，见图 7-5，安置经纬仪于 A 点，量出仪器高 i，转动照准部瞄准 B 点上的视距尺，读取下丝及上丝在尺上的读数 m 和 n，得出尺间隔 $l = m - n$，同时使竖盘水准管气泡居中。读取中丝在尺上的读数 v 和竖角 α，并将这些数据一一记入碎部测量记录表（表 7-7），即可计算平距和高差。

在实际工作中，为了使计算简便，读取视距时，可使下丝或上丝对准尺上一个整分划数，直接在尺上读出尺间隔 l。

用电子计算器按式（7-5）和式（7-6）即可计算出平距和高差。

7.4.3 视距测量的误差及注意事项

1. 视距测量的误差　如考虑大气折光、读数误差等各种误差的影响，则视距测量的相对误差约为：平坦地区：1/300；山区：1/200。

2. 视距测量时应注意的事项

(1) 每天观测前应先检查、校正竖盘指标差，使其值不超过 1′。

(2) 观测时应注意消除视差，读竖角时注意使竖盘水准管气泡居中。

(3) 立尺时注意尺身竖直和避免把尺立倒了。

(4) 为了减少读尺误差和受大气折光及气流波动的影响，视线要离地面 0.5m 以上，特别在烈日下或夏天作业时更应注意。

7.5 测图前的准备工作

测图前必须认真做好准备工作，这是决定能否多快好省完成任务的第一关。现将几项主要准备工作分述如下：

7.5.1 踏勘测区，收集有关控制测量资料

首先了解测图的目的和要求，然后进行踏勘测区，查清地区情况和平面、高程控制网点的分布情况及其点位，作出因地制宜、切实可行的测图计划，并抄录有关平面控制和水准点高程等资料。

7.5.2 仪器工具的准备

根据拟定的测图方案，准备好所需测绘、计算等各种仪器工具，并对仪器进行检验校正。查看所有附件是否齐全，工具是否完好。

7.5.3 绘制坐标方格网

为了准确地将控制点展绘在图纸上，首先要在图纸上精确地绘制 10cm × 10cm 的直角坐标格网。直角坐标格网是由正方形组成。控制点是根据方格进

行展点的,故坐标格网的绘制的正确性与精度至关重要。在各种大比例尺测图中方格的边长均采用 10cm。绘制的方法,通常有对角线法和坐标格网尺等。现仅介绍对角线法。

如图 7-7 所示,用直尺在图纸对角画出两条对角线,相交于 O,由 O 点以适当长度在两对角线截取等长线段得 A、B、C、D 四点,连接这四点得一矩形;再从 A、B 两点起沿 AD、BC 线每隔 10cm 取一点,从 A、D 两点起 AB、DC 线每隔 10cm 取一点;连接对边相应点即得坐标格网。

格网绘好后,应进行校核。可用直尺检查各方格网的顶点是否在一直线上,同时,还要检查各方格的边长,最大误差不应超过 0.2mm。

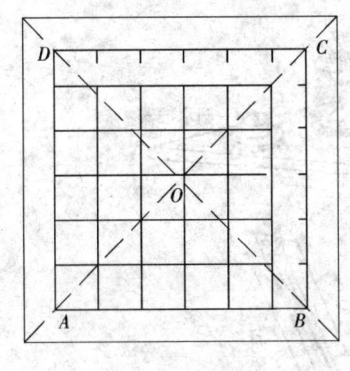
图 7-7

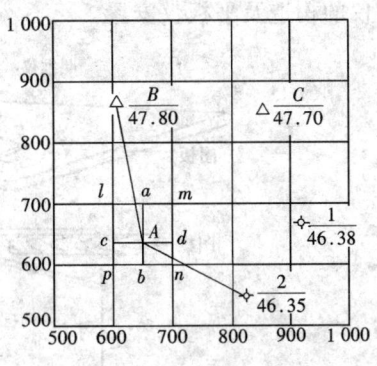
图 7-8

7.5.4 展绘平面控制点

绘制好坐标格网后,应根据展绘点的坐标最大值与最小值,来确定坐标格网左下角的起始坐标应为多少,并在图上标注纵横坐标值。然后以此为依据,按各平面控制点的坐标进行展点。

见图 7-8,已知 A 点的坐标为 $x_A = 647.43\text{m}$, $y_A = 634.52\text{m}$,欲将其展绘在方格网图上。首先按其标值确定其位置是在 $plmn$ 方格内,然后分别从 p、l 点用测图比例尺在 pn 和 lm 线上向右量取 34.52m 得 b、a 两点,同法在 pl 和 nm 线上向上量取 47.43m 得 c、d 两点,连接 ab 和 cd,其交点即为 A 点的位置。同法展绘三角点 B、C 和导线点 1、2…各点。最后用比例尺量取各相邻点间的距离,与相应实际的距离比较是否相符,其误差不得超过图上 0.3mm,超限时应进行检查改正。

点位展绘后,以图式规定的符号显示之,并在右侧用分式注明其点号和高程(分子表示点号,分母表示高程)。

7.6 地形图的测绘方法

地形图的测绘又称碎部测量。它是依据已知点的平面位置和高程，使用一些测绘仪器和方法来测定地物、地貌的特征点的平面位置和高程，按照规定的线条或符号（地形图图式）和测图比例尺，把地物、地貌缩绘成相似图形，而绘制成地形图。

7.6.1 测图仪器简介

常用的测图仪器有大平板仪、中平板仪、小平板仪、经纬仪（见第3章）、光电测距仪（见第4章）、全站仪（见第15章）等。本节重点介绍大、中、小平板仪的构造及平板仪安置。

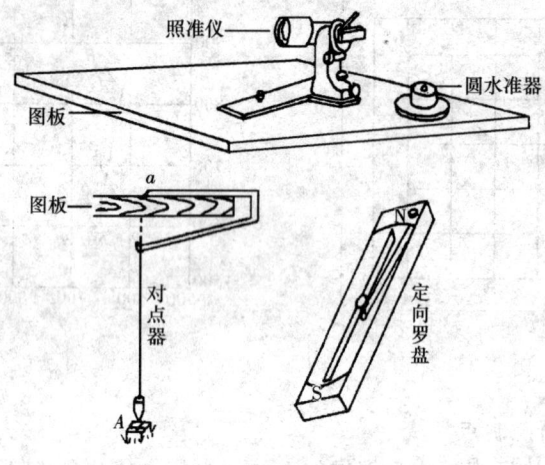

图 7-9

1. **大平板仪的构造** 大平板仪由平板、照准仪和若干附件组成，如图7-9所示。平板部分由图板、基座和三脚架组成。基座用中心固定螺旋与三脚架连接。平板可在基座上转动，有制动螺旋与微动螺旋进行控制。

照准仪由望远镜、竖盘和直尺组成。有望远镜与竖盘，光学的方法直读目标的竖角，与视距尺配合可作视距测量。用直尺可在平板上画出瞄准的方向线。

对点器可使平板上的点与相应的地面点安置在同一铅垂线上。定向罗盘用于平板的粗略定向。圆水准器用于整平平板。

2. **中平板仪的构造** 中平板仪与大平板仪大致相同，主要不同点在于照准仪，见图7-10所示中平板仪的照准仪。照准仪虽有望远镜与竖盘，但竖盘不是光学玻璃度盘，而是一个竖直安置的金属盘，与罗盘仪相同，非光学方法直读竖角，精度很低。

3. 小平板仪的构造　由照准器、图板、三脚架和对点器组成,见图7-11。与大、中平板仪最大的不同就是照准的部分,仅仅是一个瞄准目标用的照准器,靠近眼睛一端称接目觇板(有3个孔眼),向目标端称接物觇板(中间有一根丝)。直尺上有水准器,作为整平平板之用。长盒罗盘作为粗略定向之用。

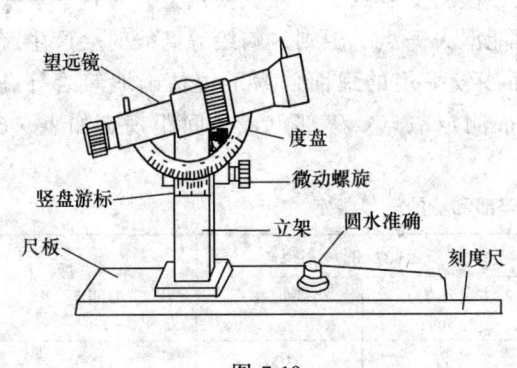

图 7-10　　　　　　　　　　图 7-11

4. 平板仪的安置　平板仪测量实质上是在图板上图解画出缩小的地面上图形,图板方位要与实地相同,因此,在测站上不仅要对中、整平,并且要定向。对中、整平、定向,这三步工作互相有影响。为了做好安置工作,首先初步安置,然后精确安置。

(1) 初步安置:用长盒罗盘将平板粗略定向,移动脚架目估使平板大致水平,再移动平板使平板概略对中。

(2) 精确安置:与初步安置步骤正相反。

①对中:使用对点器,对中允许误差为 $0.05\text{mm} \times M$ (M 为测图比例尺分母)。

②整平:用圆水准器或照准仪直尺上的水准器。

③定向:它的目的是使图上的直线与地面上相应的直线在同一个竖面内。精确定向应使用已知边定向,如图7-12所示,将照准器紧靠图上的已知边 ab,转动图板,当精确照准地面目标 b 时,把图板固定住。

图 7-12

7.6.2 碎部点的选择

地形图上地物、地貌测绘得是否正确与详细,取决于对地物、地貌上的特征点(即碎部的特征点)的选择是否正确。对于地物,应选设于地物轮廓的转折点。如建筑物的屋角、墙角;道路、管线、溪流等的转折、弯曲点、分岔会合点和最高最低点。由于地物形状极不规则,一般地物凹凸变化小于测图比例尺图上 0.4mm 的,可以忽略不测绘。

对于地貌,其形状更是千变万化,地性线(即山脊线、山谷线、山脚线)是构成各种地貌的骨骼,骨骼绘正确了,地貌形状自然能绘得逼真。因此,其碎部点应注意选在地性线的起止点、倾斜变换点、方向变换点上,对这些主要碎部点应按其延伸的顺序测定,不能漏失一点。否则,勾绘等高线时会产生严重错误。在坡度无显著变化的坡面或较平坦的地面,为了较精确地勾绘等高线,也应在比例尺图上每隔 2~3cm 测定一点。碎部点最大间距规定如表 7-6 所示。

表 7-6 碎部测量的一般规定

测图比例尺	等 高 距	测站至测点的最大视距		碎部点最大间距/m
	一般采用值/m	主要地物点/m	次要地物点/m	
1:500	0.25, 0.5, 1.0	60	100	15
1:1 000	0.5, 1.0, 2.0	100	150	30
1:2 000	0.5, 1.0, 2.0, 5.0	180	250	50
1:5 000	1.0, 2.0, 5.0, 10.0	300	350	100

7.6.3 碎部点点位测定的几种方法

1. **极坐标法** 测水平角 β,并测量测站点至碎部点的水平距 D,即可求得碎部点的位置。如图 7-13 所示,测 β_1,并测量 D_1,即可确定 1 点的位置;测 β_2,并测量 D_2,即可确定 2 点的位置。

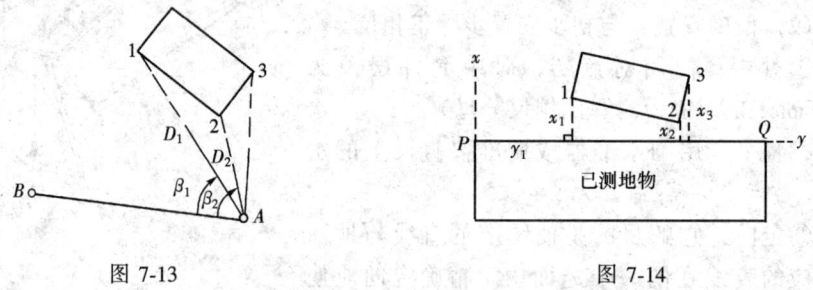

图 7-13　　　　　　　　　　图 7-14

2. **直角坐标法** 当地面较平坦,当待定的碎部点靠近已知点或已测的地物时,可测量 x、y 来确定碎部点。如图 7-14 所示,由 P 沿已测地物丈量 y_1 定一点,在此点上安置十字方向架,定出直角方向,再量 x_1,便可确定碎部点 1。

3. **方向交会法** 当地物点距控制点较远,或不便于量距时,如图 7-15 所示,欲测定河对岸的特征点 1、2、3 等点,先将仪器安置在 A 点,经过对中、整平、定向后，瞄准1、2、3各点，并在图板上画出各方向线；然后将仪器安置在 B 点，再瞄准1、2、3各点，同样在图板上画出各方向线，同名各方向线交点，即为1、2、3各点在图板上的位置。

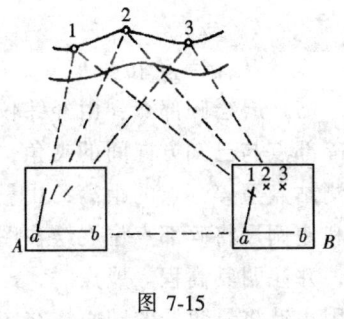

图 7-15

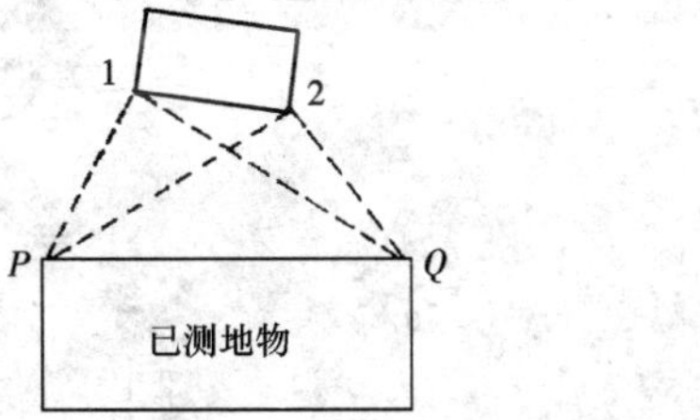

图 7-16

4. 距离交会法　当地面较平坦，地物靠近已知点时，可量距离来确定点位。例如图 7-16，要确定 1 点，通过量 P1 与 Q1 距离，换为图上的距离后，用两脚规以 P 为圆心，P1 为半径作圆弧，再以 Q 为圆心，Q1 为半径作圆弧，两圆弧相交便得 1 点；同法交出 2 点。连 12 两点便得房屋的一条边。

5. 方向距离交会法　实地可测定控制点至未知点方向，但不便于由控制点量距，可以先测绘一方向线，由临近已测定地物用距离交会定点。见图 7-17，从测站 A 测绘 1、2 的方向线，再从 P 点量 P1、P2 的距离，以 P 点为圆心，P1 为半径画圆弧交 A1 方向线得 1 点；同法，以 Q 点为圆心，Q2 为半径画圆弧交 A2 方向线得 2 点。

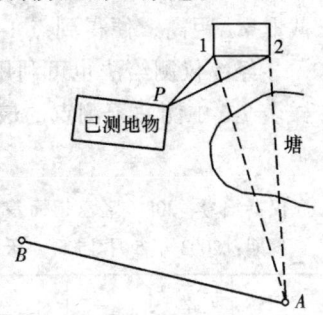

7.6.4　碎部测量的方法

碎部测量的方法有多种，现介绍较常用的几种。这些方法各有其优缺点，应结合人力、现有仪器和天气等情况，因地制宜地采用。

图 7-17

1. 经纬仪测绘法　在控制点上安置经纬仪，测量碎部点的位置数据（水平角、距离、高程），用绘图工具把碎部点展绘到图上的一种方法。施测步骤如下：

(1) 将经纬仪安置在测站点 A，对中、整平，绘图板安置在经纬仪旁，用皮尺量经纬仪的仪器高 i，测定竖直度盘指标差 x，记入表 7-7 中。

(2) 以盘左位置，瞄准另一已知点 B。此时将水平度盘配置为 $0°00'00''$，即以已知点 B 方向为零方向，见图 7-18。

(3) 转动照准部瞄准碎部点上所立的尺子，读取标尺中丝、下丝、上丝的读数，并读水平度盘读数（读至分即可），该读数即为碎部点与已知方向 AB

线间的夹角 β。还要读竖直度盘读数，记入表 7-7 中。

(4) 计算测站至碎部点的水平距离 D 及高差 h，并计算碎部高程 $H_{碎部}$

$$H_{碎部} = H_{测站} + h$$

(5) 展绘碎部点：由经纬仪测出碎部点与已知方向间的夹角，以及测站点至碎部点的距离，用量角器和比例尺将碎部点位展绘在图纸上，并注明其高程。展点时，绘图员用小针将量角器的圆心插在图板上测站点 a，转动量角器，使图上 ab 方向线正好对准量角器 β 角值的刻线，此时，沿量角器的零方向

图 7-18

线（量角器的直尺边线）便是碎部点 1 的方向线。在此方向线上按测图比例尺截取 d_{A1} 距离，便得到点 1 在图上位置，将其高程 H_1 注于点位的右侧。

经纬仪测绘法也可利用光电测距仪进行测距，以此代替经纬仪视距法，这样表 7-6 中测站至测点的最大距离的规定可大大放宽。

表 7-7 碎部测量记录表

仪器编号：J08　　竖盘指标差：$x = +0'12''$　　测站高程：$H_A = 50.00$m

日期：2003 年 5 月 15 日　　天气：晴　　观测者：×××　　记录者：×××

测站 仪器高	碎部点号	碎部点名称	水平角 。　′	标尺读数			竖盘读数 。　′	水平距 d /m	高差 h /m	高程 H /m
				中丝	下丝 上丝	尺间隔				
A 1.42m	1	房东南角	76　10	1.420	1.590 1.050	0.540	87　52	53.93	+2.01	52.01
	2	房西南角	69　10	1.420	1.665 1.175	0.490	87　50	48.93	+1.85	51.85
	3	房西北角	57　35	1.420	1.680 1.160	0.520	87　48	51.92	+1.94	51.94

注：盘左视线水平时竖盘读数为 90°，视线向上倾斜时竖盘读数减少。

2. 小平板仪配合经纬仪测绘法　该法的特点是将小平板仪安置在测站点上，描绘测站至碎部点的方向，而将经纬仪安置在测站旁，测定经纬仪至碎部点的距离与高差，最后用方向距离交会的方法定出碎部点在图上的位置。

(1) 施测步骤

1) 安置小平板仪：小平板仪安置在测站点上，进行对点、整平和定向。对点时要用对点器。整平是用照准器上的水准器，当在两个互相垂直的方向气泡居中时，表示测图板水平。定向是使图板处于正确方位，用长盒罗盘可作粗定向，精确定向必须使用已知边定向，使图上已知边与相应实地边长在同一竖面内，操作时照准器直尺靠已知边 ab，松开图板螺旋，转动图板，使照准器瞄准地面点 B，然后固定图板。对点、整平、定向三步工作互相有影响，需反复调试才行。

2) 安置经纬仪：经纬仪安置在测站旁 1~3m 处，通视较良好的地点，进行整平和量出仪器高 i（测站 A 标桩顶至望远镜横轴中心的竖直距离，量至厘米）。如图 7-19 所示。

为了将经纬仪位置标定在小平板上，此时要用小平板的测斜照准器直尺边贴靠测站点 a，然后瞄准经纬仪中心或所悬挂的垂球线，用铅笔绘出该方向线，在此方向线上量取测站点 A 至经纬仪中心的水平距离，按测图比例尺标出经纬仪在图上的位置 a'。

3) 观测：观测时，各施测人员的工作如下：

①持尺员：在碎部点上竖立视距尺。

②经纬仪观测员：经纬仪整置后，瞄准视距尺，读取上中下丝的尺上读数，把竖盘指标自动归零开关打开（老式 J6 级仪器要使竖盘指标水准管气泡居中），读竖盘读数。

图 7-19

③记录计算员：根据上、下丝读数计算尺间隔，根据读竖盘读数计算竖角值。然后按公式计算平距 D 及高差 h，最后计算测点高程。

④掌板员：将测斜照准器的直尺边紧靠测站点所立小针，瞄准视距尺绘出方向线，如图 7-19 所示的 ap 线，然后以经纬仪的点位 a' 为圆心，以平距 D 为半径（按测图比例尺缩小的长度）画弧与 ap 相交于 p 点，即为所测碎部点的图上位置，随即以针刺出其点位，并将高程注记于点的右旁。

同法测其他碎部点，掌板员应在实地依据碎部点位和高程，对照地物勾绘出地物轮廓，对照地貌绘出地性线，先绘计曲线和地貌变化较大的等高线，其他等高线可在室内插绘。

掌板员在测绘过程中要时常检查和防止平板变向，注意相邻测点的位置和高程是否与实地相符，遇不符的要及时通知司经纬仪者及时重测修正。还应注意掌握测点的疏密程度,如漏失主要碎部点,应指挥立尺员补测。立尺不能到达的主要碎部点,可用图解交会法测定。认为图上应增设测站的地方,应指挥立尺员进行选设。

在第一站测完,进行第二站施测时,首先应检查前一站所测绘主要地物地貌是否正确,可用照准仪瞄方向的方法来检查。

7.7 地形图的绘制

外业工作中,把碎部点展绘在图上后,就可以对照实地进行地形图的绘制工作了。主要内容就是地物、地貌的勾绘,以及大测区地形图的拼接、检查和整饰工作。

7.7.1 地物的描绘

地物要按照地形图图式规定的符号表示。房屋轮廓需用直线连接起来,而道路、河流的弯曲部分要逐点连成光滑曲线。不能依比例绘制的地物,应按规定的半比例或非比例符号表示。

7.7.2 地貌的勾绘

在地形图上,地貌主要以等高线来表示。所以地貌的勾绘,即等高线的勾绘。

图 7-20a 表示碎部测量后,图板展绘若干个碎部点的情况,勾绘等高线时,先用铅笔画地性线,山脊线用虚线,山谷线用实线。然后用目估内插等高线通过的点。图中 ab、ad 为山脊线,ac、ae 为山谷线。图中,a 点高程为 48.5m,b 点高程为 43.1m,若等高距为 1m,则 ab 间有 44、45、46、47、48 共 5 条等高线通过。由于同一坡度,高差与平距成正比例,先估算一下 1m 等高距相应的平距为多少,本例 ab 两点高差:48.5 − 43.1 = 5.4m,对应平距为 ab(例如 38mm),按比例算得高差 1m 平距为 7mm。首尾两段高差,a 端为 0.5m,相应平距为 4mm,即距 a 点画 48m 等高线。b 端为 0.9m,相应平距为 6mm,即距 b 点画 44m 等高线。实际工作中目估即可,方法是先"目估首尾,后等分中间",如图 7-20b 所示。然后对照实际地形,把高程相同的相邻点用光滑曲线相连,便得等高线,如图 7-20c 所示。一般先勾绘计曲线,再勾绘首曲线,当一个测站或一小局部碎部测量完成之后,应立即勾绘等高线,以便及

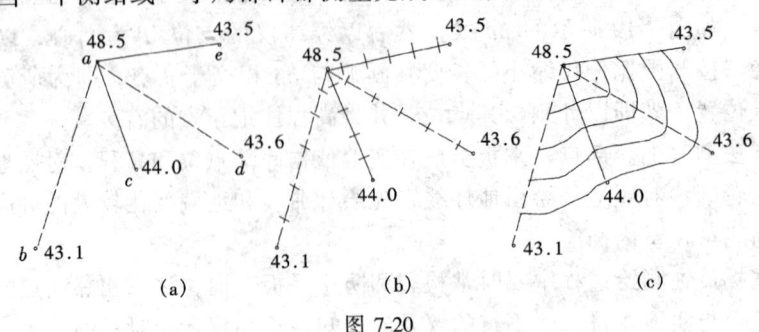

图 7-20

时改正测错和漏测。

7.7.3 地形图的拼接、检查和整饰

1. **地形图的拼接**　当测区面积大于一幅图的范围时，必须分幅测图。因测量和绘图误差致使相邻图幅连接处的地物轮廓和等高线不能完全吻合，见图 7-21，左、右两幅图在拼接处的等高线、房屋和道路都有偏差。为了接边，每幅图应测出图廓外 5mm。接边时，对于聚酯薄膜图纸，可直接按坐标格线将两幅图重叠拼接。若测图用的是绘图纸，则必须用透明纸将一幅图图边处的坐标格线、地物、地貌等描下来，再与另一幅图拼接。若接边两侧的同名地物、等高线之偏差小于表 7-8、表 7-9 和表 7-10 中规定的碎部点中误差的 $2\sqrt{2}$ 倍时，可平均配赋，但应保持地物、地貌相互位置和走向的正确性。超限时，应到实地检查、纠正。

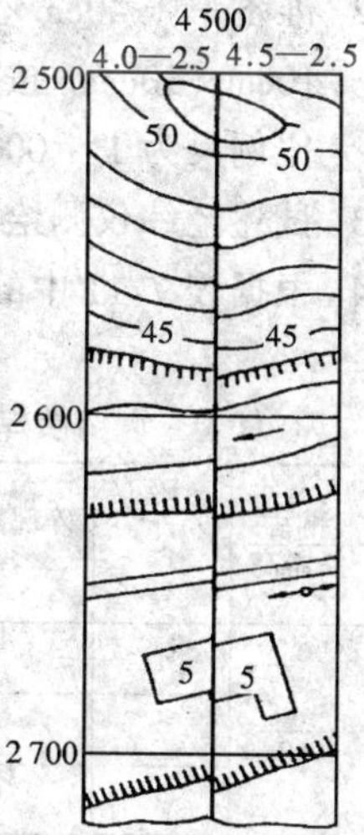

2. **地形图的检查和整饰**　拼接工作完成后，应对本图幅的所有内容进行一次全面检查，包括图面检查、野外巡视和设站检查，以保证成图质量。

图 7-21

表 7-8　图上地物点点位中误差与间距中误差

地区分类	点位中误差（图上）/mm	邻近地物点间距中误差（图上）/mm
城市建筑区和平地、丘陵地	±0.5	±0.4
山地、高山地和设站测设困难的旧街坊内部	±0.75	±0.6

表 7-9　城市建筑区和平坦地区高程注记点的高程中误差

分　类	高程中误差/m
铺装地面的高程注记点	±0.07
一般高程注记点	±0.15

表 7-10　等高线插求点的高程中误差

地形类别	平地	丘陵地	山地	高山地
高差中误差（等高距）	1/3	1/2	2/3	1

地形图经过拼接、检查和纠正后，还应按照地形图图式规定的要求进行清绘和整饰，然后作为地形图原图保存。

练 习 题

1. 测图前应做好哪些准备工作？控制绘后，怎样检查其正确性？
2. 准备一张 40cm×40cm 白纸，按照对角线法绘制 9 格坐标方格网，方格大小 10cm×10cm。按照第 6 章练习题 5 计算的导线点坐标进行展点，假设测图比例尺为 1:1 000。
3. 试述经纬仪测绘法在一个测站测绘地形图的工作步骤。
4. 根据表 7-11 中的观测数据，计算水平距离、高差及高程。

表 7-11 碎部测量记录表

测站：A   测站高程：$H_A = 94.05$m   仪器高：$i = 1.37$m   竖盘指标差：$x = +1'$

测站 仪器高	碎部 点号	碎部点 名称	水平角 ° ′	标尺读数			竖盘 读数 ° ′	水平距 d /m	高差 h /m	高程 H /m
				中丝	下丝 上丝	尺间隔				
A 1.50m	1		43 30	1.5		0.395	84 36			
	2		69 22	1.5		0.575	84 36			
	3		105 00	2.5		0.614	93 15			

注：盘左视线水平时竖盘读数为 90°，视线向上倾斜时竖盘读数减少。

5. 按图 7-22 所示的地貌特征点高程，用内插法目估勾绘 1m 等高距的等高线（图中虚线为山脊线，实线为山谷线）。

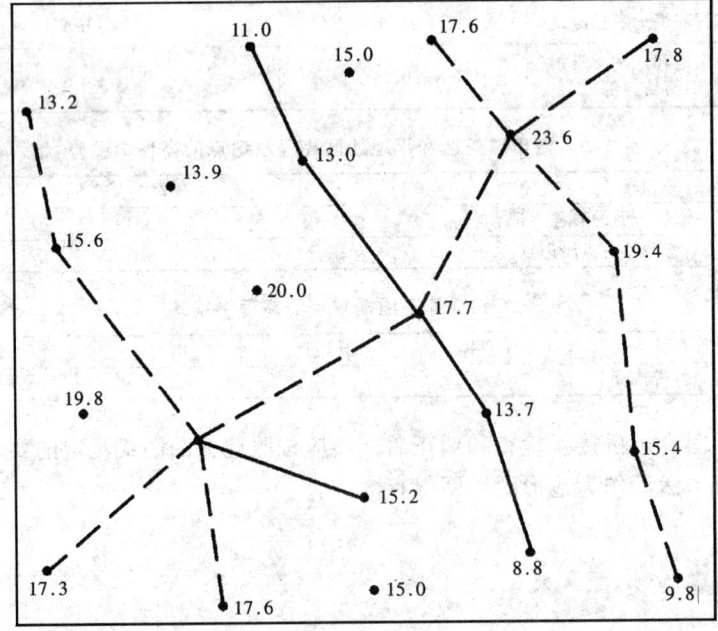

图 7-22

第 8 章 地形图的应用

8.1 地形图的阅读

地形图上包含大量的自然、环境、社会、人文、地理等要素和信息，能够比较全面、客观地反映地面的情况。因此，地形图是国土整治、资源勘察、城乡规划、土地利用、环境保护、工程设计、矿藏采掘、河道整理等工作的重要资料。特别是在规划设计阶段，不仅要以地形图为底图进行总平面的布设，而且还要根据需要，在地形图上进行一定的量算工作，以便因地制宜地进行合理的规划和设计。

地形图是用各种规定的图式符号和注记表示地物、地貌及其他有关资料的。要想正确地使用地形图，首先要能熟读地形图。通过对地形图上的符号和注记的阅读，可以判断地貌的自然形态和地物间相互关系，这也是地形图阅读的主要目的。在阅读地形图时，应注意以下几方面的问题。

8.1.1 熟悉图式符号

在阅读地形图前，首先要熟悉一些常用的地物符号的表示方法，区分比例符号、半比例符号和非比例符号的不同，以及这些地物符号和地物注记的含义。对于地貌符号要能根据等高线判断出各类地貌特征（例如，山头、洼地、山脊、山谷、鞍部、峭壁、冲沟等），了解地形坡度变化。

8.1.2 图廓外信息识读

图廓外信息主要有图的比例尺、坐标系统、高程系统、基本等高距、测图的年月、测绘单位以及接图表。图 8-1 是一幅 1∶2 000 沙湾村地形图，图名下标注的 20.0—15.0 表示该图的编号（采用图幅西南角坐标公里数编号法）。图幅左下角注明测绘日期是 1991 年 8 月，从而可以判定地形图的新旧程度。测图采用经纬测绘法，坐标系采用任意直角坐标系，即假定的平面直角坐标系，高程采用 1985 年国家高程基准。内图廓四个角标注的数字是它的直角坐标值。图内的十字交叉线是坐标格网的交点。图幅左上角是接图表，通过它可了解相邻图幅的图名。

8.1.3 地物的识读

认识地物首先要查找居民地、道路与河流。图 8-1 中图幅最大的居民地就是沙湾村。道路是大兴公路，该公路的西边通向李村，离李村 0.7km。大兴公

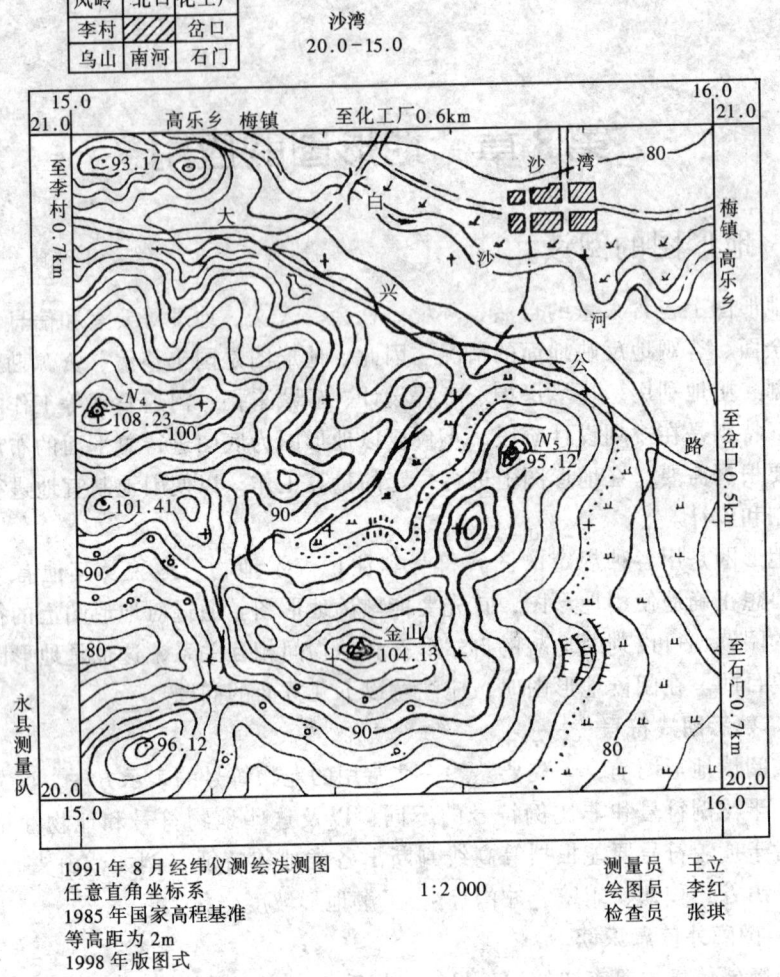

图 8-1

路从西北边的山哑口出来,沿山脚向东南延伸。大兴公路在图中地段有两个分岔口,北边分岔口的分岔公路经过白沙河上的一座桥梁去化工厂,南边分岔公路去石门。沙湾村没有公路直通,但村西有大车路与公路相连。沙湾村南面有一条乡村小路通向南边的丘陵地。白沙河为本幅图内唯一的一条河流,河流两岸为平坦地,河北岸至沙湾村有大面积的菜地。河南岸可能为耕地,图上未注明,或有尚待开发的荒地,此处与大兴公路最接近,开发潜力巨大。白沙河中间有境界符号,因此白沙河也是梅镇与高乐乡的分界线。

8.1.4 地貌的识读

从图中等高线形状、密集程度与高度可以看出,地貌属于丘陵地。东部山脚至图边为缓坡地。丘陵地内有许多小山头，最高的山头为图根点 N_4，其高程为 108.23m，最低的等高线为 78m。金山上有一个三角点高程为 104.13m，从金山向东北方向延伸至图根点 N_5 的山头，再下坡到大兴公路，是本图幅内的最长的山梁。山梁的东边是缓坡地，已开垦为旱地。山梁的西北面为较长的山沟，从西南走向东北，谷底较宽，也已开垦为旱地。沙湾村南有一条乡村小路，向南延伸跨过公路到南面的山沟，沿沟边上山通过一个哑口抵达南面 96.12m 的山头，继续向西延伸。

8.2 地形图应用的基本内容

8.2.1 求图上一点坐标

利用地形图进行规划设计，首先要知道设计点的平面位置，通常是根据图廓坐标格网的坐标值来求出。

见图 8-2，欲确定图上 P 点坐标，首先绘出坐标方格 abcd，过 P 点分别作 x、y 轴的平行线与方格 abcd 分别交于 m、n、f、g，根据图廓内方格网坐标可知

$$x_d = 21\,200\text{m}$$
$$y_d = 40\,200\text{m}$$

再按测图比例尺（1:2 000）量得 dm、dg 实际水平长度

$$D_{dm} = 120.2\text{m}$$
$$D_{dg} = 100.3\text{m}$$

则

$$x_P = x_d + D_{dm} = 21\,200 + 120.2$$
$$= 21\,320.2\text{m}$$
$$y_P = y_d + D_{dg} = 40\,200 + 100.3 = 40\,300.3\text{m}$$

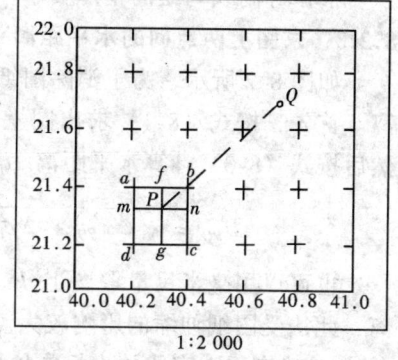

图 8-2

如果为了检核量测的结果，并考虑图纸伸缩的影响，则还需量出 ma 和 gc 的长度。若（dm + ma）和（dg + gc）不等于坐标格网的理论长度 l（一般为 10cm），为了使求得的坐标值精确，应按下式计算

$$x_P = x_d + (l/da)dmM \tag{8-1}$$
$$y_P = y_d + (l/dc)dgM$$

式中 M 为地形图比例尺的分母。

8.2.2 求图上一点的高程

对于地形图上一点的高程，可以根据等高线及高程注记确定之。如该点正

好在等高线上，可以直接从图上读出其高程，例如图 8-3 中 q 点高程为 64m。
如果所求点不在等高线上，根据相邻等高线间的等高线平距与其高差成正比例原则，按等高线勾绘的内插方法求得该点的高程。如图 8-3 中所示，过 p 点作一条大致垂直于两相邻等高线的线段 mn，量取 mn 的图上长度 d_{mn}，然后再量取 mp 中的图上长度 d_{mp}，则 p 点的高程

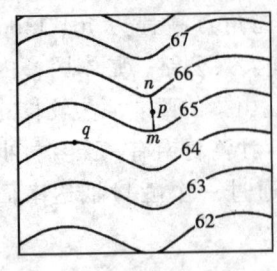

图 8-3

$$H_P = H_m + h_{mp}$$

$$h_{mp} = (d_{mp}/d_{mn}) h_{mn} \quad (8-2)$$

式中，h_{mn} = 1m，为本图幅的等高距，d_{mp} = 3.5mm，d_{mn} = 7.0mm，则

$$h_{mp} = (3.5/7.0) \times 1 = 0.5m$$

$$H_P = 65 + 0.5 = 65.5m$$

根据等高线勾绘的精度要求，也可以用目估的方法确定图上一点的高程。

8.2.3 求图上两点间的水平距离

如图 8-2 所示，为了消除图纸变形的影响，可根据两点的坐标计算水平距离。首先，按式（8-1）求出图上 P、Q 两点的坐标 $(x_P、y_P)$、$(x_Q、y_Q)$，然后按式（8-3）计算水平距离 D_{PQ}

$$D_{PQ} = \sqrt{\Delta x_{PQ}^2 + \Delta y_{PQ}^2} = \sqrt{(x_Q - x_P)^2 + (y_Q - y_P)^2} \quad (8-3)$$

也可以用毫米尺量取图上 P、Q 两点间距离，再按比例尺换算为水平距离，此法受图纸伸缩的影响较大。

8.2.4 确定图上直线的坐标方位角

如图 8-4 所示，欲求直线 AB 的坐标方位角。依反正切函数，先求出图上 A、B 两点的坐标 (x_A, y_A)、(x_B, y_B)，然后按下式计算出直线 AB 坐标方位角

$$\alpha_{AB} = \arctan(\Delta y_{AB}/\Delta x_{AB}) \quad (8-4)$$

当直线 AB 距离较长时，按式（8-4）可取得较好的结果。也可以用图解的方法确定直线坐标方位角。首先过 A、B 两点精确地作坐标格网 X 方向的平行线，然后用量角器量测直线 AB 的坐标方位角。同一直线的

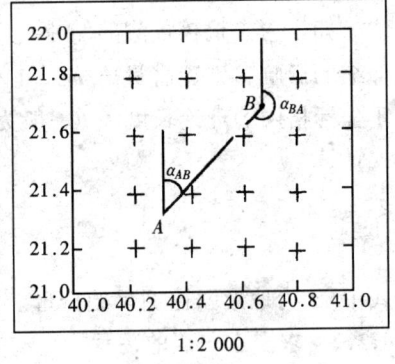

图 8-4

正、反坐标方位角之差应为180°。

8.2.5 确定直线的坡度

设地面两点 m、n 间的水平距离为 D_{mn}，高差为 h_{mn}，直线的坡度 i 为其高差与相应水平距离之比

$$i_{mn} = h_{mn}/D_{mn} = h_{mn}/(d_{mn}M) \tag{8-5}$$

式中 d_{mn}——地形图上 m、n 两点间的长度，m；

M——地形图比例尺分母。

坡度 i 常以百分率表示。图 8-3 中 m、n 两点间高差为 $h_{mn} = 1.0\text{m}$，量得直线 mn 的图上距离为 7mm，并设地形图比例尺为 1:2 000，则直线 mn 的地面坡度为 $i = 7.14\%$。

8.3 地形图在工程设计中的应用

8.3.1 根据地形图绘制指定方向的断面图

在工程设计中，经常要了解在某一方向上的地形起伏情况，例如公路、隧道、管道等的选线，可根据断面图设计坡度，估算工程量，确定施工方案。如图 8-5 所示，绘制 AB 方向的断面图方法如下：

1. 在 AB 线与等高线交点上标明序号如图 8-5a 中的 1，2，…，10 各点。

2. 绘纵横坐标　见图 8-5b，绘一条水平线表示距离为横坐标，绘一条垂线表示高程为纵坐标。

3. 确定横轴比例尺　将图 8-5a 中 1，2，…，10 各点距 A 点的距离量出，并转绘于 b 图的距离轴线上。转绘时，一般情况下断面图采用的距离比例尺与 a 图上用的比例尺一致，必要时也可按其他适宜比例尺展绘。

4. 确定高程轴线比例尺　在图 8-5b 的高程轴线上，按选定的高程比例尺及 AB 线上等高线的高程范围，标出 66～72m 高程点，为了突出地形起伏，选用高程比例尺为距离比例尺的 10 倍或 20 倍。

5. 在剖面图上定出 AB 线与等线的交点　在图 8-5b 上，以 A，1，2，…，10，B 各点的高程为纵坐标对应各自的横坐标取点即为断面上的点，其中第 5 点高程是通过内插得到的。

6. 绘出断面图　将所得断面上相邻各点以圆滑曲线相连，即得 AB 方

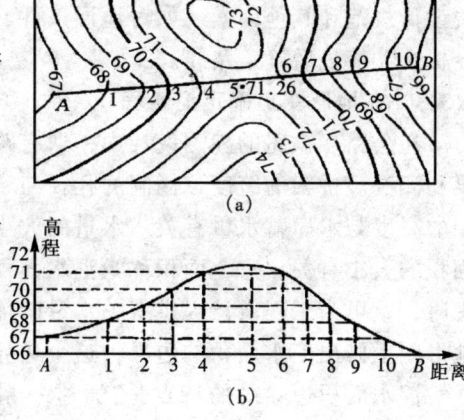

图 8-5

向的断面图。

8.3.2 按规定坡度在地形图上选定最短路线

进行铁路、公路、管道等设计时，均有一定的限制坡度，为了线路的经济合理，可以在地形图上按规定坡度选择最短路线。方法如下：

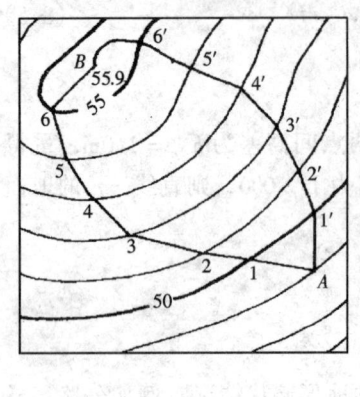

图 8-6

如图 8-6 所示，设自 A 点向 B 点修一条路，其允许之最大坡度 i 为 8%，地形图比例尺为 1：1 000，等高距 h 为 1m，则路线跨过两条等高线所需的最短距离 D 可用坡度公式 $i = h/D$ 导出，那这样，$D = h/i = 1/0.08 = 12.5$m 化为图上长度 $d = 12.5$m/1 000 = 12.5mm，以 A 为圆心，d 为半径画弧交 50m 等高线于 1 点；再以 1 点为圆心，d 为半径画弧交 51m 等高线于 2 点；以此类推得 3，4，5，6 点。另外以同样方法可得 $1'$，$2'$，…，$6'$ 点。至此两条路线均尚未到达 B 点，由于 B 点高程为 55.9m，与 6 或 $6'$ 点所在等高线高程之差为 0.9m，则所需最短距离是（0.9÷8%）÷1 000，即为 11.25mm，由于 $6'B$ 间尚不足此最短距离，应展线；而 $6B$ 间距大于最短距离，可随意由 6 点到达 B 点。

如果以最短距离画弧时，不能与相邻等高线相交，说明等高线平距大于最短距离，则无论路线向任何方向前进，其坡度均小于规定坡度，$6B$ 即属于此种情况。

$A12…B$ 与 $A 1'2'…B$ 均为按规定之最大坡度选定的同坡度最短路线，这种路线还可以有其他走法，均可作为比较方案用。

按上述方法选择路线，仅考虑了路线的长短问题。实际生产中还要考虑有关设计规范和其他因素，如对地形条件、工程量大小、农田占用等问题作综合分析，才能最后确定路线。

8.3.3 在地形图上确定汇水面积

在公路、铁路的勘测设计中，遇有跨越河流、山谷或深沟时，需要修建桥梁和涵洞。桥梁的跨度、涵洞的孔径与水流量有关；水库设计中，水坝位置、坝的高度与水库蓄水量有关。水量的大小又与该区域内汇集雨水和雪水的地面面积的大小有关，这个面积称为汇水面积，其与该地区的降雨（雪）量联系考虑时，就可为工程设计提供有关水量的依据。为了确定汇水面积的范围，需在地形图上画出汇水面积的边界，这个边界实际上是一系列分水线即山脊线的连线。汇水面积边界线的特点是：通过一系列山脊线连系各山头及鞍部的曲线，并与河道的指定断面形成闭合环线。

如图 8-7 所示，M 处为公路 NO 上跨越山谷的一座桥，桥的设计应考虑通过 M 处的流量，该处的汇水面积为从 a 点起绘出汇水面积界线至 g，并与 ag 断面闭合所围成的 $abcdefg$ 闭合环线之面积。

8.4 地形图在平整土地中的应用

工程建设中，通常要对拟建地区的自然地貌作必要的改造，以满足各类建筑物的平面布置、地表水的排放、地下管线敷设和公路、铁路施工等需要。在平整土地工作中，一项重要的工作是估算土（石）方的工程量，即利用地形图进行填挖土（石）方量的计算。其方法有多种，其中方格网法是应用最广泛的一种。下面介绍整理成水平场地的原理和方法。

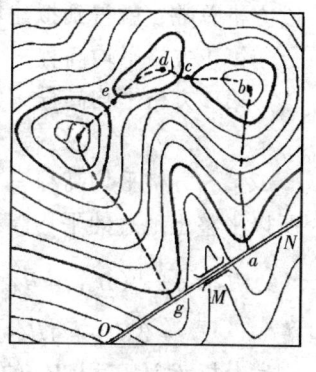

图 8-7

如图 8-8 所示，拟在地形图上将原地貌按填、挖方量平衡的原则，改造成某一设计高程的水平场地，然后计算填挖方量。其具体步骤如下：

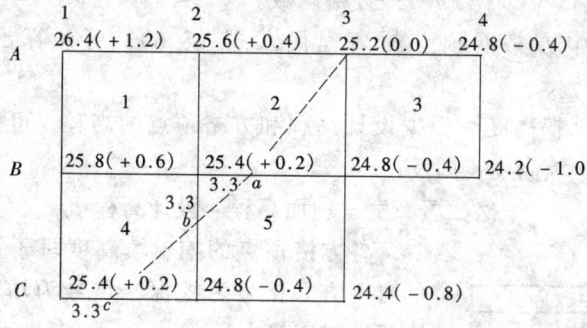

图 8-8

1. **在地形图上绘制方格网** 方格网的网格大小取决于地形图的比例尺大小、地形的复杂程度以及土（石）方量估算的精度。方格的边长一般取为 10m 或 20m。本例方格的边长为 10m。对方格进行编号，纵向（南北方向）用 A、B、C、D、…进行编号，横向（东西方向）用 1、2、3、4、…进行编号，因此，各方格顶点编号由纵横编号组成，例如本图北边 3 个方格点的编号为 $A1$、$A2$、$A3$、$A4$，最南边 2 个方格点的编号为 $C1$、$C2$、$C3$，等等。

2. **计算设计高程** 设计高程的确定主要是考虑填、挖方量基本平衡，设计平面的高程应等于建筑区内的原地形的平均高程。先根据地形图上的等高线内插求出各方格顶点的高程，并注记在相应方格顶点旁，然后将每一方格顶点的高程加起来除以 4 得到各方格的平均高程，再把每个方格的平均高程相加除

141

以方格总数,就得到拟建场地的设计平面高程 H_0。

第 1 方格平均高程 = $(H_{A1} + H_{A2} + H_{B1} + H_{B2})/4$；

第 2 方格平均高程 = $(H_{A2} + H_{A3} + H_{B2} + H_{B3})/4$；

……

第 5 方格平均高程 = $(H_{B2} + H_{B3} + H_{C2} + H_{C3})/4$。

所以平整土地总的平均高程 H_0 为 5 个方格平均高程再取平均,即

$$H_0 = \frac{1}{4n}[(H_{A1} + H_{A4} + H_{B4} + H_{C3} + H_{C1}) + 2(H_{A2} + H_{A3} + H_{C2} + H_{B1}) + 3H_{B3} + 4H_{B2}]$$

分析设计高程 H_0 的计算过程可以看出：方格网的角点 $A1$、$A4$、$C1$、$C3$、$B4$ 的高程只用了一次,边点 $A2$、$A3$、$B1$、$C2$ 的高程用了两次,拐点 $B3$ 的高程用了 3 次,而中间点 $B2$ 的高程用了 4 次,因此,设计高程的计算一般公式可写为

$$H_0 = \{\Sigma H_角 + 2\Sigma H_边 + 3\Sigma H_拐 + 4\Sigma H_中\}/4n \tag{8-6}$$

式中　$H_角$、$H_边$、$H_拐$、$H_中$——分别表示角点、边点、拐点、中点的高程；

　　　n——方格总数。

将图 8-8 中方格网顶点的高程代入式（8-6）,可计算出设计高程是 25.2m。

3. 计算填、挖高度　根据设计高程和方格顶点的高程,可以计算出每一方格顶点的挖、填高度,即

$$挖、填高度 = 地面高程 - 设计高程 \tag{8-7}$$

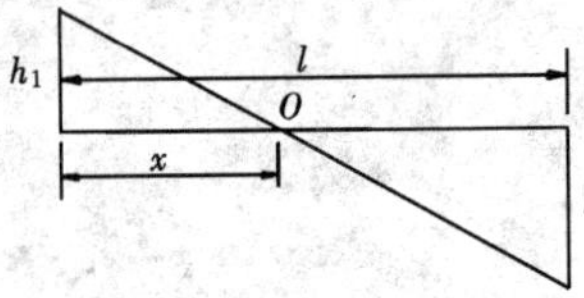

各方格顶点的挖、填高度写于相应方格顶点的右上方。正号为挖深,负号为填高。挖、填高度又称施工量。

4. 确定填、挖边界线　当方格边上一端为填高,另一端为挖深,中间必存在不填不挖的点,称为零点 O,如图 8-9 所示。零点 O 的位置由下式

图 8-9

计算 x 值来确定：

$$x = \frac{|h_1|}{|h_1| + |h_2|}l \tag{8-8}$$

式中　　　　　l——表示方格的边长；

　　　$|h_1|$、$|h_2|$——表示方格边两端点挖、深填高的绝对值；

　　　　　　　x——填挖分界点距标有 h_1 方格顶点的距离。

本例 $B2 \sim B3$、$B2 \sim C2$ 及 $C1 \sim C2$ 三个方格边两端施工量符号不同,必存在零点。按式（8-8）算得结果均为 3.3m。根据求得 x 值,在图上标出,参

照地形顺滑连接各零点便得填挖分界线，又称零工作线。施工时在实地撒上白灰以便施工。

5. 计算填、挖方量 首先列一表格，填入所有方格顶点编号，然后各点按其性质，即角点、边点、拐点和中点分别进行计算：

角点：　　　　　　挖（填）高度×1/4方格面积
边点：　　　　　　挖（填）高度×1/2方格面积
拐点：　　　　　　挖（填）高度×3/4方格面积
中点：　　　　　　挖（填）高度×1方格面积　　　　(8-9)

最后，按挖方与填方分别求和，可求得总挖方量与总填方量。这种方法计算挖填方量简单，但精度较低。下面介绍另一种方法，精度较高。

该法特点是逐格计算挖方与填方量，遇到某方格内存在填挖分界线时，则说明该方格既有挖方，又有填方，此时要求分别计算，最后再计算总挖方量与总填方量。本例第1方格全为挖方，其数值可用下式计算：

$$V_{1W} = \frac{1}{4}(1.2 + 0.4 + 0.6 + 0.2) \times 100 = 60 m^3$$

第2方格既有挖方，又有填方，因此

$$V_{2W} = \frac{1}{4}(0.4 + 0 + 0 + 0.2) \times \frac{3.3 + 10}{2} \times 10$$

$$= 0.15 \times 66.5 = 9.98 m^3$$

$$V_{2T} = \frac{1}{3}(0.4 + 0 + 0) \times \frac{6.7 \times 10}{2}$$

$$= 0.13 \times 33.5 = 4.36 m^3$$

第3方格只有填方，可求得：$V_{3T} = 45 m^3$。
第4方格既有挖方，又有填方，可求得：$V_{4W} = 15.51 m^3$，$V_{4T} = 2.92 m^3$。
第5方格既有挖方，又有填方，可求得：$V_{5W} = 0.38 m^3$，$V_{4T} = 30.26 m^3$。
因此，$\Sigma V_W = 85.87 m^3$，$\Sigma V_T = 82.54 m^3$。

8.5　地形图在城市建设中的应用

8.5.1　地形图应用于城市规划用地分析

地形图上有丰富的、科学的自然地理要素——地物和地貌，在进行城市规划用地分析时，借助于地形图很有必要。应用地形图的基本知识，根据各种建设工程如建筑、给水、排水、道路交通等对用地地形的要求并结合实地的地形进行分析，以便充分合理地利用和改造原有地形。一般应进行以下几项工作。

1. 分区　在地形图上按不同地面坡度划分地区，一般可分为0%～0.5%、

0.5%～2%、2%～5%、5%～8%、8%～12%以及12%以上六个档次，应以不同符号标明其范围与面积。

2．识别有特征的典型地貌　在地形图上识别并标明分水线、集水线的水流方向，显示有关的山顶、鞍部等典型地貌的位置。

3．标出不利地形　将一些不利地形如沼泽、冲沟、漫滩、滑坡等画出，并标明其位置与面积，此类地区需结合工程地质、水文地质等条件综合分析，才能确定如何治理与利用。

8.5.2　地形图应用于规划设计

建筑规划设计应考虑如何利用原有地形，避免大量改变地形，过量地改变原有地貌，将导致自然环境的破坏，致使地下水、土层结构、植物生态及地区景观剧烈变化，不利于生态平衡。

通风与日照是布置建筑物应考虑的重要问题，利用地形达到自然通风是最佳选择，因此，在设计时要结合地形，参照当地气象资料加以研究。在迎风坡，应将建筑物布置成平行于等高线或与等高线斜交；在背风坡，可布置一些通风要求不高或不需通风的建筑。建筑物斜列布置在鞍部两侧迎风坡面，可充分利用垭口风，而在山的背风坡面、两侧和正下坡布列建筑物，可利用绕流和涡流获得较好的通风效果。日照效果，在平地是和地理位置、建筑物朝向和高度有关；而在山区，日照效果除和上述因素有关外，还和周围地形、建筑物处于向阳坡或背阳坡、地面坡度大小等因素有关。因此，应结合地形具体分析研究。

另外，建筑物的占地问题，建筑物的集中和分散布置问题等，都要取得省地、省工、通风和日照的好效果。一些不宜建筑的地区，如陡坡、冲沟、空隙地、边缘山坡以及由人为采石、取土形成的洼地等，都要分别情况，因地制宜地加以利用。

8.5.3　地形图应用于给水、排水设计

参照对地形图上地形的识别与分析，根据地面坡度与水流方向进行排水设计是有利的，例如在0.5%～1%地面坡度的地段，排除雨水是方便的。在地面坡度较大的地区内，可根据地形分区排水。由于雨水及污水的排除是靠重力在沟管内自流的，因此，排水沟管应有适当的坡度，同时要利用自然地形，将排水沟管设置在地形低处或顺山谷线处，这样，既能使雨水和污水畅通自流，又能使施工的土方量最小。

自来水厂的厂址选择要依据地形图确定位置，如在河流附近时，要考虑在洪水期内厂址不会被淹没，在枯水期又有足够的水量；水源离供水区不应太远，供水区的高差也不应太大。

进行防洪、排涝、涵洞、涵管等的工程设计时，经常需要在地形图上确定

汇水面积作为设计的依据。

练 习 题

1. 地形图的应用包括哪些基本内容？
2. 图 8-10 为 1:2 000 比例尺地形图，试确定：

   (1) A、B、C 三点的高程 H_A、H_B、H_C；

   (2) A、P、B、C、M 五点的坐标；

   (3) 用解析法和图解法分别求出距离 AB、BC、CA 并进行比较；

   (4) 用解析法和图解法分别求出方位角 a_{AB}、a_{BC}、a_{CA} 并进行比较；

   (5) 求 AC、CB 连线的坡度 i_{AC} 和 i_{CB}。

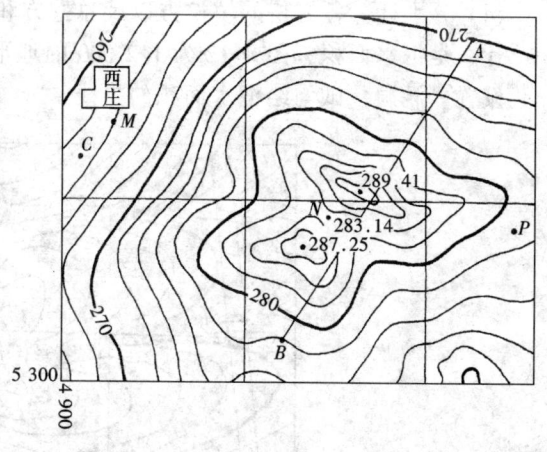

图 8-10

3. 怎样在图上设计一定坡度的线路最短的路线？图 8-10 为 1:2 000 的地形图，试在图上绘出从西庄附近的 M 出发至鞍部（垭口）N 的坡度不大于 8% 的路线。

4. 怎样按地形图绘制已知方向线的纵断面图？图 8-10 为 1:2 000 的地形图,试沿 AB 方向绘制纵断面图(水平距离比例尺为 1:2 000,高程比例尺为 1:200)。

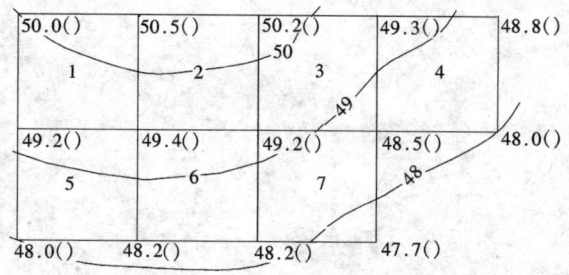

图 8-11

5. 图 8-11 表示某一缓坡地，按填挖基本平衡的原则平整为水平场地。首先在该图上用铅笔打方格，方格边长为 10m。其次，由等高线内插求出各方格顶点的高程。以上两项工作已完成，现要求完成以下内容：

(1) 求出平整场地的设计高程（计算至 0.1m）；
(2) 计算各方格顶点的填高或挖深量（计算至 0.1m）；
(3) 计算填挖分界线的位置，并在图上画出填挖分界线并注明零点距方格顶点的距离；
(4) 分别计算各方格的填挖方以及总挖方和总填方量（计算取位至 $0.1m^3$）。

6. 什么是汇水面积？图 8-12 为 1:2 000 的地形图，欲在规划道路经过的 *H* 处设置一涵洞，试勾绘汇水面积的界线。

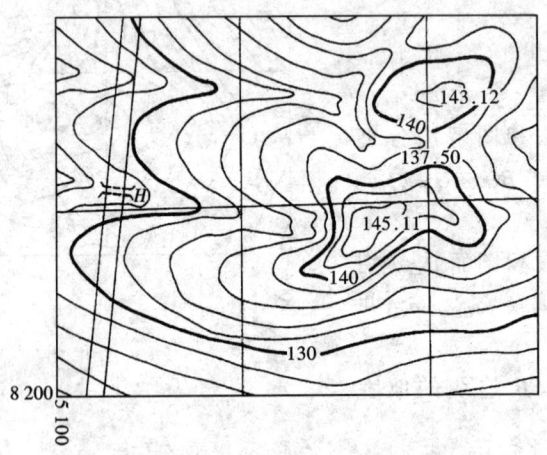

图 8-12

第9章 面积测定

9.1 面积测定概述

在国民经济建设和工程设计中，不但经常需要测定诸如汇水面积、土地面积、厂区面积、林区面积、水域面积等各类型图斑的面积，而且面积测定还是体积测定的基础。

面积测定的方法很多，不同的方法适用于不同的条件和精度要求。通常要根据底图的精度、图斑的形状和大小、测定精度要求以及可能配备的量算工具等，来确定使用何种方法进行面积量算。常用的面积测定方法有图解法与解析法、网格法、纵距和法、机械求积仪法、控制法以及电子求积仪法。

9.2 图解法与解析法

9.2.1 图解法

具有几何图形的图斑面积，可用图解几何图形法来测定，即：将其划分成若干个简单的几何图形，从图上量取图形各几何要素，按几何公式来计算各简单图形的面积，并求其和，即得图斑的面积。图解几何图形法测定面积的常用方法有：三角形底高法、三角形三边法、梯形底高法、梯形中线与高法，以及等面积三角形法。

1. 三角形底高法就是量取三角形的底边长 a 和高 h，按 $p=\frac{1}{2}ah$ 来计算其面积。

2. 三角形三边法就是量取三角形的三边之长 a、b、c，然后，按海伦(Heran)公式 $p=\sqrt{(s(s-a)(s-b)(s-c)}$ [其中 $s=(a+b+c)/2$] 计算其面积。

3. 梯形底高法就是量取梯形上底边长 a 和下底边长 b 及高 h，按 $p=\frac{1}{2}(a+b)h$ 计算其面积。

4. 梯形中线与高法，就是量取梯形的中线长 c 及高 h，按 $p=ch$ 来计算其面积。

5. 等面积三角形法是按几何上"推平行线可将任意多边形化成一个等面积三角形"的原理，将多边形化为一个等面积的三角形后再来计算其面积的。

例如，有如图9-1所示的多边形 ABCDE，则可以任意一边（如 AE）为基线，并将其向两侧延长。用虚线连接 AC、EC。过 B 作 BB' ∥ CA 交 EA 延长线于 B'；过 D 作 DD' ∥ CE 交 AE 延长线于 D'。由于 △ABC 与 △AB'C 同底等高，其面积相等；△CDE 与 △CD'E 同底等高，其面积也相等，故 △B'CD' 与多边形 ABCDE 之面积相等。量取该三角形面积，即得多边形之面积。

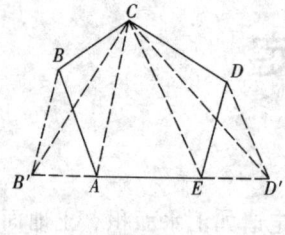

图 9-1

当用图解几何图形法量取面积元素时，最好使用复式比例尺。若使用一般的刻度尺，应对其刻度进行检验，不符合精度要求的尺子，不能使用。

9.2.2 解析法

对于折线多边形的图斑，可用坐标格网内插出多边形各顶点之平面直角坐标，然后再按这些坐标值来计算图斑的面积，称为解析法。

有如图9-2所示的 n 边形，其角点按顺时针编号为 1、2、…、n，设各角点的坐标值均为正值（这个假设并不会使其在应用上失去一般性，但却使公式的推导变得简单），其坐标值依次为 x_1、y_1，x_2、y_2，…，x_n、y_n。由图可以看出，若从各角点向 y 轴作垂线，则将构成一系列的梯形（如 $1A_1A_22$、$2A_2A_33$、…）其上底和下底分别为过相邻两角点的两条垂线（其长度为 x_i 和 x_{i+1}），其高为后一点（i 号点）与前一点（$i+1$ 号点）的 y 坐标之差，即 $y_{i+1} - y_i$，于是可知，第 i 个梯形的面积 p_i 为

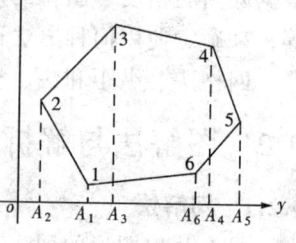

图 9-2

$$p_i = \frac{1}{2}(x_{i+1} + x_i)(y_{i+1} - y_i)$$

若再顾及到在按上式计算各梯形面积时，当 i 号点位于 $i+1$ 号点之左方时，$(y_{i+1} - y_i)$ 为正，故其面积值为正；相反时，$(y_{i+1} - y_i)$ 为负，故其面积则为负，因此 n 边形的面积 P 可按下式计算，即

$$2P = (x_2 + x_1)(y_2 - y_1) + (x_3 + x_2)(y_3 - y_2) + (x_4 + x_3)(y_4 - y_3)$$
$$+ \cdots + (x_n + x_{n-1})(y_n - y_{n-1}) + (x_1 + x_n)(y_1 - y_n)$$
$$= x_1y_2 - x_2y_1 + x_2y_3 - x_3y_2 + \cdots + x_{n-1}y_n - x_ny_{n-1} + x_ny_1 - x_1y_n$$
$$= x_1(y_2 - y_n) + x_2(y_3 - y_1) + \cdots + x_{n-1}(y_n - y_{n-2}) + x_n(y_1 - y_{n-1})$$

实际上 $y_{n+1} = y_1$，并把 y_n 写成 y_0，则上式可写成

$$2P = x_1(y_2 - y_0) + x_2(y_3 - y_1) + \cdots + x_n(y_{n+1} - y_{n-1})$$

即

$$P = \frac{1}{2}\sum_{i=1}^{n} x_i(y_{i+1} - y_{i-1}) \tag{9-1}$$

如果从 n 边形各角点向 x 轴作垂线，按与上面类似的方法进行推导，可得另一个按坐标计算多边形面积的公式，即

$$P = \frac{1}{2}\sum_{i=1}^{n} y_i(x_{i-1} - x_{i+1}) \tag{9-2}$$

对于同一个多边形，按式（9-1）和式（9-2）计算之面积，应该相等。另外，上列两式是在角点按顺时针编号的约定下推导出来的。若角点按逆时针编号，按上列两式计算的面积将是负值，即与角点按顺时针编号时计算的面积值等值反号。

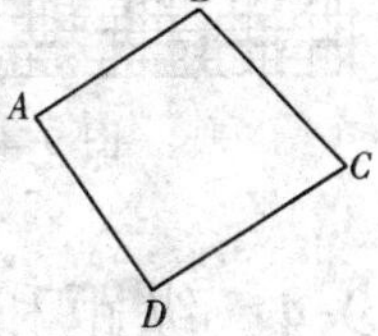

【例 9-1】 如图 9-3 所示四边形 ABCD，各点坐标为：A 点：$X_A = 375.12\text{m}$，$Y_A = 120.51\text{m}$；B 点：$X_B = 480.63\text{m}$，$Y_B = 257.45\text{m}$；C 点：$X_C = 250.78\text{m}$，$Y_C = 425.92\text{m}$；D 点：$X_D = 175.72\text{m}$，$Y_D = 210.83\text{m}$。试用解析法求四边形 ABCD 的面积为多少？并进行校核计算。

图 9-3

解： 表 9-1 解析法面积计算表

点号	坐标值		坐标差		乘积	
	X	Y	$X_{i-1} - X_{i+1}$	$Y_{i+1} - Y_{i-1}$	$Y_i(X_{i-1} - X_{i+1})$	$X_i(Y_{i+1} - Y_{i-1})$
A	375.12	120.51	-304.91	64.62	-36 744.70	24 240.25
B	480.63	275.45	124.34	305.41	34 249.45	14 678.21
C	250.78	425.92	304.91	-64.62	12 987.27	-16 205.40
D	175.72	210.83	-124.34	-305.41	-26 214.60	-53 666.65
Σ			0	0	101 157.42	101 157.41

S = 101 157.42/2 = 50 578.71m^2。

9.3 网格法

网格法是测定不规则图斑面积的一类手工方法。它是利用绘有毫米方格的透明方格，或其他类型的网格的透明纸（或透明膜片）来测定图斑面积的。

网格法测定面积时，可将绘有正方形网格的透明纸（或透明膜片）蒙在欲测定的图斑上，固定不动，然后把图形边界仔细描在透明纸上。认真数图形边界内的方格数，见图 9-4，先数 1cm^2 的方格数（本例有 4 个），再数 0.25cm^2

的方格数（本例有 13 个），接着再数 1mm² 的方格数（本例有 244 个），最后数边界线通过 1mm² 的方格数（本例有 76 个），边界线上毫米方格折半计算，因此总面积 S 为

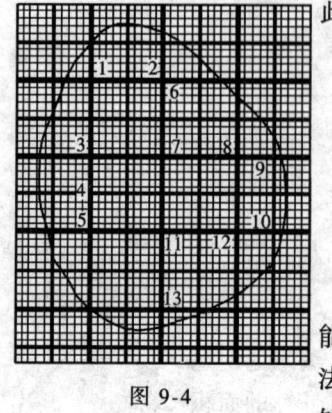

图 9-4

$$S = 4 \times 1\text{cm}^2 + 13 \times 0.25\text{cm}^2 + 244 \times 0.01\text{cm}^2 + \frac{76 \times 0.01\text{cm}^2}{2}$$
$$= 4.84\text{cm}^2$$

如果此图比例尺为 1:5 000，则实地面积 S 为：

$$S = 4.84\text{cm}^2 \times 5000^2 = 12100\text{m}^2$$

网格法测定面积具有操作简便、易于掌握、且能保证一定的精度等优点。在当前土地调查中，此法被广泛应用。但它也具有耗费人力大、速度慢的缺点。

9.4 纵距和法

纵距和法是利用绘有平行线组（间距为 1mm 或 2mm）的透明膜片，将图斑分割成若干梯形而求其面积的。

如图 9-5 所示，将透明膜片蒙在待测面积的图斑上，转动膜片使图斑的上下边界（如 a、b 在两点）处于平行线间的中央位置后，固定膜片。此时，整个图斑被平行线切割成一系列的梯形，梯形的高为平行线的间距 h，梯形中线为平行线在图斑内的部分 d_1、d_2、…、d_n。将各中线长相加后乘以平行线间隔 h，即得图斑的图上面积，最后再根据地形图比例尺，将其换算为实地面积。

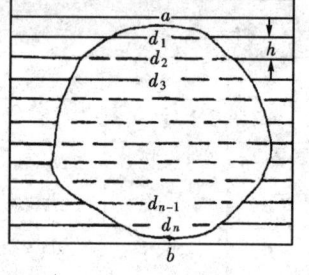

图 9-5

纵距和法测定面积的关键就是将各中线长求和，故又称为积距法。

为了提高累积中线长的精度，可先在一张纸上画一直线，用两脚规截取各中线长，将其图解累加在直线上，再用直尺量取总长。

纵距和法测定面积简单易行，精度比网格法高，适宜于图上面积为 2～10cm² 的小图斑和狭长图斑的面积测定。

9.5 机械求积仪法

机械求积仪是一种专供图上测定面积的仪器，其优点是速度快、操作简便，适用于各种不同形状图斑的面积量算，且能保证一定的精度。

一般的机械求积仪其价格低廉,是当前面积测定中普遍使用的工具之一。下面介绍一般机械求积仪(简称求积仪)的构造和使用。

9.5.1 求积仪的构造

求积仪是根据近似积分原理制成的面积测定仪器,主要由极臂、航臂(描迹臂)和计数机件三部分组成,如图9-6所示。在极臂的一端有一个重锤,重锤下面有一个短针。使用时短针借重锤的重量刺入图纸而固定不动,形成求积仪的极点。极臂的另一端有圆头的短柄,短柄可以插在接合套的圆洞内。接合套又套在航臂上,把极臂和航臂连接起来。在航臂一端有一航针,航针旁有一个支撑航针的小圆柱和一手柄。用制动螺旋和微动螺旋把接合套和航臂连接在一起。航臂长是航针尖端至短柄旋转轴间的距离。极臂长是极点至短柄旋转轴间的距离。

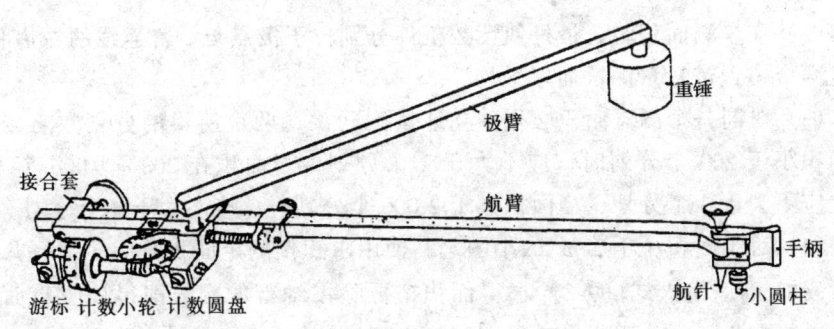

图 9-6

求积仪最重要的部件是计数机件(图9-7)。它包括计数小轮、游标和计数圆盘。当航臂移动时,计数小轮随着转动。当计数小轮转动一周时,计数圆盘转动一格。计数圆盘共分十格,注有数字0~9。计数小轮分为10等分,每一等分又分成10个小格,共有100小格。在计数小轮旁附有游标,可直接读出计数小轮上一小格的十分之一。因此,根据这个计数器可读出四位数字。首先从计数圆盘上读得千位数,在计数小轮上读得百位数和十位数,最后按游标读取个位数,如图中所示的读数为5 477。

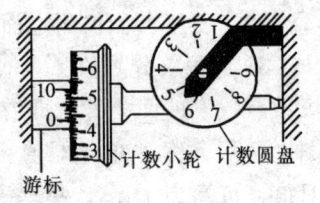

图 9-7

9.5.2 求积仪的使用

1. 操作方法及面积计算公式 首先视具体情况将求积仪的极点固定于欲测的图形之内或图形之外,航针尖被安置在图形轮廓线上的某处,并作一记号,读出计数机件的起始读数 n_1。然后手扶把手使航针尖端顺时针方向平稳而准确地沿图形轮廓线绕行，待回到起始点时，读取终止读数 n_2。根据两次读数，即可按下式计算出待测图形的实地面积 P，即

$$P = C(n_2 - n_1 + q) \tag{9-3}$$

式中 C——求积仪的分划值（即为一个读数单位对应的面积）；

q——求积仪的加常数。

每一个求积仪的盒内均附有一个小表，其上载有与不同长度的航臂长和常用的比例尺相应的 C 值和 q 值。当极点位于图形之外时，$q = 0$。

2. 使用求积仪时的注意事项

(1) 测轮转动计数时，应记住读数盘零点越过指标的次数，如果越过一次或数次，则应在读数中加上一个或数个 10 000；如果反时针方向转动，则在读数中减去一个或数个 10 000。

(2) 在量测面积时，最好使读数机件分别位于极点与航臂连线的右边和左边这两个位置进行量测，而取平均数。

(3) 对同一个图斑面积必须独立地量测两次，两次所得的分划数之较差，当面积小于 200 个分划时，应不大于 2 个分划；当面积在 200～2 000 个分划时，应不大于 3 个分划；当面积大于 2 000 个分划时，应不大于 4 个分划。

(4) 对于面积小于 $5cm^2$ 的小图斑，使用求积仪测定面积时应多绕行几圈，最后读取 n_2，代入式 (9-3) 求得面积，再除以绕行的圈数即得该图斑面积。但对于面积为 $1～2cm^2$ 的小图斑，不宜使用求积仪进行测定。

(5) 对于小面积的图斑应使用短航臂进行量测，可以提高面积测定的精度。

(6) 当面积过大时，应分块进行测定。

(7) 使用求积仪测定面积所使用的图板应平整，图纸不能有皱纹或裂痕。

3. 求积仪分划值 C 和常数 q 的测定 求积仪的分划值 C 是指求积仪单位读数所代表的面积，也即游标上读得的一个分划所代表的面积。C 值所代表的图上面积，称 C 的绝对值，可写为 $C_{绝对}$；C 值所代表的实地面积，称 C 的相对值，可写为 $C_{相对}$。根据求积仪的原理可知，C 的绝对值等于测轮周长的千分之一乘航臂长。C 的绝对值与 C 的相对值在求积仪盒内卡片上标明，两者的关系是

$$C_{相对} = C_{绝对} \times M^2 \tag{9-4}$$

为了测定分划值 C，可在图纸上画出任意正规的图形（如圆、正方形、矩形）。把航臂安置在一定的长度。在极点位于图形之外的情况下，沿图形轮廓线绕行一周，得到开始和结束的读数 n_1、n_2。根据此读数和图形的已知面积 P，利用式 (9-3)，并顾及到 $q = 0$，可得相应的分划值 C，即

$$C = \frac{P}{n_2 - n_1} \tag{9-5}$$

为提高求积仪分划值的测定速度和精度，在求积仪的仪器盒中，备有特制的金属检验尺。将求积仪的航针插入检验尺的小孔中，转动一周的面积已预先刻在尺上或载于附表中。将此面积作为已知面积，可较准确地求出求积仪的分划值。

为测定常数 q，可在图纸上画一个大小适当的正规图形。分别将极点置于图形之外和图形之内，得出读数 n_1、n_2 和 n_1'、n_2'，则常数 q 为

$$q = (n_2 - n_1) - (n_2' - n_1') \tag{9-6}$$

9.6 控制法

控制法是将方格法和求积仪法相结合的面积测定方法。当图斑面积超过 400cm^2 时，若欲获得较高的精度，宜采用控制法进行测定。

控制法是利用地形图的公里网格，将待量测面积的图形划分为整方格和非整方格的破格两部分。整格部分面积可由公里网格的理论面积乘以格数求得；为量测破格的面积，可将几个公里网格分为一组，用求积仪分别测定其图形内的破格部分面积和图形外部分的面积。用公里网格的理论面积，作为控制对图形内的破格面积进行平差。平差后的破格面积与整格面积之和，即为待测图斑的面积。

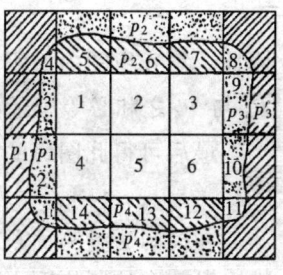

图 9-8

例如，在图 9-8 中，图斑内有 6 个整公里网格（每个网格的理论面积为 p）和 14 个破格。从左下角开始，顺时针方向将 14 个破格分为四组。用求积仪分别对每组的破格部分和图形外部分进行量测。具体操作计算如下：

第一组用求积仪量测 1、2、3、4 图形读数差为 a_1，量测图形外部分读数差为 b_1，已知第 1 组理论面积为 4km^2，则求积仪分划值

$$C_1 = \frac{4\text{km}^2}{a_1 + b_1}$$

因此，第 1 组图内面积 P_1 为 $P_1 = C_1 \times a_1$，图外面积 P_1' 为 $P_1' = C_1 \times b_1$，此时 P_1 与 P_1' 之和必等于理论面积 4km^2，因为

$$P_1 + P_1' = C_1 \times a_1 + C_1 \times b_1 = C_1(a_1 + b_1) = 4\text{km}^2$$

第二组用求积仪量测 5、6、7 图形读数差为 a_2，量测图形外部分读数差为 b_2，已知第 2 组理论面积为 3km^2，则求积仪分划值

$$C_2 = \frac{3\text{km}^2}{a_2 + b_2}$$

因此，第 2 组图内面积 P_2 为 $P_2 = C_2 \times a_2$，图外面积 P_2' 为 $P_2' = C_2 \times b_2$，此时 P_2 与 P_2' 之和必等于理论面积 3km^2。

第三组用求积仪量测 8、9、10、11 图形读数差为 a_3，量测图形外部分读数差为 b_3，已知第 3 组理论面积为 4km^2，则求积仪分划值

$$C_3 = \frac{4\text{km}^2}{a_3 + b_3}$$

因此，第 3 组图内面积 P_3 为 $P_3 = C_3 \times a_3$，图外面积 P_3' 为 $P_3' = C_3 \times b_3$，此时 P_3 与 P_3' 之和必等于理论面积 4km^2。

第四组用求积仪量测 12、13、14 图形读数差为 a_4，量测图形外部分读数差为 b_4，已知第 4 组理论面积为 3km^2，则求积仪分划值

$$C_4 = \frac{3\text{km}^2}{a_4 + b_4}$$

因此，第 4 组图内面积 P_4 为 $P_4 = C_4 \times a_4$，图外面积 P_4' 为 $P_4' = C_4 \times b_4$，此时 P_4 与 P_4' 之和必等于理论面积 4km^2。

最后可得此图斑的总面积 p 为：

$$p = 6p + P_1 + P_2 + P_3 + P_4$$

在控制法量测面积时，为确保控制格网内、外量测读数差 a_i、b_i 的准确性，对整个控制格网也要用求积仪量测，求其读数差 r_i，当 $a_i + b_i$ 与 r_i 之差在 1/1 000 内，才可确认量测数据可靠。

9.7 电子求积仪法

电子求积法是近二十年来发展起来的新技术，现介绍两种电子求积法：数字化求积法和动极式电子求积仪法。

9.7.1 数字化求积法

数字化求积法是利用数字化仪将图形轮廓线转换为线上各点的坐标（x_i、y_i）串，记录于存贮器中，借助于电子计算机利用坐标法求面积的公式而求取图斑的面积。

使用手扶跟踪数字化仪对图斑轮廓线数字化时，应先在轮廓线上找一点作为起始点，将跟迹器的十字丝交点对准该点，打开开关记下起点坐标。然后顺时针沿轮廓线绕行一周后再回到起点。在绕行跟踪过程中，每隔一定时间（例如每隔 0.5～1.0s）或一定的间隔（例如每隔 0.7～0.8mm）取一点的坐标值，记录在存贮器内，然后送入计算机计算其面积。

9.7.2 动极式电子求积仪

图 9-8 所示为 KP—90N 型动极式电子求积仪（日本索佳公司产品），它在机械装置（测轮、动极轴、跟踪臂等）的基础上，增加了电子脉冲计数设备和微处理器，测量的面积能自动显示，并有面积分块测定后相加、多次测定取平均值和面积单位换算等功能。因此，其性能较机械求积仪优越，具有测量范围大、精度高和使用方便等优点。

1. 动极式求积仪的构造　动极式求积仪构造如图 9-9 所示，包括微处理器、键盘、显示器、跟踪臂及其放大镜，与微处理器相连的动极轴，在动极轴两端，有两个动极轮，动极轮只能向动极轴的垂直方向滚动，而不能向动极轴方向滑动。

KP—90N 型电子求积仪，采用电子脉冲计数及装有专用程序的微处理器，可以数字显示所测的面积，使用功能键可对单位、比例尺进行设定和面积单位换算。如图 9-10 所示。

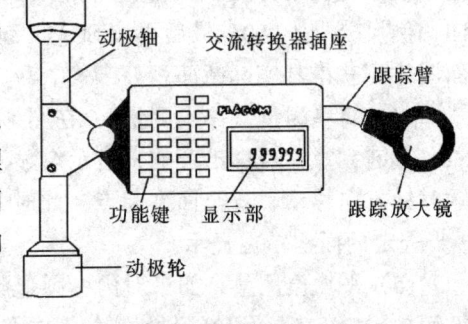

图 9-9

2. 电子求积仪的性能和分辨力

（1）可以选择面积的显示单位；

（2）可以对某一图形重复几次测定，并自动显示其平均值(称为平均值测量)；

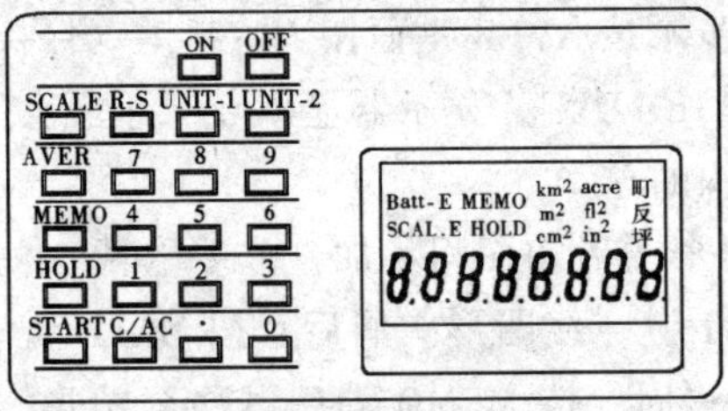

（3）可以对某几块图形分别测定后，自动显示其累加值（称为累加测量）；

（4）可以同时进行累加和平均值测量；

（5）可以进行面积单位的换算。

仪器的分辨力（相当于机械求积仪的图上分划值）为 $10mm^2$（$0.1cm^2$）。

图 9-10

3. 面积测定时的准备工作　先将图纸固定在平整的图板上，安置求积仪时，使垂直于动极轴的中线通过图形中心，如图 9-11 所示。然后，用描迹点沿图形的轮廓线转一周，以检查动极轮和测轮是否能平滑移动，必要时重新安放动极轴位置。

4. 面积测量的方法

（1）打开电源：按下"ON"键。

（2）选择面积显示单位，可供选择的面积单位有：公制单位（km^2，m^2，cm^2），英制单

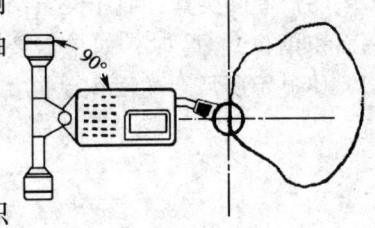

图 9-11

155

位（acre，ft², in²），日制单位（町，反，坪）。

（注：1acre = 4 046.86m²，1ft² = 0.092 903m²，1 町 = 9 917.4m²。）

按 UNIT-1 键，对单位制进行选择；在单位制确定的情况下，按 UNIT-2 键，选定实际的面积单位。

（3）设定比例尺：比例尺的设定有纵向（A 标度）与横向（b 标度）两种设定。首先应确认在非测量状态下设定，如在测量状态下设定 SCALE 键不起作用。例如我们欲量测某断面图的面积，该图纵向（高程）比例尺为 1:200，横向（距离）比例尺为 1:1 000。第 1 次按下 SCALE 键，显示屏左下角显示 A，输入纵向比例尺分母 200，接着再按 SCALE 键，显示屏左下角显示 b，输入横向比例尺分母 1 000，最后再按 SCALE 键结束。在这种设定状态下，量测该断面图才可获得其实际断面积。

（4）简单测量（一次测量）：在图形轮廓线上选取一点作为量测起点，按 START 键，蜂鸣器发出音响，显示窗显示 0，然后，使描迹点准确沿轮廓线按顺时针方向移动，直至回到起点。此时，屏幕显示的数值即为面积（按上述第 2 步选定的面积单位显示）。

（5）平均值测量：如果对同一图形测量 n 次，每绕图形一周，不按 AVER 键而按 MEMO 键（记忆测量值键），这样重复 n 次，结束时，按 AVER 键，则显示 n 次测量的面积平均值。

（6）累加测量：设对图形 A 和 B 进行面积测量，最后要相加，则先对图形 A 按简单测量方法进行操作，但最后一步不按 AVER 键而按 HOLD 键（保持测量值键）。然后移至图形 B 的起点，再按 HOLD 键，显示器显示 0，绕图形 B 一周后，最后按 AVER 键，显示 A 和 B 面积的总和。

（7）累加平均值测量：设要对 A、B 两个图形的面积累加，并要取两次测量的平均值，则先在图形 A 的起点按 START 键，绕图形一周后，按 HOLD 键；移至图形 B 的起点，按 HOLD 键，绕图形一周，按 MEMO 键；再移至图形 A 的起点，按 START 键，绕图形一周，按 HOLD 键；再移至图形 B 的起点，按 HOLD 键，绕图形一周，按 MEMO 键。最后按 AVER 键，显示 AB 两个图形两次测定取平均并已相加的面积值。

（8）单位换算：面积测量结束，按 AVER 键显示测得面积（按事前指定的面积单位）。此时，如果需要改变面积单位，可以按 UNIT-1 键和 UNIT-2 键，使显示所需要的面积单位。再按 AVER 键，则显示重新指定单位的面积值。

练 习 题

1. 面积的测量和计算有哪几种方法？各适用于什么场合？
2. 动极式电子求积仪和机械求积仪有哪些相同之处，又有哪些不同之处？
3. 现有一多边形地块，在地形图上求得各边界特征点的坐标分别为 A（500.00，500.00）、B（375.57，593.32）、C（363.02，615.82）、D（472.12，674.05）、E（514.37，610.18），试计算该地块的面积。
4. 对一台航臂可调式求积仪的 C 值检定时，航臂长为 297.4，已算得 $C_{绝对}$ = 9.84mm²。问如何使 $C_{绝对}$ = 10mm²？若用此台求积仪量测 1:5 000 地形图上一块面积，得读数值 n_1 = 4 528，n_2 = 5 643，求此块实地面积为多少公顷？折合多少亩？
5. 如图 9-12 所示 $ABCD$ 为地形图上 4 个公里方格，其面积 S = 4km²，其中Ⅰ为草地，Ⅱ为稻田，Ⅲ为果园。现用求积仪分别量测这 3 块地类面积得分划数 γ_1 = 2 995，γ_2 = 6 123，γ_3 = 3 121，量测 $ABCD$ 总的分划 γ = 12 251。试问量测达到精度要求否？用控制法求这 3 块地类面积各为多少公顷？

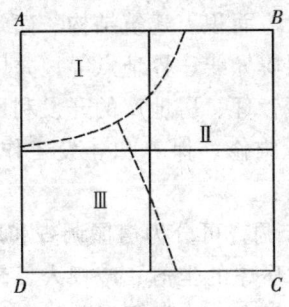

图 9-12

第10章 房地产图的测绘

10.1 房地产测绘概述

房地产测绘主要是测定和调查房屋以及承载房屋的土地的自然状况和权属状况，为房产产权，房籍管理，房地产开发利用，征收税费，以及城镇规划建设等提供测量数据和资料。房地产测绘的主要成果是各种房地产平面图和有关的数据及文档。房地产测绘的图件和各种资料，一经主管部门审核批准作为权证的附件，便具有法律效力。

10.1.1 房地产测绘的任务

房地产测绘的任务是对城镇各居民点的房屋及用地，通过调查和测量工作，确定它们的位置、形状、面积、建筑结构、建筑层数、建筑年份、用地类别、用地等级、权属人、权属界线、界址点等，并以文字、数据及图件表示出来，为房地产的产权和产籍管理、房地产的开发利用以及城镇的规划建设提供基础依据，促进房屋管理、维修、保养和建设工作经济效益和社会效益的提高。具体任务包括以下几项：

1. **房地产调查** 房地产调查可分为房屋调查和用地调查两个方面。

(1) 房屋调查指的是对房屋的坐落、产权人、产权性质、产别、层数、建筑结构、建成年份、用途、面积和权属界线等基本情况进行调查。

(2) 房屋用地调查则是对用地的坐落、产权性质、等级、税费、用地人、用地分类、用地界线和用地面积等基本情况的调查。

2. **测绘房地产图** 按一定比例和精度测绘出房屋及其用地的平面图，然后把调查得到的有关资料和数据绘制或标注在图上，便成为房地产图。

房地产图有分幅图、分丘图和分户图三种。其中分幅图是全面反映房屋及其用地的位置和权属等状况的基本图，是分丘图和分户图的基础，是全面掌握一个城镇的房屋建筑、土地现状及变化情况的总图；分丘图是分幅图的局部，内容更为详细，用作房产证的附图；当分丘图还无法表示清楚时，则测绘分户图，更详细地表示房屋状况。

所谓"丘"就是指房产测量中，用地界线封闭的地块。一个用地单位的地块称为独立丘，几个用地单位组成的地块称组合丘。

3. **房地产图的修测和补测** 随着城镇基本建设的发展，旧城在不断改造，新城在不断扩大，新、旧城区内房屋的状况、土地利用状况以及房屋与用地的权属状况也在不断发生变化，各种与房地产有关要素的变更不断发生，因此，为了保持房地产图与现状相符，需要及时进行修测和补测，使房地产图永远保持最好的使用价值，以适应房地产业不断发展的需要。从这个意义来说，房地产测绘并不是一次性的测量项目，而是经常进行的日常工作。

10.1.2 房地产测绘的作用

由于房地产测量所获得的各种图表和数据等，都具有法律效力，载入权属证书，所以它是房地产产权发证和土地税收的重要依据，拥有权属（法律上），财政（税收上）和城建规划三大基本功能。它的主要作用可以归纳为如下几方面。

1. 管理方面 为了有效地进行城镇房地产管理和住宅建设，城镇房地产管理部门和规划建设部门都必须全面了解和掌握房地产的权属、位置、质量、数量和现状等基本情况。另外，房地产测量的成果，亦是开展城镇房地产管理理论研究的重要基础资料。

2. 经济方面 房地产测量提供了大量准确的图纸资料，为正确掌握城镇房屋和土地的现状及变化，清理公私各自占有的房地产数量和面积，建立产权，产籍和产业管理的图册档案，统计各类房屋的数量和比重等，提供了可靠的依据，亦为开展房地产经济理论研究奠定了重要基础。

房地产测量还为城镇财政、税收等部门研究确定土地分类等级，制定税费标准提供了基础依据，确保各项税费的及时征收。

3. 法制方面 房地产图所表示的每户所有的房屋及使用土地的权属范围，是经过逐幢房屋清理产权，逐块土地清理使用权，并经过各户申请登记，经主管部门逐户审核确认的。房地产图作为核发房屋所有权与土地使用权证书中的附图，是具有法律效力的图纸。它是加强房地产管理、核定产权、颁发权证、保障房地产占有者和使用者的合法权益，加强社会主义法制管理的重要依据。

10.1.3 房地产测绘的特点

房地产测绘主要是为房地产管理部门提供所需的基本信息，因此有其特殊性，其主要表现在：

1. 房地产图是平面图 房地产图只测绘点的平面位置，不表示高程，不绘等高线。

2. 测图比例尺较大，内容丰富 房地产图的比例尺都比较大，分幅图一般为 $1:500$ 或 $1:1\,000$，而分丘图的比例尺可根据丘的面积大小与需要在 $1:100$ 到 $1:1\,000$ 之间选用，分户图由于表示的内容更详细，往往采用更大的比例尺，如 $1:100$ 或 $1:200$。比例尺的大小主要根据测区内房屋的稠密程度而定。

主要内容应包括：测量控制点、界址点、房屋权利界线、用地界线、附属设施、围护物、产别、结构、用途、用地分类、建筑面积、用地面积、房产编号、以及各种名称和数字注记等。

和普通地形图不一样，房地产图除表示房屋及其用地等地物的平面位置关系外，还要详细地表示其权属、质量、数量及用途等状况，这些内容必须经过深入调查核实才能了解和确认。

3. 精度要求高　房地产图对房屋及房屋的权界线和用地界线等要求特别认真，精度要求比较高，图上主要地物点的点位中误差不超过图上 ±0.5mm，次要地物点的点位中误差不超过图上 ±0.6mm。对重要的房地产要素，如界址点坐标，还要用更高的精度实地测量，以满足面积测算和产权管理等方面的要求。

4. 变更测量频繁　房地产图的变更较快，除了城镇新建筑在不断发展和扩大外，其建成区的房屋及土地使用情况也在不断变化，例如房屋发生买卖、交换、继承、新建、拆除等。这些变更对房地产图来说都是变化，都要及时修改补测，以完善其使用价值。

5. 成果多样化　房地产测绘的成果除分幅房地产图外，还有分丘图和分户图等。除图件外，还有产权产籍方面的调查表、界址点成果表和面积测算表等。

6. 具有法律效力　房地产测绘成果一经房地产主管机关确认以后，即具有法律效力，是进行产权管理、产权变更和产权纠纷处理的依据。

10.2　界址点测量

界址点又称地界点或拐点，即房屋用地界线的转折点处设置的界桩点。在房地产测量和管理中，用它来确定房屋用地权界的位置与走向。界址点的连线构成房屋用地范围的地界线。各丘界址点的位置，确定了该丘房屋用的位置、形状和面积，是房地产管理的重要依据。

所谓界址点测量，就是根据测区内已布设的控制点，采用图根测量的方法，依不同等级界址点的精度要求，测定各个界址点的平面坐标值，并编制出坐标成果表。

10.2.1　界址点的标定、埋设及编号

1. 界址点的标定　界址点的标定是指在实地确定界址点的位置。为了准确划定房屋用地界线，计算房屋用地面积，减少和防止用地纠纷，界址点的标定必须由相邻双方合法的指界人到现场指界。单位使用的土地，要由单位法人代表出席指界；组合丘用地，要由该丘各户共同委派的代表指界；房屋用地人

或法人代表不能亲自出席指界时,应由委托的代理人指界,并且均需出具身份证明或委托书。

经双方认定的界址,必须由双方指界人在房屋用地调查表上签字盖章。

2.界址点的埋设 所有界址点在标定之后,应设立固定的标志,称为界标。界标的种类大致有混凝土界标,带铝帽的钢钉界标、石灰桩界标,带塑料套的钢棍界标及喷漆界标等形式。

界标的选择,应视各地的具体情况而定。一般在较为空旷地区的界址点和占地面积较大的机关、团体、企业、事业单位的界址点,应埋设预制混凝土界标或现场浇筑混凝土界址标桩。在坚硬的路面或地面上的界址点,应钻孔浇筑或钉设带铝帽的钢钉界标。泥土地面也可埋设石灰桩界标。在坚固的房墙(角)或围墙(角)等永久性建筑物处的界址点,应钻孔浇筑带塑料套的钢棍界标,也可设置喷漆界址标志。

埋设好后的界标应稳固、耐久、顶面水平。

3.界址点的编号 界址点编号是以图幅为单位,按丘号的顺序顺时针统一编制的,点号前冠以英文字母"J"。凡界址线的转角点,均应编界址点号,同一幅图中界址点不重号。

图10-1a 为一幅图中两丘的编号示例,图中第1丘从左上方开始按顺时针方向依次编列界址点号,第2丘的界址点编号接着第1丘的编号顺序继续编下去。相邻两丘的共用界址点用第1丘的编号,第2丘不再另行编号。跨越图幅的丘,因界址点的编号是以图幅为单位,分别编制的,故虽为同一丘,但编号却不是连续的。如图10-1b 所示。

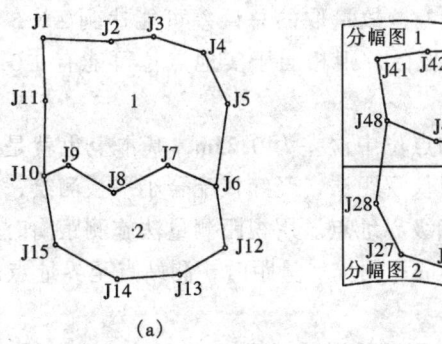
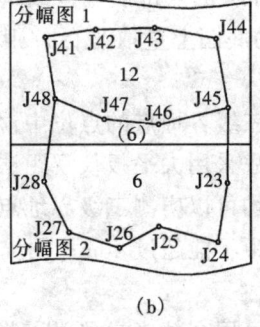

图 10-1

界址号除在房屋用地调查表和界址点坐标成果表中登记外,还应在房地产图中标记。

10.2.2 界址点的测量精度

根据《房产测量规范》的规定,房产用地界址点的精度可分为三个等级。

一级界址点相对于邻近基本控制点的点位中误差应不超过±0.05m；二级界址点相对于邻近控制点的点位中误差应不超过±0.10m；三级界址点相对于邻近控制点的点位中误差应不超过±0.25m。

对大、中城市繁华地段的界址点和重要建筑物的界址点，一般要选用一级或二级，其他地区则可选用三级。例如城镇街坊的街面，中外合资企业，大型工矿企业及大型建筑物的界址点，一般选用一级或二级，而街坊内部隐蔽地区及居民区内部的界址点，则可选用三级。

10.2.3 界址点的测量方法

1. 一、二级界址点测量　根据《房产测量规范》规定，为了保证一、二级界址点的点位精度，必须用实测法求得其解析坐标。实测时，一级界址点按1:500测图的图根控制点的方法测定，从基本控制点起，可发展两次，困难地区可发展三次。二级界址点以精度不低于1:1 000测图的图根控制点的方法测定，从邻近控制点或一级界址点起，可发展三次。

房地产测量的特点是在城镇建筑群中进行，因此，界址点测量一般只能采用图根导线测量的方法，而且有的可能是狭长困难的街道，无法布设闭合导线或附合导线，只能布设支导线。根据规定，附合导线或闭合导线可再发展2~3次，而支导线点则不能再单独发展一、二级界址点。

2. 三级界址点测量　对于三级界址点，规范规定可用野外实测，也可用航测内业加密的方法求取坐标，还可以从1:500的底图上量取坐标。

人的眼睛能分辨的图上距离通常为0.1mm，加上图上主要地物点本身可能有±0.5~0.75mm的点位误差，故量取的总误差可能达到±0.5~0.76mm。在1:500比例尺的底图上量取坐标，则相当于实地点位可能有±0.25~0.38m的误差。

规范规定三级界址点的点位中误差为0.25m，基本上也就是1:500比例尺的测图精度。故采用大平板仪视距法，经纬仪配合小平板测绘，以及小平板配合皮尺量距等均可以实测三级界址点。用视距测量法施测距离时，测站点至界址点的最大视距不能超过40m；用皮尺量距时，测站点至界址点的最大长度不超过50m。

此外，还可用高精度摄影测量的方法加密界址点坐标，它具有获取速度快、精度高、外业工作量少的特点。

10.2.4 界址点成果表

界址点测量完成后，要以丘为单位绘制界址点略图，并以图幅为单位编制界址点坐标成果表，如表10-1。最后将所有的表装订成册，作为正式成果上交。

表 10-1　界址点坐标成果表

图幅号_____

丘号	界址点编号	标志类型	等级	坐标/m		点位说明
				x	y	

检查者：　　　　　填表者：　　　　　　年　月　日

10.2.5　界址点的变更测量

界址点变更测量包括两方面的内容，其一，由于自然因素和人为因素的破坏，使原有的界址点被遗失或淹没，需要进行恢复；其二，由于产权权属关系的变更，如分裂、合并、改变用途、买卖、赠予等，需要补充测定变更的界址点。

界址点的恢复与变更，是根据原有尚存的界址点、控制点及明显的固定地物点来进行的。因此在进行恢复和变更测量之前，要调查了解和核实原有的资料和点位，在确认无误后，再根据它们的相互关系进行恢复或变更测量。测量和埋设新点后，应提交新的房屋用地调查表归档，旧有资料则作为历史档案另行保管。

10.3　房产分幅平面图的测绘

10.3.1　房产分幅图的一般规定

房地产分幅平面图是全面反映房屋、土地的位置、形状、面积和权属等状况的基本图，简称分幅图。它是绘制分丘图和分户图的基础资料。

分幅图的测绘范围包括城市、县城、建制镇的建成区，以及建成区以外的工矿企事业等单位及其相毗连的居民点。应与开展城镇房屋所有权登记的范围一致，以便为产权登记提供必要的工作底图。

城镇建成区的房屋密度比较大，分幅图一般可采用 1:500 的比例尺，远离城镇建成区的工矿企事业等单位及其相毗连的居民点可采用 1:1 000 比例尺。

分幅图的图幅一般采用 40cm×50cm 的矩形分幅，或 50cm×50cm 正方形分幅。

房产分幅图的平面坐标系一般沿用原有的城市平面坐标系统，便于各项建设与管理的统一。分幅图一般不表示高程，若要进行高程测量，则应采用黄海高程系统。如果测区内没有城市平面坐标系统，应根据测区的地理位置和平均高程建立。

分幅图的精度要求比较高，图上主要地物点相对于邻近控制点的点位中误差不超过图上±0.5mm，比地形图的要求高；次要地物点相对于邻近控制点的点位中误差不超过图上±0.6mm，和地形图相当。

10.3.2 分幅图的基本内容

分幅图应包括下列测绘内容：

1. 测量控制点 测量控制点是测图的依据，也是以后进行变更测量以及城市建设与管理的依据。因此，应该精确地展绘在图上，并注明其点名或点号。

2. 行政境界 在分幅图上一般只表示区、县、镇的境界线。街道或乡的境界线可根据需要而取舍。两级境界线重合时，用高一级境界线表示；境界线与丘界线重合时，用境界线表示，其符号如图10-2所示。

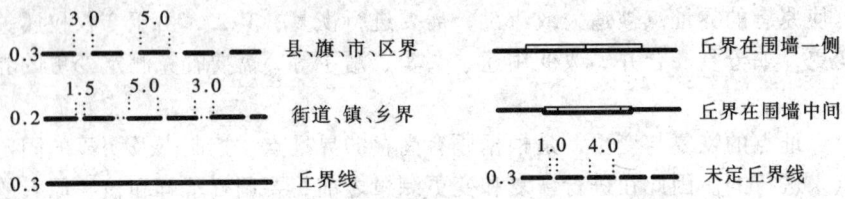

图 10-2

境界线跨越图幅时，应在图廓间的界断注出两侧的行政区划名称。如图10-3所示。

3. 丘界线 丘界线是指各丘房屋及用地范围的界线，是分幅图上重要的内容。丘界线应由产权人（用地人）指界与邻户认证来确定，明确而又无争议的丘界线用实线表示，有争议而未定的丘界线用未定丘界线表示，线粗均为0.3mm。如图10-2所示。为确定丘界线的位置，应实测作为丘界线的围墙、栅栏、铁丝网等围护

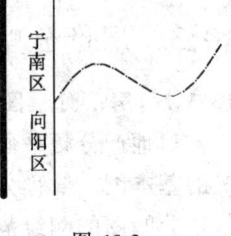

图 10-3

物的平面位置（单位内部的围护物可不表示）。丘界线是一条闭合曲线或折线，不在本幅图闭合，也应在另一幅图闭合。丘界线与房屋轮廓线重合时，用丘界线表示。丘界线的转折点即为界址点。

4. 房屋 房屋是指有承重支柱、顶盖和四周有围护墙体的建筑，包括一般房屋、架空房屋和窑洞等。房屋应分幢测绘，以外墙勒脚以上外围轮廓为准。墙体凹凸小于图上0.2mm，以及装饰性的柱、垛和加固墙等均不表示；临时性的过渡房屋和活动房屋不表示；同幢房屋层数不同的，应测绘出分层线，分层线用虚线表示，如图10-4所示。

（1）一般房屋：一般房屋不分种类和特性，均用实线绘出，轮廓线内需注

明产别、建筑结构、层数和幢别。如图10-4所示。

（2）架空房屋：架空房屋是指底层架空，以支撑物作承重的房屋。其架空部分一般为廊房、骑楼、过街楼、水榭等。架空房屋以房屋外围轮廓投影为准，用虚线表示，虚线内四角加绘小圆表示支柱。轮廓线内也应和一般房屋一样注记相同的内容。如图10-5所示。

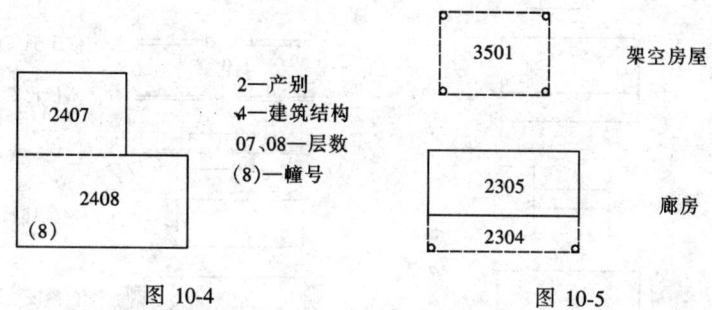

图10-4　　　　　　　　图10-5

（3）窑洞：窑洞是指在坡壁上挖成洞供人使用的场所。窑洞只测绘住人的，符号绘在洞口处。如图10-6所示。

5. 房屋附属设施　房屋附属设施包括柱廊、檐廊、架空通廊、底层阳台、门、门墩、门顶和室外楼梯，以及和房屋相连的台阶，如图10-7所示。

（1）柱廊：柱廊是指有顶盖和支柱、供人通行的建筑物，如长廊、迥廊等。柱廊以柱的外围为准，图上只表示四角和转折处的支柱，支柱位置应实测，柱廊一边有墙壁的，则墙壁一边用实线表示。

（2）檐廊：檐廊是指房屋檐下有顶盖，无支柱和建筑物相连的作为通道的伸出部位。按外轮廓投影测绘，内加简注，两端无支撑的一般不表示。

（3）架空通廊：架空通廊是两幢房屋间上层贯通的架空建筑。建筑物间的架空通道用虚线表示。

（4）底层阳台：阳台是指突出于外墙面或凹在墙内的阳台，挑出的称挑阳台，凹进的称凹阳台，还有半挑半凹的阳台。底层阳台均称为凸阳台。封闭的底层阳台按房屋表示。不封闭的底层阳台用虚线表示。

（5）门廊：门廊是指建筑物门前突出有顶盖和支柱的通道，如门斗、雨罩等。按柱外围或围护物外围测绘，独立柱的门廊按顶盖投影测绘，内加简注。转角处的柱位和独立柱位应实测。

(6)门顶：门顶是指大门的顶盖，按顶盖投影测绘，柱的位置应实测。

(7)门、门墩

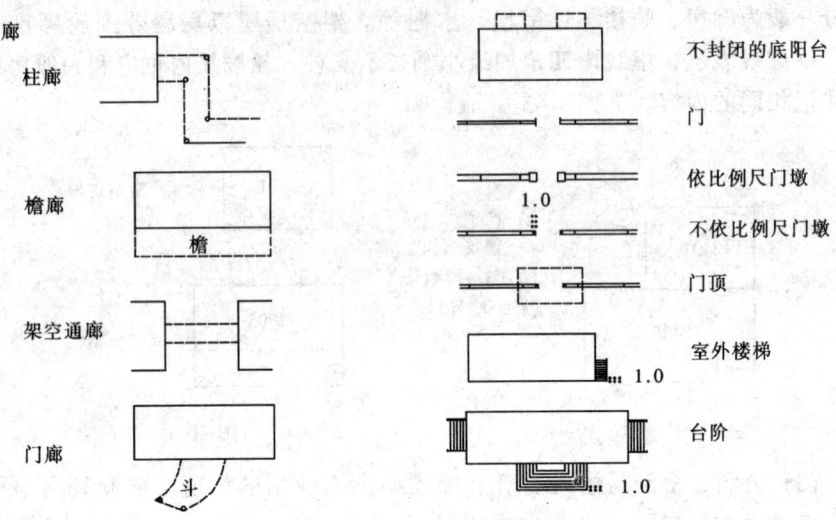

图 10-7

门、门墩是指机关单位和大的居民点院落的各种门和墩柱，门墩以墩外围为准，大于图上 1.0mm 时，按比例测绘，小于图上 1.0mm 时，按 1.0mm 表示。

(8)室外楼梯：楼梯是建筑内上、下层间的交通疏散设施。室外楼梯按楼梯投影测绘，符号缺口表示上楼梯的方向，楼梯宽度小于图上 1.0mm 的不表示。

(9)台阶：台阶是联系室内外地面的一步踏步。台阶只表示与房屋连接的，按投影测绘，实地不足五级的台阶一般不表示。

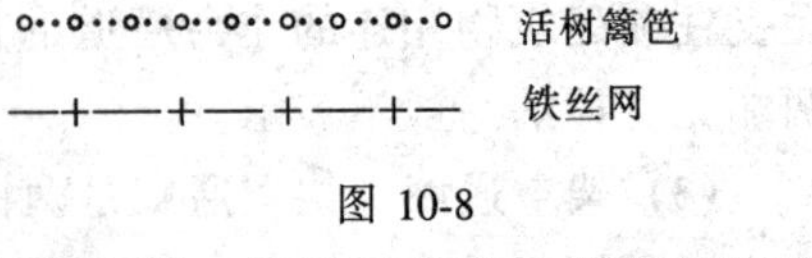

6. 房屋围护物　房屋围护物包括围墙、栅栏、栏杆、篱笆和铁丝网等。它们均应实测，其符号的中心线是围护物的中心位置，如图 10-8 所示。其他的围护物根据需要表示；临时性或残缺不全的，以及单位内部的围护物可不表示。

图 10-8

(1)围墙：围墙不分结构、性质，均以双实线表示。围墙宽度小于图上 0.5mm 的按 0.5mm 表示；大于图上 0.5mm 的，则依比例实测表示。

(2)栅栏、栏杆：栅栏、栏杆均以实测表示，符号上的短线一般朝向内侧。

(3) 篱笆：用竹、木等材料编织成的各种永久性篱笆以实测表示。临时性的不表示。

(4) 铁丝网：各种永久性的铁丝网均以实测表示。临时性的不表示。

7. **房产要素和房产编号** 分幅图上应表示的房产编号和房产要素包括：丘号、丘支号、幢号、房产权号、门牌号、房屋产别、建筑结构、层数、建成年份、房屋用途和用地分类等。

房产编号和房产要素的成果应以相应的数字、文字和符号在分幅图上表示。当注记过密，图面容纳不下时，除丘号、丘支号、幢号和房产权号必须注记，门牌号可在首末两端注记、中间跳号注记外，其他注记按上述顺序从后往前省略。

具体注记的表示方法为：

(1) 丘号、丘支号、幢号、房产权号、门牌号以及房屋层数直接注记在相应的位置。

(2) 房屋产别按其分类标准的编号注记，即：

1——直管公产　　　　2——单位自管公产
3——私产　　　　　　4——其他产

(3) 房屋结构按其分类标准的编号注记，即：

1——钢结构　　　　　2——钢、钢筋混凝土结构
3——钢筋混凝土结构　4——混合结构
5——砖木结构　　　　6——其他结构

(4) 房屋用途和用地分类按其分类标准的分类，用如图10-9所示符号表示。

图 10-9

房产要素和房产编号的综合示例如图10-10所示。图中0.3mm的粗线为丘界线，33、34、…为丘号，其中34丘为组合丘，有丘支号34-1、34-2、…；丘号加括弧如（32）表示32丘的房屋门牌号在邻幅图内，应归入邻幅图内进行统计。每幢房屋中央注记四位数字代码，如图中第33丘中的一幢房屋的编号为"2404"，第一位数"2"代表房屋产别，即"单位自管公产"；第二位数

"4"代表房屋建筑结构,即"混合结构",第三和第四位数"04"代表房屋层数,即四层;房屋左下角带括号的数字"(2)"为幢号,即该房屋为该丘内编号为第2幢;"33"为丘号;丘号旁边的符号"◎"代表房屋用途和用地分类,即为教育医疗科研单位。大门处的号码"24"为门牌号。

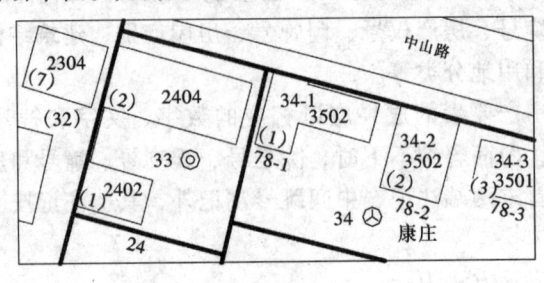

图 10-10

8. 其他相关要素　与房产管理有关的地形要素包括铁路、道路、桥梁、水系和城墙等地物均应测绘。铁路以两轨外沿为准;道路以路沿为准;桥梁以外围为准;城墙以基部为准;沟渠、水塘、河流、游泳池以坡顶为准,且水塘、游泳池等应在其用地范围内加简注。

亭、塔、烟囱、罐以及水井、停车场、球场、花圃、草地等根据需要表示。亭以柱外围为准;塔、烟囱和罐以底部外围轮廓为准;水井以中心为准;停车场、球场、花圃、草地等用地类界表示其范围,并加绘相应符号或加简注。

地理名称按房产调查中的规定注记。

10.3.3 房产分幅图的测绘方法

房产分幅图的测绘方法与其他大比例尺地形图的测绘方法并无本质的区别,可依据原有的测绘资料、现有的技术条件以及测区范围的大小,依照《房产测量规范》的有关技术规定进行。当测区已有现势性较强的城市大比例尺地形图或地籍图时,可采用编绘法,否则应采用实测法。

1. 实测法　如果测区内没有现势性较强的地形图或地籍图,为建立房地产档案,必须进行房产分幅图的现场实地测绘。

测图的步骤与大比例尺地形图测绘基本相同,在房产调查和房地产平面控制测量的基础上,测量界址点坐标(一、二级界址点)、界址点平面位置(三级界址点)和房屋等地物的平面位置。实测的方法有:平板仪测绘法、小平板与经纬仪测绘法、经纬仪与光电测距仪测记法、全站型电子速测仪采集数据法等。这些测图方法与地形图测绘和地籍图测绘并无本质上的不同,只是测绘的重点在于土地和房产的权属界线和房屋细部,并根据房产调查注记房产要素,整饰成房产分幅图。采用实测法测绘的房产分幅图质量较高,且可读性强。

2. 编绘法 编绘法是指利用已有大比例尺地形图或地籍图，在房地产调查的基础上，进行一些必要的修测和补测，然后依《房产测量规范》进行综合取舍，即省略无关的要素（如表示地面高低的等高线、高程注记等），增加房地产方面的要素（如权属界线、用地分类等），编制成符合要求的分幅房地产图。这种方法不需要大规模重新测图，节省了很多工作量，因此在已有符合要求的大比例尺地形图或地籍图的地方，一般采用这种方法。

(1) 准备图纸资料：用于分幅图编绘的已有图纸资料，其精度必须符合《房产测量规范》上对实测图的精度要求，即主要地物点点位中误差不超过图上 ±0.5mm，次要地物点点位中误差不超过图上 ±0.6mm，比例尺应等于或大于编绘图的比例尺。编绘工作必须利用已有图纸的原图或用原图复制的等精度图（简称二底图）进行。所谓"原图"，是指上墨清绘整饰好的野外实测图纸。

二底图可通过制版印刷法或其他高精度图纸复制法得到，复制时应使用聚酯薄膜图纸。如果原图比例尺大于编绘图比例尺，复制时应同时进行缩小，此时一般使用复照仪法。二底图的图廓边长、方格网尺寸与理论尺寸的精度要求与实测法测图时的精度要求相同。

(2) 外业查核和补测：原有图纸的内容一般不能完全满足房产图的要求，而且还可能是较旧的图纸。因此应对照实地进行检查和核对，对漏缺和已经变化的房产要素和有关地形要素进行补测，使之与现状相符。补测应在二底图上进行，补测的地物点应符合精度要求。

补测的范围较小时，可用皮尺丈量补测地物的特征点与原有地物点的距离，然后用几何作图法在二底图上进行定点，最后绘出地物的图形。在利用原有地物点时，要注意检核其位置是否正确，以免用错点或用误差大的点。检核的方法是丈量该地物点与周围明显地物点的距离，再从图上量算出其相应的距离，两者之差不应超过点位中误差的两倍。

补测的范围较大时，可用前面所述的平板仪测绘法进行补测。测站点应尽量选用原有的控制点，如原有控制点已破坏，可根据周围明显地物点设定测站点，此时也要注意检核这些明显地物点精度是否达到要求。如周围无合适的地物点可供参照，则从最近的控制点引测。补测的范围更大时，可先作图根控制测量，然后测图，此时方法和要求与测绘新图相同。

一般根据地形图编绘房产分幅图时，应以门牌、院落、地块为单位，补测用地界线，构成完整封闭的用地单元——丘，同时，对丘界线的转折点（界址点）进行补测，并实量界址边长，逐幢房屋实量外墙边长和附属设施的长宽；根据地籍图编绘房产图时，界址点一般只需进行复核而不需重新测定，但对于图上的房屋,则需根据房产分幅图的要求,增测房屋的细部和附属物。无论是地形图还是地籍图,都应根据房产调查的资料增补房产要素——产别、建筑结构、幢号、层数、建成年份、建筑面积等。

(3) 编绘:查核和补测工作结束后,将房地产调查成果准确转绘到二底图上,对房产图所需的内容经过清绘整饰,加注房产要素的编号和注记后,即可编制成房地产分幅图。这份由编绘法获得的图纸称为编绘原图,也称底图。

10.4 房产分丘图和分层分户图测绘

10.4.1 房产分丘图的测绘

房产分丘图是以一个丘的房屋及其用地为单位所测绘的图件,是绘制房产产权证附图的基本图,每丘单独一张。分丘图实质上是房产分幅图的局部明细图,用来更详细地表示各丘的房屋及其用地的房地产要素,满足房地产管理的需要。作为权属依据的产权图,即产权证上的附图,房产分丘图具有法律效力,是保护房地产产权人合法权益的凭证。

1. 分丘图的有关规定　房产分丘图图幅的大小,可依所测丘面积的大小,选择 32K、16K、8K、4K 四种尺寸中的一种。比例尺可在 1∶100~1∶1 000 之间选用,一般情况下,应尽量与分幅图的比例尺保持一致,以简化分丘图的编制工作。

由于分丘图是分幅图的局部图,因此分丘图的坐标系统与分幅图的坐标系统应该相同。

分丘图上地物点的精度要求与分幅图上主要地物点的精度要求相同,均为相对于邻近控制点的点位中误差不超过分幅图上 0.5mm。

2. 分丘图应表示的内容　房产分丘图的内容除了要表示出分幅图已有的内容以外,还应表示出界址点、房屋权界线及墙体归属、窑洞使用范围、用地面积、房屋建筑的细节(挑廊、阳台等)、房屋边长、建筑面积、建成年份和四至关系等各项房产要求。

(1) 权属要素:

1) 界址点:界址点的编号以图幅为单位,按丘号的顺序,顺时针统一编制。界址点按精度可分为三个等级,在图上分别用不同的符号表示,并注记点号,点号前冠以英文字母"J",如图 10-11 所示。

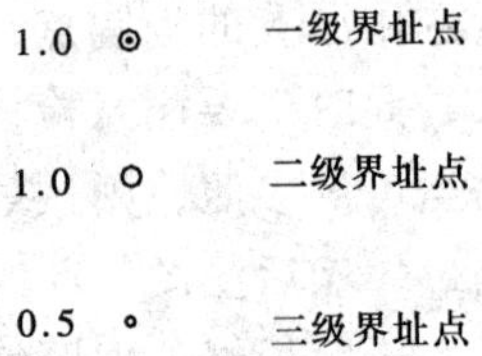

2) 房屋权界线及墙体归属:房屋权界线是组合丘内,毗连一起的不同产权人房屋之间的权属界线。

如图 10-12 所示,毗连房屋的墙体属于一户所有时,在房屋权界线的一

1.0 ◉　　一级界址点

1.0 ○　　二级界址点

0.5 ○　　三级界址点

图 10-11

侧，绘制短线，短线朝向哪一侧，就表示墙体归属哪一方；毗连房屋的墙体属于双方共有时，短线分别朝向毗连的双方，表示共有墙；当房屋权界线有争议或权属界线不明时，用未定房屋权界线表示。

(2) 房屋位置和形状：

1) 阳台：在分幅图中只表示不封闭的底阳台，在分丘图中除这种阳台要表示外，还应表示二层以上封闭的或不封闭的凸阳台。如图 10-13 所示。

2) 挑廊：挑廊是指挑出房屋墙体外，有围护物，无支柱的架空通道。按外围投影测绘，用虚线表示，内加简注"挑"。如图 10-14 所示。

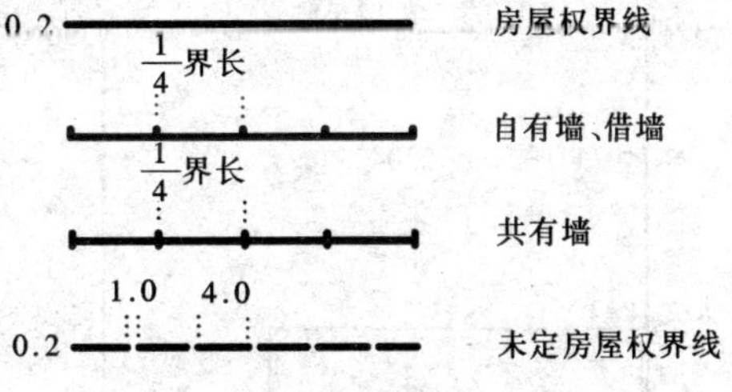

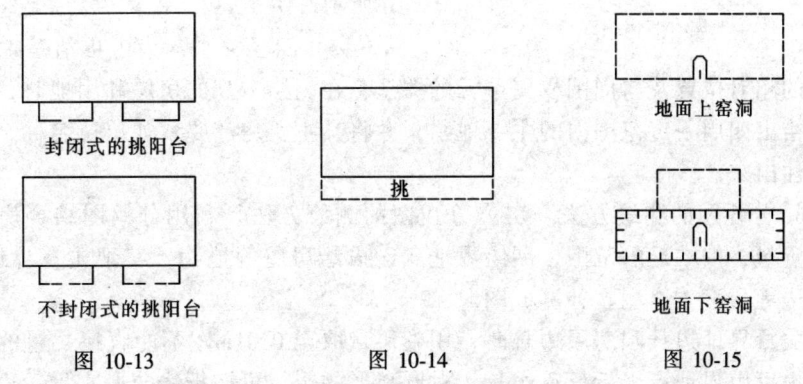

图 10-12

图 10-13 图 10-14 图 10-15

3) 窑洞使用范围：窑洞除表示洞口及平底坑的位置和形状外，还应表示窑洞的使用范围，窑洞的使用范围量至洞壁内侧。如图 10-15 所示。

(3) 建成年份：房屋建成年份是指房屋实际竣工年份。拆除翻建者，应以翻建竣工年份为准。房屋建成年份取其后两位数表示，例如 1998 年用 "98" 表示。在图上将这二位数字注记在房屋层数的右侧。例如，图 10-16 的数字 "230478" 中，"2" 表示房屋产别为"单位自管公产"，"3" 表示房屋建筑结构为"钢筋混凝土结构"，"04" 表示房屋层数为四层，最后两位数字 "78" 便表示建成年份为 1978 年。

(4) 房屋及用地的面积与边长：房屋边长、用地边长、房屋建筑面积以及用地面积是房地产要素中的重要数据，其表示方式如下：

1) 房屋建筑面积：建筑面积以幢为单位注记在房屋产别、建筑结构、层数和建成年份数码的下方正中，下加一道横线，单位为 m^2。如图 10-16 中，建筑面积为 220.35m^2。

2) 房屋用地面积：房屋用地面积注记在丘号下方正中，下加两道横线，单位为 m^2。如图 10-16 所示，第 65 丘的用地面积为 158.88m^2。

3) 房屋边长：房屋边长注记在房屋边线的中部外侧，单位为 m，标注精确到 0.01m，如图 10-16 所示。矩形房屋可只注记对称边中的一条边，但测量边长时，每条边均应实测。

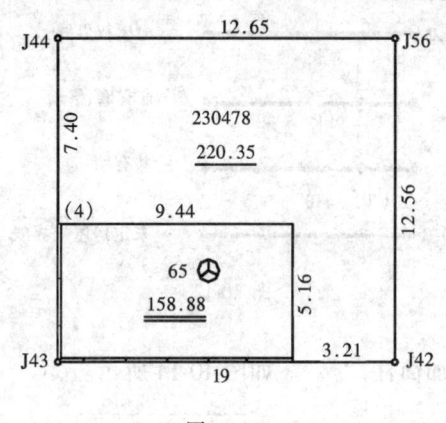

图 10-16

4) 用地边长：用地边长指相邻两个界址点之间的水平距离，标注在丘界线的中部外侧，单位为 m，标注精确到 0.01m。用地界线与房屋界线重合且用地边长与房屋边长完全相同时，可不再注记，以房屋边长代替即可，如图 10-16 所示。

(5) 四至关系：为了更清楚地表示本丘的相对位置及与周围权属单元的关系，在测绘本丘的房屋和用地时，应适当测绘出四周一定范围内的主要地物，并将其主要房产要素如单位名称、丘号等标注出来。

3. 分丘图的测绘方法　房产分丘图的测绘方法是利用分幅图结合房地产调查资料，按本丘的范围，展绘界址点，描绘房屋等地物，实地丈量界址边、房屋边等长度，修测、补测成图。

丈量界址边长和房屋边长时，用卷尺量取至 0.01m。不能直接丈量的界址边，也可由界址点坐标反算边长。对圆弧形的边，可按折线分段丈量。边长应丈量两次取中数，两次丈量较差不超过下式规定：

$$\Delta D = \pm 0.004 D \tag{10-1}$$

式中　ΔD——两次丈量边长的较差，m；

D——边长，m。

丈量本丘与邻丘毗连墙体时，自有墙量至墙体外侧；借墙量至墙体内侧；共有墙以墙体中间为界，量至墙体厚度的一半处。窑洞使用范围量至洞壁内侧。挑廊、挑阳台，架空通道丈量时，以外围投影为准，并在图上用虚线表示。房屋权界线与丘界线重合时，用丘界线表示；房屋轮廓线与房屋权界线重合时，用房屋权界线表示。

10.4.2　房产分户图测绘

房产分层分户图（简称分户图）是在分丘图的基础上绘制的局部图，当一丘内有多个产权人时，应以一户产权人为单元，分层分户地表示出房屋权属范围的细部，用以作为房屋产权证的附图。

分户图是分丘图的附属图，从产权、产籍管理的角度来讲，完全是为了解决一丘内有多个产权人，而分丘图又无法反映时的一种补足，因此，并不需要每户测制，只有在特定情况下才测制，以适应核发房屋所有权证附图的需要。

1. 房产分户图的有关规定　分户图的幅面，一般采用32K或16K两种经定型处理的聚酯薄膜图纸，也可选用其他的图纸。

房产分户图的比例尺一般采用1:200，当一户房屋的面积过小或过大时，比例尺可适当放大或缩小，也可采用与分幅图相同的比例尺。

分户图不必与分幅图的坐标统一，可以不绘坐标格网线。分户图的方位应使房屋的主要边线与图廓边线平行，按房屋的朝向横放或竖放，并在适当位置加绘指北方向符号。

2. 分户图测绘的内容及要求　分户图的内容主要包括房屋的平面位置、权界线、四面墙体的归属、楼梯和走道等共有部位以及房屋坐落、幢号、所在层次、室号或户号、房屋建筑面积和房屋边长等。

(1) 房屋的平面位置及边长：分户图上房屋的平面位置，应参照分幅图、分丘图中相对应的位置关系，按实地丈量的房屋边长绘制，在图上用细实线表示。

房屋边长量取和注记至0.01m，边长应丈量两次取中数，两次较差应不超过式（10-1）的规定。

为了便于计算建筑面积，不规则图形的房屋除丈量边长以外，还应加量构成三角形的对角线，对角线的条数等于不规则多边形的边数减3，图形中每增加一个直角，可少量一条对角线。按三角形的三边长度，就可以用距离交会法确定点位。房屋边长的描绘误差不应超过图上0.2mm。

(2) 房屋权属要素：分户图的房屋权属要素包括房屋权界线、四面墙体归属、楼梯和走道等共有共用部位。其中，房屋权界线和四面墙体归属的表示方法与分丘图相同，在图上也是用0.2mm粗的实线表示。楼梯、走道等共有共用部位则以细实线表示，并在适当位置加注名称如"梯"、"廊"等。

(3) 房屋坐落号码：为了准确地表示房屋坐落的位置，应将门牌号、幢号、所在层次、室号或户号等，按规定标注在适当的位置。其中本户所在的幢号、层次、户（室）号标注在房屋图形上方，门牌号标注在实际立牌处。

此外，还应在图廓外的右上角标注该产房屋所在的分幅图编号和丘号。

(4) 房屋建筑面积：房屋建筑面积包括自有面积、分摊共有面积以及总面积。在分户图上，这三种面积均应表示出来，不能只注一个总面积。自有建筑面积注在房屋图形内；共有共用部位本户分摊面积注在图的左下角；总面积注在房屋幢号、所在层次等号码的下方。所有的建筑面积下均应加一条横线。

图 10-17 是房产分户平面图示例。

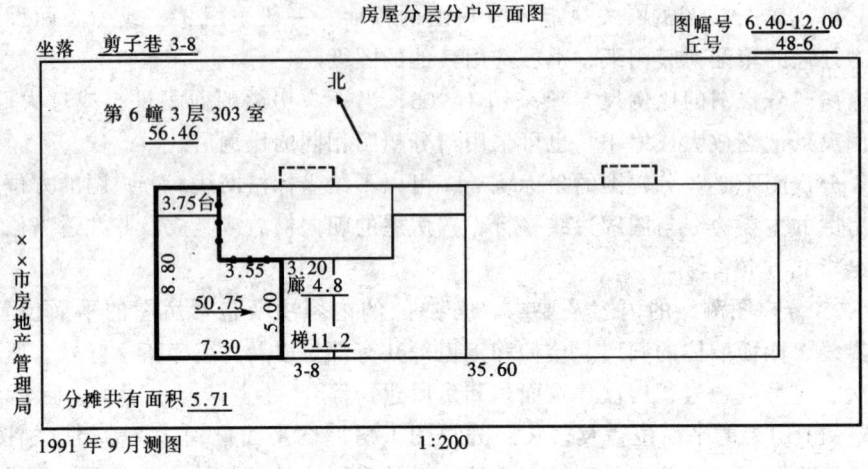

图 10-17

3. 分户图的成图方法　分户图的成图可以直接利用已测绘的分幅图，将属于本户范围的部分，进行实地调查核实修测后，绘制成分户图。具体方法是在分幅图测绘完成以后，根据户主在登记申请书指明的使用范围，将该户房屋和土地范围蒙绘到房地分户调查测量表上，然后携带调查测量表，按分户图的要求，到实地调查核实该户的房产占有使用情况，更正有关房产内容的各项指标，使调查测量表成为制作正式房产分户平面图的底图，再用透明纸描绘房产分户平面图作为复晒的底图。

如没有房产分幅图可以提供，而房产登记和发证工作又亟待开展，可以按房产调查的范围在实地直接测绘分户图，然后再按房产分户图的要求标注相应的内容。

10.5　房屋建筑面积和用地面积的量算

10.5.1　房地产面积测算的规定

面积测算是指水平面积测算。其主要内容包括房屋建筑面积和用地面积测算，以及共有共用的房屋建筑面积，异产毗连房屋占地面积和共用院落面积的分摊测算等。各类面积测算应统一使用"房地产面积测算表"，如表 10-2 所示，独立测算两次（以 m^2 为单位，取位至 $0.01m^2$），其较差应在规定的限差以内，取中数作为最后结果。

表 10-2 房地产面积测算表

图幅号：　　　　丘号：　　　　序号：

坐落		区（县）		街道（镇）		胡同（巷）		号	
房屋产权人				用地单位（人）					

面积分类	幢号	层号	部位（室号）	图形编号	面积计算公式	面积计算值/m²	较差/m²	平差后面积值/m²	备注
					1				
					2				
					1				
					2				
					1				
					2				

检查者：　　　　　　　　测算者：　　　　　　　　年　月　日

10.5.2 房屋建筑面积的测算

1. 房屋建筑面积的测算范围　房屋建筑面积是指房屋外墙勒脚以上的外围水平面积，还包括阳台、走廊、室外楼梯等建筑面积。房屋建筑面积按计算规则可按其测算范围分为全计算、半计算和不计算三种。

（1）计算全部建筑面积的范围：

1）永久性结构的单层房屋按一层计算建筑面积，多层房屋的建筑面积按各层建筑面积的总和计算；如各层的面积是一样的，则可测算其中的一层后乘上层数。

2）房屋内的技术层、夹层、插层及其梯间、电梯间等，其高度在 2.2m 以上部位计算建筑面积。

3）地下室、半地下室及其相应出口，层高超过 2.2m 的，按其外墙（不包括采光井、防潮层及保护墙）外围水平投影面积计算。

4）依坡地建筑的房屋，利用吊脚做架空层，有围护结构的，按其高度在 2.2m 以上部位的外围水平面积计算。

5）穿过房屋的通道、房屋内的门厅、大厅，不分层高均按一层计算面积，门厅、大厅内的回廊部分，按其投影计算面积。

6）与房屋相连的有柱走廊，两房屋间有上盖和柱的走廊，均按其柱外围水平面积计算。

7）挑楼、全封闭阳台，按其外围水平投影面积计算。

8）楼梯间、电梯井、提物井、垃圾道、管道井等均按房屋层计算面积。

9）房屋天面（又称天台，四周有围护结构的屋顶平台）上的属于永久性建筑，层高在 2.2m 以上的楼梯间、水箱间、电梯机房及斜面结构屋顶高度在

2.2m 以上的部位，按其外围水平面积计算。

10）属永久性结构有上盖的室外楼梯，按各层水平投影面积计算。

11）房屋间永久性的封闭的架空通廊，按外围水平投影面积计算。

12）有柱或有围护结构的门廊、门斗按其柱或围护结构的外围水平投影面积计算。

13）玻璃幕墙等作为房屋外墙的，按其外围水平投影面积计算。

14）属永久性建筑有柱的车棚、货棚等按柱的外围水平投影面积计算。

15）有伸缩缝的房屋，若其与室内相通的，伸缩缝计算建筑面积。

(2) 计算一半建筑面积的范围：

1）与房屋相连有上盖无柱的走廊、檐廊，按其围护结构外围水平投影面积的一半计算。

2）独立柱、单排柱的门廊、车棚、货棚等属永久性建筑的，按其上盖水平投影面积的一半计算。

3）未封闭的阳台、挑廊，按其围护结构外围水平投影面积的一半计算。

4）无顶盖的室外楼梯按各层水平投影面积的一半计算。

5）有顶盖不封闭的永久性的架空通廊，按外围水平投影面积的一半计算。

(3) 下列情况不计算建筑面积：

1）层高在 2.2m 以下的技术层、夹层、插层、地下室和半地下室。

2）突出房屋墙面的构件、配件、装饰柱、装饰性的玻璃幕墙、垛、勒脚、台阶、无柱雨篷等。

3）房屋之间无上盖的架空通廊。

4）房屋的天面、挑台、天面上的花园、泳池。

5）建筑物内的操作平台、上料平台及利用建筑物的空间安置箱、罐的平台。

6）骑楼、过街楼的底层用作道路和街巷通行的部分。

7）利用引桥、高架路、高架桥等路面作为顶盖建造的房屋。

8）活动房屋、临时房屋和简易房屋。

9）独立烟囱、亭、塔、罐、池、地下人防干、支线。

10）与房屋室内不相通的房屋间伸缩缝。

2. **房屋建筑面积的测算方法** 房屋建筑面积的测算，应采用实地量测建筑物边长的数据计算面积。

边长测量时，应使用经检定合格的卷尺或其他能达到相应精度的仪器和工具进行测量，同一长度应测量两次，长度的相对误差应小于 1/250。

房屋建筑的平面图形一般为简单的几何图形，例如矩形、梯形、三角形、圆形、扇形、弓形等，因此可以按丈量长度等数值用简单几何图形计算面积。

复杂的图形可以分解成若干个简单图形后再进行计算。测量时，丈量的边数和位置应满足面积计算的要求，不要有遗漏。

对一些简单图形的计算，可采用表 10-3 内的计算公式。

表 10-3 简单图形面积计算公式

图形名称	面积计算公式	示意图	备注
三角形	$F = \sqrt{s(s-a)(s-b)(s-c)}$ 其中：$s = \frac{1}{2}(a+b+c)$		a、b、c 分别为三角形三边的边长
梯形	$F = \frac{1}{2}(d+D)h$		d 为梯形的上底边长，D 为梯形的下底边长，h 为高
椭圆形	$F = \frac{1}{4}\pi ab$		a 为椭圆的长轴总长，b 为短轴总长
扇形	$F = \frac{\alpha}{360°}\pi r^2$ 其中：$\alpha = 2\arcsin\frac{b}{2r}$		b 为弦长，r 为半径，α 为圆心角（可实测）
弓形	$F = \frac{\alpha}{360°}\pi r^2 - \frac{1}{2}b(r-h)$ 其中：$r = \frac{b^2+4h^2}{8h}$		b 为弦长，h 为弓高，r 为半径，α 为圆心角（可实测）

3. 共有共用建筑面积的分摊测算

（1）共有共用建筑面积的内容：共有建筑面积包括电梯井、管道井、楼梯间、垃圾道、变电室、设备间、公共门厅、过道、值班警卫室以及为整幢楼服务的公共用房和管理用房的建筑面积，以水平投影面积计算共有建筑面积；共有建筑面积还包括各产权人本套房屋与公共建筑之间的分隔墙，以及外墙（包括山墙），以水平投影一半计算共有建筑面积。

独立使用的地下室、车棚、车库、为多幢楼服务的警卫和管理用房、作为人防工程的地下室都不计入共有建筑面积。

（2）共有共用建筑面积计算方法：整幢建筑物的建筑面积扣除整幢建筑物

内各套间的套内面积,并扣除独立使用的地下室、车棚、车库、为多幢楼服务的警卫室和管理用房、作为人防工程的地下室等的建筑面积,即得整幢建筑物的共有共用建筑面积。

(3) 共有共用建筑面积分摊方法:共有共用建筑面积在计算各户建筑面积时,要进行分摊计算。各户分摊多少,首先应根据其权属分割文件或协议的规定测算,如无权属分割文件或协议的,可按当地有关规定计算,如都没有,则按各户占有房屋建筑面积的多少,按比例分摊,其计算公式为:

$$某户应摊的建筑面积 = \frac{共有共用房屋建筑面积总和}{各户房屋建筑面积之和} \times 该户房屋建筑面积$$

4. **商品住宅建筑面积计算方法** 随着住房制度改革的进展,住宅作为商品出售变得越来越普遍,商品住宅以每平方米建筑面积为单价,按所购的建筑面积计算房价。一幢楼房一般出售给许多购房人,有些建筑面积可以分割,而有些则难以分割。为了使购房人较为合理地负担房价,每套住宅的建筑面积可按下列公式计算:

某户的总建筑面积 = 该户的套内建筑面积 + 该户应分摊的共有共用建筑面积

10.5.3 用地面积的测算

1. **用地面积的量算原则** 用地面积以丘为单位进行测算,包括房屋占地面积、院落面积、分摊共用院落面积、室外楼梯占地面积,以及各项地类面积的测算等。其中,房屋占地面积是指房屋底层外墙(柱)外围水平面积,一般与底层房屋建筑面积相同。

用地面积的量算要注意以下原则:

1) 凡属编立丘号的地块,均应以丘号为单位计算用地使用范围面积,一个丘号计算一个用地使用面积。

2) 凡未编丘号的道路、河流等公共用地等不计算用地使用面积。

3) 一丘为一个房屋所有权人使用的,其使用用地范围包括房屋占地、天井、院落用地以及其他用地。

4) 一丘为多户房屋所有权使用的,各户使用用地范围包括房屋占地,独用地,分摊的共用院落等部分。各户使用用地面积之和应该等于该丘内用地的总面积。如分户面积计算误差在允许范围内,可按各户使用用地面积平差。

5) 每一丘范围内的用地,按照不同使用的性质,分类计算各项面积,各个分类面积之和应该等于该丘内用地的总面积。如分类面积计算误差在允许范围内,可按比例平差。

2. **用地面积测算方法** 用地面积测算可采用坐标解析计算法,实地量距计算法和图上量算法等。

(1) 坐标解析计算法：坐标解析计算法是根据界址点坐标成果表上的数据或实地测量的各界址点坐标，按坐标解析法面积计算公式计算用地面积，详见第9章9.2节。

(2) 实地量距计算法：实地量距计算法是在实地测量用地界线和边长，按简单的几何图形计算面积，和房屋建筑面积的计算方法相同，当图形为多边形时，可将其分解成几个简单的几何图形，分别测量和计算面积，然后相加即得总面积。

(3) 图上量算法：图上量算法是在房地产原图或二底图上进行，由于受到地图精度的限制，因此面积的量测精度要较前两种方法低。采用图上量算法时，图上距离应量测至0.2mm。

图上量算可采用求积仪法、方格计算法、三斜法、三线法、坐标计算法等。

1) 三斜法是将多边形分割成若干个三角形，并量出三角形的底与高的方法。如图10-18所示。将多边形分割成若干个三角形时，应尽可能作成同底三角形，且三角形个数要少，在图上量出三角形的底和高，据以计算面积。

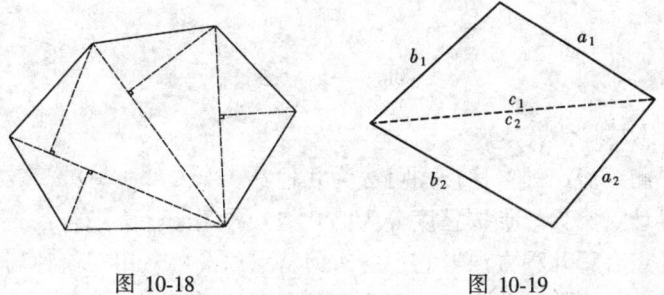

图 10-18　　　　　　　　图 10-19

2) 三线法是在图上量出三角形的三边的长度来计算面积的方法。如图10-19所示。将多边形分割成若干个三角形，分别在图上量出三角形三边的边长 a、b、c，则面积 F 计算公式为：

$$F = \sum_{i=1}^{n} \sqrt{s_i(s_i - a_i)(s_i - b_i)(s_i - c_i)} \qquad (10\text{-}2)$$

式中　$s_i = \frac{1}{2}(a_i + b_i + c_i)$，$i = 1、\cdots、n$。

3) 坐标计算法则是在原图或底图上直接量测多边形界址点坐标，然后按公式 (9-1) 计算面积。

4) 求积仪法和方格计算法可参考第9章相关内容。

3. 共有共用用地面积的分摊　共有共用用地面积可分为两部分考虑，即共有共用房屋占地面积和共有共用院落占地面积。

(1) 共有共用房屋占地面积：当一幢房屋为一个产权人所有时，房屋占地面积等于房屋屋底的建筑面积；当一幢房屋有数个不同的产权人时，房屋占地面积由各产权人共有，称为共有共用房屋占地面积。共有共用房屋占地面积应进行分摊。

共有共用房屋占地面积分摊的一般原则是，当有共有共用的用地文件或协议时，按文件或协议的规定办；如无文件或协议，可按当地有关规定办；若当地也无规定的，则可按各户房屋建筑面积占总面积的比例计算，其计算公式为

$$某户应摊的用地面积 = \frac{共有共用房屋占地面积}{各户房屋建筑面积之和} \times 该户房屋建筑面积$$

(2) 共有共用院落占地面积：院落面积指用地内除房屋占地以外各类用地面积的总和。测算时，可根据实地情况，采用上述的边长丈量计算法、坐标解析计算法或图上量算法，对其面积进行测算。除了院落的总面积之外，院落内各种地类的面积也要分别测算出来。

丘内由几个单位和个人共同使用的院落面积，称为共用院落面积，如果有权属分割文件或协议，应按文件或协议规定进行分摊；当无权属分割文件或协议时，则按各户建筑面积大小按比例进行分摊。分摊计算方法与房屋占地面积分摊相同。

练 习 题

1. 房地产测绘具有什么特点？
2. 为什么要测绘房产图？房产图可分为几种？
3. 什么是界址点？界址点按精度分为哪几类？各用于什么场合？
4. 测定界址点有哪几种方法？它们各有何特点以及各适用于何种场合？
5. 房产分幅图应测绘哪些内容？可采用哪些测绘方法？
6. 什么是分丘图？分丘图的规格与精度要求是什么？
7. 分丘图与分幅图相比，多测绘哪些要素？
8. 什么是分户图？分户图规格是什么？
9. 分户图的主要内容有哪些？
10. 房屋建筑面积测算的范围有哪些？
11. 房屋建筑面积测算和房屋用地面积测算各可采用什么方法？
12. 共有共用建筑和用地面积分摊的原则是什么？

第11章 测设的基本工作

测设，又称放样。测设工作与测图工作恰好相反。它是根据控制网，把图纸上设计的建（构）筑物平面位置和高程放样到实地上去，以便进行施工。放样必须首先求出设计建（构）筑物对于控制网或原有建筑物的相互关系，即求出其间的角度、距离和高程，这些资料称为放样数据。因此放样基本工作不外乎是在地面上测设已知水平距离、测设已知水平角度和测设已知高程。本章除着重介绍这三项基本工作的放样方法外，还介绍点的平面位置和设计坡度线的放样方法。

11.1 水平距离、水平角和高程的测设

11.1.1 测设已知水平距离

在施工放样中，经常要把房屋轴线（或边线）的设计长度在地面上标定出来，这项工作称为测设已知距离。

测设已知距离不同于测量未知距离，它是由一个已知点起，沿指定方向量出设计的水平距离，从而定出第二点。测设已知距离的方法有二，分述如下：

1. 一般方法 见图 11-1，设 A 为地面上已知点，$D_设$ 为设计的水平距离，要在地面的 AB 方向上测设出水平距离 $D_设$ 以定出 B 点。

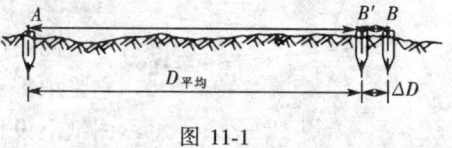

图 11-1

可将钢尺的零点对准 A 点，沿 AB 方向拉平钢尺，往测初定出 B' 点，然后从 B' 点返测回 A 点，取往返结果的平均值 $D_{平均}$。$D_{平均}$ 值就是初定的 AB' 段的准确距离，其差值为 $\Delta D = D_设 - D_{平均}$。

如果设计距离 $D_设 > D_{平均}$，则向外延长量 ΔD，打木桩 B，即为所求的点。如果 $D_设 < D_{平均}$，则应向内量 ΔD，打木桩 B。

2. 精确方法 若要求测设精度较高，应按钢尺量距的精密方法进行测设。即根据已知水平距离，结合地面起伏状况，及所用钢尺的实际长度，测设时的温度等，进行尺长、温度和倾斜改正。算出在地面上应量出的距离 D。

从第4章可知，要获得精确的距离必须对实地丈量距离 D 进行三项改正，即

$$D_设 = D + \Delta D_d + \Delta D_t + \Delta D_h$$

所以实地丈量距离 D 应为　　　　　$D = D_设 - \Delta D_d - \Delta D_t - \Delta D_h$　　　　　(11-1)

【例 11-1】 如图 11-1，设已知图上设计距离 $D_设 = 46.000\text{m}$，所用钢尺名义长度为 $l_0 = 30.000\text{m}$，经检定该钢尺实际长度 30.005m，测设时温度 $t = 10℃$，钢尺的膨胀系数 $\alpha = 1.25 \times 10^{-5}$，测得 AB 的高差 $h = 1.380\text{m}$。试计算测设时在地面上应量出的距离 D。

解：首先计算各项改正数：

(1) 尺长改正数

$$\Delta D_d = \frac{l - l_0}{l_0} D = \frac{30.005 - 30.000}{30.000} \times 46.000 = +0.008\text{m}$$

(2) 温度改正数

$$\Delta D_t = \alpha(t - t_0)D = 1.25 \times 10^{-5} \times (10 - 20) \times 46.000 = -0.006\text{m}$$

(3) 倾斜改正数

$$\Delta D_h = -\frac{h^2}{2D} = \frac{(1.38)^2}{2 \times 46.000} = -0.021\text{m}$$

因此实地丈量距离 D 为　　$D = D_设 - \Delta D_d - \Delta D_t - \Delta D_h$

$= 46.000 - 0.008 - (-0.006) - (-0.021)$

$= 46.019\text{m}$

见图 11-1，从 A 点起，沿 AB 方向用钢尺量 46.019m 定出 B 点，则 AB 的水平距离即为 46.000m。

11.1.2 测设已知水平角度

测设已知水平角与测量未知水平角也不同。它是根据地面上一个已知方向（该角之始边）及图纸上设计的角值，用经纬仪在地面上标出设计方向（该角之终边），以作施工之依据。

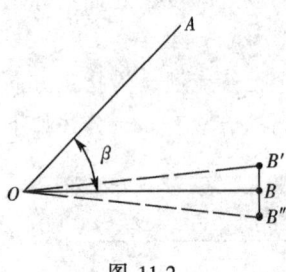

图 11-2

有两种测设已知水平角度的方法，分述如下：

1. 一般方法　见图 11-2，设 OA 为地面上的已知方向，β 为设计的角度，今求设计方向 OB。放样时，在 O 点安置经纬仪，盘左时，置水平度盘读数为 $0°00'00''$，瞄准 A 点。然后转动照准部，使水平度盘读数为 β，在视线方向上标定 B' 点；用盘右位置再测设 β 角，标定 B'' 点。由于存在视准轴误差与观测误差，B' 与 B'' 点往往不重合，取其中点 B。则 $\angle AOB$ 即为 β，方向 OB 就是要求标定于地面上的设计方向。

2. 精确方法　见图 11-3，可先用盘左按设计角度转动照准部测设 β，标定出 B' 点。再用测回法

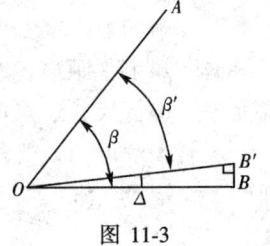

图 11-3

（测回数根据精度要求而定）测量∠AOB'的角值设为β'。用钢尺量出OB'之长度，从图中可知：BB' = OB'Δβ/ρ，其中 Δβ = β - β'。

以BB'为依据改正点位B'。若β > β'，Δβ为正值时，作OB'的垂线，从B'起向外量取支距B'B，以标定B点；反之，向内量取B'B以定B点。则角∠AOB即为所要测设的β角。

11.1.3 测设已知设计高程

在施工放样中，经常要把设计的建筑物第一层地坪的高程（称±0标高）及房屋其他各部位的设计高程在地面上标定出来，作为施工的依据。这项工作称为测设已知高程。

1.测设±0标高线 如图11-4所示，为了要将某建筑物±0标高线（其高程为$H_设$）测设到现有建筑物墙上。现安置水准仪于水准点R与某现有建筑物A之间，水准点R上立水准尺，水准仪观测得后视读数α，此时视线高程$H_视$为：$H_视 = H_R + α$。另一根水准尺由前尺手扶使其紧贴建筑物墙A上，则该前视尺应读数$b_应$为：$b_应 = H_视 - H_设$。为此操作时，前视尺上下移动，当水准仪在尺上的读数恰好等于$b_应$时，紧靠尺底在建筑物墙上画一横线，此横线即为设计高程位置，即±0标高线。为求醒目，再在横线下用红油漆画一"▲"，并在横线上注明"±0标高"。

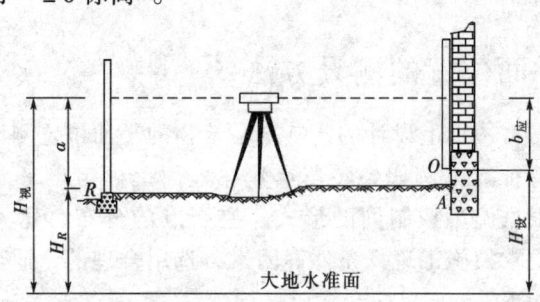

图 11-4

2.高程上下传递法 若待测设高程点的设计高程与水准点的高程相差很大，如测设较深的基坑标高或测设高层建筑物的标高，只用标尺已无法放样，此时可借助钢尺，将地面水准点的高程传递到在坑底或高楼上所设置的临时水准点上，然后再根据临时水准点测设其他各点的设计高程。

图11-5所示，是将地面水准点A的高程传递到基坑临时水准点B上。

在坑边木杆上悬挂经过检定的钢尺，零点在下端，并挂10kg重锤，为减少摆动，重锤放入盛废机油或水的桶内，在地面上和坑内分别安置水准仪，瞄准水准尺和钢尺读数（见图中a、b、c和d），则

$$H_B + b = H_A + a - (c - d)$$

即 $$H_B = H_A + a - (c - d) - b \quad (11-2)$$

H_B 求出后,即可以临时水准点 B 为后视点,测设坑底其他各待测设高程点的设计高程。

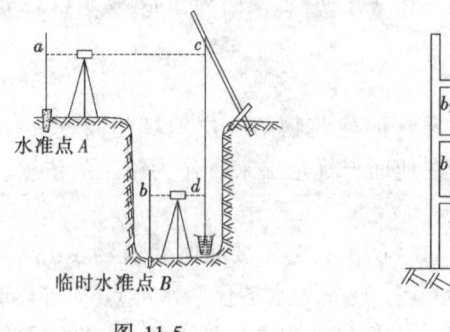

图 11-5

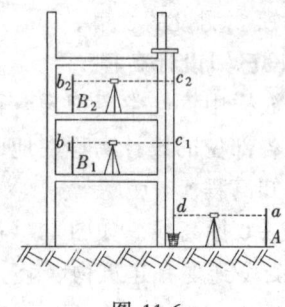

图 11-6

如图 11-6 所示,是将地面水准点 A 的高程传递到高层建筑物上,方法与上述相仿,任一层上临时水准点 B_i 的高程为

$$H_{Bi} = H_A + a + (c_i - d) - b_i \quad (11-3)$$

H_i 求出后,即可以临时水准点 B_i 为后视点,测设第 i 层高楼上其他各待测设高程点的设计高程。

11.2 点的平面位置的测设方法

施工之前,需将图纸上设计的建(构)筑物的平面位置测设于实地,其实质是将该房屋诸特征点(例如各转角点)在地面上标定出来,作为施工的依据。放样时,应根据施工控制网的形式、控制点的分布、建(构)筑物的大小、放样的精度要求及施工现场条件等因素,选用合理的、适当的方法。常用五种方法,分述如下。

11.2.1 直角坐标法

所谓的直角坐标法测设点的平面位置,是指用已知坐标差 Δx、Δy 测设点位。当根据建筑方格网或矩形控制网放样时,采用此法准确、简便。

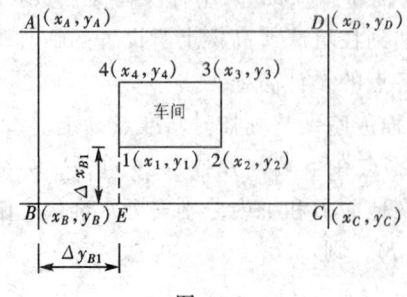

图 11-7

见图 11-7,已知某厂房矩形控制网四角点 A、B、C、D 的坐标设计总平面图中,已确定某车间四角点 1、2、3、4 的设计坐标。现在以依据 B 点测设点 1 为例进行说明其放样步骤:

(1) 先算出 B 与点 1 的坐标差:
$\Delta x_{B1} = x_1 - x_B$,$\Delta y_{B1} = y_1 - y_B$。

(2) 在 B 点安置经纬仪,瞄准 C

点，在此方向上用钢尺量 Δy_{B1} 得 E 点。

(3) 在 E 点安置经纬仪，瞄准 C 点，用盘左、盘右位置两次向左测设 90°角，在两次平均方向 $E1$ 上从 E 点起用钢尺量 Δx_{B1}，即得车间角点 1。

(4) 同法，从 C 点测设点 2，从 D 点测设点 3，从 A 点测设点 4。

(5) 检查车间的四个角是否等于 90°，各边长度是否等于设计长度，若误差在允许范围内，即认为放样合格。

11.2.2 极坐标法

此方法是根据已知水平角度和水平距离测设点位。测设前必须根据施工控制点（例如导线点）及测设点的坐标，按坐标反算公式求出 AP 方向的坐标方位角 α_{AP} 和水平距离 D_{AP}，再根据坐标方位角求出水平角 β。见图 11-8，水平角 $\beta = \alpha_{AP} - \alpha_{AB}$，水平距离为 D_{AP}。计算公式列如下：

$$\left.\begin{aligned}
\alpha_{AP} &= \arctan \frac{y_P - y_A}{x_P - x_A} \\
\alpha_{AB} &= \arctan \frac{y_B - y_A}{x_B - x_A} \\
\beta &= \alpha_{AP} - \alpha_{AB} \\
D_{AP} &= \sqrt{(x_P - x_A)^2 + (y_P - y_A)^2}
\end{aligned}\right\} \quad (11\text{-}4)$$

求出放样数据 β、D 以后，即可安置经纬仪于控制点 A，按 11.1 节第二种所述方法测设 β 角，定出 AP 方向。在 AP 方向上，从 A 点起用钢尺测设水平距离 D_{AP}，定出 P 点的位置。

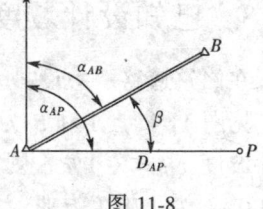

图 11-8

设计建筑物上各点测设之后，应按设计建筑物的形状、尺寸检核角度和长度误差，若在允许范围内，才认为放样合格。

11.2.3 角度交会法

此方法是在量距困难地区，用两个已知水平角度测设点位的方法，效果很好。但必须有第三个方向进行检核，以免发生错误。

见图 11-9，A、B、C 为三个控制点，其坐标为已知，P 为待放样点，其设计坐标亦为已知。先用坐标反算公式求出。α_{AP}、α_{BP} 和 α_{CP}，然后由相应坐标方位角之差，求出放样数据 β_1、β_2、β_3 与 β_4，并按下述步骤放样：

用经纬仪先定出 P 点的概略位置，

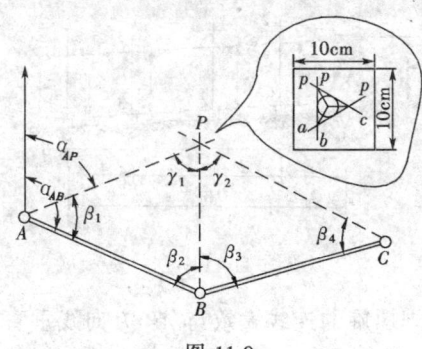

图 11-9

在概略置处打一个顶面积约为 10cm×10cm 的大木桩。然后在大木桩的顶面上精确放样。由仪器指挥，用铅笔在顶面上分别在 AP、BP、CP 方向上各标定两点（见小图中 a，p；b，p；c，p），将各方向上的两点连起来，就得 ap、bp、cp 三个方向线，三个方向线理应交于一点，但实际上由于放样等误差，将形成一个示误三角形。一般规定，若示误三角形的最大边长不超过 3~4cm 时，则取示误三角形内切圆的圆心，或示误三角形角平分线的交点，作为 P 点的最后位置。

应用此法放样时，宜使交会角 γ_1、γ_2 在 30°~150° 之间，最好使交会角 γ 近于 90°，以提高交会点的精度。

11.2.4 距离交会法

在便于量距地区，且边长较短时（例如不超过一钢尺长），宜用此法。

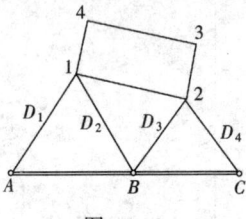

图 11-10

距离交会法是根据两段已知距离交会出点的平面位置。见图 11-10，由已知控制点 A、B、C 测设房角点 1、2，根据控制点的已知坐标及 1、2 点的设计坐标，反算出放样数据：D_1、D_2、D_3 和 D_4。分别从 A、B、C 点，用钢尺测设已知距离 D_1、D_2、D_3 和 D_4。D_1 和 D_2 的交点即为点 1，D_3 和 D_4 的交点即为点 2。最后量点 1 至点 2 的长度，与设计长度比较作为校核。

11.3 已知设计坡度线的测设方法

在修筑道路、敷设排水管道等工程中，经常要测设设计时所指定的坡度线。见图 11-11，A 和 B 为设计坡度线的两端点，若已知 A 点设计高程为 H_A，设计坡度 $i_{AB} = -1\%$，则可求出 B 点的设计高程 $H_B = H_A - i_{AB}D_{AB} = H_A - 0.01D_{AB}$。为了施工方便，每隔一定距离 d（一般取 $d=10m$）打一木桩，测设方法可用水准仪（若地面坡度较大，也可用经纬仪）设置倾斜视线法，其测设步骤如下：

1. **测设两端点** 先用 11.1 节所述已知设计高程的测设方法，根据附近水准点 R，将设计坡度线两端点的设计高程 H_A、H_B 测设于地上，并打木桩。

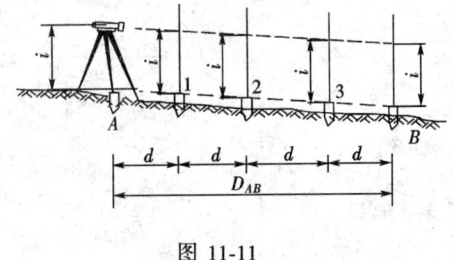

图 11-11

2. **安置水准仪** 将水准仪安置在 A 点上，并量取仪器高 i，安置时使一个脚螺旋在 AB 方向上，另两个脚螺旋的连线大致与 AB 方向线垂直。

3. **使水准仪视线与设计坡度线平行** 旋转 AB 方向上的脚螺旋和微倾螺

旋，使视线在 B 点标尺上所截取的读数等于仪器高 i，此时水准仪的倾斜视线与设计坡度线平行。当中间各桩点 1、2、3 上的标尺读数都为 i 时，则各桩顶的连线就是要测设的设计坡度线。若各桩顶的标尺实际读数为 b_i（$i=1, 2, 3$），则各桩的填挖数按下式计算：

$$填挖数 = i - b_i$$

上式表明 $i = b_i$ 时，不填不挖；$b_i < i$ 需挖；反之需填。

练 习 题

1. 测设与测绘有何区别？
2. 用水准仪测设已知坡度线时，安置仪器有何要求？
3. 在地面上要设置一段 28.000m 的水平距离 AB，所使用的钢尺方程式为 $l_t = 30 + 0.005 + 0.000\,012\,(t - 20°) \times 30$m。测设时钢尺的温度为 12℃，所施于钢尺的拉力与检定时的拉力相同。概量后测得 AB 两点间桩顶的高差 $h = +0.40$m，试计算在地面上需要量出的长度。
4. 叙述在实地测设某已知角度一般方法（盘左盘右分中法）的步骤。
5. 在地面上要求测设一个直角，先用一般方法测设出 $\angle AOB$，再测量该角若干测回取平均值为 $\angle AOB = 90°00'24''$，已知 OB 的长度为 100m，试计算改正该角值的垂距，改正的方向是向内还是向外？
6. 利用高程为 7.531m 的水准点，测设高程为 7.831m 的室内 ±0.000 标高。假设水准尺立在水准点上时，水准仪的水平视线读数为 1.600，求前视尺上应有的读数为多少？此时尺子底部对着墙面画一条线，即为 ±0.000 标高的位置。

第12章 工业与民用建筑中的施工测量

12.1 施工测量概述

各种工程建设都要经过规划设计、建筑施工、经营管理等几个阶段,每一阶段都要进行有关的测量工作,在施工阶段所进行的测量工作,称为施工测量。施工测量的目的就是把设计好的建筑物、构筑物的平面位置和高程,按设计要求以一定的精度测设到地面上,作为施工的依据。

12.1.1 施工测量的主要任务

施工测量贯穿于整个施工过程中,它的主要任务包括:

1. 施工场地平整测量 各项工程建设开工时,首先要进行场地平整。平整时可以利用勘测阶段所测绘的地形图来求场地的设计高程并估算土石方量。如果没有可供利用的地形图或计算精度要求较高,也可采用方格水准测量的方法测量并计算土石方量。

2. 建立施工控制网 施工测量也按照"从整体到局部"、"先控制后碎部"的原则进行。为了把规划设计的建(构)筑物准确地在实地标定出来,以及便于各项工作的平行施工,施工测量时要在施工场地建立平面控制网和高程控制网,作为建(构)筑物定位及细部测设的依据。

3. 施工放样与安装测量 施工前,要按照设计要求,利用施工控制网把建(构)筑物和各种管线的平面位置和高程在实地标定出来,作为施工的依据;在施工过程中,要及时测设建(构)筑物的轴线和标高位置,并对构件和设备安装进行校准测量。

4. 竣工测量 每道工序完成后,都要通过实地测量检查施工质量并进行验收,同时根据检测验收的记录整理竣工资料和编绘竣工图,为鉴定工程质量和日后维修与扩(改)建提供依据。

5. 建(构)筑物的变形观测 对于高层建筑、大型厂房或其他重要建(构)筑物,在施工过程中及竣工后一段时间内,应进行变形观测,测定其在荷载作用下产生的平面位移和沉降量,以保证建筑物的安全使用,同时也为鉴定工程质量、验证设计和施工的合理性提供依据。

12.1.2 施工测量的特点

1. 与施工过程密切配合 施工测量是直接为工程施工服务的,它必须与施工组织计划相协调。测量人员应与设计、施工部门密切联系，了解设计内容、性质及对测量的精度要求，熟悉图纸上的尺寸和高程数据，了解施工的全过程，随时掌握工程进度及现场的变动，使测设精度与速度满足施工的需要。

2．根据设计施工要求确定测设精度　测设的精度主要取决于建筑物或构筑物的大小、性质、用途、建材和施工方法等因素。一般高层建筑物的测设精度应高于低层建筑物；自动化和连续性厂房的测设精度应高于一般厂房；钢结构建筑物的测设精度应高于钢筋混凝土结构、砖石结构的建筑物；装配式建筑物的测设精度应高于非装配式建筑。

3．保护并及时恢复测量标志　施工现场各工序交叉作业，运输频繁，地面情况变动大，受各种施工机械震动影响，因此测量标志从形式、选点到埋设均应考虑便于使用、保管和检查，如标志在施工中被破坏，应及时恢复。

现代建筑工程规模大，施工进度快，精度要求高，所以施工测量前应做好一系列准备工作，认真核算图纸上的尺寸、数据；检校好仪器、工具；编制详尽的施工测量计划和测设数据表。放样过程中，应采用不同方法加强外业、内业的校核工作，以确保施工测量质量。

12.2　施工控制网测量

12.2.1　施工控制网概述

建筑工程施工测量的基本任务是按设计要求把设计图纸上设计的建（构）筑物的平面位置和高程在实地测设出来。施工测量也必须遵循"从整体到局部"、"先控制后细部"的原则。因此，施工以前在建筑场地要建立统一的施工控制网。

在勘测阶段所建立的测图控制网，由于它是为测图而建立的，未考虑施工的要求，控制点的分布、密度和精度都难以满足施工测量要求。此外，在施工现场由于平整场地，大量的土方填挖，原来布置的控制点往往被破坏。因此在施工以前，在建筑场地还必须重新建立施工控制网。施工控制网分为平面控制网和高程控制网。

平面控制网的布设形式，应根据建筑总平面图、建筑场地的大小和地形、施工方案等因素来确定。对于地形起伏较大的山区或丘陵地区，常用三角网或测边网；对于地形平坦而通视比较困难的地区或建筑物布置不很规则时，可采用导线网；对于地势平坦、建筑物众多且布置比较规则和密集的工业场地，一般采用建筑方格网；对于地面平坦的小型施工场地，常布置一条或几条建筑基线，组成简单的图形。总之，施工控制网的布网形式应与设计总平面图的布局相一致。

建筑场地高程控制网应布设成闭合环线、附合路线或结点网，其高程用水准测量方法测定。

12.2.2 建筑场地的平面控制测量

下面主要介绍建筑基线和建筑方格网的建立方法。

1. 施工坐标系及其与测量坐标系的换算

(1) 施工坐标系：为了便于建筑物的设计与施工放样，设计总平面图上的建（构）筑物的平面位置常采用施工坐标系（又称建筑坐标系）的坐标来表示。

施工坐标系的原点设置于总平面图的西南角上，以便使所有建（构）筑物的设计坐标均为正值。纵轴记为 A 轴，横轴记为 B 轴，施工坐标也称 A、B 坐标。设计人员在设计总平面图上给出的建筑物的设计坐标，均为施工坐标。例如，某厂房角点 A 的施工坐标为 $\dfrac{2A+20.00}{3B+24.00}$，即 A 点的纵坐标为 220.00m，横坐标为 324.00m。设计施工坐标的 A 轴和 B 轴，应与厂区主要建筑物或主要道路、管线方向平行。

当施工坐标系与测量坐标系不一致时，见图 12-1，两者之间的关系可由施工坐标系原点 O' 的测量坐标 x'_0、y'_0 及 $O'A$ 轴的坐标方位角 α 来确定。在进行施工测量时，上述数据由勘测设计单位给出。

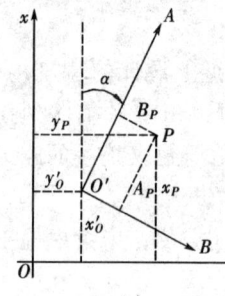

图 12-1

(2) 施工坐标系与测量坐标系的换算：在建立施工控制网和进行建筑物定位时，如果给定的施工坐标系与测量坐标系不一致，则需进行施工坐标与测量坐标的互相换算。

见图 12-1，在测量坐标系 xOy 中，P 点的坐标为 x_P、y_P；在施工坐标系中，P 点的坐标为 A_P、B_P；x'_0、y'_0 为施工坐标系原点在测量坐标系内的坐标，α 为施工坐标系 $O'A$ 轴与测量坐标系 ox 轴之间的夹角（即 $O'A$ 轴在测量坐标系的坐标方位角）。

将施工坐标换算为测量坐标的计算公式为：

$$x = x'_0 + A\cos\alpha - B\sin\alpha$$
$$y = y'_0 + A\sin\alpha + B\cos\alpha \qquad (12\text{-}1)$$

在同一施工坐标系中，x'_0、y'_0 和 α 的数值均为常数。

若将测量坐标换算为施工坐标时，计算公式为

$$A = (x - x'_0)\cos\alpha + (y - y'_0)\sin\alpha$$
$$B = -(x - x'_0)\sin\alpha + (y - y'_0)\cos\alpha \qquad (12\text{-}2)$$

使用式 (12-1)、式 (12-2) 式进行计算时需已知 x'_0、y'_0 和 α。若设计单

位未给出上述数值,而仅给出两点在测量坐标系与施工坐标系中的坐标,例如,P_1、P_2 两点,在测量坐标系中的坐标分别为 x_1、y_1 和 x_2、y_2,在施工坐标系中的坐标分别为 A_1、B_1 和 A_2、B_2,则可按下列公式计算出 x'_0、y'_0 及 α (图 12-2)。

$$\alpha = \arctan\frac{y_2 - y_1}{x_2 - x_1} - \arctan\frac{B_2 - B_1}{A_2 - A_1} \tag{12-3}$$

$$\left.\begin{array}{l} x'_0 = x_2 - A_2\cos\alpha + B_2\sin\alpha \\ y'_0 = y_2 - A_2\sin\alpha - B_2\cos\alpha \end{array}\right\} \tag{12-4}$$

下列公式可作为计算检核之用:

$$\left.\begin{array}{l} x'_0 = x_1 - A_1\cos\alpha + B_1\sin\alpha \\ y'_0 = y_1 - A_1\sin\alpha - B_1\cos\alpha \end{array}\right\} \tag{12-5}$$

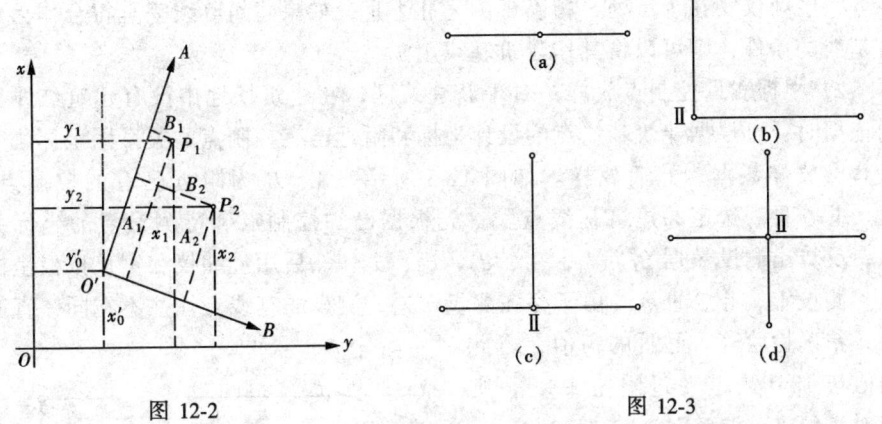

图 12-2　　　　　　　　　图 12-3

2. 建筑基线

(1) 布设形式与要求:当建筑场地不大时,根据建筑物的分布、场地的地形等因素,布设一条或几条轴线,作为施工测量的基准线,简称为建筑基线。常用的形式有"一"字形、"L"形、"十"字形和"T"形 (见图 12-3)。

建筑基线的布置要求是:

1) 建筑基线应与主要建筑物轴线平行或垂直,并尽可能靠近主要建筑物,以便于用直角坐标法进行测设。

2) 基线点位应选在通视良好和不易破坏的地方。为了能长期保存,要埋设永久性的混凝土桩。

3) 基线点应不少于三个,以便检测基线点位有无变动。

(2) 建筑基线的放样方法:

1) 根据建筑红线放样：在老建筑区，建筑用地的边界线（建筑红线）是由城市测绘部门测设的，可作为建筑基线放样的依据。如图 12-4 所示，AB、AC 是建筑红线，Ⅰ、Ⅱ、Ⅲ是建筑基线点，从 A 点沿 AB 方向量取 d_2 定 Ⅰ′点，沿 AC 方向量取 d_1，定 Ⅰ″点。通过 B、C 作红线的垂线，并沿垂线量取 d_1、d_2 得Ⅱ、Ⅲ点，则Ⅱ、Ⅰ″与Ⅲ、Ⅰ′相交于Ⅰ点。Ⅰ、Ⅱ、Ⅲ点即为建筑基线点。

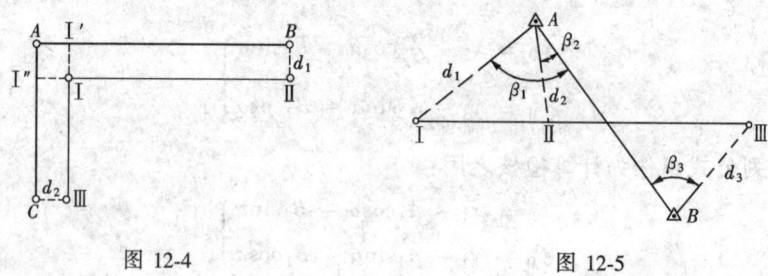

图 12-4　　　　　　　图 12-5

将经纬仪安在Ⅰ点处，精确观测∠ⅡⅠⅢ，如果建筑红线完全符合作为建筑基线的条件，则可以将其作建筑基线用。

2) 根据测量控制点放样：对于新建筑区，在建筑场地中没有建筑红线作为依据时，可根据建筑基线点的设计坐标和附近已有控制点的关系用坐标法先计算出放样数据，然后放样。如图 12-5 所示，A、B 为附近已有的控制点，Ⅰ、Ⅱ、Ⅲ为选定的建筑基线点。首先根据已知控制点和待测设点的坐标关系，反算出测设数据 β_1、d_1，β_2、d_2，β_3、d_3，然后用经纬仪和钢尺按极坐标法，测设Ⅰ、Ⅱ、Ⅲ点。由于存在测量误差，测设的基线点往往不在同一直线上，精确检验∠ⅠⅢ的角值，若此角值与 180°之差超过限差 ±15″，则应对点位进行调整。

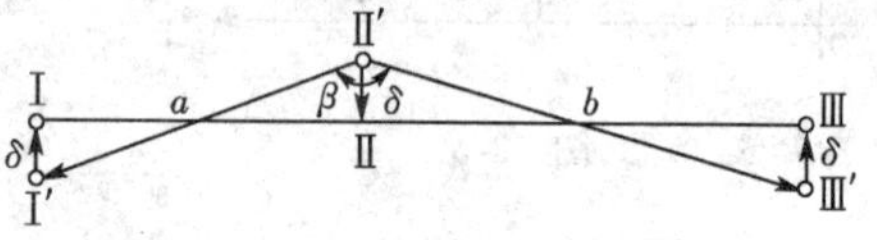

(3) 建筑基线的调直方法

调直的方法如图 12-6 所示，当 Ⅰ′、Ⅱ′、Ⅲ′不在一条直线上，应将该三点沿与基线相垂直的方向各移动相等的调整量 δ，其值按下式计算：

图 12-6

$$\delta = \frac{ab}{2(a+b)} \times \frac{180°}{\rho''} \quad (12\text{-}6)$$

式中　δ——各点的调整量，m；
　　　a——ⅠⅡ的长度；
　　　b——ⅡⅢ的长度；
　　　ρ''——206 265″。

计算得调整量 δ 后，用钢尺在实地丈量 δ 值，且要注意丈量的方向。得到改正后的Ⅰ、Ⅱ、Ⅲ三个点，用经纬仪再作检查，直至达到精度要求。

3．建筑方格网

1）建筑方格网的布设：由正方形或矩形格网组成的施工控制网称为建筑方格网，或称矩形网。它是建筑场地常用的控制网形式之一，适用于按正方形或矩形布置的建筑群或大型、高层建筑的场地。建筑方格网轴线与建筑物轴线平行或垂直，因此可用直角坐标法进行建筑物的定位，放样较为方便，且精度较高。布设方格网时，应根据建（构）筑物、道路、管线的分布，结合场地的地形情况，先选定方格网的主轴线（图12-7中 A、O、B、C、D 为主轴线点），再全面布设方格网。布设要求与建筑基线基本相同，另需考虑下列几点：

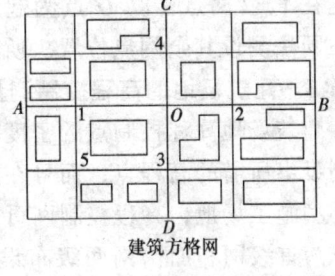

图 12-7

①方格网的主轴线应选在建筑区的中央，并与总平面图上所设计的主要建筑物轴线平行。

②方格网的折角应严格成90°，测设误差应在90°±5″。

③方格网的边长一般为100～300m，边长的相对精度视工程要求而定，一般为1/10 000～1/20 000。

④相邻方格网点之间应保证通视；便于量距和测角，点位应选在不受施工影响并能长期保存的地方。

在设计方格网时，可将方格网绘在透明纸上，再覆盖到总平面图上移动，以求得一个合适的布网方案，最后再转绘到总平面图上。

2）主轴线的测设：首先根据原有控制点坐标与主轴线点坐标计算出测设数据，然后测设主轴线点。如图12-8所示先测设长主轴线 AOB，其方法与建筑基线测设相同。再测设与长主轴线相垂直的另一主轴线 COD，此时安置经纬仪于 O 点，瞄准 A 点，依次旋转90°和270°，以精密量距初步定出 C'、D' 点，然后，精确测定 $\angle AOC'$、$\angle AOD'$，如果这两个角值与90°之差 ε_1 和 ε_2，再按下式计算 C' 点与 D' 点的改正数 l_1 和 l_2

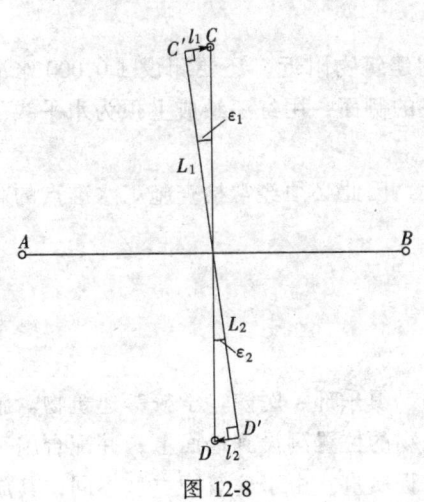

图 12-8

$$l_i = L_i \frac{\varepsilon_i}{\rho''} \qquad (12\text{-}7)$$

式中 L_i 表示 OC' 的距离 L_1，OD' 的距离

L_2。由 C' 和 D' 分别沿 OC' 和 OD' 的垂直方向改正 l_1 和 l_2 得调整后的主点 C 和 D。精密丈量 OC、OD 的距离,精度应达 1/10 000。各轴线点应埋设混凝土桩,桩顶设置一块 10cm×10cm 的铁板,供调整点位用。

3) 建筑方格网点测设:测设出主轴线后,如图 12-7 所示,从 O 点沿主轴线方向进行精密丈量,定出 1、2、3、4 等点,定 5 点的方法是:经纬仪分别安置在 1、3 两点,以 O 点为起始方向精密测设 90°角,用角度交会法定出 5 点。同法测设其余网点位置。所有方格网点均应埋设永久性标志。

12.2.3 建筑场地的高程控制测量

建筑场地高程控制点的密度,应尽可能满足在施工放样时安置一次仪器即可测设出所需的高程点,而且在施工期间,高程控制点的位置应稳固不变。对于小型施工场地,高程控制网可一次性布设,当场地面积较大时,高程控制网可分为首级网和加密网两级布设,相应的水准点称为基本水准点和施工水准点。

1. 基本水准点　基本水准点是施工场地高程首级控制点,用来检核其他水准点高程是否有变动,其位置应设在不受施工影响、无震动、便于施测和能永久保存的地方,并埋设永久性标志。在一般建筑场地上,通常埋设三个基本水准点,布设成闭合水准路线,并按城市四等水准测量的要求进行施测。对于为连续性生产车间,地下管道放样所设立的基本水准点,则需要采用三等水准测量方法进行施测。

2. 施工水准点　施工水准点用来直接测设建(构)筑物的高程。为了测设方便和减少误差,水准点应靠近建筑物,通常可以采用建筑方格网点的标桩加设圆头钉作为施工水准点。对于中、小型建筑场地,施工水准点应布设成闭合水准路线或附合水准路线,并根据基本水准点按城市四等水准点或图根水准测量的要求进行施测。

为了施工放样的方便,在每栋较大的建筑物附近,还要测设 ±0.000 水准点,其位置多选在较稳定的建筑物墙、柱的侧面,用红漆绘成上顶为水平线的"▽"形。

由于施工场地环境杂乱,情况变化大,因此必须经常检查施工水准点的高程有无变动。

12.3　民用建筑施工测量

12.3.1　概述

民用建筑指的是住宅、办公楼、商场、俱乐部、医院、学校等建筑物。施工测量的任务是按照设计的要求,把建筑物的位置测设到地面上,并配合施工的进程进行一系列的测量工作,以保证工程质量。由于建筑物类型不同,其放样方法和精度要求也有所不同，但放样过程基本相同。

民用建筑施工测量包括建筑物定位、细部放样、基础工程施工测量、墙体工程施工测量等。

施工测量前应做好以下各项工作：

1. 熟悉设计图纸　设计图纸是施工测量的依据，施工以前应认真阅读设计图纸及其有关说明，了解施工的建筑物与相邻地物之间的关系，以及建筑物的尺寸和施工要求等。测设时必须具备下列图纸资料：

（1）总平面图，是施工测量的总体依据，建筑物就是根据总平面图上所给的尺寸关系进行定位的。

（2）建筑平面图，给出建筑物各定位轴线间的尺寸关系及室内地坪标高等。

（3）基础平面图，给出基础轴线间的尺寸关系和编号。

（4）基础详图（即基础大样图），给出基础设计宽度、形式、设计标高及基础边线与轴线的尺寸关系，是基础施工的依据。

（5）立面图和剖面图，给出基础、地坪、门窗、楼板、屋架和屋面等设计高程，是高程测设的主要依据。

在熟悉上述主要图纸基础上，要认真核对各种图纸总尺寸与各部分尺寸之间的关系是否相符，以防止测设时出现差错。

2. 现场踏勘　目的是为了解施工现场周围地物以及测量控制点的分布情况，并对测量控制点的点位进行检核，以取得正确的起始数据。

3. 拟定放样方案，绘制放样略图　根据总平面图给定的建筑物位置以及现场控制点情况，拟定放样方案、绘制放样略图。在略图上标出建筑物轴线间的主要尺寸以及有关的放样数据，供现场放样时使用。

此外，应准备好放样所需的仪器、工具，对主要的仪器应进行认真的检验校正。平整和清理施工现场，以便进行测设工作。

12.3.2　民用建筑施工中的测量工作

民用建筑施工中，施工测量工作贯穿于整个施工过程。下面以一栋多层建筑物为例，介绍施工过程中的各项测量工作。

1. 建筑物的定位　建筑物定位的任务是根据设计总平面图所给定的建筑物位置，将建筑物外轮廓各轴线的交点（称角点桩）标定于施工现场。主要有三种方法：

（1）根据与原有建筑物关系定位：当在建筑区内新建或扩建建筑物时，常根据施工图上给出的设计建筑物与周围原有建筑物之间的位置关系尺寸，来进行建筑物的定位。

例如图 12-9a 中，Ⅰ号楼为原有建筑物，Ⅱ号楼为拟建的建筑物。现欲将

拟建建筑物的外墙轴线 MN 测设于地面,其步骤如下:

将原有建筑物外墙面边线 CA、DB 向外延长一段距离 a（2~4m），得 A'、B'，使 AA'＝BB'。A'、B'均用木桩标志。然后在 A'点安置经纬仪，瞄 B'点，在 A'B'的延长线上根据总平面图给定的建筑物间距 l 及 MN 的尺寸，测设出 M'、N'点。再将经纬仪安置于 M'点，瞄准 A'点测设 90°角，沿此方向量距离 a 加上拟建建筑物外墙轴线与外墙面之间的距离，得 M 点。同样地可在 N'点安置仪器测设出 N 点。M、N 点均用桩点标志。最后，检测 MN 的距离，其值与设计长度的相对误差不应超过 1/5 000。

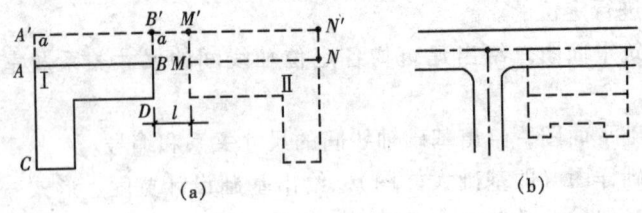

图 12-9

如图 12-9b 所示，拟建建筑物的轴线平行于道路中心线，测设时应先定出道路中线，然后根据拟建建筑物与道路中心线之间的关系确定出建筑物主轴线。

(2) 根据建筑物方格网定位：在建筑场地上，已建立建筑方格网，且设计建筑物轴线与方格网线平行或垂直，则可用直角坐标法进行角点桩测设。

(3) 根据控制点的坐标定位：在建筑场地附近，如果有测量控制点可以利用，则可根据控制点的坐标和建筑物定位点坐标，反算出标定角度与距离，然后用极坐标法或角度交会法进行定位测量。

2. 建筑物的放线　建筑物放线就是根据已测设的角点桩（建筑物外墙主轴线交点桩）及建筑物平面图，详细测设建筑物各轴线的交点桩（或称中心桩）。

(1) 测设建筑物轴线交点桩：如图 12-10 所示，M、N 为通过建筑物定位所标定的主轴线点。将经纬仪安置于 M 点，瞄准 N 点，按顺时针方向测设 90°角，沿此方向量取房宽定出 R 点。同样地可测出其余外墙轴线交点 O、P、Q。R、O、

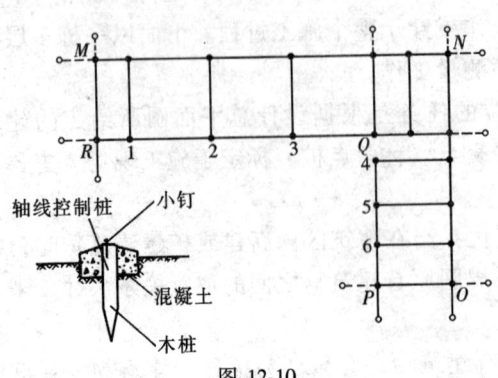

图 12-10

P、Q 各点也均用桩点标志。定出各角点后,要通过钢尺丈量、复核各轴线交点间的距离,与设计长度比较,其误差不得超过 1/2 000。然后再根据建筑平面图上各轴线之间的尺寸,测设建筑物其他各轴线的交点,如图 12-10 中 1、2、3…各点,并用桩点标志(称为中心桩)。

(2)测设控制桩或龙门板·由于基槽开挖后,角桩和中心桩将被挖掉,为了便于施工中恢复各轴线位置,应把各轴线延长到槽外安全地点,并作好标志。其方法有设置轴线控制桩和龙门板两种形式。

1)测设控制桩(引桩):如图 12-10 所示,将经纬仪安置在角桩上,瞄准另一角桩,沿视线方向用钢尺向基槽外侧量取 2~4m。打下木桩,桩顶钉上小钉,准确标志出轴线位置,并用混凝土包裹木桩(图 12-10)。

对于多、高层建筑物,为了便于向上引测轴线,可将轴线控制桩设在离建筑物稍远的地方,如附近有固定建筑物,最好把轴线投测到建筑物上并作为标志。

大型建筑物放线时,为了确保轴线控制桩的精度,通常是先测设轴线控制桩,然后根据轴线控制桩测设角桩。

2)设置龙门板:在一般民用建筑中,常在基槽开挖线外一定距离处钉设龙门板(图 12-11),其步骤和要求如下:

①在建筑物四角和中间定位轴线的基槽开挖线外约 1.5~3m 处(根据土质和槽深而定)设置龙门桩,桩要钉得竖直、牢固,桩外侧面应与基槽平行。

②根据场地内的水准点,用水准仪将 ±0 的标高测设在每个龙门桩上,用红铅笔划一横线。

③沿龙门桩上测设的 ±0 线钉设龙门板,使板的上边缘高程正好为 ±0,若现场条件不允许可时,也可测设比 ±0m 高或低一整数的高程,测设龙门板高程的限差为 ±5mm。

④如图 12-10 所示,将经纬仪安置在 M 点,瞄准 N 点,沿视线方向在 N 点附近的龙门板上定出一点,钉小钉标志(称轴线钉)。倒转望远镜,沿视线在 M 点附近的龙门板上钉一小钉。同法可将各轴线都引测到各相应的龙门板上。引测轴线点的误差应小于 ±5mm。如果建筑物较小,则可用锤球对准桩点,然后沿两锤球线拉紧线绳,把轴线延长并标定在龙门板上(见图 12-11)。

⑤用钢卷尺沿龙门板顶面检查轴线钉之间的距离,其精度应达到 1:2 000~1:5 000。经检核合格后,以轴线钉为准,将墙边线、基础边线、基槽开挖边线等标定在龙门板上。标定基槽上口开挖宽度时,应按有关规定考虑放坡的尺寸。

机械化施工时,一般仅测设控制桩而不设龙门板和龙门桩。

3．基础施工测量

(1) 基槽开挖边线放线与水平桩的测设

1) 基槽开挖边线放线：在基础开挖之前应按照基础详图上的基槽宽度再

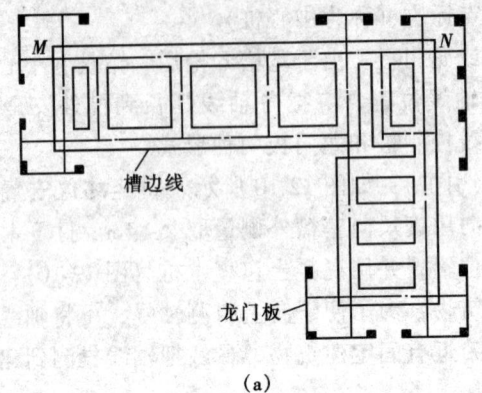

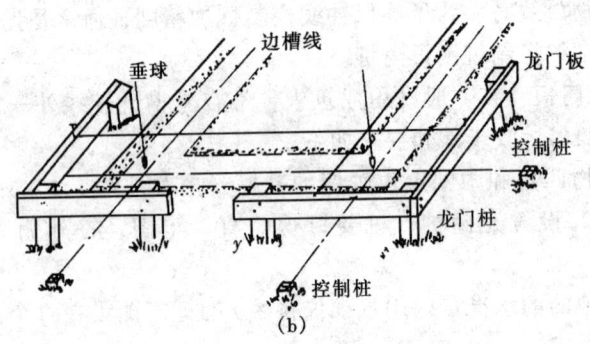

图 12-11

加上口放坡的尺寸，由中心桩向两边各量出相应尺寸，并作出标记；然后在基槽两端的标记之间拉一细线，沿着细线在地面用白灰撒出基槽边线，施工时就按此灰线进行开挖。

2) 测设水平桩：为了控制基槽开挖深度，在即将挖到槽底设计标高时，用水准仪在槽壁上测设一些水平的小木桩（图12-12），使木桩的上表面离槽底设计标高为一固定值（如0.500m），用以控制挖槽深度。为了施工时使用方便，一般在槽壁各拐角处和槽壁每隔3~4m处均测设一水平桩，作为清理槽底和打基础垫层时掌握标高的依据。水平桩高程测设允许误差为±10mm。见图12-12，槽底设计标高为-1.700m，按图中所列数据，在槽壁

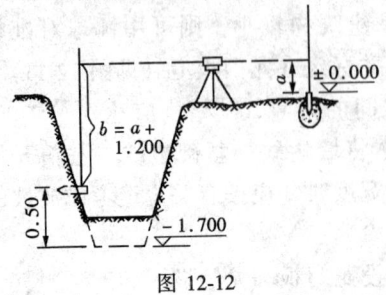

图 12-12

测设出的水平桩标高为 -1.200m，自水平桩面向下量取 0.500m 即为槽底的设计位置。

(2) 基础施工测量：基础施工包括垫层和基础墙的施工。

1) 垫层面标高的测设：垫层面标高的测设可以槽壁水平桩为依据在槽壁弹线，或在槽底打入小木桩进行控制。如果垫层需支架模板，可以直接在模板上弹出标高控制线。

2) 在垫层上投测墙中心线：基础垫层浇注后，根据龙门板上的轴线钉或轴线控制桩，用经纬仪或用拉线挂垂球的方法（见图12-11）把轴线投测到垫层面上，并用墨线弹出墙中心线和基础边线，以便砌筑基础。由于整个墙身砌筑均以此线为准，所以要进行严格校核。

3) 基础墙标高的控制：墙中心线投在垫层上，用水准仪检测各墙角垫层面标高后，即可开始基础墙（±0.00以下的墙）的砌筑。基础墙的高度是用基础"皮数杆"控制的。皮数杆用一根木杆制成，在杆上按照设计尺寸将砖和灰缝的厚度，分皮——画出，每五皮砖注上皮数（基础皮数杆的层数从±0.000向下注记）并标明±0.000、防潮层和需要预留洞口的标高位置等。如图12-13所示。

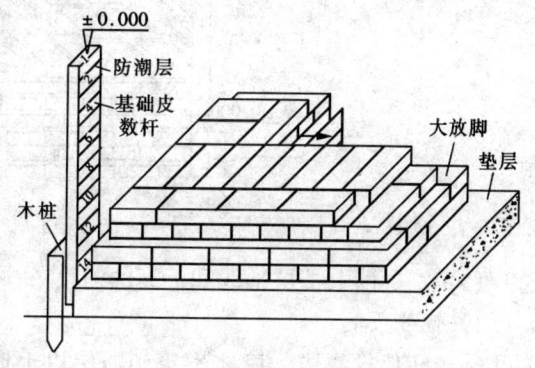

图 12-13

立皮数杆时，可先在立杆处打一木桩，用水准仪在木桩侧面定出一条高于垫层标高某一数值（如10cm）的水平线；然后将皮数杆上标高相同的一条线与木桩上的水平线对齐，并用大铁钉把皮数杆与木桩钉在一起，作为基础墙砌筑的标高依据。对于采用整体钢筋混凝土基础墙的建筑物，可用水准仪将标高测设于模板上。

4. 墙体施工的测量

(1) 墙体轴线投测：基础墙砌筑到防潮层以后，可根据轴线控制桩或龙门板上中线钉，用经纬仪或拉细线，把这一层楼房的墙中线和边线投测到防潮层上，并弹出墨线，检查外墙轴线交角是否等于90°；符合要求后，把墙轴线延伸到基础墙的侧面上画出标志，作为向上投测轴线的依据。同时把门、窗和其他洞口的边线，也在外墙基础立面上画出标志。

(2) 墙体标高的控制：墙体砌筑时，其标高也常用皮数杆控制。在墙身皮数杆上根据设计尺寸，按砖和灰缝的厚度画线，并标明门、窗、过梁、楼板等的标高位置。杆上注记从±0.000向上增加（图12-14）。墙身皮数杆的设立方法与基础皮数杆相同。

每层墙体砌筑到一定高度后，常在各层墙面上测设出±0.50m的标高线，作为掌握楼面抹灰及室内装修的标高依据。

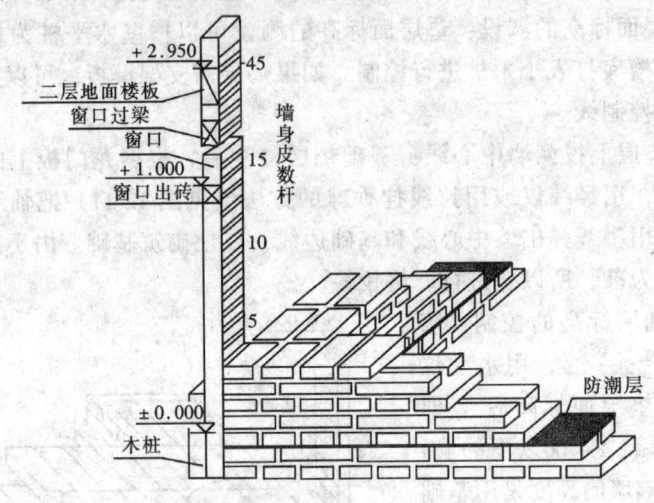

图 12-14

(3) 二层以上楼层轴线和标高的测设：

1) 轴线投测：

①经纬仪投测法：墙体砌筑到二层以上时，为了保证建筑物轴线位置正确，通常把经纬仪安置在轴线控制桩上，如图 12-14 所示，经纬仪安置在 A 轴与 B 轴的控制桩上，瞄准底层轴线标志 a、a'，b、b'，用盘左盘右取平均的方法，将轴线投测到上一层楼板边缘，并取中点作为该层中心轴线点，a_1、a'_1 和 b_1、b'_1 两线的交点 o' 即为该层的中心点。此时轴线 $a_1 o' a'_1$ 与 $b_1 o' b'_1$ 便是该层细部放样的依据。随着建筑物不断升高，同法逐层向上投测。见图 12-15。

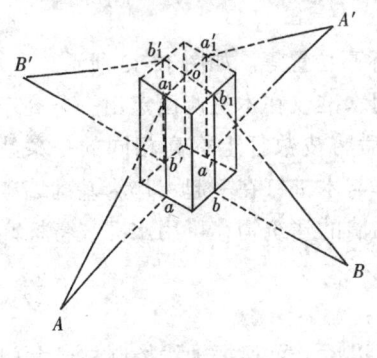

图 12-15

②吊垂球引测法：用较重的垂球悬吊在楼板或柱顶边缘，当垂球尖对准基础面上的轴线标志时，垂球线在楼板或柱边缘的位置即为楼层轴线位置。画出标志线，同样地可投测出其余各轴线。经检测，各轴线间距符合要求即可继续施工。但当测量时风力较大或楼层建筑物较高时，投测误差较大，此时应采用经纬仪投测法。

2) 楼层面标高的传递：

①利用皮数杆传递：一层楼房砌好后，把皮数杆移到二层楼继续使用，为

了使皮数杆立在同一水平面上，用水准仪测定楼板面四角的标高，取平均值作为二楼的地坪标高，并竖立二层的皮数杆，以后一层一层往上传递。

②利用钢尺丈量：在标高精度要求较高时，可用钢尺从墙脚±0标高线沿墙面向上直接丈量，把高程传递上去。然后钉立皮数杆，作为该层墙身砌筑和安装门窗、过梁及室内装修，地坪抹灰时控制标高的依据。

③悬吊钢尺法：在外墙或楼梯间悬吊钢尺，钢尺下端挂一重锤，然后使用水准仪把高程传递上去。一般需3个底层标高点向上传递，最后用水准仪检查传递的高程点是否在同一水平面上，误差不超过±3mm。

此外，也可使用水准仪和水准尺按水准测量方法沿楼梯将高程传递到各层楼面。

12.4 高层建筑施工测量

随着现代城市的发展，高层建筑日益增多。高层建筑由于层数较多、高度较高、施工场地狭窄，在施工过程中，对于垂直度偏差、水平度偏差及轴线尺寸偏差都必须严格控制。

12.4.1 高层建筑轴线投测

高层建筑物施工测量中的主要问题是控制竖向偏差，也就是各层轴线如何精确地向上引测问题。国家规范中规定：竖向偏差在本层内不得超过±5mm，全楼的累积偏差不得超过±20mm。

高层建筑物轴线投测，常规采用经纬仪引桩投测法，现代多用激光铅垂仪投测法。

1. 经纬仪引桩投测法 如10层以上时，经纬仪向上投测的仰角增大，投测精度随着仰角增大而降低，且操作不方便。因此，必须将主轴线控制桩引测到远处稳固地点或附近大楼屋面上，以减小仰角。如图12-16所示。

引测的方法是：将经纬仪安置在已投上去的轴线上，如 $a_{10} o_{10} a'_{10}$ 上，瞄准地面上原有两条轴线的控制桩 A、A'，分别用正倒镜延长轴线，在远处定出 A_1、A'_1 点，并埋设标志固定其点位，作为轴线延长线上新的控制桩。将经纬仪安置于新的控制桩 A_1、A'_1，分别用 a_{10}、a'_{10} 定向，然后逐层向上投测轴线。

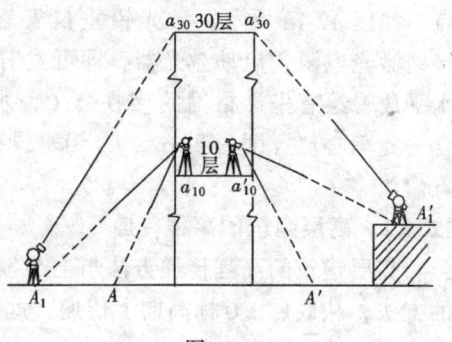

图 12-16

投测前，应严格检校仪器，要注意照准部水准管应严格垂直于竖轴，横轴严格垂直于竖轴，投测时应仔细整平仪器。

2. 激光铅垂仪投测

(1) 激光铅垂仪简介：激光铅垂仪是一种专用的铅直定位的仪器，适用于烟囱、塔架和高层建筑的竖直定位测量。它是由氦氖激光器、竖轴、发射望远镜、水准器和基座等部件组成，基本构造如图 12-17 所示，仪器竖轴是空心筒轴，将激光器安在筒轴的下端，望远镜安在上方，构成向上发射的激光铅垂仪。也可以反向安装，成为向下发射的激光铅垂仪。仪器上有两个互成 90°的水准器，并配有专用激光电源，使用时利用激光器底端所发射的激光束进行对中，通过调节脚螺旋使气泡严格居中。接通激光电源便可铅直发射激光束。

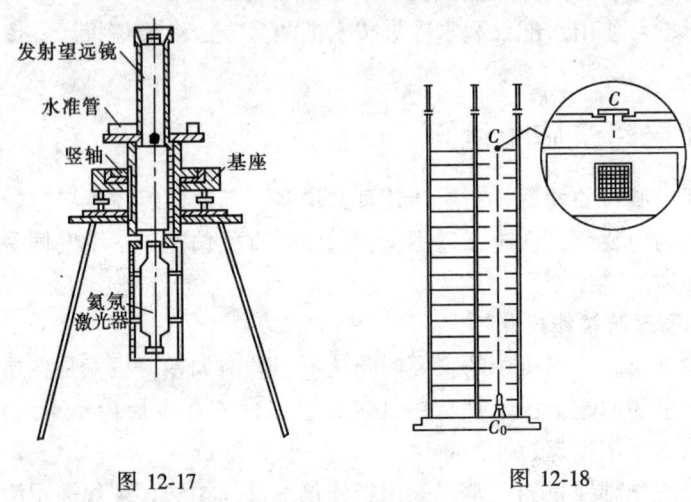

图 12-17　　　　　图 12-18

(2) 激光铅垂仪投测轴线：为了把建筑物首层轴线投测到各层楼面上，使激光束能从底层直接打到顶层，各层楼板上应预留孔洞约 300mm×300mm，有时也可利用电梯井、通风道、垃圾道向上投测。注意不能在各层轴线上预留孔洞，应在距轴线 500~800mm 处，投测一条轴线的平行线，至少有两个投测点。如图 12-18 所示，激光铅垂仪安置在底层测站点 C_0，严格对中、整平，接通激光电源，启动激光器，即可发射出铅直的激光直线，在高层楼板孔洞上水平放置绘有坐标格网的接收靶 C，水平移动接收靶，使靶心与红色光斑重合，此靶心位置即为测站点 C_0 铅垂投射位置，C 点作为该层楼面的一个控制点。

12.4.2 高层建筑的高程传递

高层建筑的高程传递方法与上节叙述的普通建筑相同，一般是用悬吊钢尺的方法，从底层 ±0 标高向上传递，此处不再重述。

12.5 工业厂房测量

工业建筑中以厂房为主体，分为单层和多层厂房。目前，我国较多采用预制钢筋混凝土柱装配式单层厂房,其施工中的测量工作包括:厂房矩形控制网测设;厂房柱列轴线放样;杯型基础施工测量;厂房构件安装测量等。

与民用建筑施工测量一样,施测前应做好准备工作,认真熟悉各种图纸。核对各种控制点点位及有关数据,进行现场踏勘,拟订测设计划,并对测量仪器进行检验校正。

12.5.1 厂房控制网的测设

1. **厂房控制网的设计** 为了满足厂房施工的需要,要以建筑场地施工控制网为依据,建立适应厂房规模大小和外形轮廓以及满足厂房精度要求的独立矩形控制网,作为厂房施工测量的基本控制。

建立厂房矩形控制网时,首先要进行矩形控制网的设计,如图 12-19 所示。1、2、3、4 为厂房的四个角点,其设计坐标在设计图纸上已经给出;选定与厂房柱列轴线或设备基础轴线重合或平行的两条纵、横轴线作为主轴

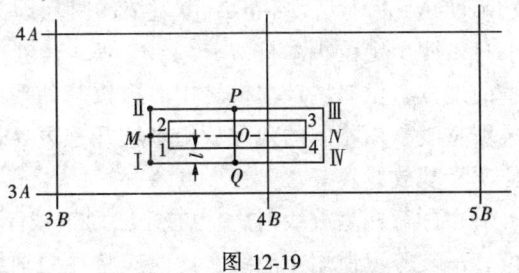

图 12-19

线,见图中的 M、N、P、Q;然后在基础开挖线以外,距离为 l(一般约 4m 左右)处,测设一个与厂房轴线平行的矩形控制网,如图中Ⅰ、Ⅱ、Ⅲ、Ⅳ所示。由于厂房角点 1、2、3、4 坐标为已知,即可确定出主轴线点 M、N、P、Q 的坐标。

2. **现场测设矩形控制网** 测设时,首先根据现场的施工控制点,将长轴线 MON 测设于地面,再根据长轴线测设出短轴线 POQ,并进行方向改正。纵横主轴之间的交角误差应不大于 $\pm 5''$。主轴线方向经调整后,以 O 为起点,通过精密量距,定出纵、横主轴线端点 M、N 的位置,如图 12-20 所示。主轴线长度相对误差应不超过 1/20 000 ~ 1/30 000,并埋设固定标石。

主轴线确定后,就可根据主轴线测设矩形控制网。测设时,首先在纵横主轴线端点 M、N、P、Q 分别安置经纬仪,瞄准 O 点作为起始方向,分别测设 90°角,交会出Ⅰ、Ⅱ、Ⅲ、Ⅳ四个角点;然后再精密丈量 MⅠ、MⅡ、NⅢ、NⅣ、PⅡ、PⅢ 和 QⅠ、QⅣ的距离,其精度要求与主轴线测设精度要求相同,并根据所量距离与设计长度之差,对点位作适当的调整。

为了便于以后进行厂房细部施工放线,在测设矩形控制网的同时,应按一定间距设置一些控制桩,称为距离指标桩,如图 12-19 所示。距离指标桩的间距以不大于一整尺长,且为柱间跨距的整数倍为宜。

测设小型厂房矩形控制网时,可先测设出矩形控制网的一条长边,然后以这条边为基础,测设出其他三条边。此种控制网的角度误差应不大于 $\pm 10''$,

边长丈量相对误差不超过 1/10 000 ~ 1/25 000。

12.5.2 厂房柱列轴线测设和柱基施工测量

1. 柱列轴线测设　根据厂房平面图上所注的柱间距和跨距尺寸，用钢尺沿矩形控制网各边量出各柱列轴线控制点的位置（图 12-20 中 1′、2′、…）并打入大木桩，用桩顶小钉标志出点位，作为基坑放样和施工安装的依据。丈量时应根据相邻的两个距离指标桩为起点分别进行，以便检核。

2. 柱基定位、放线　安置两台经纬仪在相应的柱列轴线控制桩上（或基础中心线控制桩），交出各柱基的位置（即两轴的交点）；此项工作叫柱基定位。见图 12-20 中，欲测设 B、2 交点的桩基，将经纬仪安置在 M 和 2′ 上，分别瞄准 N 和 2″ 点，则 M-N 和 2′-2″ 的交点即为柱基定位点。在柱基的两条轴线上打入四个定位小木桩 a、b、c、d，其桩位应在基础以外比基础深度大 1.5 倍的地方，供修坑及立模之用。再按基础平面图和大样图所注尺寸，顾及基坑放坡宽度，用特制的角尺放出基坑开挖边界，并撒出白灰线以便开挖，此项工作叫柱基放线。

在进行柱基放线时，应注意柱列轴线不一定都是基础中心线。而一般立模、吊装等习惯用中心线，此时应将柱列轴线平移，定出柱子中心线。

3. 柱基施工测量

（1）控制基坑开挖深度：当基坑快要挖到设计标高时，应在坑壁四周离坑

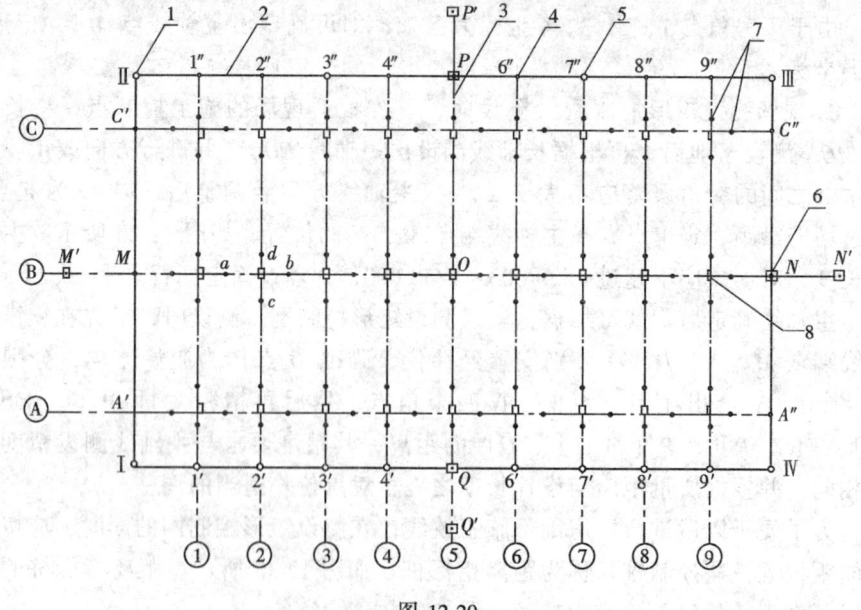

图 12-20

1—矩形控制网角柱；2—矩形控制网；3—主轴线；4—柱列轴线控制桩；
5—距离指标桩；6—主轴线桩；7—柱基中心线桩；8—柱基

底设计标高 0.5m 处设置水平桩，作为检查坑底标高与控制垫层高度的依据。

（2）杯形基础立模测量：基础垫层打好后，根据柱列轴线桩将柱子轴线投到垫层上，弹出墨线（图 12-21 中的 PQ、RS），然后用角尺定出角点 1、2、3、4，供柱基立模和布置钢筋用。立模板时，将模板底的定位线对准垫层上的定位线。从柱基定位桩拉线吊垂球检查模板是否垂直，最后用水准仪将杯口和杯底的设计标高引测到模板的内壁上。

图 12-22 为杯形基础的剖面图。

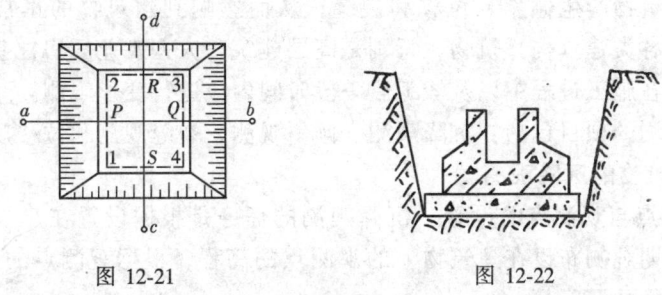

图 12-21　　　　　　图 12-22

车间内部设备基础的定位、放线可仿照上述方法进行。

4. 钢柱柱基的定位放线测量　钢柱柱基的定位和坑底测设水平桩的方法，均与钢筋混凝土柱基测设方法相同。不同处是钢柱的锚定地脚螺栓的定位放样，精度要求高，测设方法如下：

（1）小型柱的地脚螺栓，一般直径较小，重量也较轻，可用如图 12-23 所示的木支架来定位。支架装在基础的模板上。模板架设，系根据基础龙门板或轴线控制桩，在垫层上确定轴线位置，按设计尺寸，由轴线放出模板内口的位置，弹出墨线，再立模板。地脚螺栓则按设计位置，先装于支架上，再根据龙门板或轴线控制桩在模板上放出基础轴线位置，据此放出支架板轴线位置，安装支架板，地脚螺栓即可按设计就位。

放轴线用经纬仪盘左及盘右位置测设，取平均值标定它的位置，亦可由相对的龙门板上所刻轴线标记，拉线后用垂球投点来标定轴线位置。

地脚螺栓的安装高程，应按设计要求用水准仪来测设第一丝扣的标高。

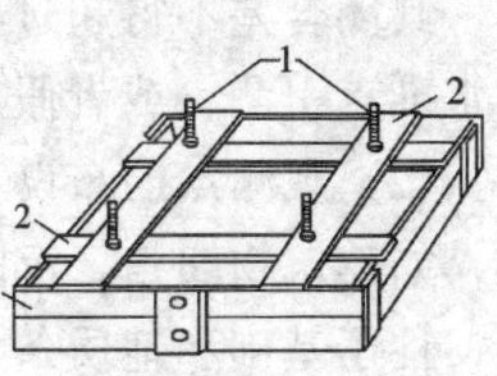

（2）大型柱的地脚螺栓，直径粗大且重量也较重，需用钢固定架来定位。固定架由样模、钢支架及拉杆组成。样模由槽形钢焊接，地脚螺栓孔位置按设计图尺寸，根据基础轴线精密放出。安装钢架及样模，应用经纬仪测设，使样模轴线与基础轴线重合；标高则先用水准仪测设到支架上，使样模上地脚

图 12-23
1—地脚螺栓；2—支架；
3—基础模板

螺栓位置及标高均符合设计要求。

钢固定架安装就位后，即可立模浇灌基础混凝土，此时钢支架留在混凝土基础中，样模可以拆除。

12.6 建筑物变形观测

各类建（构）筑物在施工过程和使用初期，由于荷载的不断增加以及外力的影响（如机械震动等），会引起建筑物的下沉。当建筑物各部分下沉不均匀时，会使建筑物产生倾斜、位移和裂缝，从而影响到建筑物的正常使用和安全。因此，各类建（构）筑物，特别是高层建筑、大型工业厂房柱基、重型设备基础等，在施工过程中以及竣工后一段时间内应进行变形观测。

变形观测的项目包括：沉降观测、倾斜观测、裂缝观测和位移观测。

12.6.1 建筑物的沉降观测

1. 水准点与观测点的设置 沉降观测的任务是根据设置在建筑物附近的水准点，定期观测布设在建筑物上的观测点的高程，根据观测点的高程变化，确定出建筑物的沉降量。

（1）水准点的设置：为了能检核水准点的位置是否稳固，水准点的数目不应少于三个。选择水准点时应注意：

1) 水准点应埋设在建（构）筑物基础压力及震动影响范围以外，离开铁路、公路及地下管道的距离应大于 5m，埋设深度要低于冰冻线 0.5m。

2) 水准点应设置在整个观测期间点位稳固不变、不会被施工破坏及观测时视线不受阻挡的地方。

3) 为便于观测及提高观测精度，应作到观测时只安置一次仪器就能测出水准点与建筑物上观测点之间的高差。水准点之间的高差应用 DS1 级水准仪和精密水准测量方法进行测定，将水准点组成闭合水准路线，或进行往返观测，其闭合差不得超过 $\pm 0.5\sqrt{n}\,\text{mm}$（$n$ 为测站数）。水准点的高程自国家或城市水准点引测，或者假定。

（2）观测点的布设：沉降观测点应布设在能全面反映建筑物沉降情况的部位，如建筑物四角，沉降缝两侧，建筑物荷载变化较大的地方，大型设备基础，柱子基础和地质条件变化处。沉降观测点之间的距离一般为 10~20m，设置形式如图 12-24 所示。

2. 沉降观测

（1）观测时间：观测的时间和次数应根据工程性质、施工进度、地基土质情况及基础荷载的变化情况而定。当埋设的观测点稳固后应立即进行第一次观测。施工期间，高层建筑物每升高 1~2 层或每增加一次荷载，如基础浇灌、安装柱子等，就要观测一次。此外，如中途停工时间较长，应在停工时和复工前进行观测。其他建筑物的观测总次数不应少于5次。当发生大量沉降或严重的裂缝时，应立即进行逐日或几天一次的连续观测。竣工后应根据沉降量的大小来确定观测的时间间隔。通常，第一年为四次，第二年为二次，第三年后为每年一次，直到沉降量稳定为止。

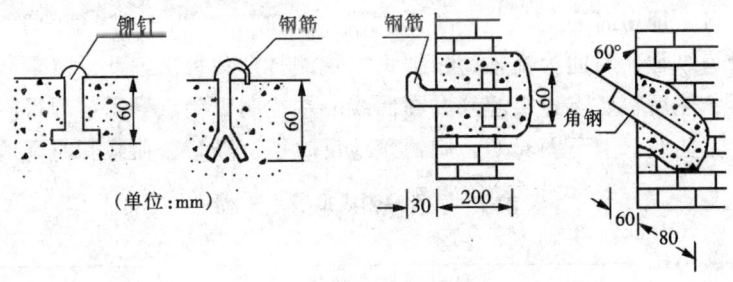

图 12-24

（2）观测方法与精度要求：观测时从水准点开始，逐点观测所设的沉降观测点，前后视最好使用同一支水准尺。每个测站上读完各沉降点读数后，要再观测后视读数，两次后视读数之差不能大于1mm。

对重要建筑物、设备基础、高层钢筋混凝土框架结构及地基土质不均匀的建筑物的沉降观测，水准路线的闭合差不能超过 $\pm\sqrt{n}$ mm（n 为测站数）。对一般建筑物的沉降观测，闭合差不能超过 $\pm 2\sqrt{n}$ mm。

每次沉降观测应注意采用相同的观测路线与观测方法，使用同一台水准仪和同一支水准尺，并尽可能在大体相同的外界条件下进行。

沉降观测的方法除用水准测量外，还可采用液体静力水准测量和地面摄影测量等方法进行。

3. 沉降观测的成果整理　沉降观测应在每次观测时详细记录观测点上部的荷载增加情况，描述被观测的建筑物或构筑物出现的新情况，如是否发生倾斜、有无裂缝等；并且应在现场及时计算各观测点的前后视高差、检查各读数是否正确，各项误差（如尺的常数差、两次后视尺读数之差和路线闭合差等）是否在允许限度内。根据水准点的高程和改正后的高差计算各观测点的高程；然后计算各观测点的本次沉降量，每次沉降量相加得累计沉降量。把上述数据和荷载情况记入沉降成果表中，如表12-1所示。

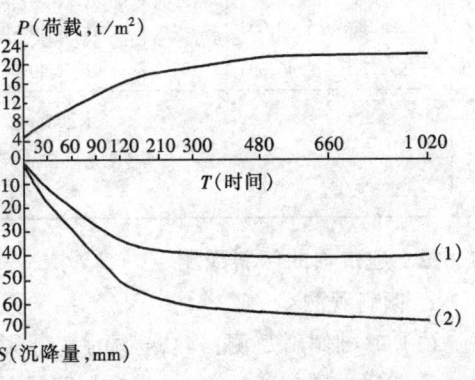

图 12-25

为了分析建筑物的沉降规律，更清楚地表示沉降、荷载、时间之间的关系，还要画出每一个观测点的时间与沉降量的关系曲线，如图12-25所示，它是按表12-1的数据画出的观测点1、2的曲线图，上部为时间与荷载的关系曲线。以荷载为纵轴，时间为横轴，根据每次观测日期和每次荷载重量画出各点，连接各点即得时间与荷载的关系曲线。下部为时间与沉降量的关系曲线。以沉降量为纵轴，时间为横轴，根据每次观测日期和每次累计下沉量，画出各点的位置，然后将各点连接起来并在曲线一端注明观测点号码，即得时间与沉降量的关系曲线。上下图对照，则清楚地反映了沉降量、荷载和时间的关系。

表 12-1 沉降观测成果表（节录）

工程名称：××××大学实验楼　　工程编号：

观测次数	观测日期（年、月、日）	各观测点的沉降情况						工程施工进展情况	荷载情况 /t·m^{-2}
		1			2				
		高程 /m	本次下沉 /mm	累计下沉 /mm	高程 /m	本次下沉 /mm	累计下沉 /mm		
1	1993.9.5	40.134			40.132			底层楼板	4.5
2	1993.10.5	40.124	-10	-10	40.117	-15	-15	安二层楼板	8.0
3	1993.11.3	40.114	-10	-20	40.103	-14	-29	安三层楼板	11.5
4	1993.12.4	40.106	-8	-28	40.091	-12	-41	安四层楼板	15.0
5	1994.1.6	40.100	-6	-34	40.080	-11	-52	安屋面板	19.0
6	1994.4.5	40.097	-3	-37	40.074	-6	-58	竣　　工	19.5
7	1994.7.3	40.096	-1	-38	40.070	-4	-62	使　　用	20.0
8	1995.1.5	40.094	-2	-40	40.068	-2	-64		
9	1995.7.6	40.093	-1	-41	40.066	-2	-66		
10	1996.7.5	40.093	0	-41	40.065	-1	-67		
注		水准点 A：39.864m　　B：39.723m　　C：39.436m							

12.6.2 建筑物的倾斜观测

1．倾斜观测

（1）基础倾斜观测：建筑物的基础倾斜观测一般采用精密水准测量的方法，定期测出基础两端点 S_1、S_2 沉降量的差值 Δh（图12-26），再根据两点间的距离 L，即可算出基础的倾斜度

$$i = \frac{\Delta h}{L} \tag{12-7}$$

（2）上部倾斜观测：

1）沉降量差值推算法：此法和观测基础倾斜一样，用精密水准测量测定

建筑物基础两端点的差异沉降量 Δh，再根据建筑物的宽度 L 和高度 H，推算出上部的倾斜值，如图 12-27 所示。设顶部倾斜位移值为 Δ，倾斜度为 i，则

$$\Delta = iH = \frac{\Delta h}{L}H \tag{12-8}$$

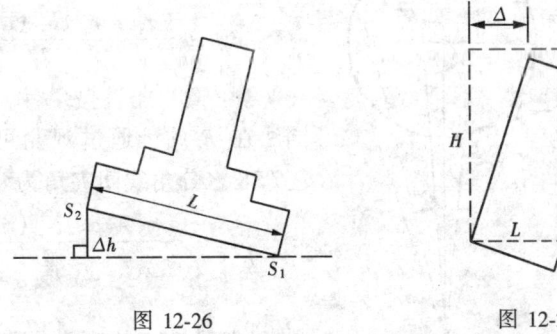

图 12-26　　　　　　　图 12-27

2) 悬挂垂球法：此法是测量建筑物上部倾斜的最简单方法，适合于内部有垂直通道的建筑物。从上部挂下垂球，根据上、下应在同一位置上的点，直接测定倾斜位移值 Δ。

3) 经纬仪投影法：如图 12-28a 所示：

①在建筑物倾斜部位 B 的两墙面延长线上，选定 P、Q 点作为测站点，使 $PB = QB = 1.5 \sim 2H$（H 为建筑物高度）。

②在 Q 点安置经纬仪，在 B 部位下墙角平放一直尺，以盘左盘右照准 B 墙角顶点及底点，将其投影在直尺上。设其平均值分别为 Q_1 及 Q_2，则 Q_1Q_2 的长度 e_Q 即为 Q_1Q_2 方向倾斜位移值。

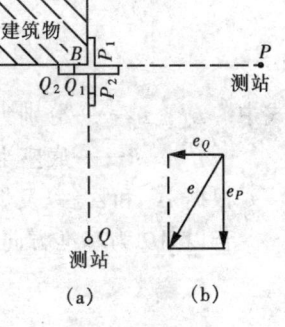

图 12-28

③在 P 点安置经纬仪，同样地，P_1P_2 方向的倾斜位移值为 e_P。

④求 e_Q、e_P 的矢量和，使得建筑物 B 顶部偏离底部的总倾斜位移值 Δ，即

$$\Delta = \sqrt{e_Q^2 + e_P^2} \tag{12-9}$$

或如图 12-28b 作矩形，其对角长即为 Δ 值，则建筑物的倾斜度为

$$i = \frac{\Delta}{H} \tag{12-10}$$

2. 塔式建筑物的倾斜观测

现以烟囱的倾斜观测为例，说明对塔式建筑物进行倾斜观测的方法。如图 12-29 所示，在离烟囱 $1.5H$（H 为烟囱高度）远的地方，选择两测站 A、B，

且要求 AO 尽量垂直 BO（O 为烟囱底部中心）。先置经纬仪于 A 站，用方向观测法观测与烟囱底部和顶部相切并且等高的点 1、2 与 3、4，然后记下水平方向读数 α_1、α_2、α_3、α_4，则∠$1A2$ 和上∠$3A4$ 的分角线间的夹角为

$$\delta_A = \frac{(\alpha_1 + \alpha_2) - (\alpha_3 + \alpha_4)}{2}$$

(12-11)

同法在 B 站，通过观测可得∠$5B6$ 和∠$7B8$ 之分角线间夹角为

$$\delta_B = \frac{(\alpha_5 + \alpha_6) - (\alpha_7 + \alpha_8)}{2}$$

(12-12)

则 O' 点对 O 点的倾斜位移分量为

$$\Delta_A = \frac{\delta_A(L_A + R)}{\rho}$$ (12-13)

$$\Delta_B = \frac{\delta_B(L_B + R)}{\rho}$$ (12-14)

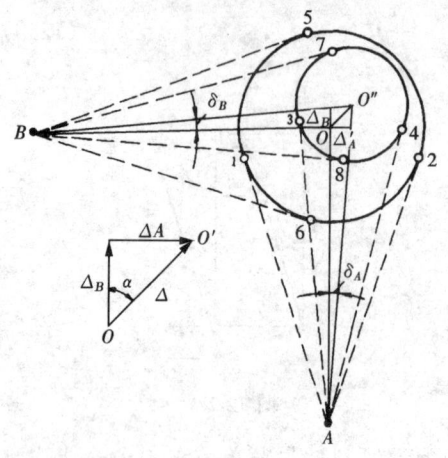

图 12-29

式中　L_A、L_B——分别为 A 与 B 至烟囱底座外墙的最短距离；
　　　R——底座半径。

根据 Δ_A 和 Δ_B 以及烟囱高度 H，即可求出总倾斜位移量 Δ 和倾斜度 i。若以 AO 为基准方向，则 Δ 的倾斜方向角为

$$\alpha = \arctan\frac{\Delta_A}{\Delta_B}$$

(12-15)

12.6.3 建筑物的裂缝观测与位移观测

1. 建筑物的裂缝观测　建筑物发现裂缝后，应全面检查并画出裂缝分布图，量出每条裂缝长度、宽度和深度，还应立即进行裂缝变化的观测。为了观测裂缝的发展情况，需在裂缝处设置观测标志。

如图 12-30 所示，观测标志可用两块白铁皮制成，一片约为 150mm × 150mm 正方形，固定在裂缝的一侧，并使其一边与裂缝边缘的一边对齐；另一片为 50mm × 200mm 的长方形，固定在裂缝的另一侧，并使其一部分紧贴在正方形的白铁皮上。两块白铁

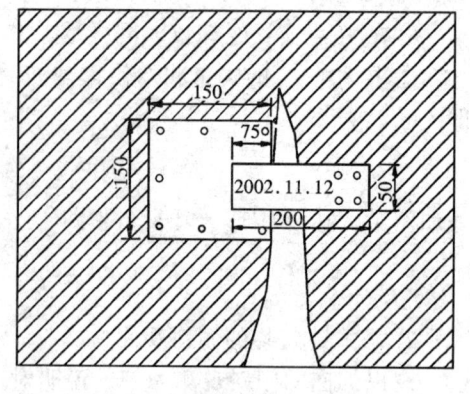

图 12-30

皮的边缘应彼此平行。标志固定后,在两块白铁皮露在外面的表面上涂上红色的油漆,并写上编号和日期。标志设置好后,如果裂缝继续发展,白铁皮将逐渐拉开,露出正方形白铁皮上没有涂油漆的部分,它的宽度就是裂缝加大的宽度,用直尺精确量出。

2. 建筑物的位移观测　位移观测的目的是为了确定建筑物平面位移的大小及方向。首先要在建筑物附近十分稳定的地面建立控制点,其次在建筑物上设置位移观测点。常用以下两种方法:

(1) 角度前方交会法:利用第6章讲述的前方交会法对观测点进行角度观测,然后按照式(6-30)与式(6-31)计算观测点的坐标,由两期之间的坐标差计观测点的水平位移。

(2) 基准线法:有些建筑物只要求测定某特定方向的位移量,如大坝在水压方向上的位移量,这种情况可采用基准线法进行水平位移观测。观测时,先在位移方向的垂直方向建立一条基准线,如图12-31所示,A、B 为控制点,P 点为观测点,只要定期测量出观测点 P 与基准线 AB 的角度变化值 $\Delta\beta$,其位移量可按下式计算

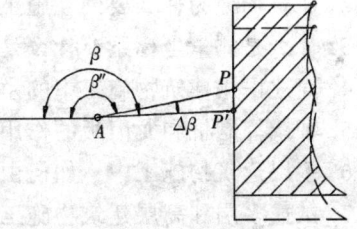

图 12-31

$$\delta = D_{AP} \frac{\Delta\beta''}{\rho''}$$

式中　D_{AP}——A、P 两点间的水平距离;

$\Delta\beta$——两期观测角度的变化;

$\rho'' = 206\ 265''$。

12.6.4　竣工总平面图的编绘

工业与民用建筑工程是根据设计的总平面图施工的。在施工过程中由于种种原因,建筑物竣工后的位置往往与原设计位置不完全一致。为了将竣工后的现状反映到图纸上,为以后的管理、维修、扩建或改建和事故处理提供依据,同时也为考查和研究工程质量提供依据,必须编绘竣工总平面图。它是基本建设工程的重要技术档案资料。

竣工总平面图的内容应包括:测量控制点,厂房,辅助设施,生活福利设施,架空与地下管线,道路等建筑物和构筑物的坐标、高程以及厂区内尚未兴建区域的地形。

竣工总平面图的比例尺应根据企业规模大小和工程密集程度来决定,一般厂区 1:500 或 1:1 000,厂区外为 1:1 000 ~ 1:2 000。

编绘时,先在图上绘制坐标格网,然后将设计总平面图的图面内容按其坐标,用铅笔展绘于图上,作为底图。以设计坐标定位施工的工程,按设计坐标

和高程编绘，设计变更的部分则按变更设计资料编绘。有竣工测量资料的工程，若竣工测量成果与设计数值的较差超过定位允许误差时，按竣工测量资料编绘；否则按设计坐标编绘。

对于直接在观场指定位置进行施工的工程，以及资料不全无法查对的工程，应根据施工控制网进行现场实测，加以补充。

对于大型企业和较复杂的工程，如将厂区地面、地下所有建筑物和构筑物都绘在一张总平面图上，将使图面线条密集，不易辨认。为了使图面清晰醒目，可根据工程的密集与复杂程度，按工程性质分类编绘竣工总平面图。

练 习 题

1. 施工测量的主要任务是什么？
2. 建筑场地为什么要建立施工测量控制网？
3. 什么是测量坐标系？什么是施工坐标系？两者为何不一致，如何换算？
4. 简述民用建筑物施工中的主要测量工作。
5. 轴线控制桩和龙门板的作用是什么？如何设置？
6. 多层建筑物施工中，如何由下层楼板向上层传递高程？
7. 试述多层和高层建筑物施工中，如何将底层轴线投测到各层楼面上？
8. 试述厂房矩形控制网的测设方法。
9. 如何根据厂房矩形控制网进行杯形柱基的放样？试述柱基施工测量的方法。
10. 为什么要对建筑物进行变形观测？主要观测项目有哪些？
11. 建筑物沉降观测点应如何布置？
12. 试述建筑物沉降观测的观测方法与精度要求。
13. 为什么要编绘竣工总平面图？竣工总平面图包括哪些内容？如何进行编绘？

第13章 公路工程测量

13.1 公路测量概述

公路是城市交通和城镇联系的动脉，以合理、实用、行车顺畅、舒适较为理想，但在实际生活中，由于地形条件、交通需要及其他各种因素的限制，要达到这种理想状态是比较困难的。为了尽量满足以上要求，在公路的选择、设计中，必须进行科学的勘测论证。

公路工程的测量分为勘察设计和施工两阶段的测量工作。

13.1.1 勘察设计阶段的测量

勘察设计是在规划路线上进行路线勘测与设计的整个过程，依据公路技术标准的高低和地形复杂的程度，分两阶段设计（初测和定测）和一阶段设计（定测）。

一阶段设计主要是路线方案比较明确、修建任务比较急，或技术等级较低的公路采用。

1. 初测　为公路的初步设计提供带状地形图和有关资料的踏勘测量，称为初测。初测阶段的任务是：

(1) 在指定的范围内布设导线；

(2) 测量各方案的带状地形图和纵断面图；

(3) 收集沿线水文、地质等相关资料，为纸上定线、编制比较方案、初步设计提供依据。

导线一般应敷设为附合导线。对汽车专用公路，方位角闭合差为 $\pm 30''\sqrt{n}$（n 为测站数），距离相对闭合差为 1/2 000；对于一般公路，方位角闭合差为 $\pm 60''\sqrt{n}$，距离相对闭合差为 1/1 000。带状地形图的比例尺一般选择为 1:2 000。带状地形图的宽度视道路的等级和要求不同而异，一般为规划道路中线左右两侧各 100～200m。

所谓纸上定线就是在带状地形图上确定公路中线及交点位置，标明公路中线直线段连接曲线的有关参数。

2. 定测　一旦方案选定，即进入技术设计阶段，为技术设计阶段所进行的中线测量、纵横断面测量等详细测量，称为定测。定测阶段的任务是：在选定设计方案的路线上进行中线测量、纵断面和横断面测量以及局部地区的大比例尺地形图的测绘等,为路线纵坡设计、工程土石方量计算等道路的技术设计提供详细的测量资料。

中线测量主要是通过直线和曲线的测设,将路线中心线包括起点、转折点和终点的平面位置具体地标定在现场上,并测定路线的实际里程。

13.1.2 公路施工阶段的测量

公路技术设计批准后,进入施工阶段。根据施工要求,测量人员应在不同的施工阶段提供各种测量定位标志,作为施工的依据。施工前和施工中需要恢复中线,测设公路路基边桩和竖曲线等。当工程逐项结束后,还应进行竣工验收,测绘竣工图,以检查施工成果是否符合设计要求,并为工程竣工后的管理、使用、维修提供必要的资料。

13.2 公路中线测量

公路测量的外业工作主要是中线测量以及纵横断面测量。中线测量是把公路的中心线（中线）标定在实地上。其工作包括：测设公路中线各交点（JD）和转点（ZD）、量距和钉桩、测量路线各偏角（α）、测设各种曲线。

13.2.1 交点与转点的测设

道路经规划设计后,其起点、转折点及终点（统称为线路主点）的设计位置均已标注在总平面图上。中线在路转折处要测设曲线,以使线路顺适,行车安全。中线测量的任务就是按给定的设计位置,将这些主点测设于实地,并用木桩进行标定。

路线的转折点称为交点,以 JD 表示。当两相邻转折点之间距离较长或通视条件较差时,则要在其连线或延长线上增设一点（或数点）,以传递方向,此增设点称为转点,以 ZD 表示。直线上一般每隔 200~300m 应设一转点,在路线与其他道路交叉处,以及在路线上需设置桥、涵等构筑物处也应设置转点。

从平面上看,公路一般由直线和曲线两部分组成,如图 13-1 所示。

1. 交点的测设 由于定位条件和现场情况不同,交点测设方法也需灵活多样,工作中应根据实际情况合理选择测设方法。

(1) 根据与已有地物的关系测设交点：如图 13-2 所示,在一些有固定建筑物的地区,可根据设计交点与建筑物的位置在地形图上事先量出交点到建筑物的距离,在现场根据相应的

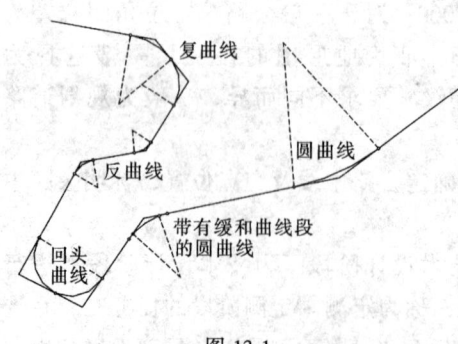

图 13-1

地物，用距离交会法或直角坐标法测设出交点的实际位置。

(2) 根据导线点的已知坐标和交点的设计坐标测设交点：按导线点的已知坐标和交点的设计坐标，事先算出有关测设数据，按极坐标法、角度交会法或距离交会法测设交点，如图 13-3 所示，根据导线点 A_7 和 A_8 和交点 JD_{16} 的坐标，计算出 A_8 到 JD_{16} 之间的距离 D，以及导线点 A_7、A_8 和交点 JD_{16} 之间的夹角 β，然后根据以上数据用极坐标法测设交点 JD_{16}。

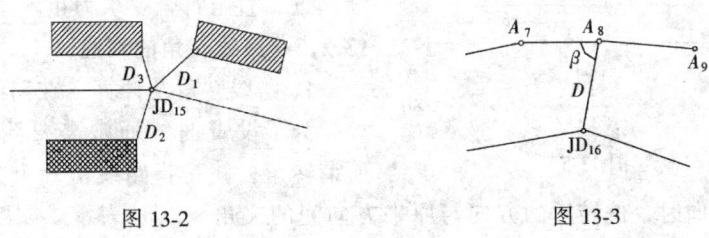

图 13-2   图 13-3

在一些等级比较低的公路中，如果线路交点没有设计数据，则应由建设主管单位、设计部门和测量部门的主要技术人员一起进行现场勘察，按线路类别的专业技术要求在现场确定。

2. 转点的测设　转点与相邻的交点应在同一直线上，当两交点间距离较远但尚能通视或已有转点需要加密时，可采用经纬仪直接定线或经纬仪正、倒镜分中法测设转点。当相邻两交点互不通视时，可用下述方法测设转点。

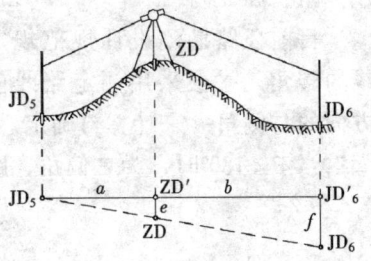

图 13-4

(1) 在两交点间设转点：当在交点间设立转点时，如图 13-4 所示，JD_5、JD_6 为相邻而互不通视的两个交点，ZD' 为初定转点。为检查 ZD' 是否在两交点的连线上，先将经纬仪安置于目估的转点 ZD' 上，以正、倒镜分中延长直线的方法在 JD_6 点附近标出 JD'_6，丈量出 $JD_6 - JD'_6 = f$，如 f 超过允许偏离范围，则需将测站 ZD' 横向移动至 ZD 点，移动量 e 可按下式计算

$$e = \frac{a}{a+b} f \tag{13-1}$$

上式中，a、b 距离可直接丈量或用视距测出。测站移动至 ZD 后，按上述方法逐渐趋近，直至符合要求为止。

(2) 延长线上设转点：如图 13-5 所示，当在互不通视的两交点 JD_7、JD_8 的延长线上设立转点 ZD 时，可先将经纬仪安置于目估的转点 ZD' 上，分别用正、倒镜照准 DJ_7，并以相同竖盘位置俯视 JD_8，得两点后取其中点得 JD'_8。若 JD'_8

与 DJ_8 点重合，或偏差值 f 在容许范围之内，即可将 ZD' 点作为转点。否则应丈量出 $JD_8 - JD'_8 = f$，将测站 ZD' 横向移动至 ZD 点，移动量 e 可按下式计算

$$e = \frac{a}{a-b} f \tag{13-2}$$

仪器移动至 ZD 后，按上述方法逐渐趋近，直至符合要求为止。

13.2.2 路线转角的测量

1. **路线转角及计算** 在路线的转折处，为了设置曲线通常需要测定转角。所谓转角，就是指路线由一个方向偏转至另一方向时，偏转后的方向与原来方向间的夹角，以 α 表示。如图 13-6 所示，偏转后的方向位于原来方向右侧时，称为右偏角，如 α_9；偏转后的方向位于原来方向左侧时，称为左偏角，如 α_{10}。

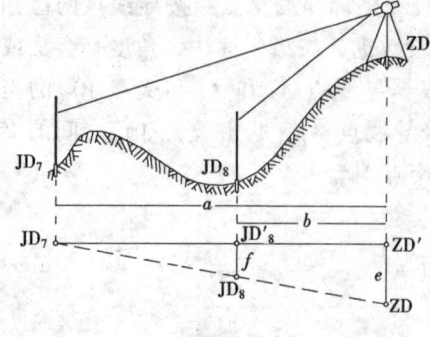

图 13-5

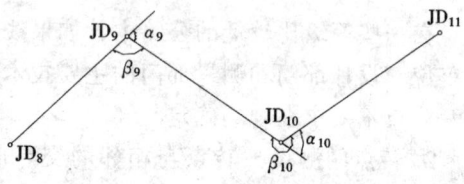

图 13-6

目前公路勘测设计规范规定路线的转角，一般采用测定路线前进方向的右侧角 β 来计算与确定。在图 13-6 中，β_9、β_{10} 即为路线的右侧角。

当 $\beta < 180°$ 时，为右偏角，路线向右。

$$\alpha_右 = 180° - \beta_右 \tag{13-3}$$

当 $\beta > 180°$ 时，为左偏角，路线向左转。

$$\alpha_左 = \beta_右 - 180° \tag{13-4}$$

2. **转角的观测方法** 右侧角通常采用 J6 型经纬仪，用测回法观测一个测回。两个半测回角值的不符值随公路的等级不同而定，如果符合要求，则取其平均值作为一测回的观测角值。

对于高速公路、一级公路，两半测回间应变动度盘位置，半测回限差为 ±20″，取位至 1″。二级及二级以下公路半测回限差为 ±60″，取位至 30″（即 10″舍去，20″、30″、40″取位 30″，50″进位为 1′）。

3. **分角线方向** 公路中线测量要测设平曲线中点桩。为测设平曲线的曲线中点桩，在右侧角测定以后，不需变动水平度盘位置，即可定出前后两方向线的夹角的平分线。

首先计算出分角线方向在水平度盘上的读数。如图 13-7 所示，a 为测角时后视方向的水平度盘读数，b 为测角时前视方向的水平度盘读数，那么分角

线方向的水平度盘读数 c 就为 $c = b + \frac{\beta}{2}$，而 $\beta = a - b$，故有

$$c = \frac{a + b}{2} \tag{13-5}$$

然后，转动经纬仪的照准部，使水平度盘上的读数对准 c，此时望远镜方向即为分角线方向。在此方向上钉桩，即为道路曲线的中点方向桩。

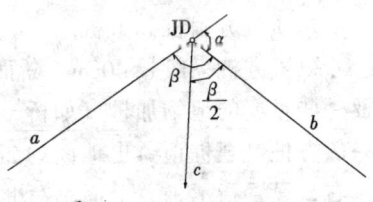

图 13-7

13.2.3 中线里程桩的设置

1. **里程及里程桩** 表示道路中线上某点到道路起点所经过的水平距离叫里程。为了确定中线上各点的相对位置，一般要沿中线方向设置里程桩，这样既可标定路线中线的位置，利用桩号表达某里程桩距路线起点的水平距离；又可作为施测路线纵、横断面的依据。

里程桩，即钉设在路线中线上注有里程的桩位标志，亦称中桩。中桩上应写有桩号。如某中桩距路线起点的水平距离为 3 567.65m，则桩号记为 K3 + 567.65。

里程桩的设置是在中线丈量的基础上进行的，一般是丈量和设置同时进行。为了便于后续工组找桩，里程桩的一面写桩号，另一面按 1，2，3，…，10 循环编写。

丈量工具视道路等级而定，等级较高的公路用经纬仪定线及钢尺量距；简易公路用目估标杆定线及皮尺量距。

2. **里程桩的形式** 里程桩分为整桩和加桩两种形式，如图 13-8 所示。

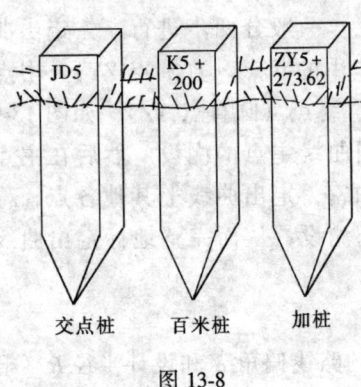

图 13-8

整桩是由路线起点开始，桩号为整数的里程桩，规定每隔 20m 或 50m（曲线上根据不同的曲线半径 R，每隔 20m、10m 或 5m）设置一桩。百米桩和千米桩均属于整桩。

加桩的形式有：

(1) 地形加桩：沿中线纵、横方向地形显著变化处所设置的里程桩。

(2) 地物加桩：与其他既有公路、铁路、渠道、高压线等交叉处，拆迁建筑物处，占有耕地及经济林的起终点处，桥梁、涵洞、水管、挡土墙及其他人工结构物处设置的里程桩。

(3) 曲线加桩：是指曲线上设置的主点桩。

(4) 关系加桩：路线上的转点（ZD）桩和交点（JD）桩。

(5) 工程地质加桩：地质不良地段的起、终点处，以及土质明显变化处加设的里程桩。

3. 里程桩的埋设　里程桩有木质桩和混凝土预制桩等形式。

木质桩分扁桩和方桩。

(1) 方桩一般长 40cm，断面为 6cm×6cm。起控制作用的交点桩、转点桩及一些重要的地物加桩（如桥、隧位置桩），以及曲线主点桩，均应采用方桩。一般方桩钉至桩顶露出地面约 2cm，桩顶钉以中心钉表示点位。在距方桩 20cm 左右，设置指示桩，上面书写此方桩的名称和桩号。交点桩的指示桩字面朝向交点，曲线主点的指示桩字面朝向圆心。

(2) 扁桩一般长 30cm，断面为 2.5cm×6cm。除上述重要位置处钉方桩外，用来标示其余的里程的桩，钉扁桩。扁桩应打入地下深 15~25cm，露出地面以上部分 5~15cm，以便书写桩号。用于中桩的，书写桩号一面应面向路线起点方向。

在书写曲线加桩和关系加桩时，应在桩号之前加写其缩写名称。目前，我国公路测量采用汉语拼音的缩写名称。

13.3　圆曲线主点测设

公路中线由直线、平曲线所组成。当路线由一个方向转到另一个方向时，必须用曲线来连接。曲线的形式较多，其中圆曲线（又称单曲线）是最常用的一种平曲线。

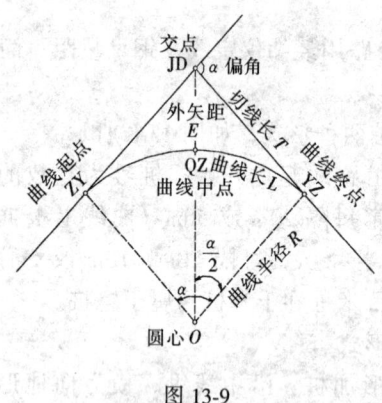

图 13-9

圆曲线是指具有一定半径的圆弧线。圆曲线的测设工作一般分两步进行，先定出曲线上起控制作用的起点（直圆点 ZY）、中点（曲中点 QZ）、终点（圆直点 YZ），如图 13-9 所示，称为圆曲线主点的测设。然后在主点基础上进行加密，定出曲线上其他各点，称为圆曲线细部测设，从而完整地标定出曲线的位置。

13.3.1　主点测设元素的计算

在进行曲线主点的测设之前，应根据实测的路线偏角 α 和设计半径 R（根据公路的等级和地形状况确定）计算出圆曲线的主要素，即切线长 T、曲线长 L、外矢距 E 和切曲差 J。

$$\left.\begin{array}{ll}\text{切线长} & T = R\tan\dfrac{\alpha}{2} \\ \text{曲线长} & L = R\dfrac{\alpha}{\rho} \\ \text{外矢距} & E = \dfrac{R}{\cos\dfrac{\alpha}{2}} - R = R\left(\sec\dfrac{\alpha}{2} - 1\right) \\ \text{切曲差} & D = 2T - L \end{array}\right\} \quad (13\text{-}6)$$

【例 13-1】 已知 JD_6 的桩号为 K5 + 178.64，偏角为 $\alpha = 39°27'$（右偏），设计圆曲线半径为 $R = 120\text{m}$，求各测设元素。

解：按式（13-6）可以求得：

$$T = 120\tan\dfrac{39°27'}{2} = 43.03\text{m}$$

$$L = 120 \times \dfrac{2\,367'}{3\,437'.75} = 82.62\text{m}$$

$$E = 120\left(\sec\dfrac{39°27'}{2} - 1\right) = 7.48\text{m}$$

$$D = 2 \times 43.025 - 82.624 = 3.44\text{m}$$

也可以采用按照上述函数关系式编制的"圆曲线函数表"查得。

13.3.2 圆曲线主点里程的计算

一般情况下，交点的里程由中线丈量求得，由此可以根据交点的里程桩号及圆曲线测设元素，推求出圆曲线各主点的里程桩号。其计算公式为：

$$\left.\begin{array}{l}\text{直圆点(ZY) 里程} = \text{JD 里程} - T \\ \text{曲中点(QZ) 里程} = \text{ZY 里程} + L/2 \\ \text{圆直点(YZ) 里程} = \text{QZ 里程} + L/2 \end{array}\right\} \quad (13\text{-}7)$$

为了避免计算错误，可用下列公式检验：

$$\text{YZ 里程} = \text{JD 里程} + T - D \quad (13\text{-}8)$$

在上例中，JD_6 的桩号为 K5 + 178.64，按式（13-7）可计算出：

JD_6 桩号	K5 + 178.64
$- T$	43.03
ZY 桩号	K5 + 135.61
$+ L/2$	41.31
QZ 桩号	K5 + 176.92
$+ L/2$	41.31
YZ 桩号	K5 + 218.23

按式（13-8）进行检核计算：

YZ 桩号 = K5 + 178.64 + 43.03 − 3.44 = K5 + 218.23

两次计算 YZ 桩号的数值相同,证明计算结果无误。

13.3.3 圆曲线主点的测设

1. 测设曲线的起点(ZY)与终点(YZ) 将经纬仪安置于交点 JD 桩上,分别以路线方向定向,自 JD 点起分别向后、向前沿切线方向量出切线长 T,即得曲线的起点和终点。

2. 测设曲线的中点(QZ) 后视曲线的终点,测设角度 $(180°−α)/2$ 得分角线方向,沿此方向从交点 JD 桩开始,量取外矢距 E,即得曲线的中点 QZ。

13.4 圆曲线细部测设

在一般情况下,当地形条件较好、曲线长度不超过 40m 时,只要测设出曲线的三个主点即能满足工程施工的要求。但当地形变化复杂、曲线较长或半径较小时,就要在曲线上每隔一定的距离测设一个加桩,以便把曲线的形状和位置详细地表示出来,这个过程称为曲线的细部测设。

公路中线测量中加桩一般采用整桩法,即将曲线上靠近曲线起点(ZY)的第一个桩的桩号凑成整数桩号,然后按整桩距 l_0 向曲线的终点(YZ)连续设桩。由于地形条件、精度要求和使用仪器的不同,细部点的测设主要有以下几种方法。

13.4.1 切线支距法(直角坐标法)

切线支距法是以曲线的起点(ZY)或终点(YZ)为坐标原点,通过曲线上该点的切线为 X 轴,以过原点的半径方向为 Y 轴,建立直角坐标系,从而测定各加桩点的方法,如图 13-10 所示。

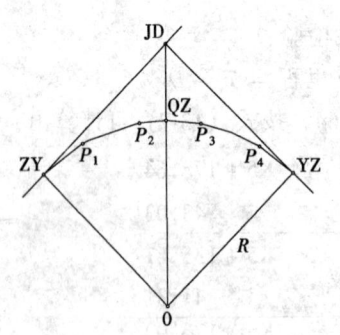
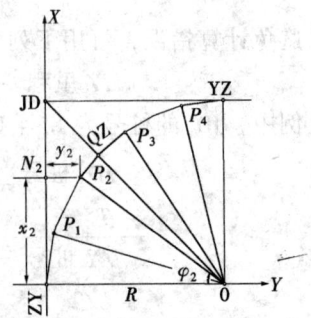

图 13-10

1. 计算公式 通常情况下,采用整桩号测设曲线的加桩。曲线上某点 P_i 的坐标可依据曲线起点至该点的弧长 l_i 计算。设曲线的半径为 R,l_i 所对的圆

心角为 φ_i，则计算公式为

$$\left. \begin{aligned} \varphi_i &= \frac{l_i}{R}\left(\frac{180°}{\pi}\right) \\ x_i &= R\sin\varphi_i \\ y_i &= R(1 - \cos\varphi_i) \end{aligned} \right\} \qquad (13\text{-}9)$$

在实际工作中，P_i 点的坐标也可以通过 R 和 l_i 为引数，查"曲线测设表"而得。

【例 13-2】 已知 JD 的桩号为 K8+745.72，偏角为 $\alpha = 53°25'20''$（右偏），设计圆曲线半径为 $R = 50\text{m}$，取整桩距为 10m。根据公式计算或查"圆曲线函数表"可知主点测设元素为：$T = 25.16\text{m}$，$L = 46.62\text{m}$，$E = 5.97\text{m}$，$D = 3.70\text{m}$。

解：按公式（13-9）计算可得表 13-1。

为了保证测设的精度，避免 y 值（垂线）过长，一般应自曲线的起点和终点向中点各测设曲线的一半。表 13-1 中就是由 ZY 点和 YZ 点分别向 QZ 点计算的。

表 13-1 圆曲线直角坐标法详细测设参数计算表（m）

已知参数		转角：$\alpha = 53°25'20''$（右偏）		设计半径：$R = 50$			
		交点里程：JD 里程 = K8+745.72		整桩间距：$L_0 = 10$			
曲线元素		切线长：$T = 25.16$		曲线长：$L = 46.62$			
		外矢距：$E = 5.97$		切曲差：$D = 3.70$			
主点里程		ZY 点里程：ZY 里程 = K8+720.65		YZ 点里程：YZ 里程 = K8+767.18			
		QZ 点里程：QZ 里程 = K8+743.87		JD 点里程：JD 里程 = K8+745.72			
主点名称	桩号	各桩点至 ZY 或 YZ 点的曲线长	X	Y	各点间弦长	备注
---	---	---	---	---	---	---
ZY	K8+720.56	0.00	0.00	0.00	9.43	
	+730	9.44	9.38	0.89	9.98	
	+740	19.44	18.02	3.36	3.87	
QZ	K8+743.87	23.31	22.47	5.33	6.13	
	+750	17.18	16.84	2.92	9.98	
	+760	7.18	7.16	0.51	7.17	
YZ	K8+767.18	0.00	0.00	0.00		

2. 测设步骤 测设时，将圆曲线以曲中点（QZ）为界分成两部分进行。

（1）根据曲线加桩的详细计算资料，用钢尺从 ZY 点（或 YZ 点）向 JD 方向量取 x_1、x_2…横距，得垂足 N_1、N_2…点，用测签作标记。

（2）在各垂足点 N_1、N_2…处，依次用方向架（或经纬仪）定出 ZY 点（或 YZ 点）切线的垂线，分别沿垂线方向量取 y_1、y_2…纵距，即得曲线上各加桩点 P_i。

（3）检验方法：用上述方法测定各桩后，丈量各桩之间的弦长进行校核。

如不符或超过容许范围，应查明原因，予以纠正。

此法适合于地势比较平坦开阔的地区。使用的仪器工具简单，而且它所测定的各点位是相互独立的，测量误差不会积累，是一种较精密的方法。测设时要注意垂线 y 不宜过长，垂线愈长，测设垂线的误差就愈大。

13.4.2 偏角法

偏角法是一种类似于极坐标的放样方法。它是利用曲线起点（或终点）的切线与某一段弦之间的弦切角 Δ_i（称为偏角）以及弦长 C_i 来确定 P_i 点的位置的一种方法，如图 13-11 所示。

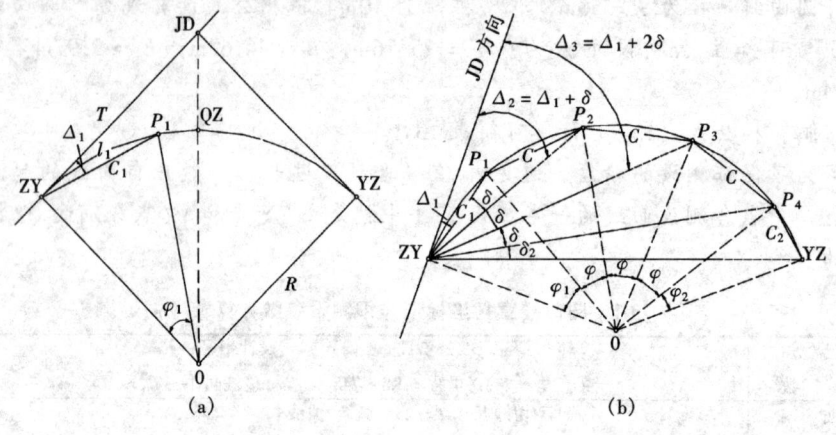

图 13-11

1. 计算公式 偏角法计算的公式依据是弦切角等于该弦所对圆心角的一半以及圆周角等于同弧所对圆心角的一半。

一般偏角法也是采用整桩号测设曲线的加桩。曲线上里程桩的间距一般较直线段密，按规定为 5m、10m、20m 等，在实际工作中，由于排桩号的需要，圆曲线首尾两段弧不是整数，分别称为首段分弧 l_1 和尾段分弧 l_2，所对应的弦长分别为 C_1 和 C_2。中间为整弧 l_0，所对应的弦长均为 C。

图 13-11 中，ZY 点至 P_1 点为首段分弧，测设 P_1 点的数据可从图 13-11a 得出。弧长 l_1 所对的圆心角 φ_1 可由下面的公式计算

$$\varphi_1 = \frac{l_1}{R}\left(\frac{180°}{\pi}\right)$$

故首段分弧圆周角为：

圆周角： $$\Delta_1 = \frac{\varphi_1}{2} = \frac{l_1}{R}\left(\frac{90°}{\pi}\right) \tag{13-10}$$

弦长： $$C_1 = 2R\sin\Delta_1 \tag{13-11}$$

P_4 点至 ZY 点为尾段分弧，弧长为 l_2，圆心角为 φ_2，圆周角为 δ_2。同理可知：

圆周角：$$\delta_2 = \frac{\varphi_2}{2} = \frac{l_2}{R}\left(\frac{90°}{\pi}\right) \tag{13-12}$$

弦长：$$C_2 = 2R\sin\delta_2 \tag{13-13}$$

圆曲线中间部分，相邻两点间为整弧 l_0，整弧 l_0 所对的圆心角均为 φ，相应的圆周角均为 δ，即

圆周角：$$\delta = \frac{\varphi}{2} = \frac{l_0}{R}\left(\frac{90°}{\pi}\right) \tag{13-14}$$

弦长：$$C_2 = 2R\sin\delta \tag{13-15}$$

故各细部点的偏角：

P_1 点：$$\Delta_2 = \Delta_1$$

P_2 点：$$\Delta_2 = \frac{\varphi_1 + \varphi}{2} = \Delta_1 + \delta$$

P_3 点：$$\Delta_3 = \frac{\varphi_1 + 2\varphi}{2} = \Delta_1 + 2\delta$$

……

YZ 点：$$\Delta_{YZ} = \frac{\varphi_1 + n\varphi + \varphi_2}{2} = \Delta_1 + n\delta + \delta_2 = \frac{\alpha}{2}(\text{用于检核})$$

偏角法测设圆曲线是连续进行，其测设的偏角是通过累计而得，称为各测设点之"累计偏角"，又称为"总偏角"。作为计算的检验，累计偏角应为 $\alpha/2$。

偏角法测设数据除可按以上公式计算外还可在测设曲线用表中查到。

【例 13-3】 已知 JD 的桩号为 K5 + 135.22，偏角 $\alpha = 40°21'10''$（右偏），设计圆曲线半径 $R = 100$m，取整桩距为 20m。根据公式计算可知主点测设元素为 $T = 36.75$m，$L = 70.43$m，$E = 6.54$m，$D = 3.07$m。

采用偏角法由曲线起点（ZY）和终点（YZ）测设，根据以上公式，计算列于表 13-2。

表 13-2 圆曲线偏角法详细测设参数计算表

已知参数	转角：$\alpha = 40°21'10''$（右偏）		设计半径：$R = 100$m	
	交点里程：JD 里程 = K5 + 135.22		整桩间距：$L_0 = 20$m	
曲线元素	切线长：$T = 36.75$m		曲线长：$L = 70.43$m	
	外矢距：$E = 6.54$m		切曲差：$D = 3.07$m	
主点里程	ZY 点里程：ZY 里程 = K5 + 098.47		YZ 点里程：YZ 里程 = K5 + 168.90	
	QZ 点里程：QZ 里程 = K5 + 133.68		JD 点里程：JD 里程 = K5 + 135.22	

主点名称	桩号	相邻桩间弧长 /m	相邻桩间对应的圆周角 δ ° ′ ″	由 ZY 点切线方向至各桩的累计偏角 Δ ° ′ ″	相邻桩间弦长 /m	备注
ZY	K5 + 098.47					0 00 00
	+ 100	1.53	0 26 18	0 26 18	1.53	
	+ 120	20.00	5 43 46	6 10 04	19.97	

续表

主点名称	桩 号	相邻桩间曲线长 /m	相邻桩间对应的圆周角 δ ° ′ ″	由 ZY 点切线方向至各桩的累计偏角 Δ ° ′ ″	相邻桩间弦长 /m	备注
QZ	K5+133.68	13.68	3 55 09	10 05 13	13.67	检核:
	+140	6.32	1 48 38	11 53 51	6.32	20°10′36″
	+160	20.00	5 43 46	17 37 37	19.97	$\approx \dfrac{\alpha}{2}$
YZ	K5+168.90	8.90	2 32 59	20 10 36	8.90	

2. 测设步骤

(1) 将经纬仪安置于曲线起点 ZY（或终点 YZ）上，以度盘 0°00′00″ 照准路线的交点 JD。

(2) 转动照准部，正拨（按顺时针方法）测设 Δ_1 角（0°26′18″），由测站点沿视线方向量弦长 C_1（1.53m）钉桩，则得曲线上第一点 P_1（K5+100）的位置。

(3) 转动照准部测设 P_2(K5+120)点之累计偏角 Δ_2(6°10′04″)，将钢尺端零点对准 P_1 点，以钢尺读数为 C(19.97m)处交于视线方向，即距离与方向相交，则定出曲线上第二点 P_2 点。依此类推，定出其他中间各点，并钉以木桩。

(4) 最后，测设至曲线终点，照准部转动 $\dfrac{\alpha}{2}$，视线应恰好通过曲线终点 YZ。P_{n-1} 点至曲线终点的弦长应为 C_2（8.90m），测设得出的曲线终点点位与原定终点点位之差，其纵向闭合差不应超过 $\pm L/1\,000$（L 为曲线长），横向误差不应超过 ±10cm，否则应进行检查、改正或重测。

偏角法是一种测设精度高、实用性强、灵活性大的常用方法，它可在曲线上的任意一点或交点 JD 处设站。但由于距离是逐点连续丈量的，前面点的点位误差必然会影响后面测点的精度，点位误差是逐渐累积的。如果曲线较大，为了有效地防止误差积累过大，可在曲线中点 QZ 处进行校核，或分别从曲线起点、终点进行测设，在中点处进行校核。

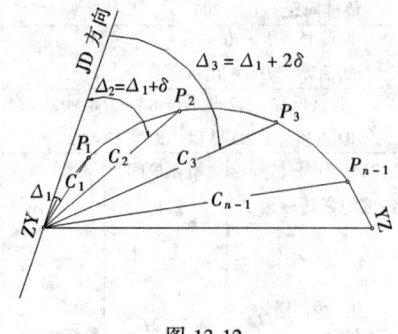

图 13-12

13.4.3 极坐标法

当用光电测距仪或全站仪测设圆曲线时，由于其测设距离受地形条件限制较小，精度高、速度快，可以采用极坐标法直接、独立地测设各点，因此，该法正在逐渐地被广泛使用。

和偏角法一样，极坐标法也可以采用整桩号测设曲线的加桩。利用式(13-11)

和式（13-12）分别求出各加桩点的偏角 Δ_1、Δ_2、…、Δ_n 以及测站点至各加桩点的的弦长 C_1、C_2、…、C_n。

测设时，如图 13-12 所示，将仪器安置在 ZY 点，以度盘 0°00′00″ 照准路线的交点 JD。转动照准部，依次测设 Δ_i 角和相应的弦长 C_i，钉桩，即可分别得到曲线上各点。

极坐标法既发挥了偏角法测设曲线精度高、实用性强、灵活性大，可在曲线上任意一点或交点 JD 处设站的优点，同时，点位误差又不会逐渐积累，极大地提高了工作效率和测设速度。

13.5 复曲线与反向曲线的测设

13.5.1 复曲线的测设

复曲线是由两个或两个以上互相衔接的同向单曲线（主要是圆曲线）所组成的曲线（图 13-13）。这种曲线，通常是在地形条件比较复杂地段，一个单曲线不能适合地形的情况下采用。在布设复曲线时，必须先决定或计算出其中一个重点单曲线的半径，这个曲线称为主曲线，然后在满足主曲线的测设要求下，再根据已有条件决定其余副曲线的半径。实际应用中，两个互相衔接的同向单曲线半径可以是相同的，也可以是不同的。

如图 13-13 所示，设 JD_a、JD_b 为相邻两交点，AB 为公切线，GQ 为主曲线和副曲线相衔接的公切点，它将公切线分为 T_1 和 T_2 两段。其中主曲线切线长 T_1 可根据给定的半径 R_1 和测定的转角 α_1 正算得出，则副曲线切线长 $T_2 = D_{AB} - T_1$，然后以 T_2 和转角 α_2 依式（13-6）反算求出 R_2。若求出的 R_2 不合技术要求和地形条件，则应修改 R_1，再重新反算 R_2，直至都符合工程的要求。

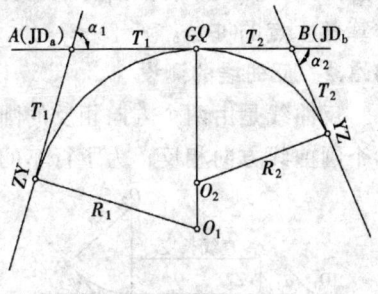

图 13-13

【**例 13-4**】 在图 13-13 中，若测得 $\alpha_1 = 30°18′$，$\alpha_2 = 36°42′$，相邻两交点 JD_a、JD_b 间的距离为 $D_{AB} = 36.55\text{m}$，设计选定主曲线半径 $R_1 = 60\text{m}$，求副曲线半径 R_2。

解：由式（13-6）可知

$$T = R\tan\frac{\alpha}{2}$$

则 $T_1 = 60 \times \tan\dfrac{30°18′}{2} = 16.25\text{m}$

因 $D_{AB} = 36.55\text{m}$，则 $T_2 = D_{AB} - T_1 = 36.55 - 16.25 = 20.30\text{m}$

再依上式反求出 R_2：

$$R = \frac{T}{\tan \frac{\alpha}{2}}$$

则有 $R_2 = \dfrac{T_2}{\tan \dfrac{\alpha_2}{2}} = \dfrac{20.30}{\tan \dfrac{36°42'}{2}} = 61.20\text{m}$

在实际工作中，反算出的 R_2 一般不是整米数，为了计算的方便，可将 R_2 值略减小一些而凑成整米，这样，JD_a、JD_b 之间将会有一小段直线，这在道路工程中是允许的。但是反算出的 R_2 不能增大凑成整米数，因为那将使两个曲线重叠，这在工程中是不允许的。

如果地形条件许可，为了行车的方便，可以使 $R_1 = R_2 = R$，那么此时的 R 值可用下面的公式计算：

$$R = \frac{D_{AB}}{\tan \dfrac{\alpha_1}{2} + \tan \dfrac{\alpha_2}{2}} \tag{13-16}$$

复曲线测设时，可按圆曲线主点计算和测设的方法，先将主曲线和副曲线的主元素计算出来，然后将仪器分别安置在 A 点和 B 点上进行实地测设，并推算各主点的桩号。

13.5.2 反曲线的测设

反曲线是由两个方向相反的圆曲线组成的（图 13-14）。在反曲线中，由于两个圆曲线方向相反，为了行车的方便和安全，一般情况下，均在前后两段曲线之间加设一过渡直线段，并且长度不小于 20m。

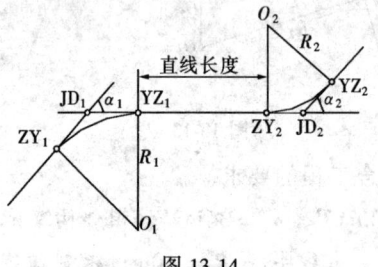

图 13-14

测设反曲线时，先测出两转折点间的距离 D_{12} 和转折角 α_1 和 α_2，根据设计选定的半径 R_1，计算并测设出 JD_1 曲线的主点。然后用"$D_{12} - T_1 -$直线长度"作为 T_2，并根据此值和转折角 α_2，反算出 R_2。最后再由 R_2 计算出第二段曲线的主元素并测设曲线。

13.6 缓和曲线的测设

为了行车更安全、舒适，在一些设计行车速度较快、高等级的公路，其曲线段常要求在曲线和直线之间设置一段半径由无穷大逐渐变化到圆曲线半径的曲线，这种曲线我们称之为缓和曲线。国内外目前基本采用回旋曲线的一部分作为缓和曲线,如图 13-15 所示。

带有缓和曲线的圆曲线共由三部分组成,即:第一缓和曲线段 ZH～HY、圆曲线段(即主曲线段)HY～YH、第二缓和曲线段 YH～HZ。依此可知,整个曲线共有五个主要点,即:

直缓点(ZH):由直线进入第一缓和曲线的点,即整个曲线的起点。

缓圆点(HY):第一缓和曲线的终点,从这点开始进入主曲线。

曲中点(QZ):整个曲线的中间点。

圆缓点(YH):圆曲线的终点,进入第二缓和曲线的起点。

缓直点(HZ):第二缓和曲线的终点,进入直线段的起点,它也是整个曲线的终点。

13.6.1 缓和曲线的特征及曲线方程

对于某一缓和曲线我们已知的数据有:①路线的转角 α;②根据公路的等级和地形状况确定的圆曲线半径 R;③缓和曲线的长度,可根据公路的等级和地形情况依表 13-3 查得;④曲线加桩的整桩间距 L_0 和交点 JD 的里程。

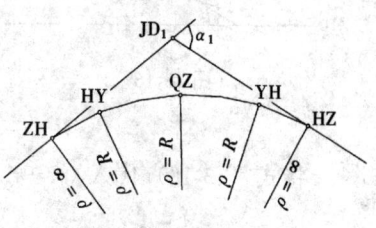

图 13-15

表 13-3 公路按等级与地形规定缓和曲线的长度

公路等级	高速公路		一		二		三		四	
地 形	平原微丘	山岭重丘	平原微丘	山岭重丘	平原微丘	山岭重丘	平原微丘	山岭重丘	平原微丘	山岭重丘
缓和曲线长度/m	100	70	85	50	70	35	50	25	35	20

1. 回旋曲线的特征和方程 回旋曲线的几何特征是:曲线上任何一点的曲率半径 ρ 与该点到曲线起点的长度 l 成反比,即

$$\rho = \frac{c}{l} \qquad (13\text{-}17)$$

式中 c——比例参数,我国公路设计规范规定 $c = 0.035v^3$;

v——设计的行车速度,km/h。

在缓和曲线的起点 $l=0$,则 $\rho = \infty$。在缓和曲线的终点(与圆曲线衔接处),缓和曲线的全长为 l_h,此处缓和曲线的半径 ρ 等于圆曲线的半径,即 $\rho = R$。故式(13-17)可写成

$$\rho l = Rl_h = c = 0.035v^3 \qquad (13\text{-}18)$$

$$l_h = 0.035 \frac{v^3}{R} \qquad (13\text{-}19)$$

由式(13-19)可知,设计的行车速度愈快,缓和曲线的长度应愈长;设

计的圆曲线半径愈大,则缓和曲线的长度就可以相应缩短一些;而当圆曲线半径 R 达到一定的值以后,就可以不设置缓和曲线了。

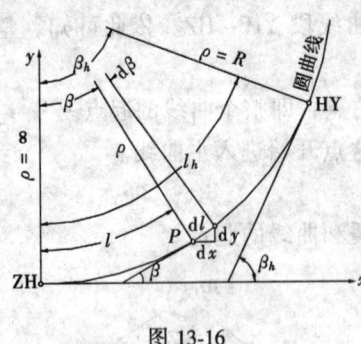

图 13-16

2. **缓和曲线的切线角公式** 缓和曲线上任意一点 P 的切线与曲线起点 ZH 的切线所组成的夹角为 β,β 称为缓和曲线的切线角。缓和曲线切线角 β 实际上等于曲线起点 ZH 至曲线上任一点 P 之间的弧长 l 所对圆心角 β,如图 13-16 所示。

在 P 点取一微分弧 dl,它所对应的圆心角为 $d\beta$,则

$$d\beta = \frac{dl}{\rho}$$

将式(13-18)代入

$$d\beta = \frac{dl}{\rho} = \frac{l dl}{R l_h}$$

积分得

$$\beta = \frac{l^2}{2R l_h} \tag{13-20}$$

当 $l = l_h$ 时,缓和曲线全长 l_h 所对的圆心角称为缓和切线角,以 β_h 表示。

$$\beta_h = \frac{l_h}{2R} \times \frac{180°}{\pi} \tag{13-21}$$

3. **缓和曲线上任一点 P 坐标的计算** 如图 13-16 所示,以缓和曲线起点 ZH 为原点,以过该点的切线为 x 轴,垂直于切线的方向为 y 轴。则任一点 P 的坐标为:

$$\left. \begin{array}{l} x_p = l - \dfrac{l^5}{40 R^2 l_h^2} \\ y_p = \dfrac{l^3}{6 R l_h} \end{array} \right\} \tag{13-22}$$

式(13-22)称为缓和曲线的参数方程。

当 $l = l_h$ 时,即得缓和曲线的终点坐标值:

$$\left. \begin{array}{l} x_h = l_h - \dfrac{l_h^3}{40 R^2} \\ y_h = \dfrac{l_h^2}{6R} \end{array} \right\} \tag{13-23}$$

13.6.2 缓和曲线主点元素的计算及测设

1. **圆曲线的内移和切线的增长** 在圆曲线和直线之间增设缓和曲线后,

整个曲线发生了变化,为了保证缓和曲线和直线相切,圆曲线应均匀地向圆心方向内移一段距离 p,称为圆曲线内移值。同时切线也应相应地增长 q,称为切线的增长值。

在公路建设中,一般采用圆心不动,圆曲线半径减少 p 值的方法,即使减小后的半径等于所选定的圆曲线半径,也就是插入缓和曲线前的半径为 $R + p$,插入缓和曲线后的圆曲线半径为 R。增加的缓和曲线的一半弧长位于直线段内,另一半则位于圆曲线段内,如图 13-17 所示。

由图可推导得,圆曲线内移值 p 为:

$$p = \frac{l_h^2}{24R} \tag{13-24}$$

切线的增长值 q 为:

$$q = \frac{l_h}{2} - \frac{l_h^3}{240R^2} \tag{13-25}$$

从式(13-25)可以看出,当圆曲线半径足够大时,公式的第二项近似为零,此时切线的增长值约为缓和曲线的一半。

2. 缓和曲线主点元素以及里程的推算

(1)缓和曲线主元素的计算

切线长:

$$T_h = (R + p)\tan\frac{\alpha}{2} + q \tag{13-26}$$

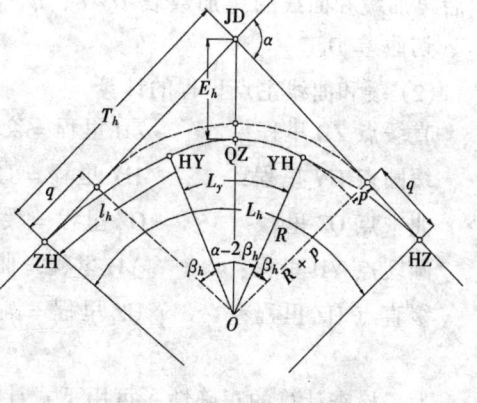

图 13-17

主曲线(圆曲线部分)长:$L_y = R(\alpha - 2\beta_h)\dfrac{\pi}{180°} \tag{13-27}$

曲线全长:$L_h = L_y + 2l_h \tag{13-28}$

外矢距:$E_h = (R + p)\sec\dfrac{\alpha}{2} - R \tag{13-29}$

切曲差:$D_h = 2T_h - L_h \tag{13-30}$

将式(13-26)~式(13-30)稍做些演变,即将

$$T_h = (R + p)\tan\frac{\alpha}{2} + q$$

$$T_h = R\tan\frac{\alpha}{2} + \left(p\tan\frac{\alpha}{2} + q\right) = T + t \tag{13-31}$$

$$L_y = R(\alpha - 2\beta_h)\frac{\pi}{180°} = R\alpha\frac{\pi}{180°} - 2\beta_h\frac{\pi}{180°} = L - 2\left(\frac{l_h}{2R} \times \frac{180°}{\pi}\right)\frac{\pi}{180°} = L - l_h \tag{13-32}$$

即缓和曲线的主曲线线长 L_y（圆曲线的部分）等于圆曲线长 L 减缓和曲线长 l_h。

$$L_h = L_y + 2l_h = (L - l_h) + 2l_h = L + l_h \qquad (13-33)$$

即曲线全长 L_h 等于圆曲线长 L 加缓和曲线长 l_h。

$$E_h = (R + p)\sec\frac{\alpha}{2} - R = \left(R\sec\frac{\alpha}{2} - R\right) + p\sec\frac{\alpha}{2} = E + e \qquad (13-34)$$

$$D_h = 2T_h - L_h = 2(T + t) - (L + l_h) = (2T - L) + (2t - l_h)$$
$$D_h = D + d \qquad (13-35)$$

圆曲线半径 R 和缓和曲线的长度 l_h 是根据公路的等级和地形状况确定的，路线的转角 α 是实际测量得到的，据此可按上述公式计算所需的测设元素。如有公路曲线测设用表，首先查取圆曲线的切线长 T、外矢距 E、切曲差 D，然后再加缓和曲线的尾加数表 t、e、d，便得缓和曲线的切线长 T_h、外矢距 E_h、切曲差 D_h。

(2) 缓和曲线主点里程的计算

$$\left.\begin{aligned}
\text{直缓点 ZH 里程：} & \quad \text{ZH 里程} = \text{交点 JD 里程} - \text{切线长 } T_h \\
\text{缓圆点 HY 里程：} & \quad \text{HY 里程} = \text{直缓点 ZH 里程} + \text{缓和曲线长 } l_h \\
\text{曲中点 QZ 里程：} & \quad \text{QZ 里程} = \text{缓圆点 HY 里程} + \text{主曲线长 } L_y/2 \\
\text{圆缓点 YH 里程：} & \quad \text{YH 里程} = \text{曲中点 QZ 里程} + \text{主曲线长 } L_y/2 \\
\text{缓直点 HZ 里程：} & \quad \text{HZ 里程} = \text{圆缓点 YH 里程} + \text{缓和曲线长 } l_h
\end{aligned}\right\} \qquad (13-36)$$

为了检查计算的正确性，可用下式计算 HZ 里程：

$$\text{HZ 里程} = \text{JD 里程} + \text{切线长 } T_h - \text{切曲差 } D_h \qquad (13-37)$$

【例 13-5】 某一高速公路的设计行车速度为 120km/h，已知某一交点 JD_8 的里程桩号为 K9 + 658.86，转角为 $\alpha = 20°18'26''$，半径为 $R = 600$m，试计算曲线测设的主元素和曲线主点里程。

解：依表 13-3 可知，对于高速公路我们可以取缓和曲线的长度为 $l_h = 100$m。

1) 计算缓和曲线的要素

①依式 (13-21) 计算缓和曲线角：

$$\beta_h = \frac{l_h}{2R} \times \frac{180°}{\pi} = \frac{100 \times 180}{2 \times 600 \times \pi} = 4°46'29''$$

②依式 (13-24) 计算曲线内移值：

$$p = \frac{l_h^2}{24R} = \frac{100^2}{24 \times 600} = 0.69\text{m}$$

③依式（13-25）计算切线增长值：

$$q = \frac{l_h}{2} - \frac{l_h^3}{240R^2} = \frac{100}{2} - \frac{100^3}{240 \times 600^2} = 50\text{m}$$

④依式（13-23）计算缓和曲线终点坐标：

$$x_h = l_h - \frac{l_h^3}{40R^2} = 100 - \frac{100^3}{40 \times 600^2} = 99.93\text{m}$$

$$y_h = \frac{l_h^2}{6R} = \frac{100^2}{6 \times 600} = 2.78\text{m}$$

2) 缓和曲线主元素的计算：

①切线长按式（13-26）：

$$T_h = (R+p)\tan\frac{\alpha}{2} + q = (600 + 0.69)\tan\frac{20°18'26''}{2} + 50 = 157.58\text{m}$$

②主曲线（圆曲线部分）长按式（13-27）：

$$L_y = R(\alpha - 2\beta_h)\frac{\pi}{180°} = 600(20°18'26'' - 2 \times 4°46'29'') \times \frac{\pi}{180°} = 112.66\text{m}$$

也可按式（13-32）计算，更为简便。

$$L_y = L - l_h = 600 \times 20°18'26'' \times \frac{\pi}{180°} - 100 = 112.66\text{m}$$

③曲线全长按式（13-28）：

$$L_h = L_y + 2l_h = 112.66 + 2 \times 100 = 312.66\text{m}$$

④外矢距按式（13-29）：

$$E_h = (R+p)\sec\frac{\alpha}{2} - R = (600+0.69)\sec\frac{20°18'26''}{2} - 600 = 10.25\text{m}$$

⑤切曲差按式（13-30）：

$$D_h = 2T_h - L_h = 2 \times 157.58 - 312.66 = 2.50\text{m}$$

3) 计算缓和曲线各主点的里程：JD_8 的桩号为 K9 + 658.86，按缓和曲线主点里程的计算公式可计算出

	JD_8 桩号	K9 + 658.86
	$-T_h$	157.58
直缓点 ZH 里程	ZH 桩号	K9 + 501.28
	$+l_h$	100.00
缓圆点 HY 里程	HY 桩号	K9 + 601.28

	+ $L_y/2$	56.33
曲中点 QZ 里程	QZ 桩号	K9 + 657.61
	+ $l_y/2$	56.33
圆缓点 YH 里程	YH 桩号	K9 + 713.94
	+ l_h	156.33
缓直点 HZ 里程	HZ 桩号	K9 + 813.94

检核计算：HZ 桩号 = JD 桩号 + T_h - D_h = K9 + 813.94

校核无误，计算结果正确。

3．主点的测设步骤（以例 13-5 说明）

(1) 将经纬仪安置在交点 DJ_8 上，瞄准直缓点 ZH 方向，沿视线方向量取切线长 T_h = 157.58m，即得直缓点 ZH，桩号 K9 + 501.28。

(2) 仪器不动，以 ZH 点为后视方向，拨角（180° - α）/2，即分角线方向，沿此方向量取外矢距 E_h = 10.25m，即得曲中点 QZ，桩号 K9 + 657.61。

(3) 再将经纬仪瞄准缓直点 HZ 方向，沿视线方向量取切线长 T_h = 157.58m，即得缓直点 HZ，桩号 K9 + 813.94。

(4) 以 ZH 点为坐标原点，以 ZH—JD_8 为切线方向建立直角坐标系的 x 轴，垂直方向为 y 轴，用切线支距法量取 X_h = 99.93m，Y_h = 2.78m，得缓圆点 HY，桩号为 K9 + 601.28。

(5) 同理，以 HZ 点为坐标原点，以 HZ—JD_8 为切线方向建立直角坐标系的 x 轴，垂直方向为 y 轴，用切线支距法量取 X_h = 99.93m，Y_h = 2.78m，得圆缓点 YH，桩号 K9 + 713.94。

(6) 在测设出的各主点上钉木桩，并在其上钉一小钉作为标心。

13.6.3 带有缓和曲线的曲线的详细测设

带有缓和曲线的曲线各主点测设完毕后，为满足设计和施工的需要，也应在曲线上每隔一定的距离测设一个加桩，和圆曲线一样，带有缓和曲线的曲线也采用整桩号法测设曲线的加桩。测设加桩常采用切线支距法和偏角法。

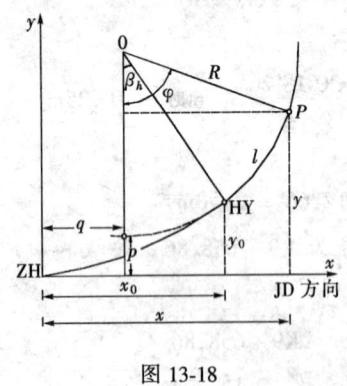

图 13-18

1．切线支距法（直角坐标法） 切线支距法是以缓和曲线的起点 ZH 或终点 HZ 为坐标原点，以过原点的切线为 x 轴，过原点且垂直于 x 轴的方向为 y 轴。缓和曲线和圆曲线的各点坐标，均按同一坐标系统计算，但分别采用不同的计算公式，如图 13-18 所示。

在缓和曲线段任一点 i 的坐标按下式计算：

$$\left.\begin{array}{l} x_i = l_i - \dfrac{l_i^5}{40R^2 l_h^2} \\ y_i = \dfrac{l_i^3}{6R l_h} \end{array}\right\} \quad (13\text{-}38)$$

式中 l_i 为缓和曲线上任一点 i 至曲线起点或终点的曲线长。

对于圆曲线段部分，各点的直角坐标仍和以前计算方法一样，但坐标原点已移至缓和曲线起点，因此原坐标必须相应地加 q、p 值，即

$$\left.\begin{array}{l} x = R\sin\varphi + q \\ y = R(1 - \cos\varphi) + p \end{array}\right\} \quad (13\text{-}39)$$

式中，$\varphi = \dfrac{l}{R} \times \dfrac{180°}{\pi} + \beta_h = \left(\dfrac{l}{R} + \dfrac{l_h}{2R}\right)\dfrac{180°}{\pi}$，$l$ 为圆曲线上任一点至 HY 点或 YH 点的曲线长，l_h 为缓和曲线长。

实际工作中，缓和曲线和圆曲线各点的坐标值也可由曲线表查出，曲线的设置方法和圆曲线的切线支距法测设方法完全相同。

2. 偏角法（极坐标法）　偏角法的测设方法实际是一种极坐标法，它利用一个偏角 Δ 和一段距离 C 来确定曲线上某点，如图 13-19 所示。

和切线支距法一样，以缓和曲线的起点 ZH 或终点 HZ 为坐标原点，以过原点的切线为 x 轴，过原点且垂直于 x 轴的方向为 y 轴。曲线上某点 P 至曲线的起点（ZH 点或 HZ 点）的距离为 C_i，P 点和原点的连线与坐标轴的 x 轴之间的夹角为 Δ_i。它们可以通过切线支距法求出的点的坐标 P(x_i、y_i) 来进行计算：

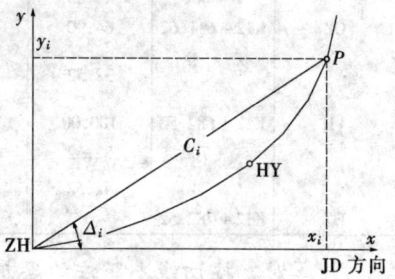

图 13-19

$$\left.\begin{array}{ll} 弦长 & C_i = \sqrt{x_i^2 + y_i^2} \\ 偏角 & \Delta_i = \tan^{-1}\dfrac{y_i}{x_i} \end{array}\right\} \quad (13\text{-}40)$$

由于弦长 C 是逐步增加的，且距离较大，所以一般可以采用光电测距仪或全站仪进行测设，将仪器安置在 ZH 点或 HZ 点，以度盘 0°00′00″ 照准路线的交点 JD。转动照准部，依次测设 Δ_i 角和相应的弦长 C_i，钉桩，即可分别得到曲线上各点。

【例 13-6】　某一高速公路设计行车速度为 120km/h，其中某一交点 JD_7 的里程桩号为 K12+617.87，转角为 $\alpha = 8°46′39″$，半径为 $R = 1\,500$m，通过计算或查表知道曲线的主元素和里程（见表 13-4 上半部分），按整桩距 $L_0 = 40$m，试计算用切线支距法和偏角法详细测设整个曲线的数据。

表 13-4 缓和曲线详细测设参数计算表

已知参数	转角：$\alpha = 8°46'39''$（右偏） 设计圆曲线半径：$R = 1\,500$m 缓和曲线长度：$l_h = 100$m 交点里程：JD_7 里程 = K12 + 617.86 整桩间距：$L_0 = 40$m
特征参数	切线角：$\beta_h = 1°54'35''$ 圆曲线内移值：$p = 0.28$m 切线增长值：$q = 50$m 曲线全长：$L_h = 329.79$m 切线长：$T_h = 165.15$m 外矢距：$E_h = 4.69$m 主曲线长：$L_y = 129.79$m 切曲差：$D_h = 0.51$m
主点里程	ZH 点里程：K12 + 452.72 HY 点里程：K12 + 552.72 QZ 点里程：K12 + 617.62 YH 点里程：K12 + 682.52 HZ 点里程：K12 + 782.52 JD 点里程：K12 + 617.87

主点名称	桩号	弧长 /m	切线支距法		偏角法			
			X /m	Y /m	Δ °	′	″	C /m
ZH	K12 + 452.72	0	0	0	0	00	00	0
	+ 500	47.28	47.28	0.12	0	08	44	47.28
	↓ + 530	77.28	77.28	0.51	0	22	41	77.28
HY	K12 + 552.72	100.00	100.00	1.11	0	38	09	100.01
	+ 580	27.28	127.24	2.27	1	01	19	127.26
	↓ + 600	47.28	147.21	3.43	1	20	05	147.25
QZ	K12 + 617.62	64.90	164.78	4.68	1	37	37	164.85
	↑ + 650	32.52	132.47	2.55	1	06	10	132.49
YH	K12 + 682.52	100.00	100.00	1.11	0	38	09	100.01
	+ 700	82.52	82.52	0.62	0	25	56	82.52
	↑ + 740	42.52	42.52	0.08	0	06	28	42.52
HZ	K12 + 782.52	0	0	0	0	00	00	0

计算时，按切线支距法的思想，缓和曲线段任一点 i 的坐标按式（13-38）计算，式中 l_i 为 i 点至曲线起点（ZH 点）或终点（HZ 点）的曲线长。圆曲线段部分按式（13-39）计算，式中 l 为圆曲线上任一点至 HY 点或 YH 点的曲线长。为了方便测设，避免支距过长，一般将曲线分成两部分，由 ZH 点和 HZ 点分别向曲线中点 QZ 测设。

缓和曲线段以 K12 + 530 为例。

用切线支距法的数据为：

$$x = l - \frac{l^5}{40 R^2 l_h^2} = 77.28 - \frac{77.28^5}{40 \times 1\,500^2 \times 100^2} = 77.28\text{m}$$

$$y = \frac{l^3}{6 R l_h} = \frac{77.28^3}{6 \times 1\,500 \times 100} = 0.51\text{m}$$

用偏角法的数据为：

弦长　　$C = \sqrt{x^2 + y^2} = \sqrt{77.28^2 + 0.51^2} = 77.28\text{m}$

偏角　　$\Delta = \tan^{-1}\dfrac{y}{x} = \tan^{-1}\dfrac{0.51}{77.28} = 0°22'41''$

圆曲线段以 K12+600 为例。

用切线支距法的数据为：

$$\varphi = \left(\dfrac{l}{R} + \dfrac{l_h}{2R}\right)\dfrac{180°}{\pi} = \left(\dfrac{47.28}{1\,500} + \dfrac{100}{2 \times 1\,500}\right) \times \dfrac{180°}{\pi} = 3°42'57''$$

$$x = R\sin\varphi + q = 1\,500 \times \sin 3°42'57'' + 50 = 147.21\text{m}$$

$$y = R(1 - \cos\varphi) + p = 1\,500 \times (1 - \cos 3°42'57'') + 0.28 = 3.43\text{m}$$

用偏角法的数据按式（13-40）计算：

弦长　　$C = \sqrt{x^2 + y^2} = \sqrt{147.21^2 + 3.43^2} = 147.25\text{m}$

偏角　　$\Delta = \tan^{-1}\dfrac{y}{x} = \tan^{-1}\dfrac{3.43}{147.21} = 1°20'05''$

13.7　高速公路测量简介

1. 高速公路的特点　高速公路是供汽车高速行驶的公路。一般速度达 120km/h。要求路线顺滑，纵坡较小。路面有 4～6 车道的宽度，中间设分隔带，采用沥青混凝土或水泥混凝土高级路面。在必要处应设坚韧的路栏。为了保证行车安全，应有必要的标志、信号及照明设备。禁止行人和非机动车在路上行驶。与铁路或其他公路相交时完全采用立体交叉。行人跨越则用跨线桥或地道通过。

2. 高速公路和其他公路主要有以下区别

（1）高速公路是只供汽车行驶的汽车专用公路，一般公路则还允许非机动车及行人使用。

（2）高速公路设有中央分隔带将往返交通完全隔开。

（3）高速公路与任何铁路、公路都是立体交叉的，不存在一般公路上的平面交叉口的横向干扰。

（4）高速公路沿线是封闭的，是控制出入的。且有完善的监测系统、通讯系统、安全系统和收费系统等管理和服务设施。

3. 对测设工作的要求　高速公路的建设标准较高，造价在 1～2 000 万元/千米以上，因此，高速公路的测设不能再沿用过去测设低等级公路的方法，而应该采用先进的理论和设备进行测设。

13.7.1　高速公路的选线和形式

1. 高速公路的选线　高速公路是国家公路网的骨架，是高标准的现代化公路，要求线形美观、造型优美。它的线形不仅反映其技术标准的高低，而且直接影响工程的造价和道路的使用、美观,是高速公路设计的关键。

高速公路的布线分为纸上定线、实地选线和详测放线三阶段。必须综合考虑平、纵、横各方面的因素后才能把路线的线位最终确定下来。

在保证公路技术标准的前提下,选线时应注意以下原则:

(1) 在工程量增加不太多的情况下,应尽可能地提高公路的技术标准,以提高公路的运行能力及运营效率。

(2) 应尽量减少公路对沿线开发区和村镇居民区的干扰,尽可能结合当地村镇的规划发展情况,使高速公路与其工程相协调。

(3) 在条件许可的情况下,尽量利用实际地形进行布线,避免高填、深挖,以降低工程造价。

(4) 鉴于沿线土地珍贵,应尽量少占好地、平整地,在取、弃土设计时,尽可能地使取、弃土场仍能继续用于其他建设或耕种。

2. 高速公路的形式

(1) 公路建筑的形式:由于条件和公路的技术特性不同,高速公路建筑的形式不尽相同,一般有四种形式。

1) 地面式,即修建在地面上的建筑物形式。相对来说它施工面大,修建方便,但占用土地多。

2) 高架式,即线路架在空中。这种形式多用于山区和人口密集的城市,它具有预制大件安装,少占土地和有利于线形与环境结合协调的优点,但对桥墩和构件安装组合测量要求较高。

3) 槽式或凹式,这种形式一般是在排水条件许可的地区,如平缓的丘陵区。

4) 隧道式,这种形式多用于山区或水下,对于方向和高程的贯通测量要求严格。

(2) 公路平面线型的形式:高速公路的线型设计要平、纵、横面综合设计,除了要考虑沿线的自然环境、社会环境,注意自然景观和地形相协调外,还要满足运动力学、视觉心理学等方面的要求。

一般认为,高速公路平面线型应该是一条连续的曲线线型,最理想的是全部由圆曲线和缓和曲线组成。平、竖曲线最好是要一一对应,即要求竖曲线的顶点大致与平曲线的中点相对应,同时平曲线要比竖曲线稍长一些,以便平、竖线形配合良好。但也不可片面强求,应尽量减少大填大挖对环境的破坏,这样将有助于视线诱导,使车辆顺畅行驶,提高了行车的安全性,同时减少变档频繁所产生的噪声和排气对环境的污染。

目前,常见的平面线型组合有下列几种形式:

1) 基本型,如图 13-20a,它是按直线—缓和曲线—圆曲线—缓和曲线—

直线的形式组合而成。

2) S型,如图13-20b所示,它是在两个反向曲线之间用缓和曲线连接起来的一种线型。这种曲线在缓和曲线与圆曲线的连接处,曲率变化不完全一致。

3) 凸型,如图13-20c所示,它是把两条缓和曲线在各自半径最小的点上直接相互连接而成的线型。

4) 卵型,如图13-20d所示,它是在两个同向圆曲线之间以一条缓和曲线连接,较复杂一些的形式是缓和曲线—大圆曲线—(缓和曲线)—小圆曲线—缓和曲线。大圆半径为小圆半径的1.5倍为佳。

5) 复合型,如图13-20e所示,两个或两个以上的同向弯曲的缓和曲线,在它们曲率相等点上连接而成的曲线型,常用于地形受限制的地区。

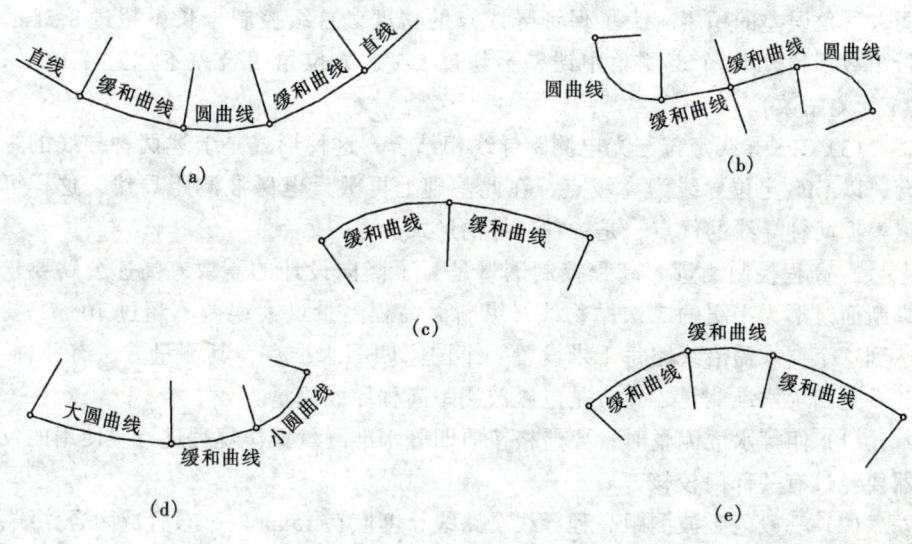

图 13-20

13.7.2 高速公路对测量的要求

高速公路通过的是一条狭长的带状区,为了满足路线定位,建筑物、构筑物测设及测绘地形图的要求,必须在国家控制点的基础上加密平面控制点和高程控制点。

1. 平面控制测量　高速公路测量中,地物点点位中误差不得超过图上的 0.5~0.6mm,精度要求很高,为此,路线勘测的首级平面控制点位中误差必须小于 0.1m。目前最理想的平面加密控制测量是 GPS（Global Positioning System,即全球定位系统）导线、光电测距导线和 GPS 导线与光电测距导线相结合的形式。

(1) GPS 导线：GPS 导线是在导线点上安置 GPS 接收机，通过接收 GPS 卫星信号，经过数据处理，从而获得该导线点的 WGS—84 大地坐标系，进而换算到 1954 北京坐标系或 1980 国家坐标系完成的。

这种导线点的优点是点位误差不累积，选点受自然条件限制较少，路线长度和边长无制约，相邻点间不必通视，精度高、速度快、操作简便、全天候观测。但它要求 GPS 导线点处高度角在大于 15°范围内天空没有遮挡物，测站附近没有大功率发射台、输电高压线和变电设施、周围无大面积的反射物等。

(2) 光电测距导线：与经纬仪导线原理相同，只是导线点间的距离用电磁波测距仪测量。

测距仪导线的误差主要来源于角度测量，导线尽可能布设成直伸形状，因为直伸导线不受距离测量系统误差的影响。边长尽量增大以减少折角数，可减弱方位角误差的积累。为了保证导线点的精度，首级控制全长不超过 8.5km，折角数不超过 16 个，测角中误差不超过 ±5″，方位角闭合差不超过 $±10″\sqrt{n}$（n 为测站数）。

(3) GPS 导线定位与光电测距导线相结合：这种形式是上述两种导线的综合，以 GPS 定位导线为高级点，在此基础上再敷设电磁波测距导线，这样可以发挥两种导线的优点，是一种良好的形式。

2. 高程控制测量　高程控制测量是为了竖向设计的需要，高速公路要求纵断面线形为平缓的二次抛物线，纵断面高程测量最大误差不超过 10cm，要达到这个要求需沿线路每千米设置一个国家四等水准点，其测量方法有两种：其一是四等水准测量，其二是电磁波测距高程导线测量。

(1) 四等水准测量时，要严格按照四等水准测量操作规程进行，使用的仪器要经过有关部门校核。

(2) 一般电磁波测距高程导线全路线长度应在 15km 内，布置成附合路线，视线长一般不大于 700m，最长不应大于 1 000m，视线竖直角不超过 ±15°，视线高度或视线离开障碍物的距离不得小于 1.5m。

3. 地形测图　高速公路设计中常需要 1:2 000、1:1 000，甚至 1:500 比例尺的地形图。一般来说地物点平面位置中误差在图上不得超过 0.6~0.8mm；等高线高程中误差不得超过 1/3~1 个等高距。

高速公路设计要求地物点间的相对位置准确，以使在图上确定的路线中线与周围的地物相对关系同实地位置一致。

航测图地物点相对关系好而且信息丰富、形象逼真，是一种良好的成图方法。但是，如果路线不长，地形平坦，要通过航空摄影到像片成图，也是一种麻烦和不经济的做法，采用常规的白纸测图方法仍是可取的途径。

4. 工程施工测量　高速公路平、竖线形复杂，对测量工作提出了较高的要求，特别是高架式和隧道式公路，高架式要求准确地确定桥位和配合安装，隧道式要求方向和高程准确地贯通，因此，要求测量人员应具有较强的专业知识，并严格按工程的精度要求实施。

13.8 路线纵断面水准测量

路线纵断面测量又称路线水准测量。它的任务是根据水准点高程，测量路线各中桩的地面高程，并按一定比例绘制路线纵断面图，为路线纵坡设计和挖填土方计算提供基本资料。

为了提高精度和检验成果，依据"从整体到局部"的测量原则，纵断面测量一般分为两步进行：一是沿路线方向设置若干水准点，建立路线的高程控制，称为基平测量；二是依据各水准点的高程，分段进行水准测量，测定各中桩的地面高程，称为中平测量。基平测量的精度要求比中平测量高，可按四等水准的精度要求。中平测量只作单程观测，精度按普通水准要求。

13.8.1 基平测量

1. **水准点的布设** 水准点是路线高程测量的控制点，在勘测和施工阶段都要长期使用，因此在中平测量前沿路线应设立足够的水准点。水准点应选在道路中线经过的地方两侧 50~100m 左右，地基稳固，易于引测、不受路线施工影响的地方。

根据不同的需要和用途，可设置永久性水准点和临时性水准点。

路线的起点和终点、大桥两岸、隧道两端，需要长期观测高程的重点工程附近均应设置永久性水准点，同时对于路线较长的一般地区也应每隔 25~30km 测设一点。永久性水准点要埋设标石，也可设在永久性建筑物上或用金属标志嵌在基岩上。

临时水准点的布设密度，应根据地形复杂情况和工程需要而定。山区每隔 0.5~1km 设置一个，在平原区和微丘陵区每隔 1~2km 设置一个。在一般的中、小桥附近和工程集中的地段均应设置临时性水准点。临时水准点可埋设大木桩，顶面钉入铁钉作为标志。

2. **基平测量方法** 基平测量首先应将起始水准点与附近国家水准点进行连测，以获得绝对高程。在沿线其他水准点的测量过程中，凡能与附近国家水准点进行连测的均应连测，以便获得更多的检查条件。如果路线附近没有国家水准点，可根据气压计、国家地形图和邻近的大型工程建筑物的高程作为参考，假定起始水准点的高程。

水准点高程的测定，公路上通常采用一台水准仪往、返观测或同时用两台水准仪同向（或对向）进行观测。往、返测或两台仪器所测高差的不符值不得超过下列允许值：

对于山区：

$$f_{h允} = \pm 30\sqrt{L}\,(\mathrm{mm})$$

或

$$f_{h允} = \pm 9\sqrt{n}\,(\mathrm{mm})$$

(13-41)

对于大桥两岸和隧洞两端的水准点：

$$f_{h允} = \pm 20\sqrt{L}\,(\mathrm{mm})$$

或

$$f_{h允} = \pm 5\sqrt{n}\,(\mathrm{mm})$$

(13-42)

式中　L——水准路线长度，km，适用于平地；

n——测站数，适用于山地。

闭合差在允许范围内则取两次观测值的均值，作为两水准点间的高差。

13.8.2 中平测量

1. 中平测量及要求　中平测量又名中桩抄平，即测量路线中桩的地面高程。中平测量是以基平测量提供的水准点为基础，以相邻两水准点为一测段，从一个水准点出发，逐个施测中桩的地面高程，闭合在下一个水准点上，形成附合水准路线。其允许误差为：

$$f_{h允} = \pm 50\sqrt{L}\,(\mathrm{mm})$$

或

$$f_{h允} = \pm 12\sqrt{n}\,(\mathrm{mm})$$

(13-43)

式中　L——水准路线长度；

n——测站数。

测量时，在每一个测站上除了观测中桩外，还需在一定距离内设置用于传递地面高程的转点，每两转点间所观测的中桩，称为中间点。

由于转点起传递高程作用，观测时应先观测转点，后观测中间点。转点读数至毫米，视线长度一般不应超过150m，标尺应立于尺垫、稳固的桩顶或坚石上；中间点的高程通常采用视线高法求得，读数可至厘米，视线长度也可适当放长，标尺立于紧靠桩边的地面上，其高程误差一般应在 ±10cm 范围内。

当路线跨越河流时，还需测出河床断面图、洪水位和常水位高程，并注明年、月，以便为桥梁设计提供资料。

2. 施测方法　如图 13-21 所示，水准仪置于测站Ⅰ，后视水准点 BM_1，前视转点 TP_1，将观测结果分别记入表 13-5 的"后视"和"前视"栏内，然后，依次观测 BM_1 和 TP_1 间的各个中桩（K0 + 000 ~ K0 + 060），将读数分别记入"中视"栏内。

仪器搬至Ⅱ站，后视转点 TP_1，前视转点 TP_2，然后观测各中桩。用同样的方法继续向前观测，直至附合到水准点 BM_2，完成一测段的观测工作。

各站记录后应立即计算各点高程，直至下一个水准点为止，并立即计算测段的闭合差，及时检查是否满足精度要求，如精度符合，可进行下一段的观测工作，否则，应返工重测。一般不进行闭合差的调整，而以原计算的各中桩点高程作为绘制纵断面图的数据。

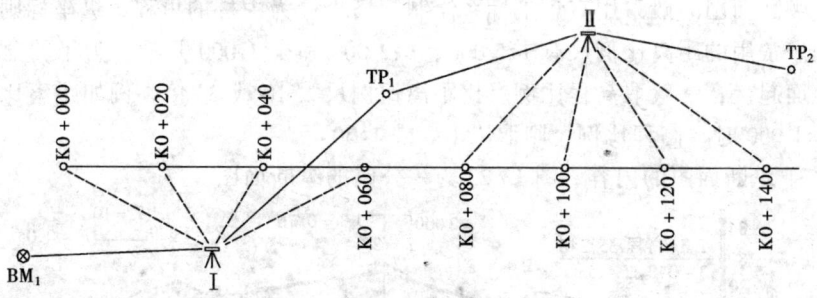

图 13-21

每一站的各项计算依次按下列公式进行：
（1）视线高程 = 后视点高程 + 后视读数
（2）转点高程 = 视线高程 – 前视读数
（3）中桩高程 = 视线高程 – 中间视读数

表 13-5 中平测量记录表

测 站	测 点	水准尺读数/m			视线高程/m	高程/m	备 注
		后视	中视	前视			
Ⅰ	BM₁	2.126			138.340	136.214	水准点
	K0 + 000		1.23			137.11	BM₁ = 136.214
	+ 020		1.87			136.47	
	+ 040		0.85			137.49	
	+ 060		1.74			136.60	
	TP₁			1.378		136.962	
Ⅱ	TP₁	1.653			138.615	136.962	
	+ 060		1.86			136.76	
	+ 080		2.35			136.27	
	+ 100		1.42			137.20	
	+ 120		1.87			136.76	
	+ 140		0.99			137.63	
	TP₂			2.220		136.395	
…	…	…	…	…	…	…	
Ⅵ	TP₆	1.298			138.534	137.236	
	+ 620		2.04			136.49	
	+ 640		1.36			137.17	水准点
	BM₂			1.153		137.381	BM₂ = 137.354

13.8.3 纵断面的绘制

1. 纵断面图 公路纵断面图是沿中线方向绘制的表示地面起伏和纵坡设计线状图，它反映出各路段纵坡的大小和中线位置的填挖尺寸，是线路设计和施工中的重要资料。

纵断面图一般采用直角坐标系绘制，横坐标为中桩的里程，纵坐标则表示高程。常用的距离比例尺有 1:5 000、1:2 000 和 1:1 000 几种，为了明显地表示地面起伏，一般取高程比例尺比距离比例尺大 10 或 20 倍，例如距离比例尺用 1:1 000 时，高程比例尺则取 1:100 或 1:50。

2. 纵断面图的内容 图 13-22 为一公路的纵断面图。

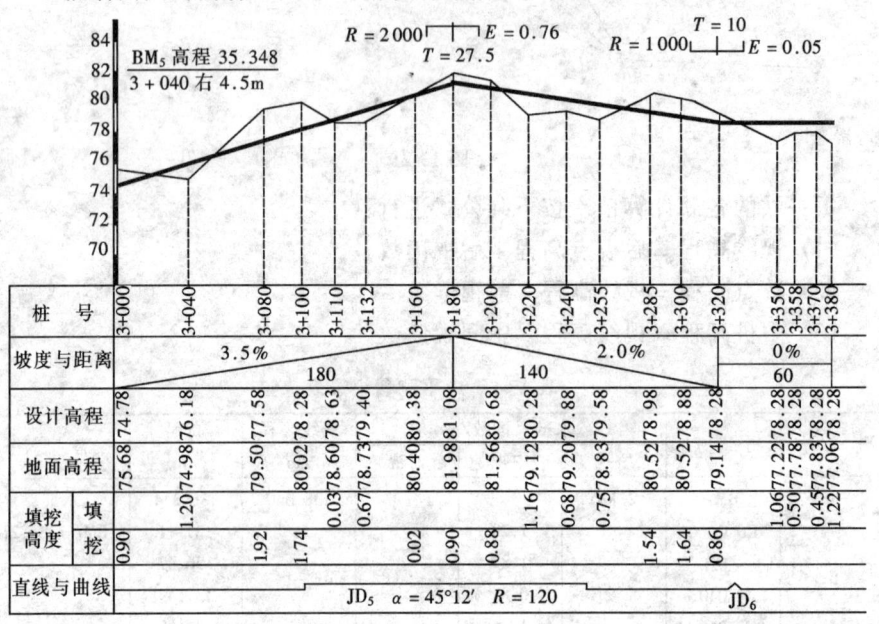

图 13-22

图的上半部，从左至右绘有贯穿全图的两条线。一条是细折线，表示中线方向的实际地面线，是根据中平测量的中桩地面高程绘制的；另一条是粗折线，表示包含竖曲线在内的纵坡设计线，是纵坡设计时绘制的。此外，在图上还注有水准点的编号、高程和位置，竖曲线的示意图及其曲线元素，桥涵的类型、孔径、跨数、长度、里程桩号和设计水位，其他道路、铁路以及各种管线交叉点的位置、里程和有关说明等。

图的下部绘有几栏表格，填写有关测量及坡度设计的数据，一般有以下内容：

(1) 桩号：自左至右按规定的距离比例尺注上各中桩的桩号。

(2) 坡度与距离：用来表示中线设计的坡度大小。一般用斜线或水平线表示，从左向右向上斜表示上坡，向下斜表示下坡，水平线表示平坡。线上方注记坡度数值（以百分比表示），下方注记坡长（水平距离）。不同的坡段以竖线分开。

(3) 设计高程：填写相应中桩的设计地面高程。

(4) 地面高程：注上对应于各中桩桩号的地面高程。

(5) 填挖高度：将填、挖的高度或深度分成两栏填写。

(6) 直线与曲线：按里程桩号标明路线的直线部分和曲线部分的示意图。曲线部分用直角折线表示，上凸表示路线右偏，下凹表示路线左偏，并注明交点编号及其曲线元素。在转角过小不设曲线的交点位置，用锐角折线表示。

3. 纵断面图的绘制　纵断面图一般自左至右绘制在透明毫米方格纸的背面，这样可防止用橡皮修改时把方格擦掉。

(1) 打格制表，填写有关测量资料：在透明方格纸上按规定尺寸绘制表格，标出与该图相适宜的纵横坐标值。在坐标系的下方绘表填写里程、地面高程、直线与曲线等资料。

(2) 绘地面线：首先确定起始高程在图上的位置，使绘出的地面线处在图上的适当位置。为了便于绘图和阅图，一般将高程为 10m 的整倍数的高程定在厘米方格纸的 5cm 粗横线上。然后依中桩的里程和高程，在图上按纵横比例尺依次定出各中桩地面位置，用细实线连接相邻点位，即可绘出地面线。

在高差变化较大的地区，纵向受到图幅限制时，可在适当地段变更图上高程起算位置，在新的纵坐标下展绘地面线，这时地面线将构成台阶形式。

(3) 纵坡设计，计算设计高程：此项工作必须等横断面图绘好之后，根据各级公路纵坡和坡长的规定，参照实际地形，尽可能使填、挖基本平衡，试拉坡度线。

根据已设计的纵坡和两点间的坡长，可从起点的高程计算另一点的设计高程。即：

某点的设计高程 = 起点高程 + 设计坡度 × 起点至某点的距离

位于竖曲线部分的里程桩的设计高程，应考虑竖曲线对设计高程的修正。

(4) 计算各桩号的填挖尺寸：同一桩号的设计高程与地面高程之差即为该桩点的填挖高度，正号为填土高度，负号为挖土深度。地面线与设计线的交点为不填不挖的"零点"。

(5) 在图上注记有关资料：如水准点、桥涵、竖曲线示意图、交叉点等。

13.9　路线横断面水准测量

横断面测量就是在各中桩处测定垂直于道路中线方向的地面起伏，然后绘成横断面图。横断面图是设计路基横断面、构筑物的布置、计算土石方和施工时确定路基填挖边界等的依据。

横断面测量的宽度,由公路等级、路基宽度、地形情况、边坡大小以及有关工程的特殊要求而定,一般在中线两侧各测 15~50m。由于横断面主要是用于路基的断面设计和土石方计算等,测量中距离和高差精确到 0.05~0.1m 即可满足工程要求。因此,横断面测量多采用简易的测量工具和方法,以提高工效。

13.9.1 横断面方向的测定

1. **直线段的横断面方向** 直线段上的横断面方向即是与道路中线相垂直的方向。一般可用具有两个相互垂直十字方向架来测定。

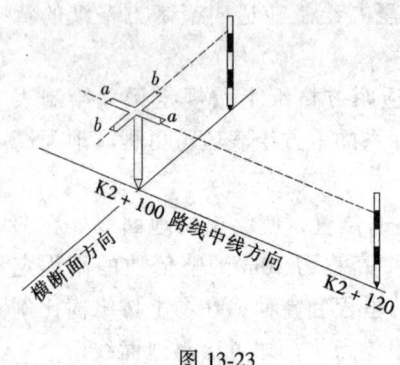

图 13-23

如图 13-23 所示,将方向架置于测点上,用其中一方向瞄准与该点相邻的前方或后方的某一中桩,则方向架的另一方向即为该点的横断面方向。

2. **圆曲线段的横断面方向** 圆曲线段上横断面方向应与该点的切线方向垂直,即该点指向圆心的方向。一般采用求心方向架测定。求心方向架是在上述方向架上加一根可转动的定向杆 ee,并加有固定螺旋,如图 13-24a 所示。

使用时,如图 13-24b 所示,先将方向架立在曲线起点 ZY 点上,用 aa 对准 JD 方向,bb 即为起点处的横断面方向。然后转动定向杆 ee 对准曲线上里程桩 1,拧紧固定螺旋。

移方向架至 1 点,用 bb 对准起点,按同弧段两端弦切角相等的原理,此时定向杆 ee 的方向即为 1 点处的横断面方向,在此方向上立一标杆。

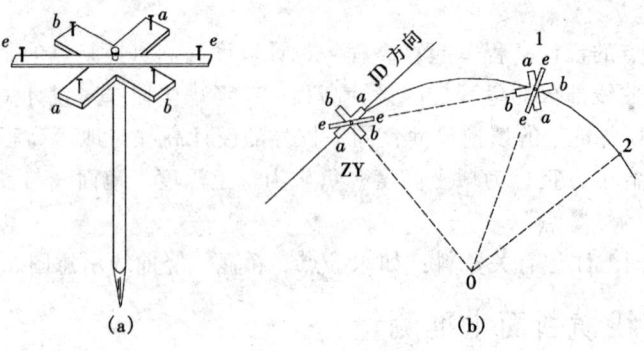

图 13-24

在 1 点的横断面方向定出之后，为了测定下一点 2 的横断面方向，可在 1 点将 bb 对准 1 点的横断面方向，转动定向杆 ee 对准 2 点，拧紧固定螺旋，然后将方向架移至 2 点，用 bb 对准 1 点，定向杆 ee 的方向即 2 点的横断面方向。依此类推，即定出各点的横断面方向。

如果曲线的中桩是按等弧长设置，由于弦切角相同，只需在起点固定好 ee 的位置，保持弦切角不变，在各测点上将方向架 bb 边对准后视点，ee 方向即为测点的横断面方向。

13.9.2 横断面的测量方法

1. **标杆皮尺法** 如图 13-25 所示，A、B、C、D 为在横断面方向上选定的坡度变化点，先在离中桩较近的 A 点树立标杆，将皮尺靠中桩的地面拉平，量出中桩至 A 点的距离，此时皮尺在标杆上截取的红白格数（每格 0.2m）即为两点间

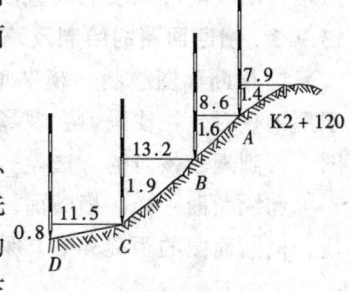

图 13-25

的高差。同法测出 A 至 B、B 至 C……各段的距离和高差，直至需要的宽度为止。

记录表格如表 13-6 所示，表中按路线前进方向分左、右侧，以分数形式记录各测段两点间的高差和距离，分子表示高差，分母表示距离，正号表示升高，负号表示降低，自中桩由近及远逐段记录。

表 13-6 横断面测量记录表

左	侧			中 桩	右	侧		
$\frac{0.8}{11.5}$	$\frac{-1.9}{13.2}$	$\frac{-1.6}{8.6}$	$\frac{-1.4}{7.9}$	K2+120	$\frac{-1.1}{4.8}$	$\frac{-0.9}{6.3}$	$\frac{-1.2}{12.7}$	$\frac{0.4}{4.4}$
$\frac{-0.4}{4.5}$	$\frac{1.9}{16.2}$	$\frac{-1.6}{6.3}$	$\frac{-1.9}{12.4}$	K2+100	$\frac{1.8}{8.3}$	$\frac{0.9}{5.7}$	$\frac{1.0}{15.5}$	$\frac{0.4}{11.9}$
$\frac{1.2}{5.4}$	$\frac{-1.3}{10.1}$	$\frac{-0.3}{8.9}$	$\frac{-0.9}{3.8}$	K2+080	$\frac{-1.3}{13.1}$	$\frac{0.9}{5.2}$	$\frac{-1.6}{7.3}$	$\frac{1.4}{12.9}$

这种方法的优点是简易、轻便、迅速，但精度较低，适合于山区等级较低的公路。

2. **水准仪皮尺法** 在横断面测量精度要求比较高，横断面方向坡度变化不太大的情况下，可用水准仪测量横断面高程。

施测时，在适当的位置安置水准仪，后视立于中桩上的水准尺，读取后视读数，求得视线高程，再前视横断面方向上，立于各坡度变化点上的水准尺，取得前视读数，一般前、后视读数精度至厘米即可。用视线高程减去各前视读数，即得各点的地面高程。实测时，若仪器位置安置得当，一站可测量多个断面。

中桩至各坡度变化点的水平距离可用钢尺或皮尺量出，精度至分米。

3.经纬仪视距法　为测定横断面方向上坡度变化点，安置经纬仪于中桩上，用经纬仪直接定出横断面方向，然后用视距法测出各地形变化点至测站（中桩）的距离和高差。

由于使用了经纬仪，不用直接量距，减轻了外业工作量，因而适用于量距困难、山坡陡峻地段的大型断面。

13.9.3　横断面图的绘制及路基设计

1.横断面图绘制　横断面图绘制的工作量较大，为了提高工作效率，便于现场核对，往往采取在现场边测边绘的方法。也可以采取现场记录，室内绘图，再到现场核对的方法。

和纵断面一样，横断面图也是绘制在毫米方格纸上。为了计算面积时较简便，横断面图的距离和高差采用相同的比例尺，通常为1:100或1:200。

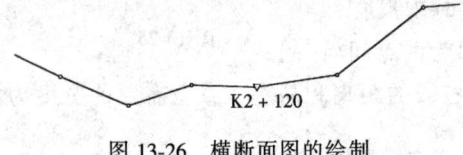

图13-26　横断面图的绘制

绘图时，先在适当的位置标出中桩，注明桩号。然后，由中桩开始，分左、右两侧按距离和高程逐一展绘各坡度变化点，用直线把相邻点连接起来，即绘出横断面的地面线，然后适当地标注有关的地物或数据等，如图13-26所示。

2.设计路基　在横断面图上，按纵断面图上的中桩设计高程以及道路设计路基宽、边沟尺寸、边坡坡度等数据，在横断面上绘制路基设计断面图。具体做法一般是先将设计的道路横断面按相同的比例尺做成模片（透明胶片），然后将其覆盖在对应的横断面图上，按模片绘制成路基断面线，这项工作俗称为"戴帽子"。路基断面的形式主要有全填式、全挖式、半填半挖式等三种类型，如图13-27所示。

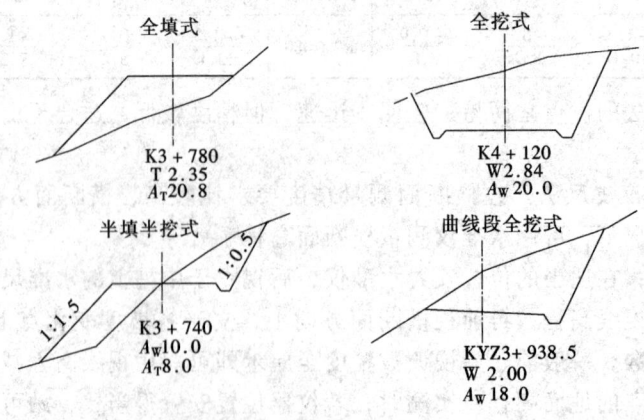

图13-27

路堤边坡：土质的边坡一般采用1:1.5，填石的边坡则可放陡，如1:0.5、1:0.75等。挖方边坡：一般采用1:0.5、1:0.75、1:1等。边沟一般采用梯形断面，内侧边坡一般采用1:1~1:1.5，外侧边坡与路堑边坡相同，边沟的深度与底宽一般不应小于0.4m，高速公路、一级公路边沟断面应大一些，其深度与底宽可采用0.8~1.0m。

为了行车安全，曲线段外侧要高于内侧，称为超高。此外，汽车行驶在曲线段所占的宽度要比直线段大一些，因此曲线段不仅要超高，而且要加宽。如图13-27中KYZ3+938.5中桩处路基宽度加宽，并且左侧超高。

13.10 公路竖曲线测设

在公路的纵坡变换处，为了行车平稳、改善行车的视距，一般采用圆曲线将两段直线进行连接，这种在竖直面内设置的圆曲线称为竖曲线。如图13-28所示，竖曲线又有凹形和凸形两种形式（顶点在曲线之上的为凸形竖曲线，顶点在曲线之下的为凹形竖曲线）。

设计竖曲线时,采用纵断面设计时所设计的曲线半径 R,用相邻两坡道段的坡度 i_1 和 i_2 计算竖曲线

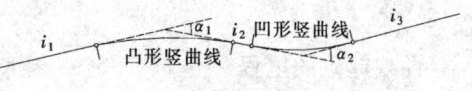

图 13-28

的坡度转折角 α。由于竖曲线的坡度转折角 α 一般很小，故可用代数差形式表示，在图13-28中，坡度转折角 $\alpha_1 = i_1 - i_2$,α 为正时表示是凸形竖曲线，α 为负时表示是凹形竖曲线。像平面曲线一样,竖曲线测设元素计算公式可表示为

$$\left.\begin{aligned} 切线长 \quad & T = \frac{1}{2}R(i_1 - i_2) \\ 曲线长 \quad & L = R(i_1 - i_2) \\ 外矢距 \quad & E = \frac{T^2}{2R} \end{aligned}\right\} \quad (13\text{-}44)$$

为了满足施工以及土方量计算的需要，必须计算出曲线上各点的高程改正数。如图13-29所示，以竖曲线的起点 A 或终点 B 为坐标原点，水平方向为 x 轴，竖方向为 y 轴，建立平面直角坐标系。则竖曲线上任一点 i 距切线的纵距（即标高改正数）的计算公式为

$$y_i = \frac{x_i^2}{2R} \quad (13\text{-}45)$$

式中 x_i 为竖曲线上任一点 i 至竖曲线起点 A 或终点 B 的水平距离，即点 i 的桩号与竖曲线起点或终点的桩号之差。

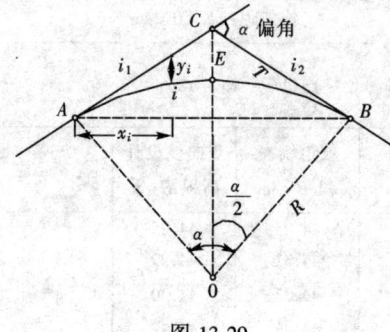

图 13-29

y_i 在凸形竖曲线中取负号，在凹形竖曲线中取正号。

由此可得竖曲线上任一点设计高程的计算公式：

竖曲线的设计高程 H_i = 切线高程 H'_i ± 标高改正数 y_i (13-46)

在纵断面图绘制的过程中，对填、挖高度的计算应考虑竖曲线的标高改正数。

【例 13-7】 某公路凸形竖曲线的设计半径为 $R = 3\,000$m，变坡点的里程桩号为 K6 + 144，变坡点的高程为 $H_0 = 44.50$m，相邻坡段的坡度为 $i_1 = +0.6\%$，$i_2 = -2.2\%$。在曲线上每隔 10m 设置曲线桩，试求测设曲线的数据。

(1) 计算竖曲线元素：

折　角　　　　$\alpha = i_1 - i_2 = 0.006 - (-0.022) = 0.028$ rad

切线长　　　　$T = (3\,000 \times 0.028)/2 = 42$m

曲线长　　　　$L = 2T = 84$m

外矢距　　　　$E = T^2/2R = 0.29$m

(2) 根据变坡点的里程，计算竖曲线主点的里程以及切线高程（坡道高程）：

曲线起点的里程　　　　　　K6 + 144 − T = K6 + 102

曲线起点的坡道高程　　　　44.50 − 0.6% × 42 = 44.25（m）

曲线终点的里程　　　　　　K6 + 144 + T = K6 + 186

曲线终点的坡道高程　　　　44.50 − 2.2% × 42 = 43.58（m）

(3) 计算竖曲线各加桩高程：

坡段上各点的高程（切线高程）H'_i 可依据变坡点的高程 H_0、坡段的坡度 i_1、i_2 及曲线的间距求出，则竖曲线的设计高程为 $H_i = H'_i - y_i$。计算结果如表 13-7 所列。

表 13-7　竖曲线测设参数计算表

已知参数	设计竖曲线半径：$R = 3\,000$m　相邻点坡度 $i_1 = +0.6\%$，$i_2 = -2.2\%$					
	变坡点里程：K6 + 144　变坡点高程：44.50m　整桩间距：$L_0 = 10$m					
特征参数	折角：$\alpha = 0.028$ rad			切线长：$T = 42$m		
	曲线长：$L = 84$m			外矢距：$E = 0.29$m		
主点里程	起点里程：K6 + 102			终点里程：K6 + 186		
点名	桩号	至竖曲线起点或终点的平距 x/m	标高改正数 y/m	坡道线高程 H'/m	竖曲线设计高程 H/m	备注
起点	K6 + 102	0	0.00	44.25	44.25	
↓	+ 112	10	0.02	44.31	44.29	
	+ 122	20	0.07	44.37	44.30	
	+ 132	30	0.15	44.43	44.28	

续表

点 名	桩 号	至竖曲线起点或终点的平距 x/m	标高改正数 y/m	坡道线高程 H'/m	竖曲线设计高程 H/m	备 注
变坡点	K6 + 144	42	0.29	44.50	44.21	
	+ 156	30	0.15	44.24	44.09	
	+ 166	20	0.07	44.02	43.95	
↓	+ 176	10	0.02	43.80	43.78	
终 点	K6 + 186	0	0.00	43.58	43.58	

竖曲线起点、终点的测设方法和圆曲线的测设方法相同，各加桩点的测设，实质上就是测设加桩点处竖曲线的高程。因此实际工作中，竖曲线测设可以和路面高程桩测设一并进行。测设时只要将已计算出的各坡道点高程再加上（凹形竖曲线）或减去（凸形竖曲线）对应点的标高改正数即可。

13.11 土石方的计算

为了编制道路工程的预算经费，合理安排劳动力，有效组织工程实施，必须对道路工程的土石方进行计算。

13.11.1 横断面面积的计算

路基填方、挖方的横断面积是指路基横断面中原地面线与路基设计线所包围的面积，高于原地面线部分的面积为填方面积，低于原地面线部分的面积为挖方面积，一般填方、挖方面积分别计算。如图 13-27 所示，图中 T2.35 表示中桩 K3 + 780 处填高 2.35m，A_T20.8 表示该断面积为 20.8m²；W2.84 表示中桩 K4 + 120 处挖深 2.84m，A_W20.0 表示该挖方断面积为 20.0m²。

13.11.2 土石方数量的计算

土石方数量的计算一般采用"平均断面法"，即以相邻两断面面积的平均值乘以两桩号之差计算出体积，然后累加相邻断面间的体积，得出总的土石方量。设相邻的两断面面积分别为 A_1 和 A_2，相邻两断面的间距（桩号差）为 D，则填方或挖方的体积 V 为

$$V = \frac{A_1 + A_2}{2} D \tag{13-47}$$

表 13-8 为某一道路桩号 K5 + 000 ~ K5 + 100 的土石方量计算成果。

表 13-8 土石方数量计算表

桩 号	断面面积 /m²		平均断面积 /m²		间距 /m	土石方量 /m³		备 注
	填方	挖方	填方	挖方		填方	挖方	
K5 + 000	41.36	—	31.17	—	20.0	623.40	—	
+ 020	20.98	—						

续表

桩号	断面面积 /m²		平均断面面积 /m²		间距 /m	土石方量 /m³		备注
	填方	挖方	填方	挖方		填方	挖方	
+040	11.36	8.60	16.17	4.30	20.0	323.40	86.00	
+055	4.60	36.88	7.98	22.74	15.0	119.70	341.10	
+060	—	48.53	2.30	42.70	5.0	11.50	213.50	
+080	—	37.36	—	42.94	20.0	—	858.80	
K5+100	5.60	29.75	2.80	33.56	20.0	56.00	671.20	
Σ						1 134.00	2 170.60	

13.12 桥梁施工测量

13.12.1 桥梁施工测量概述

桥梁建筑物依据其跨度、桥型、建筑材料以及河道情况的不同，施工的方法与精度要求也随之各异。桥梁施工测量的任务，是根据桥梁设计的要求和施工详图，遵循从整体到局部的原则，先进行控制测量，再进行细部放样测量。将桥梁构造物的平面和高程位置，在实地放样出来及时地为不同的施工阶段提供准确的设计位置和尺寸并检查其施工质量。

主要工作包括：①建立平面控制网；②建立高程控制网；③测量桥梁轴线（桥梁中线）的长度、方向，交会放样桥墩、台的中心位置；④按主要轴线进行结构物轮廓特征点的细部放样和进行施工观测；⑤进行竣工测量以及桥梁墩台的沉降位移观测。

13.12.2 施工控制网的建立

桥梁建筑中，当碰到河面较宽、河道很深、水流较急而无法直接丈量桥梁中线时，就必须建立桥梁平面控制网，用来精确测定桥轴线的长度和桥墩台的位置等。桥梁平面控制网一般采用三角网。

在线路的基平测量阶段，一般应在桥梁的两岸各设立一个永久水准点，当桥梁长度超过200m时，两岸至少应埋设两个永久水准点。此外在桥梁施工阶段，应在桥台下等埋设若干临时的施工水准点，供施工时进行放样和观测。施工水准点采用四等水准进行测量。水准点应定期检测。

1. 桥梁三角控制网的布置原则 在布置三角网时三角点应选在地质良好、不被水淹、不受施工干扰、不易被损坏、便于保存的地方。两岸的桥轴线上应各设一个三角点，并分别与桥台相距不远，便于桥台放样。

为了提高控制网的精度并便于检查，应在控制网中设置至少两条基线，最好两岸各有一条。基线应选在平坦、开阔、便于量距处，基线边的一端应选择为桥梁轴线点，并尽可能与桥轴线垂直。沿基线方向的地面坡度不宜超过1/30

~1/20，基线的长度一般不应小于桥轴线的 70%。

三角网的形式应尽量简单，便于观测和计算。

2. **桥梁三角控制网的布置形式** 三角控制网的布置形式随桥梁的跨度、工程的精度以及地形的情况而定，常见的有：1）双三角形（图 13-30a 所示），适合于较小的桥梁工程；2）大地四边形（图 13-30b 所示），适合于桥梁长度在 100~200m 左右的大桥；3）双大地四边形（图 13-30c 所示），适合于更大的桥梁工程。上述图中的双线边为测量距离的基线边，AB 边为桥梁的桥轴线。随着各个工程的情况不同以及光电测距仪的普遍使用，控制网的形式也可作适当的调整。

三角网中三角形的内角观测时，一般选用 J2 级光学经纬仪，每个角度观测 2~4 个测回。如果采用 J6 级光学经纬仪，则应观测 4~6 个测回。根据精度要求的不同，三角形的闭合差应小于 ±15″或 ±30″。

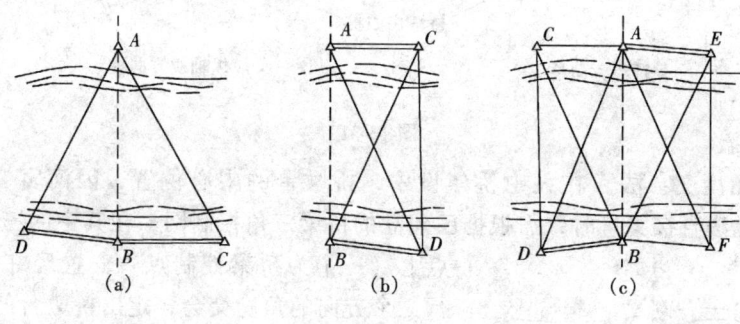

图 13-30

三角网中基线边的丈量精度应满足表 13-9 中的要求。

表 13-9 基线边丈量精度要求

桥 长 /m	<200	200~500	≥500
基线边应达到的精度	1/10 000	1/20 000	1/40 000

基线边可用经检定过的钢尺或光电测距仪测出。用光电测距仪进行观测时，采用 $\pm(3mm+3\times10^{-6}D)$ 或 $\pm(5mm+5\times10^{-6}D)$ 精度级的测距仪就可满足要求。

13.12.3 桥梁墩台中心的定位放样

桥梁墩台中心的定位放样，是桥梁建筑施工中最重要的一项测量工作。它是根据桥梁设计施工详图上所规定的两桥台以及各桥墩的中心里程，以桥梁三角网控制点和桥轴线点为基准，按规定精度放样出桥墩台的中心位置。

依地形条件的不同，放样的方法可采用直接丈量法和角度交会法。

1. **直接丈量法** 在干涸或浅水河道上，钢尺可以跨越丈量时，可以采用直接丈量的方法确定桥墩台的位置。

根据桥梁轴线控制桩和桥墩台中心桩的里程，算出它们之间的距离，然后直接用钢尺从桥梁轴线控制桩开始，量出各段长度，得到各墩台中心的位置，最后闭合到另一桥梁轴线控制桩点上。丈量精度应高于 1/5 000，以保证上部构件的正确安装。

在桥墩台的中心位置应以大木桩进行标定，在木桩顶面钉一铁钉，以表示墩台中心。然后，在这些点位上安置经纬仪，以桥轴线为准，在基坑开挖线以外 1~2m 设置墩台纵横轴线方向桩（也称护桩），如图 13-31 所示。纵横轴线方向桩是施工过程中恢复墩台中心位置和细部放样的基础，应加以妥善保护。

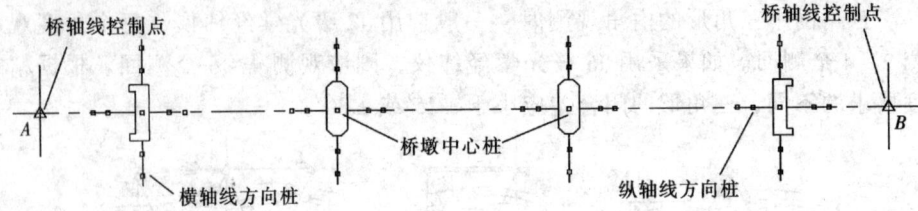

图 13-31

2. 角度交会法 在大中桥建设中，桥墩台的中心位置，因河宽、水深、流急，无法直接丈量时，需根据已建立的桥梁三角控制网，在其中的三个三角点上（一个为桥梁控制点）安置经纬仪，进行三个方向的角度交会，定出桥墩台的中心。

(1) 交会角的计算：在图 13-32 中，两基线的长度 d_1 和 d_2，角度 δ_1 和 δ_2 在控制测量中已经测出，如要测设某一桥墩 P_1，只要依据桥墩 P_1 的坐标或里程，求出相应的交会角 α 和 β，即可在 C、A、D 三点上设置经纬仪进行角度交会定出 P_1。

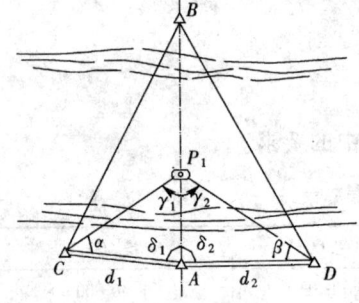

图 13-32

在 △CAP_1 中，按正弦定理可得

$$\frac{AP_1}{\sin\alpha} = \frac{d_1}{\sin(180° - \alpha - \delta_1)} = \frac{d_1}{\sin(\alpha + \delta_1)}$$

利用和差函数关系展开上式，并整理后得

$$AP_1 \sin\delta_1 = \tan\alpha (d_1 - AP_1 \cos\delta_1)$$

即有

$$\alpha = \tan^{-1} \frac{AP_1 \sin\delta_1}{d_1 - AP_1 \cos\delta_1} \tag{13-48}$$

同理在 △ADP_1 中有

$$\beta = \tan^{-1}\frac{AP_1\sin\delta_2}{d_2 - AP_1\cos\delta_2} \tag{13-49}$$

为了对交会角 α 和 β 进行校核，可按同法求出 γ_1 和 γ_2 的角值，按三角形的内角和等于 $180°$ 进行检查。

(2) 现场施测方法：在现场施测时，如图13-33 所示，可分别在 C、A、D 三点各安置一台经纬仪。置于 A 点的经纬仪，瞄准 B 点定出桥梁轴线方向。置于 C、D 点的仪器则分别以 A 点为起始方向点，按正倒镜分中法拨出交会角 α 和 β，从而定出两条方向线，这两条方向线与桥梁轴线方向的交点即为桥墩 P 的位置。

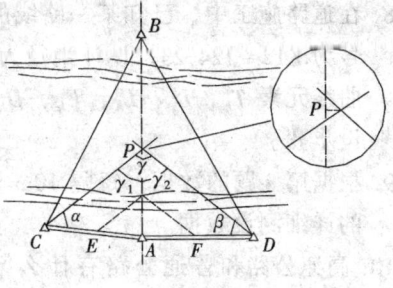

图 13-33

由于误差的影响，三条方向线一般不会交于一点，而是构成一个误差三角形，若误差三角形在桥轴线上的边长在容许范围内（墩底放样为 2.5cm，墩顶放样为 1.5cm），则取 C、D 两方向线的交点在桥轴线上的投影 P 作为桥墩的中心位置。

实践和理论证明，点 P 的交会精度与交会角 γ 的大小有关。当 γ 在 $90°\sim 110°$ 时（即交会角 α、β 在 $45°\sim 55°$ 之间），交会精度最高。交会角 γ 的容许范围在 $80°\sim 130°$ 之间，因此，在选择基线和布置三角网时应事先予以考虑。另外，在交会离河岸较近的桥墩时，为了保证交会角的大小，可在基线适当的位置设置辅助点 E、F 作为交会的测站点。

在桥墩的施工过程中，要经常交会桥墩中心的位置。为了准确而迅速的进行交会，可把交会方向延伸到河岸，设立永久性照准标志。标志设好后，应测角加以检查。这样，在以后交会桥墩中心位置时，只要照准对岸标志即可。

练 习 题

1. 公路工程测量主要包括哪些内容？什么叫初测和定测？它们的具体任务是什么？
2. 什么叫路线的转点？什么叫路线的交点？它们各有什么作用？
3. 已知某一路线的交点 JD_5 处右转角为 $\alpha = 65°18'42''$，其桩号为 $K9+387.34$，在选线时确定圆曲线半径为 $R = 150m$，试计算圆曲线元素 T、L、E、D，并求出三个主点桩号，并简述三个主点的测设步骤。
4. 为施工而进行的圆曲线加密常用哪几种方法？它们各适合于什么情况？有何优缺点？
5. 以题 3 中的数据为基础，按整桩距 $L_0 = 10m$，试计算用切线支距法和偏角法详细测设整个曲线的数据，并简述其测设步骤。
6. 公路测量在什么情况下需测设反曲线？测设时应注意什么问题？
7. 什么叫复曲线？如何进行测设？
8. 在道路施工中，已知某一路线的交点桩 JD_7 处右转角为 $\alpha = 44°18'42''$，其桩号为 K12+124.23，设计半径为 $R=250m$，拟用缓和曲线长为 70m，试计算曲线元素 T_h、L_y、L_h、E_h、D_h，并求出五个主点桩号，简述五个主点的测设步骤。
9. 根据第 8 题的数据，每隔 10m 设一加桩，依切线支距法和偏角法计算各法的详细测设数据。
10. 高速公路和普通公路有什么区别？它的平面控制和高程控制各有什么特点？有何精度要求？
11. 什么是路线的基平测量和中平测量？精度要求如何？在路线的纵断面图上，如何进行拉坡设计？
12. 公路的横断面图测量可以采用什么方法？各适用于什么情况？
13. 在公路设计中，需要在交点桩 C 处设计一凸形竖曲线，C 点桩号为 1+026，相邻两坡道的坡度：$i_1 = +0.08$，$i_2 = -0.07$，竖曲线设计半径为 600m，求桩号 1+000、1+026、1+050、1+060 处的标高改正值 y。
14. 桥梁施工控制网的布设有哪些基本原则？有哪几种基本形式？

第14章 管道工程测量

14.1 管道工程测量概述

随着经济建设的高速发展和人民生活水平的不断提高，各种管道工程（上水、下水、煤气、热力、电力、输油、输气等）越来越多，形式也愈来愈复杂，有地下管道，还有架空管道等。管道工程测量就是为各种管道的设计和施工提供必要的资料和服务。

管道工程测量的主要任务：①为管道工程的设计提供必要的资料，包括各种带状地形图和纵、横断面图等；②按工程设计的要求将管道位置施测于实地，指导施工。

管道工程测量的主要内容有：①收集资料：尽可能地收集工程规划范围内的测量资料和原有各种管道的平面图和断面图；②踏勘定线：根据现场勘测情况和已有地形图，在图纸上进行管道的规划和设计，即纸上定线；③中线测量：根据设计要求，在地面测定出管道的起点、转折点和终点等；④纵横断面测量：测绘出管道中线方向和中线两侧垂直于中线方向的地面高低起伏情况；⑤管道施工测量：在实地铺设管道时所进行的各项测量工作；⑥竣工测量：施工完成后，将已建管道的位置绘制成图，作为以后管道使用、维修、管理和改造的依据。

14.2 管道中线测量

管道的起点、转向点、终点等是管道的主点，其位置已在规划设计图中给出。管道中线测量的任务是：是将设计的管道中心线在地面上测设出来，包括管道的主点、中桩测设、管道转折角测量以及里程桩手簿的绘制。

14.2.1 管道主点的测设

1. 主点测设数据的准备　管道主点的位置是设计时确定的。测设之前，应准备好主点的测设数据，根据实际情况和工程的精度要求不同，数据准备可采用图解法和解析法。

（1）图解法：当管道规划设计图的比例较大，管道主点附近有较为可靠的地物点时，可直接从设计图上量取数据。

如图14-1所示，A、B为原有管道的检修井，1、2、3为设计管道的主点，欲在地面上测定主点的位置，可依比例尺在图上量出 S_1、S_2、S_3、S_4、S_5，即为主点的测设数据。图解法受图解精度的影响，一般用在对管道中线精度要求不太高的情况下。

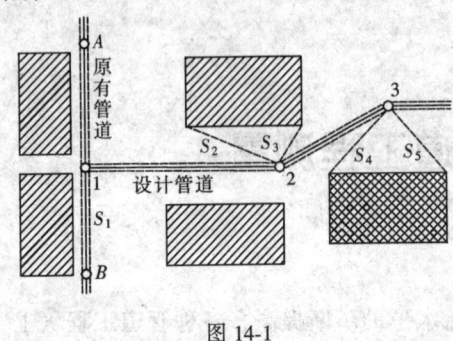

图 14-1

(2) 解析法：当管道规划设计图上已给出管道主点坐标，而且主点附近有测量控制点，可以用解析法求出测设所需数据。如图 14-2 所示，A、B、C…为测量控制点，1、2、3…为管道规划的主点，根据控制点和主点的坐标，可以利用坐标反算公式计算出所需的距离和角度，以供测设时使用。在管道中线精度要求较高的情况下，均采用解析法确定测设数据。

2. 主点的测设 管道主点测设是利用上述准备好的数据，采用直角坐标法、极坐标法、角度交会法和距离交会法等将管道主点在现场确定下来。具体测设时，各种方法可独立使用，也可相互配合。

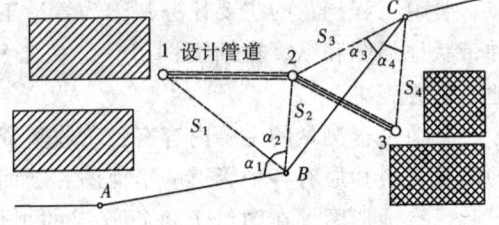

图 14-2

主点测设完毕后，必须进行校核工作。校核的方法是：通过主点的坐标，计算出相邻主点间的距离，然后实地进行量测，看其是否满足工程的精度要求。

在管道建筑规模不大且无现成地形图可供参考时，也可由工程技术人员现场直接确定主点位置。

14.2.2 中桩测设

从管道的起点开始，沿中线设置整桩和加桩，这项工作称为中桩测设。从起点开始，按规定每隔某一整数设置一桩，这种桩叫整桩。整桩间距可视地形的起伏情况而定，当地势起伏较大，整桩间距为 20m、30m，当地势较为平坦，整桩间距可放宽到 50m 甚至 100m。除整桩外，在整桩间如有地面坡度变化以及重要地物（铁路、公路、桥梁、旧有管道等）都应增设加桩。

整桩和加桩的桩号是它距离管道起点的里程。例如某一加桩距管道起点的距离为 3 154.36m，则其桩号为 3+154.36，即千米数+米数。不同管道起点的规定不尽相同，给水管道以水源为起点；排水管道以下游出水口为起点；煤气、热力等管道以来气方向为起点；电力、电讯管道以电源为起点。

中桩之间距离的丈量一般可采用钢尺或皮尺，量距精度要求为 1/1 000。

14.2.3 管道转折角测量

管道改变方向时，转变后的方向与原方向之间的夹角称为转折角，以 α

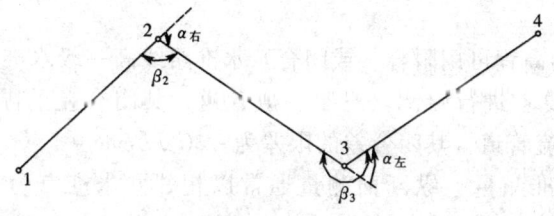

图 14-3

表示。转折角有左、右之分，如图14-3所示，偏转后的方向位于原来方向右侧时，称为右转折角；偏转后的方向位于原来方向左侧时，称为左转折角。转折角测量方法参见第13章公路测量。

14.2.4 绘制管线里程桩图

在中桩测设和转折角测量的同时，应将管线情况标绘在已有的地形图上，如无现成地形图，应将管道两侧带状地区的情况绘制成草图，这种图称为里程桩图（或里程桩手簿），里程桩手簿是绘制纵断面图和管道设计的重要参考资料。

如图14-4所示，图中以50m为整桩距，0+000为管道的起点。0+075为管道的转折点，转向后的管线仍按原直线方向绘制，只是在转向点上画一箭头表示管道的转折方向，并注明转向角角值的大小。0+216 和 0+236 是管道与公路交叉时的加桩。0+284.7是管道与渠道的交叉点。其他均为整桩。

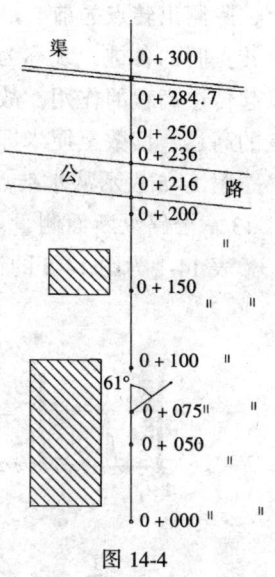

图 14-4

14.3 管道纵横断面测量

14.3.1 纵断面图的测绘

纵断面图测量的主要任务是根据水准点的高程，测出中线上各桩的地面高程，然后根据这些高程和相应的桩号绘制纵断面图。纵断面图表示了管道中线方向的地面高低起伏和坡度陡缓情况，是设计管道纵坡的主要资料，也是设计管道埋深和计算土石方量的主要依据。

1. 水准点的布设　为了满足纵断面图测绘和施工的精度，在纵断面测量之前，应先沿管道方向布设足够的水准点。水准点的布设和测量精度要求如下：

（1）一般在管道沿线每隔 1~2km 设置一永久性水准点，中间每隔 300~

500m设置一临时性水准点。

(2) 水准点应布设在便于引点、便于长期保存，且在施工范围以外的稳定建（构）筑物上。

(3) 水准点的高程可用附合（或闭合）水准路线高一级水准点，按四等水准测量的精度和要求进行引测。对于一般管道，其闭合差的限差为 $\pm 40\sqrt{L}$ mm；对于重力自流管道，其闭合差的限差为 $\pm 30\sqrt{L}$ mm。

2. 纵断面水准测量　纵断面测量通常以相邻两水准点为一测段，从一个水准点出发，逐点测量各中桩的高程，再附合到另一水准点上，进行校核。

实际测量中，由于管道中线上的中桩较多且间距较小，在保证精度的前提下，为了提高观测速度，一般应选择适当的管道中桩作为转点，在每一测站上，除测出转点的前、后视读数外，还同时测出两转点之间所有其他中桩点，两转点间的各桩，统称为中间点。中间点的高程可采用仪器高法求得。由于转点起传递高程的作用，故转点上读数应读至毫米，中间点读数只是为了计算本点的高程，读数至厘米即可。

图14-5表示从水准点 BM_1 到 0+200 水准测量的示意图，其施测方法参见第13章公路纵断面测量。

表14-1为图14-5的记录手簿。

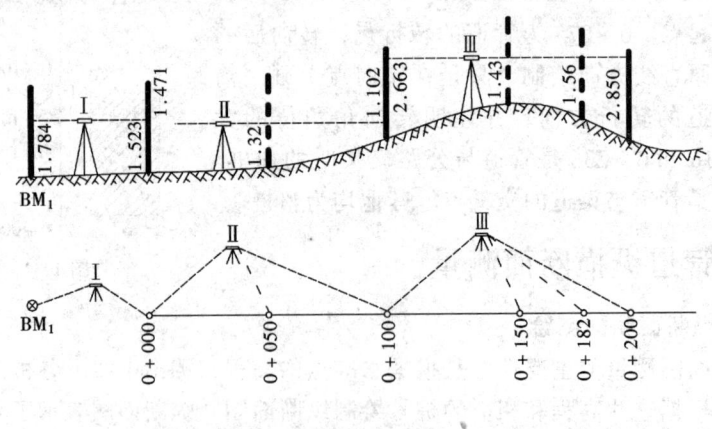

图 14-5

表 14-1　管道纵断面水准测量记录手簿

测站	测点	水准尺读数 /m			视线高程 /m	高程 /m	备注
		后视	前视	中间视			
I	BM_1	1.784			130.526	128.742	水准点
	0+000		1.523			129.003	$BM_1 = 128.742$

续表

测站	测点	水准尺读数 /m			视线高程 /m	高程 /m	备注
		后视	前视	中间视			
Ⅱ	0+000	1.471			130.474	129.003	
	0+050			1.32		129.15	
	0+100		1.102			129.372	
Ⅲ	0+100	2.663			132.035	129.372	
	0+150			1.43		130.60	
	0+182			1.56		130.48	
	0+200		2.850			129.185	
…	…	…	…	…	…	…	…

3. 纵断面图的绘制　纵断面图一般绘制在毫米方格纸上，绘制时，横坐标表示管道的距离，纵坐标则表示高程。常用的距离比例尺有 1∶5 000、1∶2 000 和 1∶1 000 几种，为了明显表示地面起伏，一般可取高程比例尺比距离比例尺大 10 或 20 倍，例如距离比例尺用 1∶1 000 时，高程比例尺则取 1∶100 或 1∶50。

纵断面图分为上下两部分。图的上半部绘制原有地面线和管道设计线。下半部分则填写有关测量及管道设计的数据。图 14-6 为一管道的纵断面图。

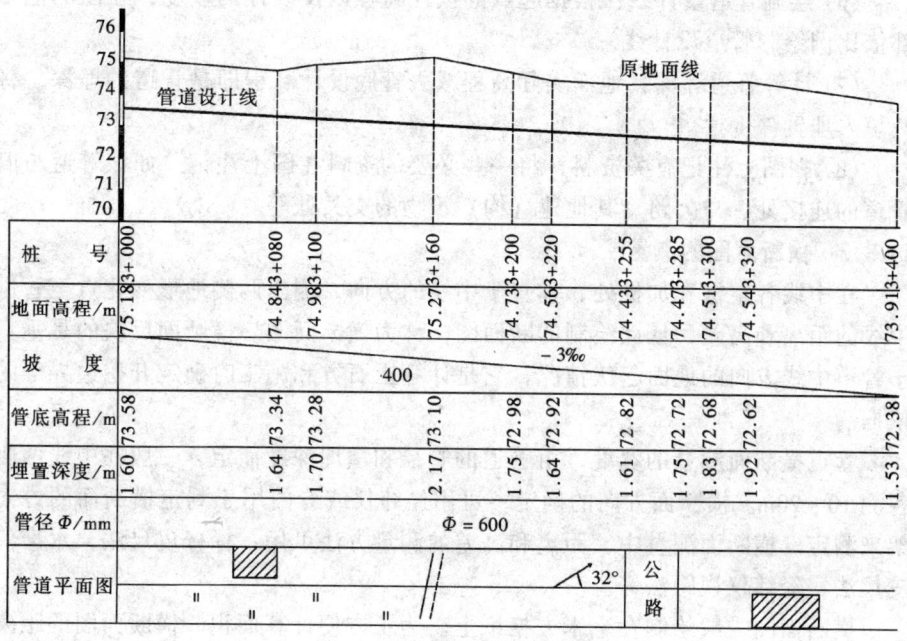

图 14-6

管道纵断面图绘制步骤如下：

(1) 打格制表：在方格纸上绘制与地形相适宜的纵横坐标以及填写数据的表格。

(2) 填写数据：在坐标系下方的表格内填写各桩的里程桩号、地面高程等资料。

(3) 绘地面线：首先确定最低点高程在图上的位置，使绘出的地面线处在图上的适当位置。依各中桩的里程和高程，在图上按纵横比例依次定出各中桩地面位置，用实线连接相邻点位，即可绘出地面线。

(4) 标注设计坡度线：依设计的要求，在坡度栏内注记管道设计的坡度大小和方向。一般用斜线或水平线表示，从左向右向上斜（/）表示上坡，向下斜（\）表示下坡，水平线（-）表示平坡。线上方注记坡度数值（以千分比表示），下方注记坡长（水平距离）。不同的坡段以竖线分开。

(5) 计算管底设计高程：依据管道起点的设计高程、设计坡度以及各中桩之间的水平距离，推算出各管底的设计高程，写入管底高程栏。

要计算某中桩的高程，可根据已设计的坡度和两点间的水平距离，从起点的设计高程计算该点的设计高程。即：

某点的设计高程 = 起点高程 + 设计坡度 × 起点至某点的距离

(6) 绘制管道设计线：根据起点的设计高程以及设计的坡度，在图的上半部依比例绘制管道设计线。

(7) 计算管道埋深：地面实际高程减去管底设计高程即是管道的埋深。将其填入埋置深度栏。

(8) 在图上注记有关资料：将一些必要的资料在图上注记。如该管道与旧管道的连接处、与公路、其他建（构）筑物的交叉处等。

14.3.2 横断面图的测量

在中线各整桩和加桩处，垂直于中线的方向，测出两侧地形变化点至管道中线的距离和高差，依此绘制的断面图，称为横断面图。横断面反映的是垂直于管道中线方向的地面起伏情况，它是计算土石方和施工时确定开挖边界等的依据。

管道横断面测量的宽度，由管道的管径和填埋深度而定，一般在中线两侧各测 10~20m。横断面方向的确定，可用经纬仪或专门用于测定横断面的方向架来测定。横断面测量中，距离和高差的测量方法可用：标杆皮尺法，水准仪皮尺法，经纬仪视距法等。

横断面图一般绘制在毫米方格纸上。为了方便计算面积，横断面图的距离和高差采用相同的比例尺，通常为 1:100 或 1:200。

绘图时，先在适当的位置标出中桩，注明桩号。然后，由中桩开始，按规定的比例分左、右两侧按测定的距离和高程，逐一展绘出各地形变化点，用直线把相邻点连接起来，即绘出管道的横断面图。

依据纵断面的管底埋深、纵坡设计以及横断面上的中线两侧地形起伏，可以计算出管道施工时的土石方量。

14.4 管道施工测量

14.4.1 明挖管道的施工测量

1. 准备工作

(1) 校核中线：管道中线测量中，已将管道中线位置在地面上标定出来，施工测量前，应对原有的中桩进行现场察看，必要时要用仪器实地检查，以保证中线位置的正确。对于已丢失或不稳定的桩位，应依据设计和测设数据进行恢复。

(2) 测设施工控制桩：施工中，中线上的各桩均要被挖掉，为了恢复中线和其他附属构筑物的位置，应在不受施工影响、引测方便、易于保存点位处设置施工控制桩。

施工控制桩分为中线控制桩和位置控制桩。中线控制桩是在中线的延长线上设置的木桩，位置控制桩是在中线垂直方向上所设置的木桩。如图14-7所示。

(3) 加密水准点：为了在施工过程引测高程方便，应根据原有水准点，于沿线附近每隔约150m左右增加一个临时水准点。临时水准点应在施工范围外，便于保存、便于引测。

(4) 槽口放线：槽口放线的任务是根据管径的大小、埋置的深度以及土质情况等，计算出开槽宽度，并在地面上定出槽边线位置，撒上白灰线，作为开槽的依据。

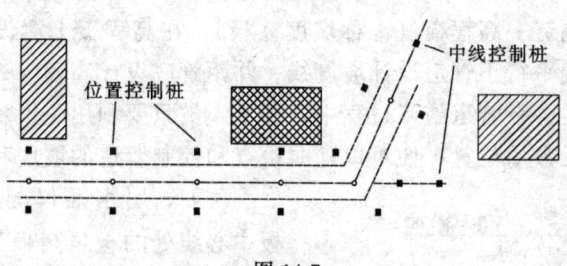

图 14-7

当管道横断面上坡度比较平缓时，开槽宽度 B 可用式（14-1）计算

$$B = b + 2mh \tag{14-1}$$

式中　b——槽底宽度；

　　　h——中线的开挖深度；

$1:m$——管槽的边坡坡度。

还可用图解的方法求出开槽宽度。见图 14-8。

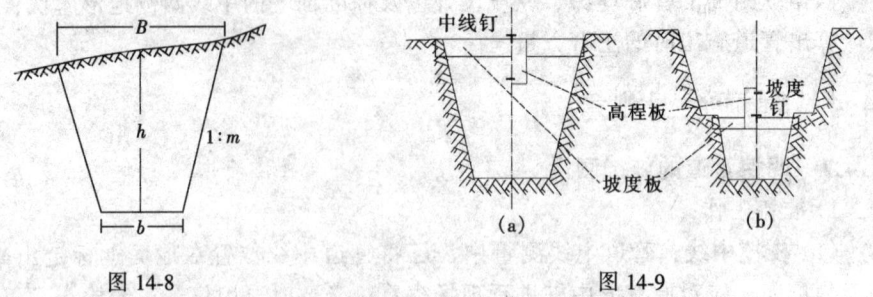

图 14-8　　　　　　　　　图 14-9

2．施工测量　管道施工中测量的主要任务就是依据工程的进度，及时测设出控制中心线位置及开挖深度的标志。

（1）埋设坡度板并测设中线钉：坡度板是一种常用的，在管道施工中既可控制中心线又可控制高程的标志。坡度板应每隔 10～15m 跨槽埋设一个，遇到检修井等构筑物时应加埋。根据工程的要求，当槽深在 2.5m 以内时，应在开槽前埋设，如图 14-9a 所示；当槽深在 2.5m 以上时，应待槽深挖到距槽底 2m 左右时，再在槽内埋设坡度板，如图 14-9b 所示。

坡度板埋设好后，将经纬仪安置在中线的控制桩上，照准远处的另一中线控制桩，将中线位置投测到坡度板顶，并钉以中线钉，各坡度板中线钉的连线即为中线方向。此外还要将里程桩号写在坡度板背面。

（2）坡度钉的测设：为了控制沟槽开挖的深度，还要测量出坡度板板顶的高程。板顶高程与相应的管底设计高程之差，就是从板顶向下挖土的深度。由于地面有高低起伏变化，每个桩的设计挖深也不一样，故每块坡度板处向下挖的深度都不一样，在施工中可用坡度钉来控制。当管槽挖到一定的深度，在坡度板上中线一侧钉一高程板（也称坡度立板），在高程板上测设一坡度钉，使各坡度钉的连线平行于管道设计坡度线，并距管底设计高程为一整分米，这称为下反数。这样，在管道施工过程中，施工人员只要利用一根木杆，在杆上标出一长度为下反数的位置，便可以随时检查和控制管道的坡度和高程。

例如，用水准仪测得某中桩坡度板中心线处的板顶高程为 34.783m，管底的设计高程为 33.500m。从板顶向下量取 34.783 - 33.500 = 1.283m，即为管底高程，图 14-10 所示。依据各坡度板的板顶高程测量情况，最后选定一个统一的整分米数 1.200m 作为下反数，这

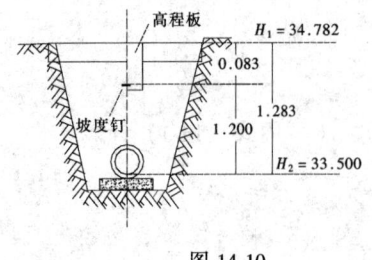

图 14-10

样,只要从板顶向下量取 0.083m,并在高程板上标定出这一位置,即坡度钉。那么,施工时,从这一坡度钉向下量出固定长度 1.2m 即为管底高程。

14.4.2 顶管施工测量

当管道穿过铁路、公路、繁华街区或重要建(构)筑物的地下时,往往不能、也不允许开挖沟槽,而是采用顶管施工的方法。

所谓顶管施工,就是在管道的一端和一定的长度内,先挖好工作坑,在坑内安置好导轨(铁轨或方木),将管材放在导轨上,然后通过传力顶铁用千斤顶将管材沿所要求的方向顶进土中,并挖出管内的泥土。随着工程中越来越多地使用机械化作业,它已经被广泛地采用。

顶管施工比开槽施工要复杂、精度要求也高,测量在其中的主要任务就是控制好管道中线方向、高程和坡度。

1. 顶管测量的准备工作

1) 顶管中线桩的设置:中线桩是工作坑内放线和控制管道中线的依据。首先根据设计图上管线的要求,利用经纬仪将中线桩分别测设在工作坑的前后,让前后两个中线桩互相通视,然后在坑外的这两个中线桩上安置经纬仪,将中线方向投测至坑壁两侧,分别打入大木桩,作为顶管中线桩,如图 14-11。

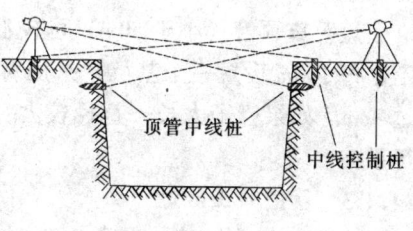

图 14-11

2) 设置坑内临时水准点:为了控制管道按设计高程和坡度顶进,需将地面高程引入坑内,一般在坑内设置两个临时水准点,以便校核。

3) 安装导轨:顶管时,坑内要安装导轨,以控制顶进方向和高程,导轨常用铁轨。导轨一般安装在方木或混凝土垫层上,垫层面的高程及纵坡应符合管道的设计值。根据导轨宽度安装导轨,根据顶管中线桩及临时水准点检查中心线和高程,无误后,将导轨固定。

2. 顶进过程中的测量工作

(1) 中线测量:将两个设置在工作坑内壁的顶管中线桩之间拉紧一条细线,细线上挂两个垂球,然后贴靠两垂球线再拉紧一水平细线,这根水平细线即标明了顶管的中线方向,为了保证中线测量的精度,两垂球间的距离越大越好。在管内前端横置一根小水平尺,尺长略小于管径,尺上有刻划,中央为零,刻度向两端增加,顶管时以水准器将尺放平,这

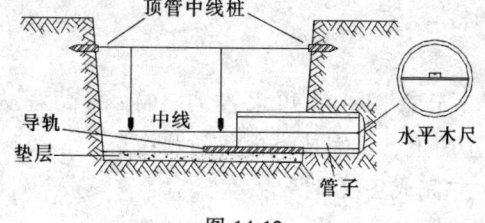

图 14-12

样尺的中心点即位于管子的中心线上。通过拉入管内的细线与小水平尺的零点比较，就可以检查出管子中心的偏差，如图 14-12。如细线通过水平木尺的零点，说明顶管顶进方向正确，如偏离，则在木尺上可读出偏离方向与数值，一般偏差允许值为 ±1.5cm，如超限需进行校正。

(2) 高程测量：在工作坑内安置水准仪，以临时水准点为后视，在管子内立一小水准尺作为前视，即可求得管内某待测

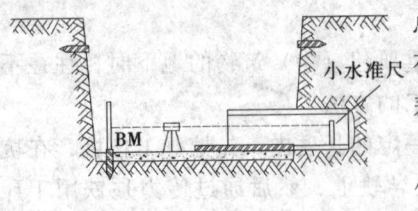

图 14-13

点高程，如图 14-13。将算得的待测点高程与管底的设计高程相比较，差值如超过 ±1cm 时，即应进行校正。

为了保证施工质量，按规定管子每顶进 0.5m，即需进行一次中线和高程的检查。

短距离顶管（小于 50m）可按上述方法进行。当距离较长时，需要分段施工，每 100m 设置一个基坑，采用对向顶管的方法，在贯通时管子错口不得超过 3cm。如果管子太长，直径较大，并采用机械施工时，可采用激光水准仪进行导向。

14.4.3 管道竣工测量

管道工程竣工后，为了准确地反映管道的位置，评定施工的质量，同时也为了给以后管道的管理、维修和改建提供可靠的依据，必须及时整理并编绘竣工资料和竣工图。

管道竣工测量包括管道竣工平面图和管道竣工断面图的测绘。

竣工平面图主要测绘管道的起点、转折点和终点，检查井的位置及附属构筑物的平面位置和高程。例如管道及其附属构筑物等与附近重要、明显地物的平面位置关系，管道转折点及重要构筑物的坐标等。平面图的测绘宽度依需要而定，比例尺一般为 1:500～1:2 000。

管道竣工纵断面图反映管道及其附属物的高程和坡度，应在管道回填土之前进行，用水准测量测定检查井口和管顶的高程。管底高程由管顶高程和管径，管壁厚度计算求得，检修井之间的距离可用钢尺丈量。

练 习 题

1. 管道测量主要包括哪些内容？
2. 图 14-14 为一管道的纵断面测量示意图，已知水准点 BM_4 的高程为 44.323m，各测站的观测数据均注于图上，试完成下面各问题：
(1) 按表 14-1 的格式填写各项数据，并完成各项计算；
(2) 依图 14-6 以一定的比例绘制地面线图；

(3) 按桩号 2+100 的设计高程为 43.000m，设计坡度为 +1‰ 绘制设计线；
(4) 计算各桩的埋置深度，并填写纵断面图上的有关栏目。

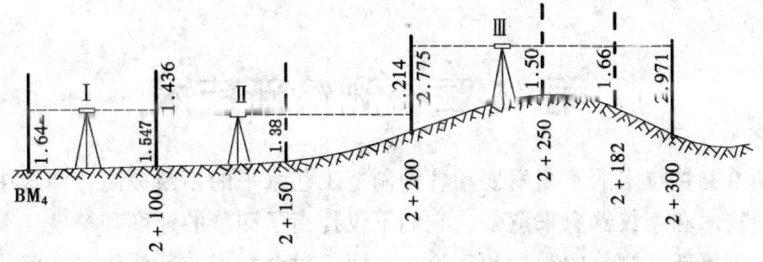

图 14-14

3. 试述管道中心线测设的过程。
4. 顶管施工中是怎样控制管道的中线和高程的？其精度如何？
5. 管道竣工测量的目的是什么？包括哪些测绘工作？

第15章 测绘新技术

随着测量技术的不断发展和各种制造工艺水平的不断提高，测量中使用的各种新技术和新仪器愈来愈多，它们不仅提高了测量的速度和精度，而且有的从根本上更新了测量的观念和理论。下面仅对全站仪及其使用、数字化测图和全球定位系统（GPS）的原理进行一些介绍。

15.1 全站仪的结构

所谓全站仪也称为电子速测仪，英文全称为"General Total Station"，简称GTS。它是将电子经纬仪、光电测距仪和微处理器相结合，将电子经纬仪和光电测距仪两种仪器的功能集于一身的新型测量仪器。它能够在测站上同时观测、显示和记录水平角、竖直角、距离等，并能自动计算待定点的坐标和高程，即能够完成一个测站上的全部测量工作。另外，它还能通过传输接口，将野外采集的数据直接传输给计算机、绘图机，并配以数据处理软件，实现测图的自动化。

全站仪按其结构形式可分为整体式和组合式两种。整体式全站仪的电子经纬仪和光电测距仪共用一个光学望远镜，两种仪器整合为一体，使用起来非常方便。组合式全站仪则是电子经纬仪和光电测距仪可分开使用，照准轴和测距轴不共轴，作业时将光电测距仪安装在电子经纬仪上，相互之间用电缆实现数据的通讯，作业完成后，则可分别装箱。组合式全站仪可根据作业精度的要求，将不同的电子经纬仪和光电测距仪组合在一起，形成不同精度的全站仪，极大提高仪器的使用效率，但在使用中稍比整体式麻烦。

目前，世界上各测绘仪器厂商均生产各种型号的全站仪，而且品种越来越多，精度越来越高，使用上也是越来越方便，全站仪正朝着功能全、效率高、全自动、易操作、体积小、重量轻的方向发展。目前常见的全站仪有日本索佳（SOKKIA）公司的SET系列、拓普康（Topcon）公司的GTS系列、尼康（Nikon）公司的DTM系列以及瑞士徕卡（Leica）公司的TPS系列等。国内一些厂家也能生产高质量的全站仪，例如，我国苏州一光仪器有限公司生产的NTS系列与OTS系列，南方测绘公司的NTS系列，北京光学仪器厂生产的DZQ系列全站仪等。

下面介绍我国苏州一光仪器有限公司生产的OTS（激光免棱镜型）系列电子全站仪。该系列全站仪采用相位法激光测距，除能进行常规的棱镜测距外，还可用反射片及无合作目标测距。以下重点介绍全站仪的结构和使用。

15.1.1 OTS 系列全站仪各部件名称及功能

OTS 系列全站仪属整体式全站仪,各部件名称如图 15-1 所示。它主要包括望远镜、水准器、电池、电源开关、显示屏、操作键、基座等。其中望远镜、水准器以及基座的功能和作用与经纬仪基本相同。现着重介绍显示屏、操作键及功能键。

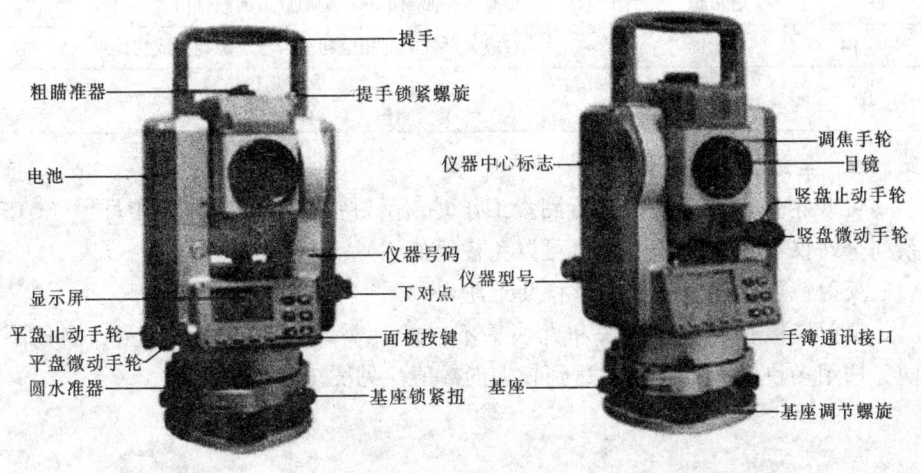

图 15-1

仪器的两面都有一个相同的液晶显示屏,右边有 6 个操作键,下边有 4 个功能键,其功能随观测模式的不同而改变。

如图 15-2 所示,显示屏采用点阵图形式液晶显示(LCD),可显示四行汉字,每行 10 个汉字;通常前三行显示测量数据,最后一行显示随测量模式变化的按键功能。

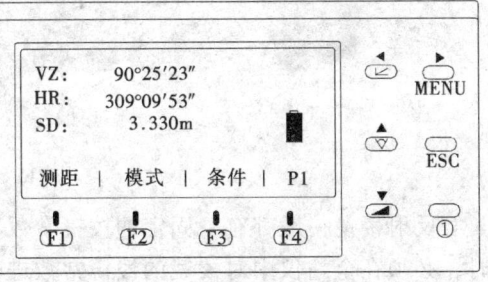

图 15-2

利用这些键可完成测量过程的各项操作,以上各键的具体功能见表 15-1。

表 15-1 各种按键的功能

按 键	名 称	功 能	
		测量模式	菜单模式
∠	坐标测量键、左移键	进入坐标测量模式	进入菜单模式后的左移键
▽	角度测量键、上移键	进入角度测量模式	进入菜单模式后的上移键

续表

按 键	名 称	功 能	
		测量模式	菜单模式
◀	距离测量键、下移键	进入距离测量模式	进入菜单模式后的下移键
MENU	菜单键、右移键	进入菜单模式	进入菜单模式后的右移键
ESC	退出键	退回到上一级菜端或返回测量模式	
F1～F4	功能键	对应显示屏上的相应功能，与电源键组成快捷键	
①	电源键	控制电源的开和关	
	第二功能键	第二功能，与 F1～F4 组成快捷键	

15.1.2 全站仪的辅助设备

1. 反射镜　在全站仪进行测量工作时，反射镜是不可少的合作目标（OTS系列全站仪在 60m 距离之内也可以免棱镜使用）。

反射镜可以分为反射棱镜和反光片。

反射棱镜有单块、三块和九块等不同的种类，不同的棱镜数量，测程不同，选用多块棱镜可使测程达到较大的数值。见图 15-3。

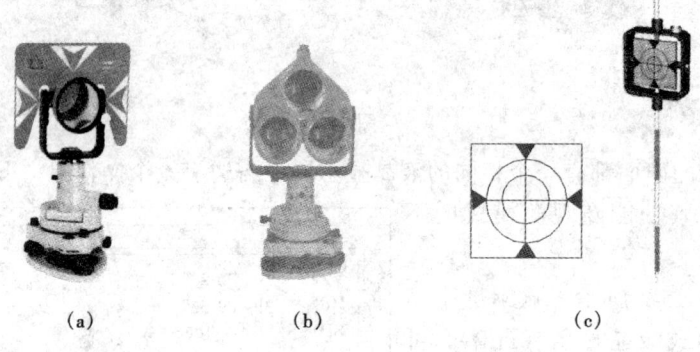

(a)　　　　　　(b)　　　　　　(c)

图 15-3

反射棱镜一般都有一固定的棱镜常数，将它和不同的全站仪进行配套使用时，必须在全站仪中对棱镜的棱镜常数进行设置。棱镜常数一旦设置，关机后该常数仍被保存。

图 15-3c 为反射片，尺寸 30mm×30mm 适用于距离 500m 以内测量，尺寸 60mm×60mm 适用于距离 700m 以内测量。

2. 电池　仪器自带有两块充电电池，它的作用是为仪器工作提供电源。

在电池使用中应注意（见图 15-4）：

（1）电池容量的确定：液晶屏的右边显示一节电池，中间黑色填充越多，表示电池容量越足。如果黑色填充很少，已接近底部，则表示电池需要充电。

(2) 充电：在常温下充电效果最好，随着温度的升高充电效率会降低。如果使用电池时经常过载或在高温下充电，会缩短电池的使用寿命。

充电时，将电池盒插入充电器，将充电器插头连接 220V 交流电源，充电器黄绿、红灯同时亮，此时表示正在进行充电；充电结束后，红灯灭，只有黄绿灯亮，表示充电完成。

充电时间超过规定也会缩短电池的使用寿命，应尽量避免，一般充电时间为 3h 左右。

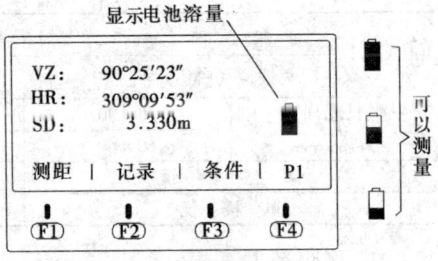

图 15-4

(3) 放电后充电：为了延长电池的使用寿命，最好采用将电池放电后再充电。将电池盒插入充电器，两个灯都亮；将充电器上黄色按钮按一次，红灯灭，此时黄绿灯会显出红光，表示正进行放电；放电结束后会自动转到充电状态。

电池不用时会自然放电，使用之前应检查。如果电池完全放电，将会影响电池寿命和充电效果，因此应及时进行充电。

(4) 存放：电池的存放时间过长或存放温度过高，将会使电池的电量丢失。

如果长时间不使用电池，应每隔 3~4 个月充电一次，尽可能在常温或低温下存放，这有助于延长电池的使用寿命。

3. 温度计和气压表　光在空气中的传播速度并非常数，而是随大气的温度和压力而变，不同的温度和压力对应不同的大气改正值，在全站仪中设置了大气改正值，则仪器会自动对观测结果实施大气改正。

气压测量一般使用空盒气压计，单位为毫米汞柱（mmHg）或百帕（hPa）。

温度测量一般使用通风干湿温度计，在测程较短或测距精度要求不高时，可使用普通温度计。

15.1.3　主要技术指标

OTS 电子全站仪的主要技术指标如下：

1. 望远镜

镜筒长度：158mm

放大倍率：30X

成　　像：正像

视　场　角：1°20′

最短视距：1.7m

2. 距离测量

见表 15-2。

表 15-2 各种反射镜的测程

棱　　镜		测　　　程 /m
免棱镜（白色）		0.2 ~ 60
反光片 /mm×mm	30×30	1.0 ~ 500
	60×60	1.0 ~ 700
微 型 棱 镜		1.0 ~ 1 200
单 棱 镜		1.0 ~ 5 000

3．测距精度

±（3mm+3ppm×D）（精测）

±（4.5mm+3ppm×D）（快速）

±（10mm+3ppm×D）（跟踪）

4．测量时间

初　　始：3.0s

标　　准：1.2s

跟　　踪：0.5s

5．其他

仪器尺寸：360mm×160mm×155mm

仪器重量：<5.3kg

15.2　全站仪的使用

15.2.1　测量前的准备工作

1．安置仪器　将仪器安置在三脚架上，精确整平和对中，以保证测量成果的精度。

2．开机　按住电源键，直到液晶显示屏显示相关信息为"请转动望远镜，以及棱镜常数、大气修正值和仪器软件版本号"后，转动望远镜一周，仪器蜂鸣器发出一短声并进行初始化，仪器自动进入测量模式显示。（注：仪器开机时显示的测量模式为上一次关机时仪器所显示的测量模式）。仪器开机时，要确认显示窗中显示有足够的电池电量。当电池电量不足时，应及时更换电池或对电池进行充电。

关机时按住电源键后，再按 F1 键（即同时按电源键和 F1 键），仪器显示"关机"，然后放开所有按键，仪器进入关机状态。仪器也可选择自动关机功能，当已择自动关机，则 10min 内，如果无任何操作，仪器自动关机。

3．数字的输入　仪器在使用过程中，有时需要输入数字，如输入棱镜常数、气压、温度、任意水平角度、放样点坐标等。苏州一光仪器有限公司生产的 OTS 系列电子全站仪没有在显示屏旁设置数字键,而是通过不同的功能键实现的,其中,F1 对应"1、2、3、4",F2 对应"5、6、7、8",F3 对应"9、0、.、-",F4 对应"ENT"。

这里以输入一个任意水平角度(159°30′25″)为例加以说明,在角度测量模式下,操作步骤如表 15-3 所示。(159°30′25″输入的形式为 159.3 025)

表 15-3 数字的输入

操作步骤	显 示	说 明
① 在角度测量模式下,按 [F4] 键两次,进入第三页	VZ: 157°33′58″ HL: 327°03′51″ 置零 | 锁定 | 记录 | P1 倾斜 | 坡度 | 竖角 | P2 直角 | 左右 | 设角 | P3	VZ 表示天顶距 HL 表示水平角为左角 HR 表示水平角为右角 第 3~5 行实际仅显示一行,此处为说明全部列上
② 按 [F3] 键,选择"设角",进入任意水平角度设置状态	水平角设置 HL: 输入 | - - | - - | 确认	显示界面等待输入
③ 按 [F1] 键,选择输入,进入数字输入状态	水平角设置 HL: 1 2 3 4 5 6 7 8 9 0 . ENT	F1 对应 1、2、3、4 F2 对应 5、6、7、8 F3 对应 9、0、.、-
④ 按 F1 键,显示"1、2、3、4"	水平角设置 HL: (1) (2) (3) (4)	F1 对应 1, F2 对应 2, F3 对应 3, F4 对应 4
⑤ 按 [F1] 键,选择"1",数字输入后,显示自动回到上一级,显示"1234567890.-ENT"	水平角设置 HL: 1 1 2 3 4 5 6 7 8 9 . -ENT	
⑥ 按 [F2] 键,显示"5、6、7、8"	水平角设置 HL: 1 (5) (6) (7) (8)	F1 对应 5, F2 对应 6, F3 对应 7, F4 对应 8
⑦ 按 [F1] 键,选择"5",数字输入后,显示自动回到上一级,显示"1234567890.-ENT"	水平角设置 HL: 15 1 2 3 4 5 6 7 8 9 . -ENT	

续表

操作步骤	显 示	说 明
⑧依此类推，输入9、.、3、0、2、5，（分、秒之间没有分隔符"."）	水平角设置 HL: 159.3025 1 2 3 4 5 6 7 8 9 . -ENT	度数输完后应输分隔符"."，但是，分、秒之间不必输分隔符"."
⑨按[F4]键，选择"ENT"	水平角设置 HL: 159.3025 输入 | - - | - - | 确认	
⑩按[F4]键，选择"确认"	VZ: 157°33′58″ HL: 159°30′25″ 置零 | 锁定 | 记录 | P1	

在输入过程中或输入完毕，尚未按[F4]选择"ENT"之前，可以用"左移键"或"右移键"移动光标进行修改。若已经按了"ENT"后发现设置错误，只能重新输入一次。

15.2.2 标准测量模式

OTS系列电子全站仪设有标准测量模式和应用程序测量模式。标准测量模式包括角度测量、距离测量和坐标测量等。

1. 角度测量 仪器开机后，在测量模式下，按角度测量键，进入角度测量模式。

(1) 水平角（右角）和垂直角测量：确认在角度测量模式下，将望远镜照准目标，仪器显示天顶距（VZ）及水平角右角（HR），操作如表15-4。

表15-4 水平角（右角）和垂直角测量

操作步骤	显 示	说 明
①进入角度测量模式，照准第一个目标（A）	VZ: 89°25′55″ HR: 157°33′58″ 置零 | 锁定 | 记录 | P1	显示目标A的天顶距及度盘水平角的读数（HR为向右增加度数）
②按[F1]键，选"置零"使A目标为0°0′0″	水平角置零 确认吗？ - - | - - 是 | 否	欲测量∠AOB角度，瞄准A目标后，度盘置零
③按[F3]键，确认水平度盘置零，屏幕返回角度测量模式	VZ: 89°25′55″ HR: 0°00′00″ 置零 | 锁定 | 记录 | P1	
④照准第二个目标（B）。仪器显示∠AOB的水平角及目标B的竖直角	VZ: 87°22′45″ HR: 243°37′52″ 置零 | 锁定 | 记录 | P1	

(2) 水平角测量模式（右角、左角）的变换：确认在角度测量模式下，操作如表15-5。

表 15-5 水平角测量模式（右角/左角）的变换

操作步骤	显示	说明
①在角度测量模式下，按［F4］键两次，进入第3页	VZ: 89° 25′ 55″ HR: 304° 46′ 53″ 置零｜锁定｜记录｜P1 倾斜｜坡度｜竖角｜P2 直角｜左右｜设角｜P3	VZ 表示天顶距 HR 表示水平角为右角（向右即顺时针增加度数） 第3～5行为实际仪显示一行，此处为说明全部列上
②按［F2］（左右）键，水平度盘测量右角模式（HR）转换为左角模式（HL）	VZ: 89° 25′ 55″ HL: 55° 13′ 07″ 直角｜左右｜设角｜P3	HL 表示水平角为左角（向左即逆时针增加度数）

注：每按一次［F2］（左右）键，右角、左角便依次切换。

(3) 水平度盘的设置：

1) 水平角度值的置零：确认在角度测量模式下，操作如表15-6。

表 15-6 水平角度值的置零

操作步骤	显示	说明
①在角度测量模式下，照准目标点	VZ: 89° 25′ 55″ HR: 157° 33′ 58″ 置零｜锁定｜记录｜P1	
②按［F1］键，选择"置零"	水平角置零 确认吗？ --｜--｜是｜否	
③按［F3］（是）键，确定水平度盘置零，屏幕返回角度测量模式	VZ: 89° 25′ 55″ HR: 0° 00′ 00″ 置零｜锁定｜记录｜P1	

注：按［F4］键选择"否"，仪器不进行水平角置零操作，并返回角度测量模式，同时水平角度值显示原有值。

2) 水平角度值的锁定：确认在角度测量模式下，操作如表15-7。

表 15-7 水平度盘的设置（锁定水平角）

操作步骤	显示	说明
①照准在角度测量模式下，照准目标点	VZ: 89° 25′ 55″ HR: 157° 33′ 58″ 置零｜锁定｜记录｜P1	
②按［F2］键，选择"锁定"	水平角锁定 HR: 157° 33′ 58″ 确认吗？ --｜--｜是｜否	

续表

操作步骤	显 示	说 明
③照准目标点，按［F3］（是）键，确定水平度盘锁定，屏幕返回角度测量模式	VZ：89°25′55″ HR：157°33′58″ 置零｜锁定｜记录｜P1	

注：按［F4］键选择"否"，仪器不进行水平角度锁定，并返回角度测量模式，同时水平角度值显示仪器转动后的水平角度值。

3）任意水平角度值的设置：确认在角度测量模式下，操作如表15-8。

表15-8 任意水平角度值的设置

操作步骤	显 示	说 明
①照准目标点，按［F4］键两次，进入第3页	VZ：89°25′55″ HR：304°46′53″ 置零｜锁定｜记录｜P1 倾斜｜坡度｜竖角｜P2 直角｜左右｜设角｜P3	VZ表示天顶距 HR表示水平角为右角（顺时针增加度数） 第3~5行实际仅显示一行，此处全部列上
②按［F3］（设角）键，准备输入角值	水平角设置 HR： 输入｜--｜--｜确认	
③按表15-3数字的输入方法所示，输入所需的角度值		

2. 距离测量

（1）距离测量的模式显示界面：苏州一光仪器有限公司生产的OTS系列电子全站仪距离测量的显示界面有两种，一为斜距测量模式，一为高差/平距测量模式，如表15-9所示。

表15-9 距离测量的模式显示界面

操作步骤	显 示	说 明
开机后，在测量模式下，按距离测量键▲一次或两次，进入斜距测量模式	VZ：72°37′53″ HR：157°33′58″ SD：120.530m 瞄准｜记录｜条件｜P1	VZ表示天顶距 HR表示右增水平角 SD表示斜距
开机后，在测量模式下，按距离测量键▲一次或两次，进入高差/平距测量模式	HR：157°33′58″ HD：120.530m VD：35.980m 瞄准｜记录｜条件｜P1	HR表示右增水平角 HD表示水平距 VD表示高差

注：反复按距离测量键▲，可选择斜距测量模式或高差/平距测量模式。

（2）温度、气压的设置：温度和气压直接影响着测距的精度，应在测量现场，在仪器中进行设置。在距离测量模式下，其设置方法如表 15-10 所示。

表 15-10　温度、气压的设置

操 作 步 骤	显　　　示	说　　　明
①开机后，在测量模式下，按距离测量键▲一次或两次，进入斜距测量模式	VZ: 72° 37′ 53″ HR: 157° 33′ 58″ SD: 120.530m 瞄准｜记录｜条件｜P1	
②按 [F3]（条件）键，进入测距条件设置	设置测距条件 PSM: 000m PPM: 000 信号: 20 棱常｜PPM｜T-P｜目标	PSM 为棱镜常数 PPM 为气象修正值 信号指测距回光信号值
③按 [F3]（T-P）键，进入温度、气压的设置	温度和气压设置 温度: >0020 气压: 1013 输入｜--｜--｜确认	
④按表 15-3 数字的输入方法所示，输入所需的温度、气压值		

注：1. 温度、气压值的输入显示中共有两项输入；当前可输入项的标志为"＞"号，"＞"号在哪一项（如：温度＞0020），则表示现在可进行该项（温度值）的输入；当一项输入完成以后（如：温度＞0025），按"▼"键使可输入项标志移到另外一项（如：气压＞1013），并进行该项（气压值）的输入。

2. 开机后，如进入高差/平距测量模式，其操作步骤同上。

（3）测量目标条件、测距次数及棱镜常数的设置：测量目标条件包括：目标为反射棱镜、反射片和免棱镜（利用自然物体的表面）。厂家配套的棱镜，其常数为 0；使用其他的棱镜，常数应重新设置。这些设置步骤如表 15-11 所示。

表 15-11　测量目标条件、测距次数及棱镜常数的设置

操 作 步 骤	显　　　示	说　　　明
①开机后，在测量模式下，按距离测量键▲一次或两次，进入高差/平距测量模式	HR: 157° 33′ 58″ VD: 35.980m HD: 115.034m 瞄准｜记录｜条件｜P1	HR: 为水平角度 VD: 为高差 HD: 为平距
②按 [F3] 键，进入测距条件的设置	设置测距条件 PSM: 000m PPM: 000 信号: 20 棱常｜PPM｜T-P｜目标	PSM: 为棱镜常数 PPM: 为气象修正值 信号: 指测距回光信号值

续表

操作步骤	显示	说明
③在测距条件界面，按F4键，进入目标条件的设置，根据实际情况选按F1或F2按F3，最后按F4（ENT）键后又返回设置测距条件界面	目标 F1: NO PRISM F2: SHEET F3: PRISM　　　　ENT	有3种目标供选择： F1：为无棱镜 F2：为反射片 F3：为棱镜
④按[F1]（棱常）键，进入反射棱镜常数的设置，按确认返回设置测距条件界面	棱镜常数设置 棱常：000mm 输入∣--∣--∣确认	
⑤按MENU键，进入主菜单，即按"▼"键2次进入主菜单第2页，再按F1键选择"设置"进入设计子菜单第1页	设置　　　　　　　1/3 F1：最小单位 F2：自动关机 F3：角度单位	F1 显示测角最小单位 F2 自动关机有ON与OFF两种选择 F3 角度单位有360°、400°、密位制等选择
⑥按▼进入设置子菜单第2页	设置　　　　　　　2/3 F1：长度单位 F2：测距次数 F3：二差改正	长度单位有米（m）和英尺（ft）两种。二差改正有三种设置：OFF, 0.14及0.20
⑦按F2选择测距次数，进入测距设置项目，仪器显示上一次设置的测距次数。	测距次数设置 次数：005 输入∣--∣--∣确认	

(4) 精测/跟踪/粗测模式

1) 精测模式：这是一种正常距离测量模式。

精确测量时，仪器按所设次数进行连续测距，测量次数可在仪器中设置，最后的显示值为所测距离平均值，测距精度为 ± ($3mm + 3ppm \times D$)，显示精确到 0.001m。选择"精测"模式，屏幕右下角字母显示"F"（fine）。

2) 跟踪模式：该模式的观测时间短于精测模式，主要用于放样测量，在跟踪运动目标或工程放样中非常有用。测距精度为 ± ($10mm + 3ppm \times D$)，显示精确到 0.01m。选择"跟踪"模式，屏幕右下角字母显示"T"（trace）。

3) 粗测模式：该模式的观测时间短于精测模式，主要用于测量有轻微不稳定的目标。测距精度为 ± ($4.5mm + 3ppm \times D$)，显示精确到 0.01m。选择"粗测"模式，屏幕右下角字母显示"C"（crude）。

精测/跟踪/粗测模式的选择操作如表 15-12。

表 15-12 精测/跟踪/粗测模式的选择

操作步骤	显 示	说 明
①在距离测量模式下，按[F4]键，进入功能键信息第2页	VZ：72° 37′ 53″ HR：157° 33′ 58″ SD：120.530m 瞄准｜记录｜条件｜P1 偏心｜放样｜模式｜P2	
②按[F3]（模式）键，进入测距模式选择	VZ：72° 37′ 53″ HR：157° 33′ 58″ SD：120.530m 粗测｜跟踪｜精测｜C	粗测：精度低，速度快 跟踪：精确到0.01m，适用于放样 精测：精确到0.001m
③按[F3]键，选择精测模式。屏幕右下角字母显示"F"	VZ：72° 37′ 53″ HR：157° 33′ 58″ SD：120.530m 粗测｜跟踪｜精测｜F	
④仪器自动完成设置，并返回距离测量模式	VZ：72° 37′ 53″ HR：157° 33′ 58″ SD：120.530m 瞄准｜记录｜条件｜P1	

注：在第③步可以选择不同的测距模式，其他步骤相同。

(5) 距离测量：确认在距离测量模式下，操作如表 15-13。

表 15-13 距 离 测 量

操作步骤	显 示	说 明
①在距离测量模式下，进入功能键信息第1页 望远镜瞄准镜站的棱镜中心，准备测距	VZ：72° 37′ 53″ HR：157° 33′ 58″ SD： m 瞄准｜记录｜条件｜P1	VZ 表示天顶距 HR 表示右增加水平角 SD 表示斜距
②按[F1]（瞄准）键，仪器发出光束，准备测距	VZ：72° 37′ 53″ HR：157° 33′ 58″ SD： m 测距｜记录｜条件｜P1	

续表

操作步骤	显 示	说 明
③按[F4]（测距）键，仪器开始测距	VZ: 72° 37′ 53″ HR: 157° 33′ 58″ SD * ; 120.530m 停止｜记录｜条件｜P1	SD * 表示有回光信息，正在测量斜距
④按[F1]（停止）键，仪器停止测距，显示屏显示最后的一次测量结果	VZ: 72° 37′ 53″ HR: 157° 33′ 58″ SD: 120.530m 瞄准｜记录｜条件｜P1	

注：1. 表中例举的为斜距测量显示模式，高差/平距测量显示模式的操作方法相同。
   2. 仪器在进行距离测量时，当 SD 或 VD 后有"＊"号闪烁时，表示有回光信号；当 SD 或 VD 后没有"＊"号闪烁时，表示没有回光信号；每次距离值更新时，距离单位"m"闪烁一次，同时蜂鸣器鸣叫一次。
   3. 当仪器为粗测或跟踪模式时，按一次"测距"（即 F1 键），仪器进行连续的距离跟踪测量，直至按一次"停止"（即 F1 键），仪器停止测量，显示屏显示最后一次测量的结果。
   4. 当距离测量为连续测量模式时，按一次"测距"（即 F1 键），仪器进行连续的距离测量，直至测距次数达到设置的次数，仪器自动停止测量，显示屏显示测量结果的平均值；如果测距次数没有达到设置的次数，中途需要停止测量，则再按一次"停止"（即 F1 键），仪器停止测量，显示屏显示最后一次测量的结果。

3. 坐标测量 坐标测量是指已知测站点坐标，通过仪器测量出镜站点的坐标。如图 15-5 所示。要通过测站点坐标测量出镜站点的坐标，必须在测量之前设置好测站点坐标、仪器高、棱镜高以及后视点的方向（后视点的方向的设置是通过设置后视点坐标达到的），当测站至后视点的方位角自动被设置时，度盘的 0°恰朝正北方向，因此瞄镜站点测距时，仪器内部程序自动计算镜站点坐标。

(1) 设置测站点坐标：测站点坐标（NEZ）可以预先设置在仪器内，以便计算未知点坐标。仪器开机后，在测量模式下，按坐标测量键，进入坐标测量模式。测站点坐

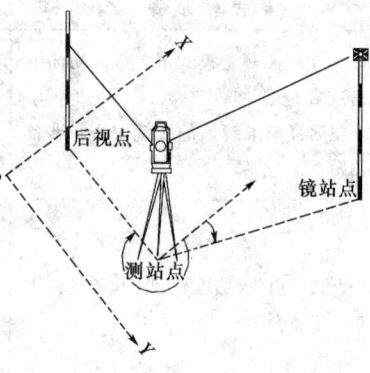

图 15-5 坐标测量

标的设置如表15-14所示。

表15-14 测站点坐标的设置

操作步骤	显　　示	说　　明
①在坐标测量模式下，按［F4］键，进入功能键信息第2页	N： 0.328m E：-6.610m Z： 0.290m 瞄准｜放样｜记录｜P1 镜高｜仪高｜测站｜P2	显示坐标为上一次观测输入的坐标值
②按［F3］（测站）键，进入测站坐标输入显示	N＞ 0.328m E：-6.610m Z： 0.290m 输入｜－－｜－－｜确认	

③按［F1］（输入）键，进入数字输入状态，按表15-3数字的输入方法所示，输入测站坐标N的数值。测站坐标N的数值输入完成后，按"▼"键，使"＞"号出现在"E"的后面，显示"E＞"，然后进行E坐标的输入；E坐标输入完成以后，按"▼"键，使"＞"号出现在"Z"的后面，显示"Z＞"，然后进行Z坐标的输入

（2）设置仪器高/棱镜高：确认在坐标测量模式下，操作如表15-15。

表15-15 仪器高/棱镜高的设置

操作步骤	显　　示	说　　明
①在坐标测量模式下，按［F4］键，进入功能键信息第2页	N：-0.328m E：-6.610m Z： 0.290m 瞄准｜放样｜记录｜P1 镜高｜仪高｜测站｜P2	
②按［F1］（镜高）键，进入棱镜高输入	棱镜高输入 RHT: 0.000m 输入｜－－｜－－｜确认	
③按［F1］（输入）键，进入数字输入状态，按表15-3数字的输入方法所示，输入棱镜高的数值，如1.324m	棱镜高输入 RHT: 1.324m 输入｜－－｜－－｜确认	

续表

操作步骤	显 示	说 明
④按［F4］（确认）键，仪器返回到第2页	N：-0.328m E：-6.610m Z： 0.290m 镜高｜仪高｜测站｜P2	
⑤按［F2］（仪高）键，进入仪器高输入	输入仪器高 RHT：0.000m 输入｜--｜--｜确认	
⑥依棱镜高输入的方法一样，输入仪器高的数值		

（3）后视点坐标的输入：确认在坐标测量模式下，操作如表15-16。

表15-16 后视点坐标的输入

操作步骤	显 示	说 明
①在坐标测量模式下，按［F4］键两次，进入功能键信息第3页	N：-0.328m E：-6.610m Z： 0.290m 瞄准｜放样｜记录｜P1 镜高｜仪高｜测站｜P2 偏心｜模式｜后视｜P3	
②按［F3］（后视）键，进入后视点坐标的输入	N＞0.000m E： 0.000m 输入｜--｜--｜确认	
③按［F1］（输入）键，进入数字输入状态，按表15-3数字的输入方法，输入后视点的N坐标数值，N的数值输入完成后，按"▼"键，使"＞"号出现在"E"的后面，显示"E＞"，然后进行E坐标的输入，直至输完		
④按［F4］（确认）键，仪器自动计算出方位角，并显示角值。	方位角设置 HR：270°00′00″ ＞照准？ 是 否	＞照准？询问望远镜是否已精确照准后视点？"是"按F3，"否"按F4
⑤如果要进行坐标测量，则照准后视目标后，按［F3］键选择"是"，仪器返回到坐标测量信息第一页界面		

在坐标测量模式中，输入测站点坐标、仪器高、棱镜高和后视点的坐标

后,仪器将保持最后一次输入的值,即使仪器关机也不会丢失。

(4) 坐标测量的操作:在完成了测站点坐标、仪器高、棱镜高和后视点的坐标输入后,坐标测量的操作步骤如表 15-17 所示。

表 15-17 坐标测量的操作

操作步骤	显　示	说　明
①设置测站点坐标、仪器高/棱镜高和后视点坐标,若未输入以上数据,则仪器将保持最后一次输入的值	方位角设置 HR: 270° 00′ 00″ >照准?　　是　否	在坐标测量模式中,测站至后视点方位角仪器自动算出
②照准后视目标,按 [F3] (是) 键,仪器返回到坐标测量信息第 1 页界面	N: -0.328m E: 6.610m Z: 0.290m 瞄准 | 放样 | 记录 | P1	此时显示的坐标值为上次观测站的坐标
③照准镜站点,按 [F1] (瞄准) 键,仪器发出光束,准备测距	N: m E: m Z: m 测距 | 放样 | 记录 | P1	
④按 [F1] (测距) 键,仪器开始测距	N: -5.678m E: 8.540m Z: 0.290m 停止 | 记录 | 条件 | P1	此时显示的坐标为镜站的坐标
⑤按 [F1] (停止) 键,仪器停止测距,显示屏显示最后的一次测量结果	N: -5.678m E: 8.540m Z: 0.290m 瞄准 | 纪录 | 条件 | P1	

注:坐标测量和距离测量虽然含义不同,但两项工作的操作步骤是相同的。同时,测距条件和测距模式的设置也和距离测量的设置一样。

5.2.3 仪器使用的注意事项

1. **严格按说明书要求使用**　电子全站仪是一种结构复杂而价格昂贵的先进仪器,在使用和保管中应严格按说明书的要求和步骤进行,做到专人保管与维护。

2. **注意事项**　为了保持其良好状态,延长使用年限,要注意以下事项:

(1) 开箱拿出仪器时,应先将仪器箱放置水平,并记住仪器安放的位置,一手握提手,一手托住基座取出仪器。

(2) 迁站时，仪器要从三脚架上取下，要抓住仪器的提手或支架，切不可拿仪器的镜筒。

(3) 长途搬运仪器，务必装箱，并要提供合适的减震措施，以防仪器受到突然的震动。

(4) 避免在高温环境中作业，在夏天观测时应打伞，防止阳光直射仪器。不得随意将望远镜对准太阳。

(5) 千万不要用手去摸或用普通纸去擦拭镜头，镜头表面脏时，先用箱内干净的毛刷扫去灰尘，然后再用干净的绒棉布沾酒精轻轻擦拭。

(6) 在潮湿、雨天环境中使用仪器后，擦干仪器表面水分，通风干燥后才可装箱。

(7) 和仪器配套使用的棱镜应保持干净，不用时应放在安全的地方，有箱子的应放在箱内，以免碰坏。

(8) 仪器使用时，确保仪器与三脚架连接牢固。旋转制动螺旋避免用力过猛。

(9) 不论仪器出现任何异常现象，切不可拆卸仪器或添加任何润滑剂，而应向仪器生产厂家直接联系，以免造成更为严重的损坏。

(10) 仪器测距时，眼睛要离开目镜，以防止激光伤眼，更不可对望远镜观察激光束。

(11) 如果仪器长期不用，应把电池盒从仪器上取下。长期存放蓄电池，一般 3~4 个月应充电一次。

15.3 数字化测图概念

15.3.1 数字化测图及其意义

随着全站型电子速测仪和计算机的发展与广泛应用，以及测图软件的迅猛发展与完善，使得数字化地形图测绘成为可能。

数字化测图（Digital Surveying and Mapping，简称 DSM）是以电子计算机为核心，以测绘仪器和打印机等输入、输出设备为硬件，在测绘软件的支持下，对地形空间数据进行采集、传输、处理编辑、入库管理和成图输出的一整套过程。它是近二十年发展起来的一种全新的测绘地形图方法。

依空间数据来源、使用的仪器设备及采集数据的方法不同，数字化测图应包括：利用电子全站仪或其他测量仪器进行野外数字化测图；利用手扶数字化仪或扫描数字化仪对传统方法测绘的原图的数字化；以及借助解析测图仪或立体坐标量测仪对航空摄影、遥感像片进行数字化测图等技术。其主要系统组成见图 15-6。

一般情况下，将利用电子全站仪在野外进行数字化地形数据采集，并用计

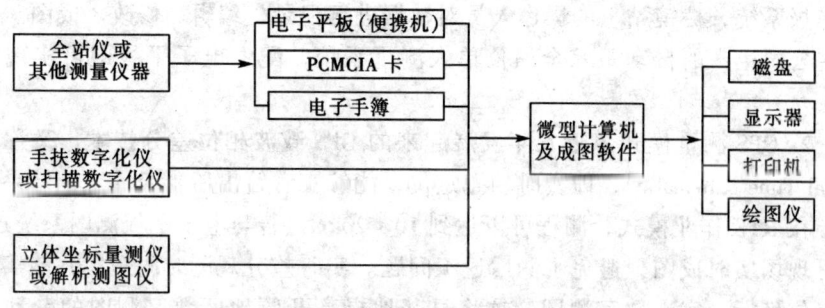

图 15-6

算机辅助绘制大比例尺地形图的工作,简称为数字测图。

15.3.2 数字测图的主要特点

1. **优点** 数字化测图技术在野外数据采集工作的实质是解析法测定地形点的三维坐标,是一种先进的地形图测绘方法,与传统的图解法相比,具有以下几方面的优势:

(1) 自动化程度高:由于采用全站式电子速测仪在野外采集数据,自动记录存储,并可直接传输给计算机进行数据处理、绘图,不但提高了工作效率,而且减少了测量错误的发生,使得绘制的地形图精确、美观、规范。同时由计算机处理地形信息,建立数据和图形数据库,并能生成数字地图和电子地图,有利于后续的成果应用和信息管理工作。

(2) 精度高:数字化测图的精度主要取决于对地物和地貌点的野外数据采集的精度,其他因素的影响很小,而全站仪的解析法数据采集精度要远远高于图解法平板绘图的精度。

(3) 使用方便:数字化测图采用解析法测定点位坐标依据的是测量控制点。测量成果的精度均匀一致,并且与绘图比例尺无关,利用分层管理的野外实测数据,可以方便地绘制不同比例尺的地形图和不同用途的专题地图,实现了一测多用,同时便于地形图的检查、修测和更新。

2. **缺点** 数字化地形测绘也有些缺点和需要不断完善的地方:①是一次性投资较大,成本高;②是野外采集时各类信息编码复杂;③是在城镇地物十分密集而又复杂的地区,数字测图往往遇到很多障碍而难以实施。

15.3.3 数字化测图的前景

随着科学技术水平的进一步发展,地面数字测图系统将可以发展为更自动化的模式:

1. **全站仪自动跟踪测量模式** 在测站上安置自动跟踪式全站仪,无人操作;棱镜站则有司镜员和电子平板操作员(或由一人兼担)。全站仪通过自动跟踪,照准立在测点上的反射棱镜,测量的数据由测站自动传输给棱镜站的电子平板系统，棱镜站上的操作人员对数据进行记录、编辑、修改、成图。现在一些公司生产的自动跟踪全站仪单人测量系统，配上电子平板即可实现此模式。

2. GPS 测量模式 近几年发展起来的 GPS 载波相位差分技术，又称 RTK (Real Time Kinematic)，即实时动态定位，能够实时给出厘米级的定位结果。

在 RTK 作业模式，测程可以达到 10～20km，若与电子平板测图系统连接，就可现场实时成图，避免了测后返工问题。实时差分观测时间短，并能实时给出点位坐标，实现数字测图，这将显著地提高开阔地区数字测图的劳动生产率。

随着 RTK 技术的不断发展和系列化产品的不断出现，一些更轻小、更廉价的 RTK 模式的 GPS 接收机正在不断地推向市场。GPS 大比例尺数字测图系统将成为地面数字测图新的里程碑，标志着地面数字测图技术的新篇章，并将会在许多地方取代全站仪数字测图。现在有一些厂家还生产出了用于地形测量的 GPS 产品，称为 GPS Total Station（GPS 全站仪）。

15.4 数字化测图实施

在一般工程中，使用较多的数字化测图方法为地面数字化测图和普通地形图的数字化。

地面数字化测图是利用电子全站仪或其他测量仪器，在野外采集地形数据，通过便携式电子计算机或野外电子手簿与野外草图，利用测图软件进行野外数字化测图。

普通地形图的数字化是将采用常规测图方法测绘的图解地图，通过地图数字化，转换成计算机能存储和处理的数字地图。采用普通地形图数字化，地形要素的位置精度不会高于原地图的精度。地图数字化方法按采用的数字化仪 (digitizer) 不同分为手扶跟踪地图数字化和扫描屏幕数字化。

15.4.1 地面数字化测图

1. 数据采集的作业模式 地面数字化测图依其发展过程看，主要可分为数字测记法模式和数字测绘法模式。

(1) 数字测记法模式，就是将野外采集的地形数据传输给电子手簿，利用电子手簿的数据和野外详细绘制的草图，室内在计算机屏幕上进行人机交互编辑、修改，生成图形文件或数字地图。

(2) 数字测绘法模式，是利用电子全站仪在野外测量，将采集到的地形数据传输给便携式计算机，测量工作者在野外实时地在屏幕上进行人机对话，对数据、图形进行处理、编辑，最后生成图形文件或数字地图，所显即所测，实时成图，内外业一体化，如图 15-7 中所示全站仪与便携式电子计算机组合。

由于地形图是依野外测量数据，由计算机软件自动处理（自动识别、检索、连接、自动调用图式符号等），并在测量者的干预下自动完成地形图的绘制。这就要解决野外采集的数据与实地或图形之间的对应关系问题。为了使计算机能够识别所采集的数据，以便对其进行处理、加工，就必须对仪器实测的每一个碎部点给予一个确定的地形信息编码。

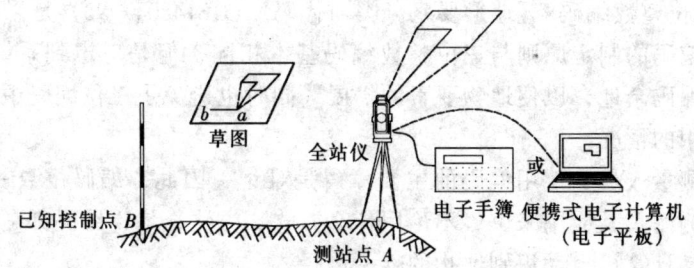

图 15-7

2. 地形信息的编码

(1) 地形信息编码应包含的信息：

1) 测点的三维坐标。

2) 测点的属性，即点的特征信息。

3) 测点间的连接关系。

(2) 地形信息编码的原则：

1) 规范性，即图示分类应符合国家标准、符合测图规范。

2) 简易实用性，即尊重传统方法，容易为野外作业和图形编辑人员理解、接受和记忆，并能正确、方便地使用。

3) 便于计算机处理，且具有唯一性。

(3) 地形编码的方案：

1) 三位整数编码：三位整数是最少位数的地形编码，它主要依据地形图图式符号，对地形要素进行分类、排序编码。

一般按照《1:500、1:1 000、1:2 000 地形图图式》，把地形要素分为十大类，如表 15-18 所示。

表 15-18 地形要素的分类

类别	代表的地形要素	类别	代表的地形要素
0	地貌特征点	5	管线及垣栅
1	测量控制点	6	水系及附属设施
2	居民地、工矿企业建筑和公共设施	7	境界
3	独立地物	8	地貌及土质
4	道路及附属设施	9	植被

在每一大类中又有许多地形元素，在设计三位整数编码时，第一位为类别号，代表上述地类；第二、三位为顺序号，即地物符号在某大类中的序号。

三位整数编码的优点是：编码位数最少、最简单，便于操作人员记忆和输入；依据图式符号分类，符合测图人员作业的习惯；与图式符号——对应，编码就带有图形信息，计算机可自动识别，自动提取绘制图式符号。

2) 四位整数编码：《地形要素分类与代码》(GB14804—93) 是采用四位整数编码，编码的制定原则与三位整数编码基本相同，但是考虑到系统的发展，多留一些编码余地，以便地物要素的扩展，同时也避免了三位编码中某些大类编码不够用的情况。

对于测量人员，使用编码的主要障碍是难记，因此，编码位数一定要少。但对数字测图及其应用来讲，不论用什么方式、方法，地物编码都是绝对必要的。编码是计算机自动识别地物的唯一途径。

3. 地面数字化测图的实施

(1) 施测方法：传统的测图作业步骤是先控制后碎部，先整体后局部。数字测图同样可以采取相同的作业步骤，但考虑到全站仪的特点，充分发挥其优越性，图根控制测量与碎部测量可以同步进行。

在采用图根控制测量与碎部测量同步进行的作业过程中，图根控制测量与传统的作业方法相同；所不同的是在进行图根控制测量的同时，即在施测每个图根点的测站上，同步测量图根点站周围的地形，并实时计算出各图根点和碎部点坐标。这时的图根点坐标是未经平差的。待图根控制导线测完，由系统提供的程序对图根导线进行平差计算。若闭合差在允许范围之内，则认可计算出的各导线点的坐标。若平差后导线点坐标值与现场测图时计算出的坐标值相差无几，则不必重新计算各碎部点；如两者相差较大，则根据平差后的导线点坐标值重新计算各碎部点的坐标，然后再显示成图。若闭合差超限，则应查找出错误的原因，进行返工，直至闭合差在限差允许的范围之内，然后根据平差所得各图根导线点的坐标值重算各碎部点坐标。

(2) 碎部测量

1) 测站设置：仪器安置在测站后，应按要求整平、对中仪器，量取仪器高；连接好便携式计算机，启动野外测图软件，按菜单要求输入测站点号、后视点的点号以及测站的仪器高。然后，用全站仪瞄准目标点，进行野外数据的采集。

2) 碎部点的采集：地面数字测图通常采用极坐标法进行碎部测量，计算机自动记录测点信息。如遇特殊情况，则可选用软件所提供的其他碎部点的测量方法施测。根据记录的碎部点信息，自动计算出碎部点的坐标值，并可实时展点、显示、成图。

现在的电子测图软件，基本能够在现场自动完成成图工作，碎部点测完后，图形自动绘制并显示。经过现场的编辑、修改，可确保测图的正确性，真正做到内外业一体化。

15.4.2 地形图手扶跟踪数字化

1. 手扶跟踪数字化仪的原理　手扶式跟踪数字化仪多数采用电磁感应元件制作，在结构上它由数字化平板、鼠标器和接口装置构成。在数字化平板的表层下有相互垂直的 x 和 y 两组栅格线，作为测量 x 和 y 方向坐标值的依据；鼠标器内设有一个圆形线圈，线圈发射正弦交流信号，栅格线接受线圈的发射信号，通过对鼠标器下方附近栅格线感应信号的处理，即可确定线圈中心在平板上的坐标，其坐标值是相对于零栅格线的坐标值；采集的数据，一般通过RS-232C标准串行接口传输到微型计算机内，供后期处理和成图时调用。

跟踪数字化仪的主要技术指标是分辨率、精确度和幅面大小。分辨率是能区分相邻两点的最小间隔，一般为 $0.01 \sim 0.05$ mm，精确度是量测坐标值与原图坐标值的符合精度，一般为 $0.1 \sim 0.2$ mm，幅面大小一般可选用 A1 或 A0 幅面。影响图形数字化采集精度的主要因素有仪器本身的硬件误差、人为的采样误差、图纸伸缩变形及定位误差等。

2. 数字化仪坐标转换成地图测量坐标系数的确定　数字化仪数字化地图时，输到计算机内的坐标数据是数字化仪坐标系的坐标，必须由计算机程序将数字化仪的坐标换算成地图坐标系的坐标，因此必须确定两个坐标系之间的换算系数。

数字化仪坐标系和地图坐标系之间的转换关系以及图纸的伸缩变形，可通过四个定向元素确定，即 x、y 坐标的平移值、旋转角和长度比。为精确地确定定向元素，通常在图幅内选择 $3 \sim 5$ 个均匀分布的已知点（或四个图廓点）作为定向点。定向元素可以按间接平差原理求出。

3. 图形数字化的方法　利用数字化仪对地形图进行数字化数据采集，均是在微机控制下，首先将数字化仪和计算机连接，地图固定在数字化平板上，进行地图定位，计算坐标转换系数，如用数字化菜单输入符号码，还需进行菜单定位。然后，逐点数字化地图要素的特征点，并利用菜单或计算机键盘输入地图要素代码，经计算机程序处理，即可在屏幕上显示已数字化的地图图形。

图形数字化的具体步骤如下：

（1）固定图纸：将原图放在数字化板的中央部位，并置平，用透明胶纸贴紧，尽量使原图图廓线与数字化板上的标志线平行。

（2）检查设备、开机：检查鼠标器和数字化板、数字化板和微机的接口，一切均正常后，打开数字化仪电源开关，使数字化仪在微机及软件的控制之下，初始化并进入运行准备状态。

(3) 地图定位：地图定位按已知点的类别可分为图廓点定位和控制点定位两种方式。

当图幅内没有已知控制点，或虽有控制点，但控制点不满足地图定位要求（点数不够，或点数分布不均，或点位不清晰等）时，一般采用四个内图廓点作为已知点进行地图定位。

当采用控制点进行地图定位时，应首先确定好控制点的图上点位，然后输入对应的控制点坐标。

(4) 菜单定位：地图数字化必须输入相应地图要素类别，这些地图要素类别用规定的代码来表示。代码输入方法通常采用菜单法输入。

在数字化桌面上开辟一个菜单区，通常把它放在数字化桌的右面，在菜单区内按行和列分成相同大小的小方格（矩形或正方形），每个小方格内以图形表示或文字说明的方式，表示其代表的常用地图图式符号和图形处理功能。在使用菜单前需要对菜单进行定位，才能根据菜单格内取点，判别出菜单选项，定位原理与地图定位相同。

在地图数字化系统程序中，每一对行号和列号都和方格所对应的代码或程序功能相联系，因此，只要在数字化地图要素之前或之后，将数字化仪游标移到菜单区相应的地图图式符号的小方格内，这样就把该地图要素的代码和图形的坐标（几何位置）连在一起，形成一个规定格式的数据串储存到计算机内。

(5) 地图符号的数字化：在地图定位和菜单定位完成之后，即可开始对大比例尺地图进行数字化。地图数字化时要保持地图和菜单的位置固定。

对于一幅地图的数字化通常按照地图分层数字化，这和外业测图中的跑点顺序不同。先将数字化仪鼠标器十字丝对准图形的特征点逐一数字化，得到这些点相应的坐标数据。然后移动鼠标器到菜单区，对准刚刚数字化图形的地图符号所在小方格，按一下鼠标器键，便可自动记下该要素的代码，并与图形的坐标保存在一起。该地图符号数字化完后，依次进行其他地图符号的数字化，直到本幅图全部地图符号数字化完毕。

(6) 全图数字化结束后，应再次数字化四个图廓点或选定的控制点，以检核数字化成果的质量。

手扶跟踪数字化速度较慢，工作强度较大、精度较低等因素，正在逐步丧失数字化方法的主导地位，取而代之的是扫描屏幕数字化。但目前在我国手扶跟踪数字化还是地形图数字化的主要方法。

15.4.3　地形图扫描屏幕数字化

地形图扫描屏幕数字化，是利用扫描数字化仪，将地图扫描。地图经扫描后，形成按一定的分解力且按行和列规则划分的栅格矩阵，其中每个栅格也称为像元或像素，每个像元可用不同的灰度值来表示，这种以像元灰度值组成矩阵形式的数据称为**栅格数据**（栅格数据的标准文件格式有 TIF、PCX、BMP 等），对这些数据的解释（如区别特定的物体和背景、识别文字等）需要专门的算法和相应的处理程序。但在计算机辅助设计（CAD）和地理信息系统（GIS）等使用中，需将扫描数字化仪获得的栅格数据自动转换成矢量数据，将图形特征点的影像转换成测量坐标。目前一般是在栅格数据处理后，采用人机交互与自动跟踪相结合的方法来完成地图矢量化。因为这些工作都是在计算机屏幕上进行的，所以我们把这种数字化方法叫地形图扫瞄屏幕数字化。

相对于手扶数字化仪来说，扫描仪的优势在于数字化自动化程度高，操作人员的劳动强度小，在同等图纸条件下数字化的精度高。

15.5 全球定位系统的组成

全球定位系统（GPS）是 Navigation Satallite Timing and Ranging/Global Positioning System 的字母缩写词 NAVSTAR/GPS 的简称，其含义为"授时、测距导航系统/全球定位系统"。利用该系统，用户可以在全球范围内实现全天候、连续、实时的三维导航定位和测速；另外，利用该系统，用户还能够进行高精度的时间传递和高精度的精密定位。

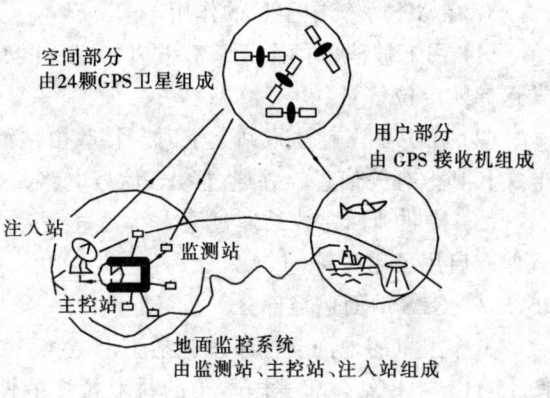

图 15-8

全球定位系统共由三部分组成，即空间部分（由 GPS 卫星组成）、地面监控部分（由若干地面站组成）和用户部分（以接收机为主体）。三部分有着各自独立的功能和作用，但又缺一不可，全球定位系统是一个有机配合的整体系统。如图 15-8 所示。

15.5.1 GPS 系统的空间组成部分

1. GPS 卫星星座　GPS 系统空间部分是由 24 颗卫星组成的星座，其中包括 3 颗备用卫星，以便及时更换老化或损坏的卫星，保障系统正常工作，如图 15-9 所示。

卫星的运行高度为 20 200km，运行周期 11 小时 58 分钟，卫星分布在六条升交点相隔 60°的轨道面上，轨道倾角为 55°，每条轨道上分布四颗卫星，相临两轨道上的卫星相隔 30°。这使得在地球上任何地方至少同时可看到四颗卫星。

2. GPS 卫星　GPS 卫星主体呈柱形，直径为 1.5m，如图 15-10。星体两侧装有两块双叶对日定向太阳能电池帆板,为卫星不断提供电力。在星体底部装有多波束定向天线,能发射 L_1 和 L_2 波段的信号。在星体两端面上装有全向遥测遥控天线,用于与地面监控网通信。工作卫星的设计寿命为 7.5 年。每颗卫星上装有 4 台高精度原子钟(2 台铯钟),以提供高精度的时间标准。

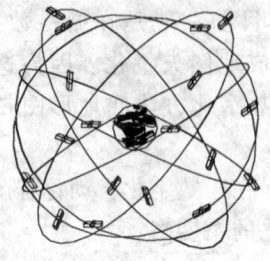
图 15-9

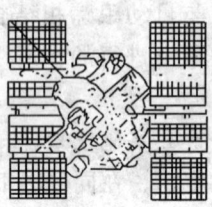
图 15-10

3. 在 GPS 系统中卫星的作用

(1) 用 L 波段的两个无线载波 (19cm 和 24cm 波) 向广大用户连续不断地发送导航定位信号。

(2) 在卫星飞越注入站上空时,接收由地面注入站不断发送到卫星的导航电文和其他有关信息,并通过 GPS 信号电路,适时地和发送给广大用户。

(3) 接收地面主控站通过注入站发送到卫星的调度命令,适时地改正运行偏差或启用备用时钟等。

15.5.2 GPS 地面监控部分

工作卫星的地面支撑系统包括 1 个主控站、3 个注入站和 5 个监测站,如图 15-11。主控站位于美国本土的科罗拉多的斯平士(Colorado Springs)的联合空间执行中心(CSOC),三个注入站分别设在大西洋、印度洋和太平洋的三个美国军事基地上,即大西洋的阿松森(Ascension)岛、印度洋的狄哥伽西亚(Diego Garcia)和太平洋的卡瓦迦兰(Kwajalein),五个监测站设在主控站和三个注入站以及夏威夷岛。

1. 主控站 主控站拥有以大型电子计算机为主体的数据采集、计算、传输、诊断、编辑等设备。它完成下列功能:

(1) 采集各种数据。

图 15-11

(2) 编辑导航电文。

(3) 诊断卫星状况。

(4) 调度、调整卫星。

2. 注入站　注入站的主要设备包括：一台直径 3.6m 的抛物面天线，一台 S 波段发射机和一台计算机。它将主控站编辑的卫星电文注入各个卫星。此外，注入站能主动向主控站发射信号，每分钟报告一次自己的工作状态。

3. 监测站　监测站的主要任务是对每颗卫星进行观测，精确测定卫星在空间的位置，并向主控站提供观测数据。

监测站是一种无人值守的数据采集中心，受主控站的控制。由这五个监测站提供的观测数据形成了 GPS 卫星实时发布的广播星历。

15.5.3 GPS 用户部分

用户部分包括用户组织系统和根据要求安装相应的设备，但其中心设备是 GPS 接收机。它是一种特制的无线电接收机，用来接收导航卫星发射的信号，并以此计算出定位数据。

GPS 接收机硬件和机内软件以及 GPS 数据的后期处理软件，构成完整的 GPS 用户设备。

15.6　GPS 卫星定位的基本原理

15.6.1　GPS 卫星信号的组成

1. 载波信号　为提高测量精度，GPS 卫星使用两种不同频率的载波，即频率为 $f_1 = 154 \times F = 154 \times 10.23 \mathrm{MHz} = 1\,575.42\mathrm{MHz}$ 的 L_1 载波和频率为 $f_2 = 120 \times F = 1\,227.60\mathrm{MHz}$ 的 L_2 载波。它们的波长分别为 19.03cm 和 24.42cm。

2. 测距码　GPS 卫星信号中有两种测距码，即 C/A 码和 P 码。

(1) C/A 码：C/A 码是英文粗码/捕获码（Coarse/acquisition code）的缩写。它被调制在 L_1 载波上。C/A 码的结构公开，不同的卫星有不同的 C/A 码。C/A 码是普通用户用以测定测站到卫星间距离的一种主要的信号。

(2) P 码：P 码的测距精度高于 C/A 码，又被称为精码，它被调制在 L_1 和 L_2 载波上。因美国的 AS（反电子欺骗）技术，一般用户无法利用 P 码来进行导航定位。

3. 数据码（D 码）　数据码即导航电文。数据码是卫星提供给用户的有关卫星的位置、卫星钟的性能、发射机的状态、准确的 GPS 时间以及如何从 C/A 码捕获 P 码的数据和信息。用户利用观测值以及这些信息和数据就能进行导航和定位。

15.6.2　GPS 的常用坐标系

GPS 是一个全球性的定位和导航系统，其坐标也是全球性的，为了使用的方便，通常通过国际协议，确定一个协议地球坐标系（Coventional Terrestrial System）。目前，GPS 测量中所使用的协议地球坐标系称为 WGS—84 世界大地坐标系（World Geodetic System）。

WGS—84 世界大地坐标系的几何定义是：原点是地球的质心，z 轴指向 BIH（国际时间局）1984.0 定义的协议地球极（CTP）方向，x 轴指向 BIH1984.0 的零子午面和 CTP 赤道的交点，y 轴、x 轴构成右手坐标系，如图 15-12 所示。

在实际测量定位工作中，各国一般采用当地坐标系，如我国采用的 C80 坐标系。因此，应将 WGS—84 坐标系坐标转化为当地坐标值，目前，普遍采用的是布尔萨·沃尔夫七参数法。

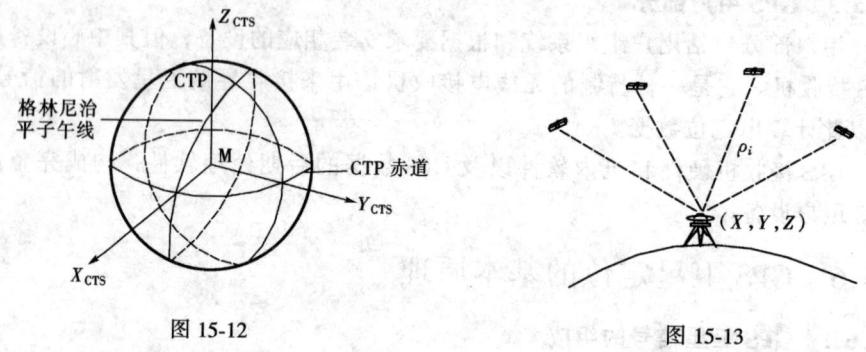

图 15-12　　　　　　　　　　图 15-13

15.6.3　GPS 定位原理

GPS 定位的基本原理是空中后方交会。如图 15-13 所示，用户用 GPS 接收机在某一时刻同时接收三颗以上的 GPS 卫星信号，测量出测站点（接收机天线中心）至三颗卫星的距离 ρ_i ($i = 1、2、3、\cdots$)，通过导航电文可获得卫星的坐标 ($x_i、y_i、z_i$) ($i = 1、2、3、\cdots$)，据此即可求出测站点的坐标 (X、Y、Z)。

$$\left.\begin{array}{l}\rho_1^2 = (x_1 - X)^2 + (y_1 - Y)^2 + (z_1 - Z)^2 \\ \rho_2^2 = (x_2 - X)^2 + (y_2 - Y)^2 + (z_2 - Z)^2 \\ \rho_3^2 = (x_3 - X)^2 + (y_3 - Y)^2 + (z_3 - Z)^2\end{array}\right\} \quad (15\text{-}1)$$

为了获得距离观测量，主要采用两种方法：一是测量 GPS 卫星发射的测距码信号到达用户接收机的传播时间，即伪距测量；一是测量具有载波多普勒频移的 GPS 卫星载波信号与接收机产生的参考载波信号之间的相位差，即载波相位测量。采用伪距观测量定位速度最快，而采用载波相位观测量定位精度最高。

1. 伪距测量　　伪距 ρ' 就是由卫星发射的测距码信号到达 GPS 接收机的传

播时间乘以光速所得出的量测距离。由于含有卫星钟、接收机钟的误差及大气传播误差，故称为伪距。

伪距 ρ' 与卫星至接收机之间的几何距离 ρ 之间的关系为：

$$\rho = \rho' + C(\delta_t - \delta_t^i) + \delta_\rho = \rho' + C\delta_t - C\delta_t^i + \delta_\rho \tag{15-2}$$

式中 δ_t^i——第 i 颗卫星的信号发射瞬间的卫星钟误差改正数，可由导航电文获得；

δ_t——信号接收时刻接收机钟误差改正数，一般不易求得，它为未知数；

δ_ρ——信号在大气中传播的误差改正数，它包括信号经电离层和对流层延迟引起的改正，可由数学模型计算求得；

C——电磁波在真空中的速度。

几何距离 ρ 和卫星坐标（x_i、y_i、z_i）以及接收机坐标（X、Y、Z）之间有下列关系

$$\rho = [(x_i - X)^2 + (y_i - Y)^2 + (z_i - Z)^2]^{1/2} \tag{15-3}$$

把式 (15-3) 代 (15-2) 可得

$$[(x_i - X)^2 + (y_i - Y)^2 + (z_i - Z)^2]^{1/2} - C\delta_t = \rho' - C\delta_t^i + \delta_\rho \tag{15-4}$$

式中卫星的坐标（x_i、y_i、z_i）（$i = 1、2、3、\cdots$）可以根据收到的卫星电文求得，公式右边伪距 ρ' 为观测，$C\delta_t^i$ 为第 i 颗卫星钟差引起距离改正，可由导航电文求得，δ_ρ 大气传播延迟改正可由数学模型计算，因此公式中未知数为 4 个，即上式包含的地面接收机的三个坐标（X、Y、Z）和接收机钟误差改正数 δ_t。这就是说，如果对四颗卫星同时进行伪距测量，列出同样的四个方程，就可以求出接收机的位置。

如果对四颗以上的卫星同时进行伪距测量，可用最小二乘法求解未知数的最或然值。

伪距法定位虽然一次定位精度不高，（P 码定位误差约为 10m，C/A 码定位误差约为 20~30m)，但因其定位速度快，且无多值性问题等优点，故仍是 GPS 定位系统进行导航的最基本方法。同时，所测伪距又可作为载波相位测量中整波数不确定问题（模糊度）的辅助资料。

2. 载波相位测量　载波相位测量是测定 GPS 卫星载波信号到接收机天线之间的相位延迟，它不使用测距码信号，不受码信号的影响，属于非码信号测量系统。

假设在某一时刻接收机所产生的基准信号的相位为 $\Phi^0(R)$，接收到的来自卫星的载波信号的相位为 $\Phi^0(S)$，二者之间的相位差为 $[\Phi^0(R) - \Phi^0(S)]$，则由载波的波长 λ 就可以求出该瞬间从卫星至接收机的距离：

$$\rho = \lambda[\Phi^0(R) - \Phi^0(S)] = \lambda(N_0 + \Delta\Phi) \tag{15-5}$$

式中 N_0——整周数;

$\Delta \Phi$——不足一整周的小数部分。

在进行载波相位测量时,仪器实际能测出的只是不足一整周的部分 $\Delta \Phi$。因为载波只是一种单纯的余弦波,不带有任何识别标志,所以我们无法知道正在量测的是第几周的信号。如是在载波信号测量中便出现了一个整周未知数 N_0(又称整周模糊度),通过其他途径解算出 N_0 后,就能求得卫星至接收机的距离。

15.6.4 GPS 定位的基本方法

GPS 定位的方法是多种多样的,根据定位的模式分为绝对(单点)定位、相对定位(即差分定位),按对数据的处理方式可分为实时定位和后处理定位,按接收机的运动状态可分为静态定位和动态定位。用户可以根据不同的用途采用不同的定位方法。

1. 绝对定位和相对定位 绝对定位又称为单点定位,它是利用一台接收机观测卫星,独立地确定出接收机天线在 WGS-84 坐标系的绝对位置。绝对定位的优点是只需一台接收机,外业比较方便,数据处理简单;缺点是定位精度低,受各种误差的影响比较大,只能达到米级,绝对定位一般用于导航和精度要求不高的情况。

相对定位又称为差分定位,这种定位模式采用若干台接收机,同步对一组相同的卫星进行观测,确定若干台接收机之间的相对位置。它的测量是相对于某一已知点的位置,而不是在 WGS-84 坐标系中的绝对位置。它精确测定出两点之间的坐标分量和边长。至少要应用两台精密测地型 GPS 接收机。

由于同步观测之间有着多种误差,其影响是相同的或大体相同的,这些误差在相对定位过程中可以得到消除或减少,从而使相对定位获得极高的精度;缺点是至少需要两台接收机同步进行观测,外业组织和实施比较复杂。

2. 实时定位和后处理定位 对 GPS 信号的处理,从时间上可划分为实时处理及后处理。实时处理就是一边接收卫星信号一边进行计算,实时地解算出接收机天线所在的位置、速度等信息;后处理是指把卫星信号记录在一定的介质上,回到室内统一进行数据处理以进行定位的方法。

一般来说,静态定位用户多采用后处理,动态定位用户采用实时处理或后处理。

3. 静态定位和动态定位 所谓动态定位,就是待定点在运动载体上,在观测过程中是变化的。动态定位的特点是可以测定一个动态点的实时位置,多余观测量少,定位精度较低。

所谓静态定位,就是待定点的位置在观测过程中固定不变。在测量中,静态定位一般用于高精度的测量定位。静态定位由于接收机位置不动,可以进行大量的重复观测,所以它的可靠性强,定位精度高。

静态相对定位的精度一般在几毫米到几厘米范围内,动态相对定位的精度一般在几厘米到几米范围内。

4.差分定位 差分技术实际上是在一个测站对两个目标的观测量、两个测站对一个目标的观测量或一个测站对一个目标的两次观测量之间进行求差,其目的在于消除公共项,包括公共误差和公共参数,以提高定位的精度。

差分 GPS 定位技术系统是由基准站、流动站和数据链组成。

基准站:在已知三维坐标的测站点上,安置 GPS 接收机,接受卫星定位信息,并实时提供差分修正信息。

流动站:安置有 GPS 接收机的待测点,在待测点上 GPS 接收机同时接收卫星和基准站的差分信息,实时定位。

数据链:将基准站的差分修正信息实时发送到流动站。

根据差分 GPS 基准站发送的信息方式,可将差分 GPS 定位分为三类,即:位置差分,伪距差分,相位差分。

(1) 位置差分:这是一种最简单的差分定位方法。任何一种 GPS 接收机均可改装和组成这种差分系统。

设基准站的精密坐标为 (X_0, Y_0, Z_0),安装在基准站上的 GPS 接收机解算出基准站的坐标 (X, Y, Z)。将解算出的基准站的坐标和已知的精密坐标求差,以此差作为差分修正值发送出去,由用户站接收,并且对其解算的用户站坐标进行改正。这样得到的用户坐标已消去了基准站和用户站的共同误差,例如卫星轨道误差、SA 影响、大气影响等,提高了定位精度。

位置差分的先决条件是基准站和用户站观测的是同一组卫星。此法适用于用户与基准站间距离在 100km 以内的情况。此法的优点是计算简单,适用于各种 GPS 接收机。

(2) 伪距差分:伪距差分是目前用途最广的一种技术,它可以满足 RTCM-SC—104 标准(国际海事无线电委员会)。

伪距差分是在基准站上,观测所有的卫星,利用基准站的已知坐标 (X_0, Y_0, Z_0) 和测出的各卫星的地心坐标 (x_S, y_S, z_S),求出基准站和各卫星之间的真正距离,将此计算出的距离与含有误差的伪距测量值加以比较,求出其偏差,将所有卫星的测距偏差及其变化率传输给用户,用户利用此数据来改正测量的伪距。最后,用改正后的伪距来解算本身的位置,就可消去公共误差,提高定位精度。

伪距差分的优点是基准站提供所有卫星的改正数,用户接收机观测任意 4 颗卫星,即可完成定位,并能将基准站和接收机间的公共误差抵消。缺点是随着用户到基准站距离的增加又出现了系统误差,这种误差用任何差分法都不能消除,用户和基准站之间的距离对精度有决定性影响。

(3) 载波相位差分:位置差分、伪距差分能实时给定载体的位置,精度为米级,满足了导航、水下测量等工程的要求。而载波相位差分技术,则可使实时三维定位的精度达到厘米级。

载波相位差分技术又称为 RTK 技术 (Real Time Kinematic)。

载波相位差分方法分为两类:修正法和差分法。修正法与伪距差分法相同,基准站将载波相位修正量发送给用户站,改正用户接收到的载波相位,然后求解坐标。差分法是将基准站采集的载波相位发送给用户台,进行求差并解算坐标。前者为准 RTK 技术,后者为真正的 RTK 技术。

在 RTK 作业模式下,基准站通过数据链将其观测值和测站坐标信息一起传送给流动站。流动站不仅通过数据链接收来自基准站的数据,还要采集 GPS 观测数据,并在系统内组成差分观测值进行实时处理,同时给出厘米级定位结果,历时不到一秒钟。

RTK 技术应用于海上精密定位,地形测图和地籍测绘。

RTK 技术也同样受到基准站至用户距离的限制,为解决此问题,发展成局部区域差分和广域差分定位。通常将一般差分定位系统叫 DGPS,局部区域差分定位系统叫 LADGPS,广域差分定位系统叫 WADGPS。

DGPS 系统结构和算法简单,技术较为成熟,主要用于小范围的差分定位工作。对于较大范围的区域,则采用局部区域差分定位技术,对于一个国家或几个国家范围的广大区域,应用广域差分定位技术。

练 习 题

1. 什么叫全站仪?它主要的功能有哪些?
2. 全站仪使用中应注意什么?
3. 什么叫数字化测图,它有什么意义?
4. 数字化测图包括哪几种方法?
5. 地面数字化测图和普通的模拟测图在测图方法上有什么区别?
6. 手扶跟踪数字化仪数字化地图有什么优缺点?
7. 扫描仪主要有哪几种类型?
8. GPS 全球定位系统由哪几部分组成,各起什么作用?
9. 什么是伪距测量?什么是载波相位测量?
10. 什么叫差分定位?差分定位分为哪几类?哪一种差分定位精度最高?

附录1 测量常用计量单位及换算

早在1959年国务院就发布文告，统一了我国的计量单位，确定米制为我国基本计量制度，改革市制、限制英制和废除旧杂制。1984年国务院又颁布了《中华人民共和国法定计量单位》，以国际单位制单位为基础，根据我国具体情况，适当增加一些其他单位构成的。现将测量上常用的计量单位及换算叙述如下。

1. 长度单位

1km（千米）= 1 000m（米）

1m（米）= 100cm（厘米）= 1 000mm（毫米）

1mm（毫米）= 1 000μm（微米）

1μm（微米）= 1 000nm（纳米）

1n mile（海里）= 1 852m（米）

1in（英寸）= 0.025 4m（米）

1ft（英尺）= 12in（英寸）= 0.304 8m（米）

注：海里、英寸、英尺被我国法定计量单位制规定为应予淘汰。公尺、公寸、公分等名称不规范，应改称米、分米、厘米。市里、市亩仍可使用。

2. 面积单位

面积单位是平方米（m^2）。大面积通常用平方公里（km^2）、公顷（hm^2）。

1hm^2（公顷）= $10^4 m^2$（平方米）

1hm^2（公顷）= 15（亩）

1 亩 = 666.7m^2（平方米）

3. 角度单位

我国测量上采用的单位采用60进位制，即

1 圆周 = 360°　　　1 直角 = 90°　　　1° = 60′　　　1′ = 60″

有些国家采用百进制的新度，即

1 圆周 = 400^g（新度）　　1 直角 = 100^g（新度）　　1^g（新度）= 100^c（新分）

1^c（新分）= 100^{cc}（新秒）

在测量学中，推导公式和一些公式的表达时，常用弧度表示角度大小。所谓弧度就是与半径相等的弧长所对应的圆心角，称为1个弧度，以ρ表示。因此

1 圆周对应的弧度 = $\dfrac{2\pi R}{R}$ = 2π 弧度，即 2π 弧度 = 360°

1 弧度 = $\dfrac{360°}{2\pi}$ = $\dfrac{180°}{\pi}$ = 57.295 8°，即

$\rho°$（弧度度）= 57.295 8° ≈ 57.3°

ρ'（弧度分）= 3 437.748′ ≈ 3 438′

ρ''（弧度秒）= 206 264.88″ ≈ 206 265″

附录2 测量实习指导书

第1部分　实习须知 …………………………………………………………… 300
第2部分　实习项目及作业 …………………………………………………… 301
　实习1　水准测量 …………………………………………………………… 301
　实习2　经纬仪的认识及水平角测量 ……………………………………… 304
　实习3　经纬仪方向观测法及竖角测量 …………………………………… 307
　实习4　经纬仪导线测量内业计算及绘图作业 …………………………… 308
　实习5　视距测量及碎部测量 ……………………………………………… 310
　实习6　地形图的应用作业 ………………………………………………… 313
　实习7　求积仪测定面积 …………………………………………………… 314
　实习8　圆曲线测设 ………………………………………………………… 317
　实习9　建筑物轴线测设与高程测设实习 ………………………………… 320
　实习10　民用建筑物定位测量 ……………………………………………… 322
第3部分　测量教学实习 ……………………………………………………… 323

第1部分 实习须知

1. 测量实习的目的及有关规定

（1）测量实习的目的一方面是为了巩固在课堂上所学的知识；另一方面是熟悉测量仪器的构造，掌握使用方法，使学到的理论与实践紧密结合。

（2）在实习之前，必须复习教材中的有关内容，认真预习实习指导书，明确目的要求、方法步骤及注意事项。

（3）实习课开始时，实习小组正副组长到仪器室领取仪器。组长应当场清点仪器种类、数量及仪器附件，如有不符，应及时提出，组长签字后方可领出。

（4）正组长负责组织与分工，副组长负责保管仪器。实习中，每人都应认真、仔细、严格要求。在教学实习中，对组内成员，既要有明确分工，又要按时轮换，相互配合，以保证实完成实习任务，并达到组内成员共同提高的目的。

（5）实习在规定的时间和地点进行，不得无故缺席或迟到早退，不得擅自变更实习地点。

（6）实习中如出现仪器故障，必须及时向指导教师报告，不可随便自行处理。

（7）各组完成实习后，组长应向指导教师报告，经教师检查达到要求后，方可结束实习。

（8）每次实习结束后，组长应清点仪器，如数送还仪器室。如发现仪器工具有遗失或损坏情况，根据情节酌情赔偿。

2. 使用仪器、工具注意事项

（1）携带仪器时，注意检查仪器箱是否扣紧、锁好，拉手和背带是否牢固，并注意轻拿轻放。开箱后，应记清仪器在箱内安放的位置，以便用后按原样放回。提取仪器时，应用双手握支架或基座，轻轻取出，放在三脚架上，保持一手握住仪器，一手拧连接螺旋，使仪器与三脚架牢固连接。仪器取出后，应关好仪器箱。严禁把仪器箱当凳坐。

（2）不可置仪器于一旁而无人看管，以防行人碰倒。晴天应撑伞，以避免阳光直晒仪器。

（3）近距离搬站时，应旋紧制动螺旋，一手抱住三脚架，一手托住仪器，放置胸前，稳步行走。不准将仪器扛肩上，以免碰伤仪器。

（4）制动螺旋勿旋得过紧。微动螺旋及脚螺旋要使用中间部分，勿旋到极端。在旋转照准部或望远镜之前，切记一定要先松开制动螺旋，然后均匀旋转。

（5）若发现透镜表面有灰尘或其他污物，需用软毛刷或擦镜头纸拂去，严禁用手帕、粗布或其他纸张擦试，以免磨坏镜面。

（6）花杆不能当标枪使，不能抬东西，塔尺不能坐，扶塔尺要用双手扶正，不得随意靠在其他物体上。

(7) 钢尺或皮尺不得随意在地上拖，不得扭转拽拉，从盒中向外拉出当靠近尺的终端时不要用力过猛，免得全部拉掉下来而缠不上。用完擦净尺上尘土，装入盒内。

(8) 实习结束后，将仪器清点一遍，擦去尘污，经仪器室保管员检查自相后，放回原位。

第2部分 实习项目及作业

实习1 水准测量

1. 目的和要求

(1) 熟悉 S3 级水准仪的构造；
(2) 掌握水准仪的安置、瞄准与读数；
(3) 学会闭合水准测量的观测步骤与记录计算。

2. 仪器和工具

DS3 级水准仪 1，水准仪脚架 1，水准尺 2，尺垫 1，记录夹 1，水准测量记录表 1。

3. 方法和步骤

(1) 第一测站工作：

1) 根据教师指定的地面某点作为临时水准点 BMA，并假定其高程为 50.000m。学生自行选待测高程点 P，离临时水准点 BMA 大约 100～200m，计划两测站到 P 点，选定的 1 点作为转点并安放尺垫，水准尺安放在尺垫上。

2) 把水准仪安置在 BMA 与 1 点之间，并非在两点连线上，目估前、后视距离大致相等处。记录表中第一测站编号写 1。

3) 安置仪器：张开脚架，使其高度适当，架头大致水平，并将三脚架脚尖踩入土中，再开箱取出仪器，将其固连在三脚架上。

4) 认识仪器：指出仪器各部件的名称，了解各螺旋功能及其使用方法。认识水准尺的分划与注记，以便能在望远镜视场中准确读出读数。

5) 粗略整平：先用双手同时向内（或向外）转动一对脚螺旋，使圆水准器气泡移动到适当位置，再转动另一只脚螺旋使圆气泡居中，通常需反复进行。记住气泡移动的方向与左手姆指运动的方向一致。

6) 瞄准、精平与读数：

①瞄准与消除视差：首先调整目镜，使十字丝分划清晰。先瞄后视尺，松开水准仪制动螺旋，水平转动望远镜，用准星和照门粗略瞄准水准尺，固定制动螺旋，接着转动水平微动螺旋，使十字丝的纵丝对准水准尺，然后调整物镜

对光螺旋,使目标清晰。眼睛上下移动观察是否存在视差现象,若存在视差,应仔细调整物镜对光螺旋予以消除。

②精平:转动微倾螺旋,使符合水准器气泡两端的影像精确符合。

③读数:用中丝在水准尺上读取4位读数,即米、分米、厘米及毫米。先估出毫米数,后一次读出4位数。记入表中后视读数栏内。

松开水平制动螺旋,水平转动望远镜瞄准前视点尺1,注意消除视差,然后用微倾螺旋精平,最后读数,记入表中前视读数栏内。

7) 变动仪器高后再重测一次:升高(或降低)仪器高约10cm以上,重新粗平仪器,第2次观测一般先瞄准前尺,精平与读数;然后瞄准后尺,精平与读数。

8) 计算高差:高差 $h =$ 后视读数 $a -$ 前视读数 b。

同一测站两次仪器高测得高差值之差不大于8mm时,取其平均值。

(2) 搬站观测:确认两次仪器高测的高差在允许范围内,才可搬站。搬站观测时,前尺即1点水准尺不动,后尺即 BMA 点的水准尺搬到 P 点, P 点为未知点,测 P 点的地面高程,不放尺垫。

(3) 从 P 点返测回临时水准点:从 P 点再测回临时水准回临时水准点 BMA。

(4) 计算高差闭合差 f_h: $f_h = \Sigma h$

容许高差闭合差 $f_{h容}$ 平坦地区: $f_{h容} = \pm 40\sqrt{L}$

山　地: $f_{h容} = \pm 12\sqrt{n}$

高差闭合差 f_h 大于容许高差闭合差 $f_{h容}$,首先检查计算是否有误,如计算无误,则为观测问题,应返工。

4. 内业计算

(1) 计算各测站高差改正数 δ_h

$$\delta_h = \frac{-f_h}{n}$$

式中　f_h——高差闭合差;

n——闭合水准路线测站数。

检查:各测站高差改正数 δ_h 总和其绝对值应等于高差闭合差 f_h。

(2) 计算各测站改正后高差 $h_{改正}$: $h_{改正} = h_{观测} + \delta_h$

检查:闭合水准路线各测站改正后高差总和应为0。

(3) 计算 P 点高程:根据临时水准点 BMA 的已知高程50.000m加第一测站改正后高差得1点高程,逐点计算,算得 P 点高程,最后又推算得 BMA 的高程应为50.000m。

5. 注意事项

(1) 安置测站应使前、后视距离大致相等。

(2) 瞄准水准尺一定要消除视差。

(3) 每次读数前，应使水准管气泡严格居中。读数时，水准尺要严格扶直，不得前、后、左、右倾斜，读数读至毫米。

(4) 临时水准点为已知高程点，不要放尺垫，待定点 P 也不要放尺垫，转点要放尺垫，观测时将水准尺放在尺垫半圆球的顶点上。

(5) 每站测完后，应立即计算，如两次高差值之差超出 8mm，应重测。合乎要求后，后尺才可搬动，前尺不能挪动，以确保转点位置不变。

(6) 全程测完后，应当场计算高差闭合差，如超限应重测。

6. 记录手簿范例（见表附-1）

7. 应交作业

填写水准测量记录表格，并回答下列问题：

(1) 如何进行水准仪粗平？为什么第一次旋转一对脚螺旋，第二次只能旋转另一个脚螺旋，而不是一对脚螺旋？

(2) 圆水准器气泡居中和管水准器气泡符合分别达到什么目的？

(3) 为什么在读完后视读数后，望远镜转到前视时，还必须重新调整管水准器气泡居中才能读数？

(4) 什么叫转点？本次实习哪几个点是转点？它在水准测量中起什么作用？

表附-1 水 准 测 量 记 录 手 簿

测站	测点	水准尺读数		高差	高差改正数	改正后高差	高程
		后视	前视				
1	BMA	1.785					50.000
		1.880		(+0.644)			
	1		1.141	(+0.648)			
			1.232	+0.646	−0.003	+0.643	
2	1	2.032					
		1.751		(+0.389)			
	P		1.643	(+0.385)			
			1.366	+0.387	−0.003	+0.384	
3	P	0.642					51.027
		0.763		(−0.833)			
	2		1.475	(−0.839)			
			1.602	−0.836	−0.003	−0.839	
4	2	1.456					
		1.562		(−0.187)			
	BMA		1.643	(−0.183)			
			1.745	−0.185	−0.003	−0.188	50.000
校核		11.871 $\dfrac{+0.024}{2}=$	11.847 +0.012	+0.012	−0.012	0	

实习 2　经纬仪的认识及水平角测量

1. 目的和要求

(1) 认识 J6 级经纬仪的基本构造及各螺旋的名称与功能；

(2) 练习经纬仪对中、整平、瞄准与读数的方法，掌握其操作要领；

(3) 练习测回法测量水平角。

2. 仪器和工具

经纬仪 1（含经纬仪脚架 1），记录夹 1，全班领标杆 3，每人准备水平角观测记录表 1 张。

3. 方法和步骤

(1) 认识经纬仪：

1) 照准部：包括望远镜及其制动、微动螺旋，水平制动和微动螺旋，竖盘，管水准器，圆水准器以及读数设备（DJ6—1 型与 TDJ6 型读数设备不同，以 TDJ6 型为主）。

DJ6—1 型仪器有复测器扳手（度盘离合器）。

TDJ6 型仪器有光学对中器及竖盘指标自动归零开关（或称补偿器开关）以及度盘变换螺旋（或称拨盘螺旋）。

2) 度盘部分：玻璃度盘，刻划从 0°～360°顺时针刻划，DJ6—1 型的最小刻划为 30′，TDJ6 型的最小刻划为 1°。

3) 基座部分：有脚螺旋、轴座固定螺旋（不可随意旋松，以免仪器脱落）。

(2) 经纬仪的安置：

1) 在地面上作一标志，可划十字作为测站点。

2) 松开三脚架，安置于测站上，使高度适当，架头大致水平。打开仪器箱，双手握住仪器支架，将仪器取出，置于架头上。一手紧握仪器支架，一手拧紧连接螺旋。

3) 对中：挂上垂球，平移三脚架，使垂球尖大致对准测站点，并注意架头水平，用脚踩固定稳三脚架。对中误差较小（1～2cm）时，可稍松中心连接螺旋，两手扶住基座，在架头上平移仪器，使垂球尖端准确对准测站点，最后旋紧中心连接螺旋，对中误差不得超过 3mm。

光学对中器的使用：TDJ6 型照准部有光学对中器，用这种仪器对中步骤如下：

①用垂球对中：首先使三脚架面要基本安平，并调节基座螺旋大致等高，然后悬挂垂球对中。

②粗平：圆水准器气泡居中，以便使仪器的竖轴基本垂直。

③操作光学对中器：旋转光学对中器的目镜使分划板分划圈清晰，推拉目镜筒看清地面的标志。略松中心连接螺旋，在架头上平移仪器（尽量不转动仪器），直到地面标志中心与对中器分划中心重合，最后旋紧中心连接螺旋。这样做可保证对中误差不超过1mm。

4）整平：松开水平制动螺旋，转动照准部，使水准管平行于任意一对脚螺旋的连线，两手同时向内（或向外）转动这两只脚螺旋，使气泡居中。然后，将仪器绕竖轴转动90°，使水准管垂直于原来两脚螺旋的连线，转动第三只脚螺旋，使气泡居中。如此反复操作，以使仪器在该两垂直的个方向，气泡均为居中时为止。

(3) 配置度盘0°00′00″的方法：

1）对于DJ6—1型经纬仪操作步骤：扳上复测器扳手，首先转动测微轮，使测微尺上读数为0′0″（或略大于0′），然后边旋转照准部，边看水平度盘的度数，当靠近0°时，固定水平制动螺旋，旋转水平微动螺旋，使0°刻划平分双指标线，当达到准确对准0°00′00″时，扳下复测器扳手，此时度盘读数保持住0°00′00″。松开水平制动螺旋，望远镜精确瞄准左目标 A。

2）TDJ6型经纬仪对0°00′00″的步骤：首先，将望远镜精确瞄准左目标 A。然后，把拨盘螺旋的杠杆按下并推进螺旋，接着旋转拨盘螺旋使度盘的0°刻划线对准分微尺的0分划线，立即放松。最后再按一下杠杆，此时拨盘螺旋弹出，以避免以后碰动螺旋而变动度盘的位置。

(4) 瞄准目标的方法：

先用望远镜上瞄准器粗略瞄准目标，然后再从望远镜中观看，若目标位于视场内，则固定望远镜制动螺旋和水平制动螺旋，仔细调物镜对光螺旋使目标影像清晰，并消除视差，再调望远镜和水平微动螺旋，使十字丝纵丝的单丝平分目标（或将目标夹在双丝中间），达到准确瞄准目标。

(5) 读数方法：

1）DJ6—1型读数法：

①调节反光镜使读数窗亮度适当，最上面的是测微盘、中间的是竖盘，最下面的是水平盘。

②旋转读数显微镜的目镜，使测微盘，竖盘及水平盘的分划影像均清晰。

③转动读数手轮，使度盘的某一刻划平分双线指标，读取度盘读数，度盘读出整度和30′的数，小于30′的数，要从测微盘上读取。测微盘最小分划为20″，用单线指标可估读最小分划的1/4，即5″。把度盘的读数加上测微盘的分与秒，即为读数结果。

2）TDJ6型读数法：它属于分微尺测微器读数法，分微尺的长度整好是度盘1°分划间隔，分微尺的0～6，表示0′～60′，共60小格，每格为1′，分微尺的 0 刻划线就是读数指标线，0 刻划线的位置就是读数的位置，先读整度数，再从 0 向整度分划线数有几个小格，估读到 0.1′，即 6″。

(6) 水平角测量方法：测回法测量水平角 $\angle AOB$ 步骤如下：

1) 安置仪器于 0 点，对中，整平，垂球对中应于小 3mm，用光学对中器，应达到 1mm。整平不超过 1 格。

2) 以正镜（盘左）位置，起始目标 A 对 $0°00′00″$（或略大于 $0°$）开始观测。对于 DJ6—1 型，对零后应扳下复测扳手，松开水平制动螺旋，瞄准左侧目标 A，检查并读记水平度盘读数 a_1。对于 TDJ6 型，应先瞄准左侧目标 A，然后转动拨盘螺旋对准 $0°00′00″$，再按拨盘螺旋杠杆使其弹出。

3) 观测右目标 B。当上一步完成左目标 A 观测之后（对于 DJ6-1 型，应先扳上复测器扳手，对于 TDJ6 型无此项操作），松开水平制动螺旋，顺时针转照准部，瞄准右侧目标 B，读记水平度盘读数 b_1，求出上半测回（盘左）水平角角值 $\beta_左$：

$$\beta_左 = b_1 - a_1$$

4) 松望远镜和水平制动螺旋，纵转望远镜，逆时针旋转照准部以倒镜（盘右）位置瞄准目标 B，读记水平度盘读数 b_2。

5) 逆时针转动照准部瞄准目标 A，读记水平盘读数 a_2。求出下半测回（盘右）水平角角值 $\beta_右$：

$$\beta_右 = b_2 - a_2$$

上半测回角值与下半测回角值之差不应超过 $40″$，在限差范围内，取其平均值作为一测回角值。

4. 注意事项

(1) 只有在盘左位置时，对起始目标度盘配置某一度数开始观测，盘右不得再重新配置。

(2) 对于 TDJ6 型仪器，用拨盘螺旋配置好度数之后，切记按一下杠杆，而使拨盘螺旋弹出。

(3) 转动照准部之前，切记应先松开水平制动螺旋，否则会带动度盘，并会对仪器造成机械磨损。

5. 测回法记录表格范例（见第 3 章表 3-1）

6. 应交作业

每人应交测回法记录表，并回答下列问题：

(1) 分别叙述 DJ6—1 型和 TDJ6 型经纬仪，起始目标水平度盘配置 $90°00′00″$ 的步骤。

(2) 计算水平角时，为什么要用右目标读数减左目标读数（即箭头减箭尾）？如果不够减应如何计算？

(3) 为什么使用光学对中器对中时，经纬仪必须先粗平？

实习 3　经纬仪方向观测法及竖角测量

1．目的和要求

(1) 掌握方向观测法测量水平角的操作步骤及记录计算方法。要求每人独立观测 4 个方向一测回。

(2) 掌握竖角观测步骤、记录与计算，要求每人独立观测 2 个目标一测回。

2．仪器和工具

经纬仪 1 台，记录夹 1 个。每个学生准备方向观测法记录表及竖角测量记录各 1 张。

3．方法和步骤

(1) 全圆方向观测法：

1) 安置仪器于测站点 O，对中、整平，中误差不超过 3mm，整平误差不超过 1 格。

2) 盘左位置，观测时，首先选定的起始方向 A，使水平度盘读数为 0°稍大于 0°。然后，按顺时针方向转动照准部，依次瞄准目标 B、C、D、A 分别读取水平度盘读数，记入手簿，并计算半测回归零差。规范规定半测回归零差不得大于 18″，实习可放宽至 30″。

3) 盘右位置，从起始目标 A 开始，按逆时针方向依次瞄准 D、C、B 后归零至起始方向 A，依次读取读数，记入手簿，并计算下半测回归零差，规定同上半测回。

4) 计算二倍照准误差 $2C$ 值：$2C$ = 盘左读数 −（盘右读数 ± 180°）

5) 计算各方向的平均读数，记入手簿相应栏内。

$$平均读数 = \frac{1}{2}（盘左读数 + 盘右读数 ± 180°）$$

由于 A 方向的有两个平均读数需再取其平均值，写在第一个平均值的上方，并加括号。

6) 计算归零后的方向值，填手簿相应栏内。

(2) 竖角测量：

1) 安置仪器于测站点，对中，整平。任选高处一清晰目标，先盘左用望远镜中横丝瞄准目标，对于 DJ6—1 型仪器，读数前，应调整竖盘指标水准管微动螺旋，使竖盘指标水准管气泡居中，读取竖盘读数 L，并记录。对于 TDJ6 型仪器，应把补偿器开关（自动归零螺旋）打开，使 ON 朝上对准红点，此时竖盘指标处于铅垂位置，这时瞄准目标直接读取竖盘读数 L。

2) 盘右瞄准同一目标，对于 DJ6—1 型，使竖盘指标水准管气泡居中后，

读取读数 R，并记录。对于 TDJ6 型经纬仪直接读数即可。

3) 计算竖角角值 α 和指标差 x。计算公式如下：

$$\alpha = \frac{1}{2}(\alpha_L + \alpha_R) \quad x = \frac{1}{2}(\alpha_L - \alpha_R)$$

对于 DJ6—1 型：

$\alpha_L = L - 90°$

$\alpha_R = 270° - R$

对于 TDJ6 型：

$\alpha_L = 90° - L$

$\alpha_R = R - 270°$

限差要求：检查观测各目标求得的指标差的互差应小于 40″。

4. 注意事项

(1) 全圆方向观测法的起始目标应选择远近适当的清晰的目标。

(2) 半测回归零差超限，应立即返工重测。

(3) 一测回观测完毕应立即计算 $2C$，对于 J6 仪器，规范规定不检查 $2C$ 的变化。但是，$2C$ 变化太大也是不允许的。

5. 记录手簿范例

(1) 全圆方向观测法记录表（见第 3 章表 3-2）

(2) 竖角观测记录表（见第 3 章表 3-4）

6. 应交作业

每人应交全圆方向观测法记录表及竖角观测记录表各 1 张。

实习 4 经纬仪导线测量内业计算及绘图作业

1. 目的和要求

(1) 掌握闭合导线点坐标计算的方法和步骤；

(2) 掌握对角线法绘制坐标方格及展绘导线点的方法。

2. 用具

每个学生必须准备图纸 1 张（30cm × 40cm），比例直尺 1 个，导线坐标计算表格 1 张，计算器、铅笔和橡皮等。丁字尺可由几人共用 1 个。

3. 导线外业测量数据

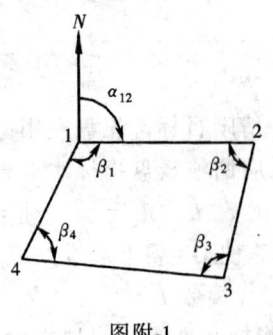

图附-1

起始边坐标方位角：$\alpha_{12} = 97°58'08''$

观测导线各右角：$\beta_1 = 125°52'04''$

$\beta_2 = 82°46'29''$

$\beta_3 = 91°08'23''$

$\beta_4 = 60°14'02''$

观测导线各边：

$D_{12} = 100.29\text{m}, \quad D_{23} = 78.96\text{m}$

$D_{34} = 137.22\text{m}, \quad D_{41} = 78.67\text{m}$

1 点的坐标：$X_1 = 5032.700 \text{m}$，$Y_1 = 4537.660 \text{m}$

4．作业步骤

(1) 导线坐标计算：

1) 将导线测量外业数据抄入导线坐标计算表格内，抄毕必须核对。

2) 计算导线角度闭合差 f_β：$f_\beta = \Sigma\beta - (n-2) \times 180°$

3) 角度闭合差的调整：首先计算闭合差是否在容许范围内，以相反符号平均分配于各角，改正数取至秒。

4) 坐标方位角的推算：根据改正后的内角及导线起始边坐标方位角推算其他各边的坐标方位角：

α_{12} 为已知的起始边坐标方位角

$\alpha_{23} = \alpha_{12} + 180° - \beta_2$

$\alpha_{34} = \alpha_{23} + 180° - \beta_3$

$\alpha_{41} = \alpha_{34} + 180° - \beta_4$

$\alpha_{12} = \alpha_{41} + 180° - \beta_1$　　（校核：应等于起始边方位角）

5) 计算坐标增量：根据实测的边长 D 和推算出的坐标方位角计算坐标增量。

公式：$\triangle X = D\cos\alpha$

$\triangle Y = D\sin\alpha$

用计算器计算坐标增量，现举三种计算器操作法：

①使用卡西欧 fx-180p 操作法：开机后，首先要把角度状态设置为 DEG，即圆周为 360°制。（RAD 为弧度状态，GRA 表示圆周为 400g 制）。按 |Mod| 4，即为 DEG 状态。然后设置小数点后位数，如果要求小数点后三位，按 |Mod| |7| |3|。计算 △x、△y 按键如下：

边长 |INV| |P→R| 方位角 |=| （显示 △x 值）

　　　　　　　　　　|INV| |X↔Y| （显示 △y 值）

注意角度输入方法，例如 215°41′07″操作：

215 |°′″| 41 |°′″| 7 |°′″|

②使用夏普 EL-514 操作法：角度状态设置按 DRG 键使显示窗口出现 DEG

边长 |↕| 方位角 |2ndF| |→XY| （显示 △x 值）

　　　　　　　　　　　　|↕| （显示 y 值）

注意夏普类型输入角度方法与卡西欧型不同，输入 215°41′07，操作是

215.4107 $\boxed{\rightarrow \text{DEG}}$，此时显示以度为单位的角值。注意分、秒输入时均用两位数字。

③使用夏普 506 操作法：角度状态设置为 DEG 后，按键如下：
边长 $\boxed{a}$ 方位角 $\boxed{b}$ $\boxed{\text{2ndF}}$ $\boxed{\rightarrow \text{XY}}$（显示 △$x$ 值）
$\boxed{b}$（显示 △y 值）

6）坐标增量闭合差的计算：对于闭合导线而言

纵坐标增量闭合差：$f_x = \Sigma \triangle X$

横坐标增量闭合差：$f_y = \Sigma \triangle Y$

7）导线全长绝对闭合差 f 及相对闭合差 K 的计算：

$$f = \sqrt{f_x^2 + f_y^2}$$

$$K = \frac{f}{\Sigma D} = \frac{1}{\Sigma D / f}$$

对于图根导线，钢尺量距时，K 值应小于 1/2 000。

8）坐标增量闭合差的平差，求出各边长坐标增量的改正数。钢尺量距导线和皮尺量距导线产生的 f_x、f_y，应按边长成比例进行分配。

9）坐标计算：从第一点已知坐标 X_1、Y_1，根据改正后坐标增量，推算其他各点坐标。坐标增量及坐标计算取到毫米。

(2) 绘制坐标方格网及展绘导线点：

1）绘制坐标方格网：用丁字尺和比例尺按教材上介绍的对角线方法绘制坐标方格网，每个方格大小为 10cm×10cm。绘毕应检查各方格的边长误差不得超过 0.2mm。本次作业应绘制坐标方格数为 6 个，南北方向 2 格，东西方向 3 格，可保证 4 个导线点全部展绘于图中。

2）展点：比例尺采用 1:1 000。根据计算出的各控制点坐标，使导线图画在图纸的中央部位的原则下选坐标格网西南角的坐标，然后根据坐标展绘各导线点。最后用比例尺量取图上各导线边长与相应实测边长作比较，其差值不得超过图上 0.3mm × M（M 为测图的比例尺分母，本次作业 M 为 1 000）。

5. 每人应交作业

（1）导线坐标计算表；

（2）坐标方格网及展绘的导线点图。

实习 5　视距测量及碎部测量

1. 目的要求

（1）掌握视距法测定两点间的距离及高差的方法，熟悉计算公式及算法。

（2）练习经纬仪测绘法一个测站的工作，通过测一个房屋了解观测、计算及绘图各步骤，了解观测者、记录者及绘图者之间是如何配合的。

2. 仪器工具

经纬仪1，塔尺1，卷尺1，木桩2，斧子1，小平板仪1，标杆1，罗盘仪1，量角器1，比例尺1，视距测量记录表与碎部测量记录表1张。各组自备40cm×40cm图纸1张，铅笔，橡皮及计算器。

3. 实习内容

（1）视距测量实习：

1）地面上选两点 A、B，相距 50～100m，打下木桩，桩顶做一标志，安置仪器于 A 点，对中，整平，量仪器高（从横轴到木桩顶）。在 B 点处竖立塔尺。

2）用视距法测量 A、B 两点距离及高差：

①用正镜（盘左）瞄准塔尺，使十字丝纵丝与尺的一边重合或平分尺面，消除视差。转望远镜使中丝对在尺上和仪器高同高处，固定望远镜制动螺旋，调望远镜微动螺旋，使其准确对准仪器高处，读上丝和下丝读数，求出尺间隔 l。把竖盘指标归零开关打开（对于 DJ6—1 型应调竖盘指标水准管气泡居中），读竖盘读数，并记录。记录格式见下面第4点。

②用倒镜（盘右）按①重测一次。

③上述是中丝对仪器高正倒镜观测1次。练习中丝不对仪器高，而对任意整数，例如 2m，再观测一次，以便比较。

3）计算水平距离和高差：

①分别计算盘左、盘右的近似竖角，取其平均值为竖角值 α，再求出竖盘指标差 x。

②求尺间隔 $l =$ 上丝读数 - 下丝读数，l 值取盘左、盘右两次平均值。

③求水平距离 D 和高差 h

$$D = Kl\cos^2\alpha$$
$$h = D\tan\alpha + i - v$$

（2）碎部测量

1）测量 AB 磁方位角：在测站点 A 上安置罗盘仪，B 点插标杆，用罗盘仪测量 AB 磁方位角。罗盘仪要读磁针南北端读数，南端读应 ±180° 后与北端读数取平均。

2）观测者工作：

①搬走罗盘仪，在测站点 A 上安置经纬仪，对中，整平后，量取仪器高 i，填入手簿。瞄准 B 点，用拨盘螺旋安置水平度盘读数为 0°00′00″。

②观测者转动经纬仪照准部，瞄准碎部点塔尺中线，首先读水平度盘读数 β，只要准确至分。然后读上丝读数，下丝读数，中丝读数 v，竖盘读数 L。

测量碎部点仅用盘左位置观测，不必倒镜观测。

3）立尺员工作：立尺员将塔尺立在地物轮廓的特征点上，本次实习要求测一个房屋，塔尺紧靠屋角。

4）记录者工作：记录者将测得的结果依次填入手簿。依尺间隔 l，竖盘读数 L 和竖直角 α，按视距测量公式用计算器计算出碎部点的水平距离。

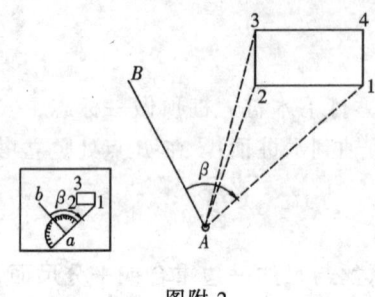

图附-2

5）展绘碎部点（绘图比例尺1:500）：小平板安置在测站旁（见图附-2），绘图纸贴在图板上，在图纸中适当位置选一点作为测站点 a。根据 AB 的磁方位角在图上画出 ab 方向线，用它作为绘图的起始方向线。用大头针将量角器的圆心插在图上测站点处，转动量角器上等于观测得碎部点水平角值 β 的刻划线对准起始方向线 ab，此时量角器的零方向线便是碎部点的方向，然后用测图比例尺按测得水平距离在该方向上定出碎部点的位置。同法，测出其余各碎部点的平面位置图上，将碎部点按实际情况相互连接。

4．记录格式范例

（1）视距测量记录：

表附-2　视距测量记录表

测站名称：A　　仪器高：1.40m　　测站高程：50.00m　　班级：　　　小组：

测点名称	测量次数	竖盘位置	标尺读数			尺间隔 l	竖盘读数 ° ′ ″	指标差 x	竖角 α ° ′ ″	水平距离 D	高差 h	高程 H
			上丝	下丝	中丝							
B	1	L	1.791	1.009	1.400	0.782	88　30　18	+16	+1　29　20	78.15	+2.03	52.03
		R	1.792	1.010	1.400		271　29　00					
	2	L	2.392	1.609	2.000	0.783	88　05　12	+24	+1　54　24	78.21	+2.00	52.00
		R	2.393	1.610	2.000		271　54　00					

（2）碎部测量记录（见第7章7.6.4节表7-7）

5．应交作业

（1）小组应交视距测量记录、碎部测量记录及1:500平面图1张。

（2）每个人应交思考题：视距法测距离及高差时，若中丝不对准仪器高对测距会产生影响吗？为什么？对求初算高差会产生影响吗？在计算高差时应增加哪两项内容？

实习6　地形图的应用作业

1. 目的要求
（1）在地形图上求某点的上高程；
（2）在地形图上绘制某一方向的断面图；
（3）在地形图上平整土地的土方计算。

2. 用具
学生应自备：20cm×20cm 的坐标方格纸、直尺、计算器、铅笔、橡皮等。

3. 作业内容
（1）在地形图上求某点高程与绘制 AB 方向的断面图。
图附-3 为某一局部地形图，比例尺为 1:2 000，等高距为 2m。
1）求图中 AB 线与山谷线交点 9 的高程；
2）试绘制 AB 方向的断面图，断面图的距离比例尺 1:2 000，高程比例尺 1:200。

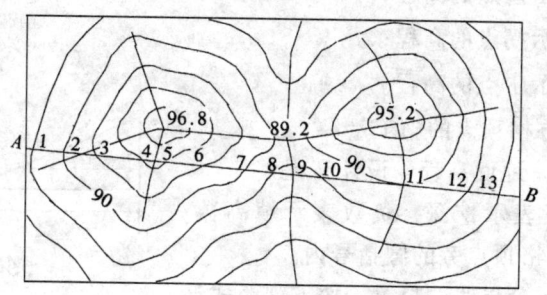

图附-3

（2）平整场地：本实习仅要求练习在地形图上平整场地。图附-4 表示某一缓坡地，按填挖基本平衡的原则平整为水平场地。首先在该图上用铅笔打方格，方格边长为 10m。其次，由等高线内插求出各方格顶点的高程。为节省实习时间和统一成果，以上面两项工作已由教师完成，学生应完成以下内容：
1）求出平整场地的设计高程（计算至 0.1m）；
2）计算各方格顶点的填高或挖深量（计算至 0.1m）；
3）计算填挖分界线的位置，并在图上画出填挖分界线并注明零点距方格顶点的距离；
4）分别计算各方格的填挖方以及总挖方和总填方量（计算取位至 $0.1m^3$）。

作业步骤如下：
1）求平整场地的设计高程 $H_设$：

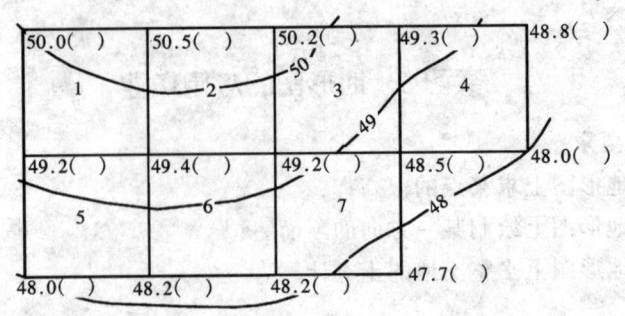

图附-4

$$H_{设} = \frac{1}{4n}(\Sigma H_{角} + 2\Sigma H_{边} + 3\Sigma H_{拐} + 4\Sigma H_{中})$$

式中　n——表示场地的方格数；

　　　$H_{角}$——表示角点的高程；

　　　$H_{边}$——表示边点的高程；

　　　$H_{拐}$——表示拐点的高程；

　　　$H_{中}$——表示中点的高程。

2）计算各方格顶点的施工量：

　　　施工量 = 地面高程 − 设计高程

施工量为正表示挖深，负数表示填高数；它们应注明在方格顶点旁的圆括号内。

3）计算填挖分界线的位置：按下列公式计算（见图附-5）

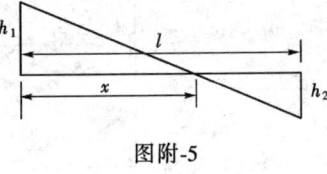

图附-5

$$x_1 = \frac{|h_1|}{|h_1| + |h_2|}l$$

式中　　　　　l——表示方格的边长；

　　$|h_1|$、$|h_2|$——表示方格边两端点挖深、填高的绝对值；

　　　　　　x_1——填挖分界点距标有 h_1 方格顶点的距离。

4）计算各方格的填方（或/与）挖方量，最后再计算总挖方量与总填方量（计算至 0.1m^3）。

实习7　求积仪测定面积

1. 目的与要求

（1）掌握求积仪单位分划值 C 的测定方法。

(2) 掌握机械求积仪测定面积的方法。

2. 仪器与工具

每组领两台机械求积仪，学生自备 30cm×30cm 坐标方格纸、计算器。

3. 方法与步骤

(1) 单位分划值 C 的测定：测定 C 值方法有两种：①用仪器盒内的检验尺；②利用已知图形面积（坐标方格纸的方格），例如方格面积 $S = 10\text{cm} \times 10\text{cm}$。第二种方法测定 C 步骤如下：

1) 坐标方格纸贴在光滑桌面上。

2) 安置航臂长：将航臂长安置在某一位置，可参考盒内比例尺 1:500 的航臂长。也可将航臂安置在任意位置。

3) 求积仪的极点放在图形之外，选定合适的极点位置。将描针放在图形中间，当航臂与极臂大约垂直时，此时固定好极点位置。

4) 以轮左的位置，选图形轮廓的一点，读起始数 n_1，由圆盘上读千位数，测轮上读百位数及十位数，游标上读个位数。手持航臂上的手柄，将航针沿图形周界，顺时针匀速缓慢绕图形一周回到原点后，读出终了读数 n_2，从而得到读数差 $n_2 - n_1$，用上述方法另选一个起点再测一次，得第二次读数差，两次读数差在 200 个分划以下，允许差 2；200 分划以上允许差 1/300。

5) 再以轮右的位置，同样的方法测定两次。将轮左轮右共 4 次测定的读数差取平均得 $(n_2 - n_1)_{\text{平均}}$ 进行计算。计算时已知面积 S 按待测图的比例尺化为实地面积（m²）进行计算。

$$C_{\text{相对}} = \frac{S}{(n_2 - n_1)_{\text{平均}}}$$

根据求积仪构造原理可知 C 值实际上等于测轮周长的千分之一乘航臂长，因此 C 值与航臂长成正比，航臂长，C 值大，反之，C 值小。

如果按上式求得 C 值不是整数，以后计算麻烦，一般采用改变航臂的长度，以使 C 值为整数。设不为整数的游标单位分划值为 C_1 相应航臂长为 R_1；整数的游标单位分划值为 C，相应的航臂长为 R，则

$$C_1 : C = R_1 : R$$

所以

$$R = \frac{C \times R_1}{C_1}$$

用检验尺测定 C 的方法如下：

检验尺的一端有一细针，测定时，将检验尺的细针刺在纸上，检验尺的另

一端有一小孔，将航针插入检验尺的小孔，在纸上作一记号，读起始读数 n_1，手持航臂上的手柄，使检验尺以细针为圆心旋转一周又回到原点，读终了读数 n_2。轮左位置测两次；轮右位置测两次。计算方法同上。应注意：检验尺的已知面积即为小孔至细针的距离为半径的圆面积，圆面积一般注在检验尺上（应注意有的检验尺是注半圆面积）。

(2) 测定图形的面积：本实习待测图是将 10cm×10cm 正方形任意分成两个图形Ⅰ与Ⅱ，比例尺为 1:500。测定面积步骤如下：

1) 航臂长可查仪盒内的卡片或按上述求得 C 值相应的航臂长。
2) 极点置图形之外，轮左测定一次，轮右测定一次，量测方法同上。
3) 用下式计算图形面积：

$$S = C \times (n_2 - n_1)$$

精度计算：误差 $\Delta S = S - (S_1 + S_2)$

相对误差 $= \dfrac{1}{S/\Delta S}$ （规定相对误差小于 1/100）

4. 注意事项

(1) 图纸应放在平滑的桌面上，图纸本身也要光滑平整。

(2) 选定航针的起始位置，最好使两臂接近于垂直，此时航针移动，测轮读数的变化极小。因此当绕行一周后，若与起始位置不相重合，影响面积误差极微小。

(3) 当航针顺时针方向绕行图形时，如果计数圆盘的零点经过指标一次，则最后读数 n_2 应加 10 000。经过两次，则最后读数应加 20 000。当航针反时针方向沿图形绕行时，求读数差应为 $(n_1 - n_2)$。

(4) 量测图形面积时，要匀速绕图形轮廓运行，中途不要停顿。如果量测几次读数差都相差较大，应重新安置新的极点位置量测。

5. 记录手簿范例

(1) 求积仪单位分划值 C 的测定：

调整航臂长计算如下：$C_1 = 1.60 \text{ m}^2$，$R_1 = 64.1$，要求 $C = 2.00 \text{ m}^2$

则　　　　　　　$R = \dfrac{C \times R_1}{C_1} = \dfrac{2 \times 64.1}{1.60} = 80.15$

(2) 地块面积测定记录：

量测精度计算：　两地块面积之和：$S_1 + S_2 = 2\ 202 + 2\ 288 = 2\ 490 \text{ m}^2$

已知控制面积为 $S = 2\ 500 \text{ m}^2$　误差 $\Delta S = 2\ 500 - 2\ 490 = 10 \text{ m}^2$

相对误差 $= \dfrac{1}{S/\Delta S} = \dfrac{1}{2\ 500/10} = \dfrac{1}{250}$

表附-3 分划值 C 测定记录表

测轮位置及量测次数		起始读数 n_1	终止读数 n_1	读数差 $n_2 - n_1$	读数差 $(n_2 - n_1)$ 的平均值	$C = \dfrac{S}{n_2 - n_1}$	备 注
轮左	1	6 562	8 123	1 561	1 564	1.60m²	已知面积 $S = 2\ 500$m² 初安臂长 $R_1 = 64.1$
	2	9 734	11 296	1 562			
轮右	3	0 090	1 665	1 565			
	4	1 706	3 274	1 569			
航臂调后检测	轮左	1 692	3 086	1 394	1 396	2.00m²	调整后臂长 $R = 80.15$
	轮右	6 827	8 224	1 397			

注：航臂不可调的求积仪，上表的最后一栏（航臂调后检测）不做。

表附-4 面积测定记录表

（航臂长 $R = 80.15$　$C_{相对} = 2.00$ m²）

地段编号	测轮位置	起始读数 n_1	终了读数 n_2	读数差 $n_2 - n_1$	读数差平均值	地块面积 $S = C(n_2 - n_1)$/m²
1	轮左	1 616	2 716	1 100	1 101	2 202
	轮右	4 540	5 642	1 102		
2	轮左	1 594	2 736	1 142	1 144	2 288
	轮右	9 829	10.975	1 146		

实习 8　圆曲线测设

1. 目的要求

（1）通过实习掌握圆曲线主点测设方法及步骤。

（2）练习圆曲线细部测设的两种方法（直角坐标法及偏角法）。表中的计算全部做，现地钉两个细部点便可。

2. 仪器和工具

经纬仪 1，花杆 3，卷尺 1，计算器 1，斧子 1，木桩 6，记录夹 1，圆曲线主点测设记录计算表与圆曲线细部测设记录计算表。

3. 实习步骤

（1）圆曲线主点测设：

1) 任意选一公路中线的转点，地上作一标志或打一木桩。编号为 JD1，在路线起点处插一花杆。本实习主要练习圆曲线测设，JD1 的桩号可以假定为 K0 + 300 或 K0 + 400 等，在正式公路测量中，路线起点是预先确定的，JD1 的桩号经中线测量而得知。另在前方路中线上再选一点插花杆（不打桩，以作测量转角瞄准目标用）。

2) 经纬仪安置在 JD1 中整平，用测回法测量右角一测回，记录于表中。

3) 根据观测的右角 β，计算转角 α。当右偏时，$\alpha = 180° - \beta$；当左偏时，$\alpha = \beta - 180°$。判别路线是右偏还是左偏，除根据现地判别外，可根据 β 角的大小，$\beta < 180°$ 为右偏，$\beta > 180°$ 为左偏。

4) 按照地形条件及规程规定拟定圆曲线半径 R。考虑地形条件拟定半径时，可先估计外距长或切线长，看采用多大的半径合适，用公式初步算一下。选择半径不得小于规程规定的最小半径，并应取整数值。

5) 根据选定的半径及转角，求切线长 T，曲线长 L，外距 E 及切曲差 D。

6) 计算三个主点的桩号：

曲线起点 ZY 桩号 = 转点 JD1 桩号 - 切线长 T

曲线中点 QZ 桩号 = ZY 桩号 + $L/2$

曲线终点 YZ 桩号 = QZ 桩号 + $L/2$（或 ZY 桩号 + L）

桩号计算的校核：

YZ 的桩号 = JD 桩号 + 切线长 T - 切曲差 D

(2) 圆曲线的细部测设：当圆曲线长超过 40m，或曲线和某个地物（如道路、渠道）相交，或曲线经过之处地貌发生显著变化（如跨山沟），此时均应打加桩。一般每隔 10m 或 5m 打一加桩以便于施工。本实习要求学生全部完成两种方法测设细部点的计算，但现地钉桩只要求完成二点，先用直角坐标法测设，后用偏角法核对，在正式作业时只要用一种方法测设便可。

1) 直角坐标法（切线支距法）：为求某一细部桩点的直角坐标 X，Y，可直接查切线支距表，但一般表中只给弧长整米的 X，Y 值，非整米的计算不便。使用计算器时用下列公式计算也很方便。

$$\varphi = \frac{S}{R} \times \frac{180°}{\pi}$$

$$X = R\sin\varphi, \quad Y = R - R\cos\varphi$$

计算结果列于表中。具体测设时，以 ZY 点或 YZ 点为坐标原点，沿切线用皮尺量取 X 值，垂直于切线方向量取 Y 值便可确定点位。

2) 偏角法：为测设细部点，先计算细部点所对应的偏角 δ 及弦长 C，计算公式如下：

$$\delta = \frac{\varphi}{2} = \frac{S}{R} \times \frac{90°}{\pi}$$

$$C = 2R\sin\delta$$

实际上，并非每个细部点都要用上列公式计算，一般仅需计算三个不同弧长所对应的偏角及弦长。在下表范例中，仅需把弧长为 8.91，10.00 及 6.28 三个数代入公式计算。偏角计算的结果列于表中"单值"一栏内，"累计值"是偏角单值累加，以便于经纬仪测设。具体测设时，将经纬仪置于 ZY 点，度盘安置 0°00′00″瞄准 JD 点，然后松开照准部使度盘得读数为 1 点的偏角 $\delta = 3°24′26″$，在望远镜的视线方向内，从 ZY 点拉皮尺量弦长 $C_1 = 8.91\text{m}$，打下木桩即得 1 点。测设 2 点时，经纬仪设置 2 点偏角即 $\delta_2 = 7°13′37″$。但量距应从 1 点开始量 $C_2 = 9.99\text{m}$，C_2 长度刻划同望远镜视线相交即得 2 点。用同样方法测设其余各点，本例测设 4 点与 5 点时，考虑到通视情况，经纬仪要搬到 YZ 点，如果能通视可以不搬站。测得第 5 点后，量 5 至 YZ 点的距离应为 6.28m，其较差一般不应超过 $L/1\,000\text{m}$（L 为圆曲线的长度）。

4. 计算范例

（1）圆曲线主点测设计算表：见表附-5。

表附-5 圆曲线主点测设记录表

交点桩号：JD1　　编号：0+080　　班级：　　小组：

观测点名	盘位	水平度盘读数 ° ′ ″	半测回角值 ° ′ ″	平均角值 ° ′ ″
JD2	L	0 00 00	137 50 30	137 50 00
0+000		137 50 30		
0+000	R	137 50 00	137 49 30	
JD2		180 00 30		
转角 α 的计算		右偏：$\alpha = 180° - \beta = 42°10′$ 左偏：$\alpha = \beta - 180° =$		

曲线元素计算/m		曲线主点桩号计算	
半径 R	75	曲线起点 ZY	ZY 0+51.08
切线长 T	28.92	曲线中点 QZ	QZ 0+78.62
曲线长 L	55.20	曲线终点 YZ	YZ 0+106.28
外矢距 E	5.38	校　核	80 + 28.92 − 2.63
切曲差 D	2.63	YZ = JD + T − D	= 106.29

(2) 圆曲线细部测设计算表：见表附-6。

表附-6 圆曲线细部测设计算表

交点桩号：JD1　　编号：0+080　　班级：　　小组：

点名	里程编号	弧长	直角坐标法			偏角法		
			坐标原点	X	Y	弦长	单值	累计值
ZY	0+51.08	8.92				8.91	3°24′26	0°0′00″
1	0+60.00	10.00	ZY	8.90	0.53	9.99	3°49′11	3 24 26
2	0+70.00	10.00	ZY	18.72	2.37	9.99	3°49′11	7 13 37
3	0+80.00	10.00	ZY	28.21	5.51	9.99	3°49′11	11 02 48
4	0+90.00	10.00	YZ	16.15	1.76	9.99	3°49′11	14 51 59
5	0+100.00	6.00	YZ	6.67	0.26	6.28	2°23′56	18 41 10
YZ	0+106.00							21 05 06
测设校核	偏角法测设距离较差为：0.05m < 0.055m 容许值：曲线长×（1/1 000）= 55.2×（1/1 000）= 0.055m							

实习9 建筑物轴线测设与高程测设实习

1. 目的与要求

(1) 掌握建筑物轴线测设的基本方法。

(2) 掌握建筑施工中高程测设的基本方法。

2. 仪器与工具

J6经纬仪1，S3水准仪1，卷尺1，标杆2，水准尺2，记录夹1，斧头1，木桩6，测钎2，计算器1。

3. 方法与步骤

(1) 控制点布设和设计数据：建筑物轴线测设（见图附-6）和高程测设首先需要有控制点。为此，在空旷地面选择 A、B 两点，先打下一木桩作为 A 点，桩顶画十字线，以交点为中心，用皮尺（正式生产应用钢尺）丈量一段30.000m的距离定出 B 点（同样打木桩，桩顶画十字线）。设 A、B 两点的坐标分别为：

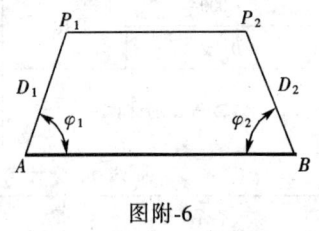

图附-6

A 点：$X_A = 100.000$m，$Y_A = 100.000$m

B 点：$X_B = 100.000$m，$Y_B = 130.000$m

设 A 点的已知高程为 50.000m。假设以上数据为已有控制点的已知数据。

设计某建筑物轴线点 P_1、P_2 的坐标如下：

P_1 点：$X_1 = 108.360\text{m}$，$Y_1 = 105.240\text{m}$

P_2 点：$X_2 = 108.360\text{m}$，$Y_2 = 125.240\text{m}$

（2）测设（放样）数据的计算：设在控制点 A、B 用极坐标法测设轴线点 P_1、P_2 的平面位置及用水准仪测设高程。在下列（表附-7）"极坐标法测设数据计算"表中计算所需数据。

表附-7 极坐标法测设数据计算表

边号	坐标增量		水平距离 D	坐标方位角 α	水平夹角 φ
	ΔX	ΔY			
A-B					
A-P_1					
B-A					
B-P_1					
…					
P_1-P_2					

（3）极坐标法测设轴线点平面位置步骤：

1）安置经纬仪于 A 点，瞄准 B 点，变换水平度盘位置使读数为 $0°00'00''$；逆时针旋转照准部，使水平度盘读数为 $(360° - \varphi_1)$，用测钎在地面标出该方向，在该方向上从 A 点量水平距离 D_1，打下木桩；再重新用经纬仪标定方向和用卷尺量距，在木桩上定出 P_1 点。

2）再安置经纬仪于 B 点，用同样的方法测设 P_2 点（不同之处为瞄准 A 点后，照准部顺时针旋转 φ_2 角）。

3）P_1、P_2 点的木桩位置可以用根据两点设计坐标算得的两点间水平距离，用卷尺进行检核丈量，与理论值的差数不应大于 20mm。若测设用钢尺丈量，则要求不应大于 10mm。

（4）±0.000 标高的测设：±0.000 标高线即建筑物第一层地坪的标高。通常把 ±0.000 标高线测设到附近的永久性的建筑物墙基。

水准仪安置于与 A 点与建筑物墙基大致等距离之处，A 点木桩上立水准尺，读得后视读数 a，根据 A 点的高程 H_A，求得水准仪的视线高程（仪器高程）H_i

$$H_i = H_A + a$$

假设建筑物第一层地坪的标高为 50.500m，把水准尺靠在建筑墙上，水准尺应有的前视读数 b 按下式计算：

$$b = H_i - H_0$$

扶尺者将尺子上下移动,当水准尺读数恰好为 b 时,在水准尺的零端划一道线(用红油漆画,并在此线下画"▲"),此线的高度即为 ±0.000 标高线。

实习 10 民用建筑物定位测量

1. 目的与要求
掌握民用建筑物定位测量的基本方法。

2. 仪器与工具
J6 经纬仪 1,卷尺 1,标杆 2,记录夹 1,斧头 1,木桩 8。

3. 方法与步骤
如图附-7 所示,西边为原有的旧建筑物,东边为待建的新建筑物。假设新建筑物轴线 AB 在原建筑物轴线 MN 的延长线上。两建筑物的间距及新建筑物的长与宽,根据场地大小由教师规定。实习步骤如下:

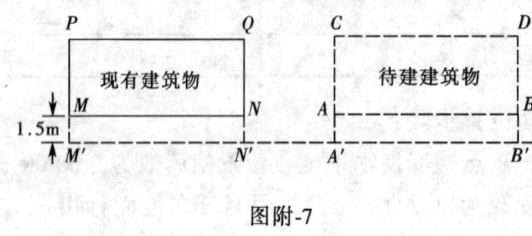

图附-7

(1)引辅助线:作 MN 的平行线 $M'N'$,即为辅助线。做法是:先沿现有建筑物 PM 与 QN 墙面向外量出 MM' 与 NN',大约 1.5~2.0m,并使 $MM' = NN'$,在地面上定出 M' 和 N' 两点,定点需打木桩,桩上钉钉子,以表示点位。连接 M' 和 N' 两点即为辅助线。

(2)经纬仪置于 M' 点,对中整平,照准 N' 点,然后沿视线方向,根据图纸上所给的 NA 尺寸(要注意如图上给出的是建筑物间距,还应化为现有建筑物至待建建筑物轴线间距,并查待建建筑物长 AB)。本次实习由教师规定,从 N' 点用卷尺量距依次定出 A'、B' 两点,地面打木桩,桩上钉钉子。

(3)仪器置于 A' 点,对中整平,测设 90°角,在视线方向上量 $A'A = M'M$,在地面打木桩,桩顶钉钉子定出 A 点,再沿视线方向量新建筑物宽 AC,在地面打木桩,桩顶钉钉子定出 C 点。同样方法,仪器置于 B' 点测设 90°,定出 B 点与 D 点。

(4)检查 C、D 两点之间距离应等于新建筑物的设计长,距离误差允许为 1/5 000。在 C 点和 D 点安经纬仪测量角度应为 90°,角度误差允许为 ±30″。

第 3 部分 测量教学实习

1. 实习目的、任务和要求

测量教学实习是测量教学的重要组成部分，既是巩固和加深课堂所学知识，又是培养学生动手能力、严谨的科学态度和工作作风的重要手段，为以后工作打下良好基础。教学实习的任务与要求是：

(1) 每组检验校正水准仪 1 台，经纬仪 1 台，重点是检验，校正必须在辅导教师指导下进行。

(2) 每组布设经纬仪导线作为测图的控制，各组导线必须与已知控制点连接，以便统一测量成果。每个学生必须独立完成导线点的坐标计算。

(3) 每组测绘比例尺为 1:500 的平面图。小组完成 150m × 150m 测图任务，每个学生必须独立绘制 1 张局部平面图。

2. 实习组织

实习按小组进行，每组 5 ~ 6 人，设正副组长各一人。正组长负责组内实习分工等全面工作，副组长负责仪器管理。

3. 每组配备的仪器和工具

(1) 仪器室准备：水准仪 1，经纬仪 1，高精度玻璃纤维卷尺 1，塔尺 2，标杆 2，记录夹 1，小平板及其三脚架 1。

(2) 学生准备：比例直尺 1，量角器 1，各种记录表，计算器，铅笔及橡皮，小组用绘图纸由组长准备，大小：50cm × 50cm，个人准备绘图纸，大小：40cm × 40cm。

4. 实习内容与时间安排

表附-8 实习内容与时间安排表

日 期	实 习 内 容
第一天	部署实习，讲导线测量外业，领仪器，踏勘选点，水准仪、经纬仪的检验
第二天	导线测量外业
第三天	每人进行导线测量内业计算，测图准备，每人都要用自己的绘图纸打方格、展点。小组图纸由组长负责打 16 格，小组成员绘图打 9 格
第四天	碎部测量外业
第五天	小组绘全部平面图，每人绘局部平面图。整理实习成果，写与交个人总结

5. 实习注意事项

(1) 实习中要特别注意安全问题，包括人身安全与仪器安全。实习期间天热，要注意防暑，避免生病。各组所领的仪器要有专人保管，避免丢失与损坏。

(2) 组长要切实负责，合理安排，使每人都有练习机会，组员之间应密切配合，团结协作，确保实习任务顺利完成。

(3) 实习过程中应严格遵守测量实习的有关规定。不迟到、不早退、不旷课，有事必须向指导教师请假。不得随意折断树枝，爱护公物。

(4) 实习前要做好准备，随着实习进度阅读本指导书及教材的有关章节。

(5) 每项测量工作完成后，要及时整理成果与计算。原始数据、资料、成果应妥善保存，不得丢失。

6. 实习内容

(1) 水准仪与经纬仪的检校：

1) 水准仪的检验与校正：先作一般性的检查，主要内容是：

①各螺旋是否都起作用？旋转是否顺滑？

②望远镜十字丝是否清晰？

③水准仪脚螺旋是否晃动？

④三脚架是否稳定，蝶形螺旋能固紧架腿吗？等等。

检验校正的项目是：

①圆水准轴应平行于仪器竖轴的检校。

②十字丝横丝垂直于仪器竖轴的检校。

③水准管轴平行于视准轴的检校。

2) 经纬仪的检验与校正：先作一般性的检查，主要内容是：

①制动螺旋与微动螺旋是否起作用？旋转是否顺滑？

②竖轴、横轴旋转是否灵活？

③望远镜十字丝和读数窗是否清晰？

④拨盘螺旋是否起作用？弹出后是否还会出现带动度盘现象？

⑤经纬仪脚螺旋是否晃动？

⑥三脚架是否稳定，蝶形螺旋能固紧架腿吗？等等。

具体检校项目有：

①照准部水准轴应垂直于仪器竖轴的检校：检验时，首先将仪器粗平。然后使水准管平行于一对脚螺旋，使气泡严密居中。将照准部旋转180°，气泡仍然居中，则条件满足。若气泡偏歪超过一格需进行校正。实习时，为求得较准确气泡的偏歪数，使水准管转60°平行于另一对脚螺旋，3个方向各做一次。

校正方法是：

a. 转动脚螺旋，使气泡返回偏歪格数的一半。

b. 用校正针拨动水准管校正螺丝，使气泡居中。在水准管校正螺旋拨动前，要认清水准管哪端应升高或降低。水准管有上下两只校正螺旋。注意校正时应先松一个，然后再紧另一个。螺旋不可旋得过紧，一般情形在螺旋到接触后，只需再旋转 10°~20°即可，过紧不仅有可能损坏水准管，而且校正的结果不易保持长久，当然过松也不好。

②圆水准器的检校：

a. 检验：首先用已检校的照准部水准管，把仪器精确整平，此时再看圆水准器的气泡是否居中，如不居中，则需校正。

b. 校正：在仪器精确的整平的条件下，用校正针直接拨动圆水准器底座下的校正螺丝使气泡居中，校正时注意对校正螺丝一松一紧。

③十字丝的竖丝应垂直于横轴的检校：

检验：

a. 固定水平度盘，以十字纵丝的一端，瞄准远方一明晰目标。旋转望远镜微动螺旋使望远镜绕横轴微微转动，目标应不离开十字竖丝，否则就校正。

b. 记住偏歪的方向（左或右）。

校正：松开十字丝环相邻的两个校正螺旋，微微转动十字丝环，反复检验，直至观测时无显著误差为止，然后拧紧松开的校正螺旋。

④望远镜视准轴与横轴应成正交的检校：检验方法详见本教材第 3 章。注意瞄准目标选择远方一清晰目标或白墙上作十字标志，检验后求得视准轴误差 C。如果 $C > \pm 1'$ 应校正。

⑤横轴应与竖轴成正交的检校：检验方法详见教材。本项检校，只做检验，不做校正。

⑥竖盘指标差的检校：检验方法详见教材。实习要求测定竖盘指标差 3 次，取它们的平均值得 x。如 x 超过 $\pm 40''$，则要进行校正。

⑦光学对中器的检校：检验方法详见教材第 3 章。注意必须至少用 3 个位置来检验光学对中器的视准轴与仪器竖轴是否重合。

注意事项：

①检验时，必须认真和细心，瞄准目标和读数要准确无误，各项检验至少做两次，当两次测定结果较接近时，方可取平均。

②检校次序不可颠倒，做好前一项校正后，再做后一项的检校。每项检校之后，还需再检验一次，以确保误差在允许的范围之内。

③检验误差超限时，应在教师指导下进行校正。

(2) 导线测量外业：见图附-8。

1) 测区踏查选点：每组在指定测区范围内，进行踏勘、选点，布设闭合导线，即各组布设 6~7 个点的闭合导线。点位应均匀地分布整个测区，以便于碎部测量。导线点位应选在便于保存标志和安置仪器的地方，相邻导线点应能通视，便于测角量距，边长一般 50~120m，最短边长不应小于 30m。选好点位，在野外一般是打木桩，此次实习在校园水泥地，可用红油漆在地上作点位标志，并编写桩号，如 $A1$，$A2$……表示第1组第1点，第2点……，$B1$，$B2$……表示第2组第1点，第2点……，第3组用 $C1$，$C2$……，依此类推。点号最好顺针方向排列。选点后，绘一草图，简单说明各导线点位。

2）水平角观测：用测回法观测导线内角一个测回，正镜与倒镜角值之差不应超过40″。测角对短边影响特大，应特别仔细。瞄准目标时，要尽量对准标杆基部。

3）丈量边长：此次实习丈量边长用高精度玻璃纤维卷尺，如果边长超过卷尺长（50m），应进行直线定向。边长要往返丈量，并记录边长观测记录手簿。要求边长往返较差的相对误差应小于1/1 000。

4）连测：即与高级点连接测量。校园内有一条公共基线 MN，它用高精度的方法测定，其长度、方位角及 M、N 的坐标值实习时由教师告知学生。各组的导线都应与公共基线 MN 连接，因此需测量连接角与连接边，连接角是 φ_M 与 φ_1，连接边是 D_{M1}。

(3) 导线测量内业及测图准备：内业计算开始时，应首先检查外业观测成果，观测限差超限必须返工。

1) 与高级点的连测计算：目的是由 M 点坐标推算 $A1$ 点的坐标以及导线起始边的坐标方位角。图附-8 的情况：

$$\alpha_{M1} = \alpha_{MN} + \varphi_M$$

$A1 - A2$ 的方位角：$\alpha_{12} = \alpha_{M1} + 180° + \varphi_1$

$$\Delta X_{M1} = D_{M1}\cos\alpha_{M1}, \quad \Delta Y_{M1} = D_{M1}\sin\alpha_{M1}$$

$A1$ 点的坐标：$X_1 = X_M + \Delta X_{M1}$，$Y_1 = Y_M + \Delta Y_{M1}$

2）导线点坐标的计算：

①导线角度闭合差的计算及调整；

②推算各边坐标方位角；

③坐标增量的计算和调整；

④从已知坐标点开始，推算各点坐标。

注意每一步计算都应进行检核，角度计算取至秒，边长及坐标取至厘米。

3）打方格展绘导线点：用对角线法打方格，方格边长 10cm × 10cm，每组图纸东西方向打4格，南北方向4格，共16格，具体方法

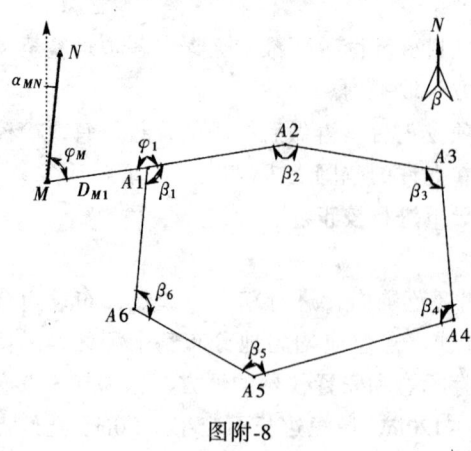

图附-8

见教材有关部分，方格边长误差应小于0.2mm。然后开始展绘控制点，展点后也应做检查，导线点边长与实测边长误差应小于$\pm 0.3M$（m）（M为测图比例尺分母）。

(4) 碎部测量：碎部测量采用经纬仪测绘法。比例尺为1:500。

1) 碎部点的测绘：将经纬仪安置在测站上，测图板安置于测站旁，扶尺者要选好碎部点。碎部点就是地物轮廓的转折点，如房屋角、道路交叉处等，注意直线的道路至少要测3个点。道路碎部点选路边，并量路宽。

经纬仪测定碎部点的方向与起始方向之间的夹角，并用视距法测定测站至碎部点的距离。在测图过程中，应随时检查起始点方向读数应为0°00′00″，其差数不应超过4′。然后在绘图板上根据测定数据按极坐标法，用量角器和比例尺把碎部点的平面位置展绘在图纸上。

同一地物的特征点展绘后，对照地物，能按比例描绘的地物用依比例符号画上；不能按比例描绘地物用不依比例符号画上。

2) 平面图的整饰清绘：用软橡皮擦掉一切不必要的线条。对地物按规定符号描绘，文字注记应注在合适的位置，既能说明注记的地物，又不要遮盖地物。字头一般朝上，字体要端正清楚。地形图注记常用字体有宋体、仿宋体、等线体、耸肩体和倾斜体几种。最后画图幅边框，注出图名、图号、比例尺、测图单位和日期，整饰的格式见图附-9。

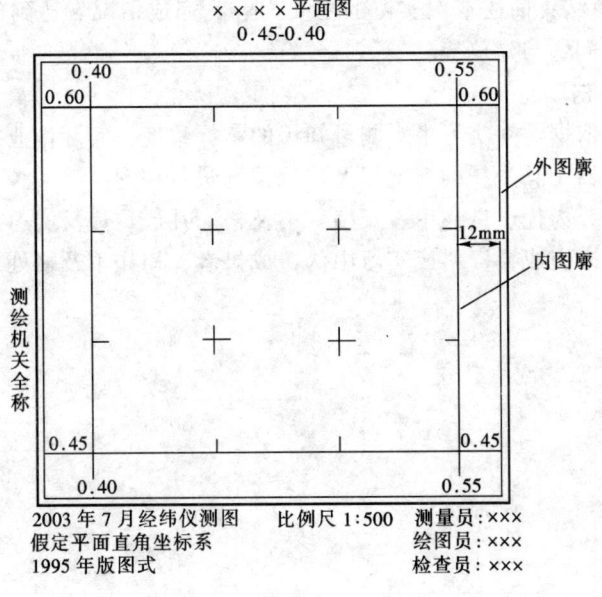

图附-9

绘图说明：

①外图廓与内图廓间距为 12mm。

②图内四角的数字表示内图廓四角的直角坐标,如左下角:$X = 0.45$km, $Y = 0.40$km。

③坐标格网线的仅留十字线,长为 10mm,图边四周坐标线长为 5mm。

④图名下面(0.45—0.40)表示本图幅编号,它是以图幅西南角坐标千米数表示的。

7. 应交作业

(1) 小组应交:

1) 水准仪与经纬仪检校记录;

2) 水平角观测记录表;

3) 导线边长测量记录表;

4) 碎部测量记录表;

5) 1:500 比例尺平面图一张。

(2) 个人应交:

1) 与高级点的连测计算;

2) 导线测量坐标计算表;

3) 碎部测量记录表(抄要绘地物的碎部测量记录);

4) 1:500 比例尺平面图一张(要求画 1~2 个房屋);

5) 实习总结:简述本次实习的主要内容、完成情况、达到的精度以及收获体会,存在问题与建议等。

8. 考查办法

(1) 考查依据学生实习中对测量知识的掌握程度,实际作业技能,完成任务质量,对仪器工具爱护的情况以及出勤情况进行评定。

(2) 成绩分为优、良、中、及格、不及格。凡严重违反实习纪律,缺勤天数超过 1 天或未交成果资料或实习中伪造成果者,均作不及格处理。

附录3 北京市大比例尺地形图分幅编号

北京市大比例尺地形图采用象限行列编号法：把北京市分为4个象限，顺时针排列Ⅰ、Ⅱ、Ⅲ和Ⅳ。在每个象限内，以纵4km，横5km为1∶10 000比例的一个图幅，例如编号Ⅱ-2-1表示在第2象限第2列第1行，见图附-10 a。各

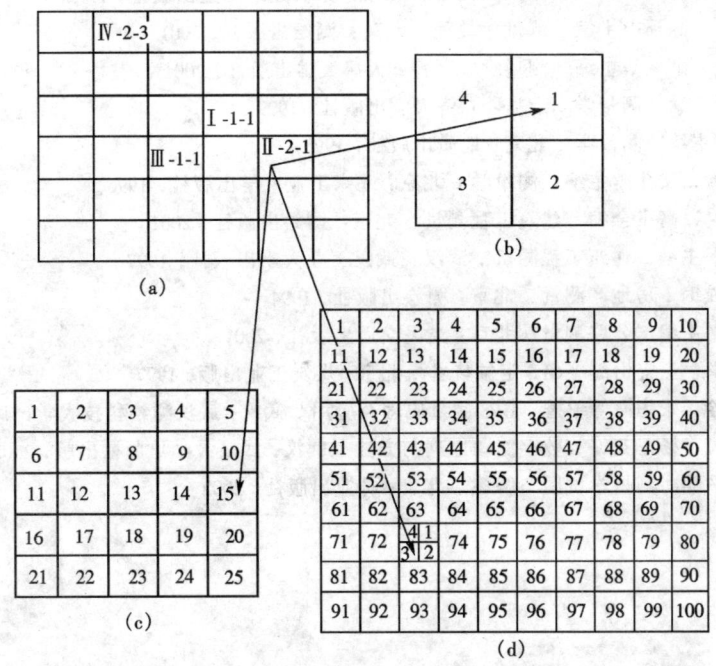

图附-10
(a) 1∶10 000 Ⅱ-2-1；(b) 1∶5 000 Ⅱ-2-1 (1)；
(c) 1∶2 000 Ⅱ-2-1-(15)；(d) 1∶1 000 Ⅱ-2-1-73；1∶500 Ⅱ-2-1-73 (4)

象限内行列均自原点向外延伸。1∶5 000比例尺的图幅大小是把1∶10 000图幅再分为4个象限，见图附-10b箭头所指的编号为Ⅱ-2-1 (1)。1∶2 000比例尺图幅大小是把1∶10 000图幅分成25幅，图附-10c箭头所指的编号为Ⅱ-2-1-(15)。1∶1 000比例尺图幅大小是把1∶10 000图幅分成100幅，箭头所指编号为Ⅱ-2-1-73。1∶500比例尺图幅大小是把一幅1∶1 000图幅再分为4幅，它的编号是Ⅱ-2-1-73 (4)，见图附-10d。

参 考 文 献

1. 合肥工业大学等合编．测量学．北京：中国建筑工业出版社，1995
2. 王侬，过静珺主编．现代普通测量学．北京：清华大学出版社，2002
3. 中国有色金属工业总公司编．中华人民共和国国家标准．工程测量规范（GB50026—93）．北京：中国计划出版社，1993
4. 中国有色金属工业总公司编．中华人民共和国国家标准．工程测量基本术语标准（GB/T50228—96）．北京：中国计划出版社，1996
5. 施长衡，轩德华编．实用工程测量．北京：中国建筑工业出版社，1992
6. 章书寿，陈福山主编．测量学教程．北京：测绘出版社，2001
7. 熊春宝，姬玉华主编．测量学．天津：天津大学出版社，2001
8. 顾孝烈主编．测量学．上海：同济大学出版社，1999
9. 田青文主编．测量学．北京：地质出版社，1995
10. 高德慈，文孔越主编．测量学．北京：北京工业大学出版社，1996
11. 扬德麟，高飞合编．建筑工程测量．北京：测绘出版社，2001
12. 李生平主编．建筑工程测量．武汉：武汉工业大学出版社，1997
13. 张建强编．房地产测量．北京：测绘出版社，1994
14. 张尤平主编．公路测量．北京：人民交通出版社，2001
15. 张凤举，王宝山编．GPS定位技术．北京：煤炭工业出版，1997
16. 徐绍铨，张华海等编著．GPS测量原理及应用．武汉：武汉测绘科技大学出版社，1998
17. 潘正风，杨正尧编．数字测图原理与方法．武汉：武汉大学出版社出版，2002
18. 陈学平编．测量学试题与解答．北京：林业出版社，2002